TensorFlow

예제로 풀어보는 텐서플로우 원리와 응용

황원지앤(黃文堅) · 탕위앤(唐源) 지음
이상구 · 김응수 · 송정영 · 이창훈 · 류정탁 옮김

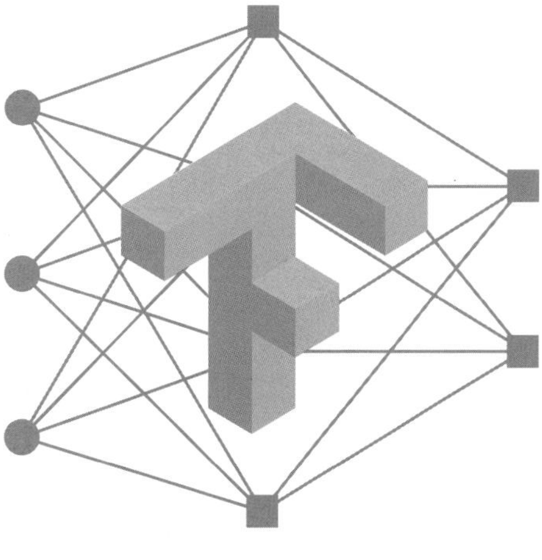

光文閣
www.kwangmoonkag.co.kr

※ 드리는 말씀

- 주요 용어에 대한 번역은 일반적으로 사용되는 한글 용어가 있으면 그대로 사용하였고, 한글 용어가 적합하지 않은 경우에는 영어를 한글로 표기했습니다.
- 생소한 용어는 처음 사용될 때 한번 영어를 병기하였으며, 프로그램 실행 코드의 예약어 등을 설명하고 있는 경우 그대로 영어를 사용했습니다.
- 이 책과 관련된 자료(소스 코드)는 광문각 홈페이지 자료실에서 다운로드할 수 있습니다.
  - http://www.kwangmoonkag.co.kr/

추천사

텐서플로우는 인공지능 시대를 앞당기고 개발 효율을 높였다. 이 책의 저자는 텐서플로우에 대한 풍부한 실전 경험을 갖고 있으며 프레임워크를 깊이 이해하고 있다. 입문 교재로서 이 책은 매우 뛰어나므로, 인공지능 연구 및 개발에 관심이 있는 학생 및 실무자가 반드시 읽어야 할 책이다.

인공지능 공학연구원 원장, 리카이푸(李开复)

"AI and machine learning are going to be a key part of the future of many industries and areas of human endeavor. We built and open-sourced TensorFlow because we wanted everyone to be able to benefit from these technologies,and for the world to have a common language for expressing machine learing ideas.As part of this,we were hoping the community would work together to provide materials describing the concepts behind TensorFlow in a wide variety of languages, and this book is a great example of that."

Google Senior Fellow, Leader of Google Brain Team, Jeff Dean

“AI and Machine Learning are going to be a key part of our future. We made TensorFlow open source to bring these technologies to everyone and help move the world forward. This book is a great example of the TensorFlow community giving back to multiply everyone's efforts.”

Engineering Director of TensorFlow, Rajat Monga

텐서플로우의 오픈소스는 전체 학계와 산업계에 큰 영향을 주었으며 머신러닝의 Hadoop과 비교할 수 있다. 이 책은 멀티 레이어 퍼셉트론, CNN, RNN에서 강화학습에 이르기까지 일련의 텐서플로우 모델 구현을 다루고 있다. 실제 코드를 활용하여 알고리즘과 모델의 세부 사항을 자세히 설명하고 있어 독자가 알고리즘 및 코드 링크를 신속하게 설정하는 데 도움을 준다. 텐서플로우 입문자와 딥러닝 연구자들에게 매우 좋은 학습 도서이다.

360 수석 과학자, 옌수이청(颜水成)

텐서플로우는 현재 가장 영향력 있는 오픈소스 딥러닝 시스템이다. 계산 그래프(Computation Graph)를 기반으로 하는 머신러닝 프레임워크로서 GPU와 분산식을 지원한다. 텐서플로우는 엔지니어링 구현이 탁월하고 확장성이 매우 유연하여 머신러닝, 특히 딥러닝 보급에 촉매제가 되고 있다. 이 책은 텐서플로우를 사용하여 딥러닝 모델을 작성하는 방법을 실제 사례와 함께 결합하여 명확하게 설명하고 있다. 텐서플로우 또는 딥러닝에 관심이 있는 분들은 반드시 읽어야 할 책으로 추천한다.

베이징대학 컴퓨터과학과 교수, 네트워크 정보시스템 연구소 소장, 추이빈(崔斌)

딥러닝 또는 인공지능은 핀테크(FinTech) 분야에서는 점진적으로 거대한 작용을 발휘하고 있으며, 자동 보고 생성, 금융 지능 검색, 양적 거래 및 스마트 투자 분야에도 응용되고 있다. 텐서플로우는 금융 산업에서 딥러닝을 간편하게 사용할 수 있도록 제공되고 있다. 이 책은 텐서플로우에 의한 다양한 신경망의 구현 사례를 소개하고 있어 초보자가 신속하게 입문하는 데 매우 적합하다.

PPmoney CTO, 캉더성(康德胜)

텐서플로우는 구글이 제공하는 오픈소스 딥러닝 프레임워크로서 현재 최고의 주류 딥러닝 프레임워크로 발전하였다. 현재 국내에는 텐서플로우를 상세하게 소개하는 책이 없다. 이 책은 텐서플로우 사용 방법을 단계별로 설명하므로 초보자도 빠르게 숙달할 수 있다. 또한, 컨벌루션 신경망, 순환 신경망, 강화학습, 오토인코더 등의 딥러닝 지식을 상세하게 설명하고 있어 딥러닝을 전혀 모르는 사람들도 쉽게 입문할 수 있다. 이 책은 다양한 예제를 사용하여 기본 지식과 원리를 소개하므로 초보자에게 더욱 적합하다.

DeepGlint CTO, 성야펑(邓亚峰)

이 책은 기초부터 심오한 내용까지 대량의 코드 예제를 통해 독자가 딥러닝에 대한 이론적 이해를 높이고 실제 응용할 수 있도록 잘 연결하였다.

샤오미 이미지 알고리즘 수석 엔지니어, 완샤오화(万韶华)

머리말

2017년 알파고 마스터(Master)가 인터넷 바둑 플랫폼에서 한국, 중국, 일본의 바둑 고수들을 모두 이겼다. 그중에는 바둑 세계 챔피언인 박정환, 커제, 유타 이야마 등이 포함되어 있으며 현재 60연승을 달리고 있다. 알파고는 2016년 3월 이세돌에게 승리한 이후 현재까지 모든 고수들에게 완승하고 있다. 알파고가 가지고 있는 신비한 원동력이 바로 텐서플로우(TensorFlow)로서, 구글이 2015년 11월 개발한 머신러닝(Machine Learning) 및 딥러닝(Deep Learning) 프레임워크이다. 딥마인드(DeepMind)는 텐서플로우로 전면 마이그레이션을 선포한 후에, 알파고의 알고리즘 훈련 작업은 모두 텐서플로우의 분산식 프레임워크에 배치되었다.

텐서플로우는 2015년 말에 지대한 관심을 받으며 출현하였다. 1개월 만에 GitHub의 1만 개 이상의 별을 받았으며, 현재 모든 머신러닝, 딥러닝 프로젝트에서 1위를 차지하였고, 모든 파이썬 프로젝트에서도 1위를 차지하고 있다. 이 책은 실용적 측면에 중점을 두고 독자들에게 텐서플로우를 사용하여 완전 연결 신경망, 컨벌루션 신경망, 순환 신경망 및 Deep Q-Network를 연결하는 방법을 설명하고자 한다.

또한 텐서플로우 원리 및 딥러닝의 부분 지식과 결합하여 독자들이 이 책을 통해 실제 프로젝트와 성과를 만들어낼 수도 있을 것이다. 이 책의 각 장 사이에는 커다란 의존적인 관계가 없으므로, 만일 독자가 어느 장에 흥미를 느낀다면 직접 그 부분을 읽으면 된다. 이 책은 TensorFlow 1.0.0-rc0을 사용하여 예를 들어 설명하였다. 최신 버전의 텐서플로우와 대부분의 코드는 호환되며, 몇 가지 인터페이스 업데이트가 있을 수 있으며, 독자는 프롬프트를 참조할 수 있다. 이 책의 대부분 코드는 파이썬 코드로, 이는 텐서플로우가 지원하는 가장 완벽한 인터페이스 언어이다.

이 책의 앞 2장은 텐서플로우의 기초 지식과 개념을 소개하였고, 제3장과 4장은 간단한 예시 및 신경망을 연결하는 방법을 소개하였다. 제5장과 제6장은 기초적인 회선신경망 및 현재 비교적 정형화된 AlexNet, VGGNet, Inception Net과 ResNet을 소개하였다. 제7장은 Word2Vec, RNN과 LSTM을 소개하였고, 제8장은 강화학습 및 딥러닝을 기반으로 한 정책 네트워크와 평가 네트워크를 소개하였다. 제9장은 TensorBoard, 단독 설비의 여러 GPU의 병행 및 분산식 병행에 대해 소개하였다. 제10장은 다양한 유형의 딥러닝 및 유행하는 머신러닝 알고리즘의 사용 방법이 포함된 텐서플로우의 contrib.leam 모듈을 소개하였으며, 이 모듈의 분산식 에스티메이터(Estimator)의 기본 구조 및 에스티메이터를 어떻게 사용해야 자신의 분산식 머신러닝 모델의 구조를 빠르게 구축하고 모델의 훈련과 평가를 진행할 수 있는지 해석하였다. 또한, 슈퍼바이저를 사용하여 모델 훈련을 잘 모니터링하고, 데이터프레임(DataFrame)을 사용하여 다양한 데이터 양식을 읽는 방법에 대해서도 소개하였다.

제11장에서는 Contrib 모듈을 소개하였는데, 이 모듈 안에 통계 분포, 머신러닝 층, 최적 함수, 지표 등이 포함된 많은 머신러닝에 필요한 기능을 제공한다. 이 장에서는 그중의 모두에게 텐서플로우의 포괄적 범위를 이해시키는 기능을 간략

히 소개하였으며, 커뮤니티의 적극적 참여와 공헌도를 느낄 수 있다. 제10장과 제11장은 TensorFlow 0.11.0-rc0 버전을 사용하여 예를 들어 설명하였다. 이 책의 집필에 도움을 준 친지, 동료, 친구들에게 감사를 전한다.

황원지앤(黃文坚), 탕위앤(唐源)

목차

CHAPTER

1

텐서플로우 기초

텐서플로우 기초

1.1 텐서플로우 개요

구글에서는 제1세대 분산식 머신러닝 프레임워크인 디스트빌리프(DistBelief)[1]를 내부에서 대규모로 사용했지만 오픈소스로 공개하지 않았다. 2015년 11월에 그 사용 경험을 바탕으로 제2세대 분산식 머신러닝 프레임워크인 텐서플로우[2]의 소스를 GitHub에 공개하였다. 2016년 4월 분산(distributed) 처리 기능을 추가하였으며, 2017년 1월 API 인터페이스가 안정된 1.0 알파 버전을 발표하였다.

지금도 텐서플로우는 매우 빠르게 변화하고 있으며, 많은 새로운 기능이 지속적으로 개발되어 성능이 향상되고 있다. 원래 텐서플로우는 구글 브레인팀에서 머신러닝 연구의 속도를 빠르게 하고, 연구된 모델을 기반으로 상용화를 빠르게 앞당기려는 목적으로 개발하였다.

---

1) **Large Scale Distributed Deep Networks**, *NIPS 2012*, Authors: Jeffrey Dean and Greg S. Corrado and Rajat Monga and Kai Chen and Matthieu Devin and Quoc V. Le and Mark Z. Mao and Marc'Aurelio Ranzato and Andrew Senior and Paul Tucker and Ke Yang and Andrew Y. Ng

2) **TensorFlow: Large-Scale Machine Learning on Heterogeneous Systems**, *http://tensorflow.org/*, Authors: Martin Abadi, Ashish Agarwal, Paul Barham, Eugene Brevdo, Zhifeng Chen, Craig Citro, Greg S. Corrado, Andy Davis, Jeffrey Dean, Matthieu Devin, Sanjay Ghemawat, Ian Goodfellow, Andrew Harp, Geoffrey Irving, Michael Isard, Yangqing Jia, Rafal Jozefowicz, Lukasz Kaiser, Manjunath Kudlur, Josh Levenberg, Dan Mane, Rajat Monga, Sherry Moore, Derek Murray, Chris Olah, Mike Schuster, Jonathon Shlens, Benoit Steiner, Ilya Sutskever, Kunal Talwar, Paul Tucker, Vincent Vanhoucke, Vijay Vasudevan, Fernanda Viegas, Oriol Vinyals, Pete Warden, Martin Wattenberg, Martin Wicke, Yuan Yu, and Xiaoqiang Zheng

구글이 텐서플로우를 오픈소스로 공개한 이유는 다음과 같다.

첫째, 커뮤니티의 역량을 통해 텐서플로우를 완벽하게 개선하려는 것이다. 지금도 구글 내부의 DistBelief 및 텐서플로우 사용자들의 많은 의견과 피드백을 통해서 성능이 급속도로 향상되고 있다. 둘째는 커뮤니티에 환원하는 것이다. 구글은 이렇게 훌륭한 도구가 학계와 산업계 전반에서 딥러닝의 효율성을 높이고 더 효과적으로 활용되었으면 한다. 구글은 텐서플로우 외에도 유명한 모바일 운영체제 OS인 Android, 브라우저 Chromium, 프로그램 언어 Go, JavaScript 엔진 V8, 데이터 교환 프레임워크 Protobuf, 컴파일러 Bazel, OCR 도구 Tesseract를 비롯한 많은 오픈소스들을 공개하고 있다.

텐서플로우 공식 홈페이지: www.tensorflow.org
GitHub 홈페이지: github.com/tensorflow/tensorflow
모델 웨어하우스 홈페이지: github.com/tensorflow/models

텐서플로우는 머신러닝 알고리즘의 인터페이스를 구현할 뿐만 아니라 동시에 머신러닝 알고리즘의 프레임워크를 실행한다. 프론트엔드(front-end)에서는 파이썬, C++, Go, Java 등 다양한 언어를 사용한 개발을 지원하고, 백엔드(back-end)에서는 C++, CUDA 등을 사용한 개발을 지원한다. 텐서플로우로 구현된 알고리즘은 [그림 1-1]에서와 같이 Android, iOS, 일반 CPU 서버 및 대규모 GPU 클러스터 같은 다른 구조의 시스템에 쉽게 이식할 수 있다.

텐서플로우는 딥러닝 알고리즘을 실행하는 것 이외에도 선형 회귀, 로지스틱 회귀, 임의의 포리스트(forest) 등을 포함한 여러 가지 알고리즘을 구현하는 데 사용된다.

텐서플로우로 구축된 대규모 딥러닝 모델의 응용 분야에는 음성 인식, 자연 언어 처리, 컴퓨터 비전, 기계 제어, 정보 추출, 약물 분석, 분자 구조 시각화 등 매우 광범위하다. 텐서플로우로 개발된 모델은 이 분야에서 높은 성과를 만들어 내고 있다.

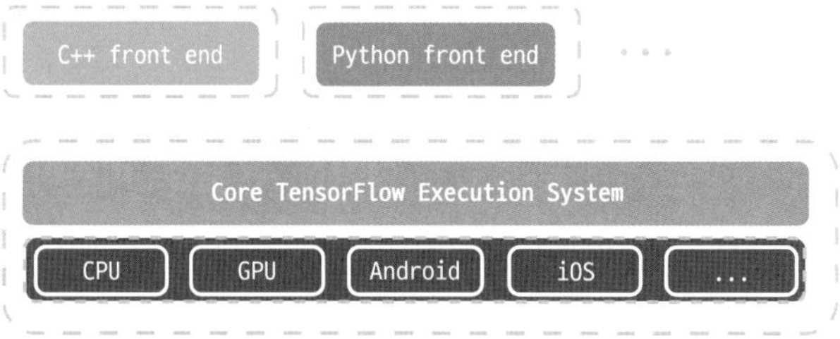

【그림 1-1】 텐서플로우의 기본 구조

하이퍼 스케일의 심층 신경망(DNN, Deep Neural Network)을 연구하기 위해 구글은 2011년 구글 브레인 프로젝트를 시작하여 제1세대 분산식 머신러닝 프레임워크인 DistBelief를 개발하였다. 50개 이상의 구글팀에서 DistBelief를 사용하였다. DistBelief로 구축된 딥러닝 모델에는 구글 검색의 검색 결과 정렬, 구글 포토의 이미지 주석, 구글 번역에서의 자연 언어 처리 등이 있다.

구글은 DistBelief를 사용한 경험을 기반으로 대규모의 분산식 신경망 훈련이 가능한 텐서플로우(제2세대 분산식 머신러닝 알고리즘의 구현 프레임워크와 부속 시스템)를 개발하였다.

구글의 Inception Net은 DistBelief에서 텐서플로우로 이식된 후 학습 속도가 6배 업그레이드되었다. 현재 구글에서는 텐서플로우를 사용한 프로젝트가 폭발적으로 증가하고 있으며, 2016년에는 2,000개가 넘는 프로젝트에서 텐서플로우를 사용하여 딥러닝(Deep Learning) 모델을 구축하였다. [그림 1-2]와 같이 매우 빠르게 사용이 증가하고 있다.

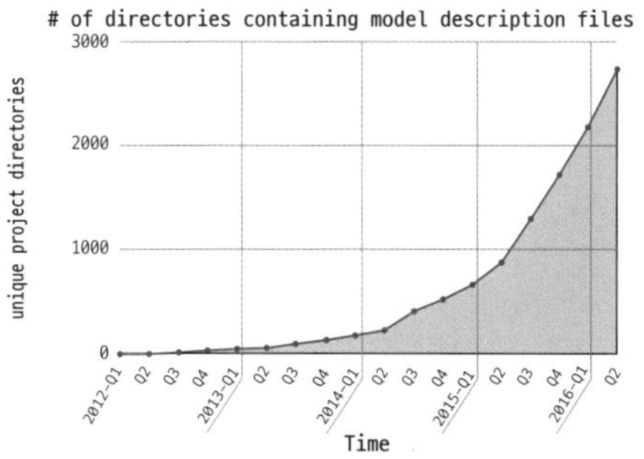

【그림 1-2】 구글에서 텐서플로우의 사용 추세

텐서플로우는 데이터 흐름도를 사용하여 계산 프로세스를 계획하고, 다른 하드웨어와 운영체제 플랫폼에 계산 프로세스를 반영할 수 있다. 통합된 아키텍처를 사용하기 때문에 텐서플로우를 다양한 플랫폼에 쉽게 이식할 수 있고, 머신러닝을 응용하기 위한 어려움을 줄일 수 있다. 텐서플로우를 사용하면 대규모 훈련 모델과 소규모 응용 프로그램 배포를 위해서 두 가지 프로그램을 개발할 필요가 없으며, 두 가지 프로그램을 동시에 유지 관리해야 하는 비용이 필요 없게 된다. 텐서플로우는 훈련과 예측에 매우 적합한 추상화(추론)를 제공한다.

텐서플로우의 계산 프로세스는 상태에 기반한 데이터 흐름도로 표시할 수 있다. 텐서플로우를 사용하면 대규모 신경망 훈련을 간편하게 구현해서 계산할 수 있으며, 다른 하드웨어 리소스에서 훈련을 진행하여 전역 공유 모델의 매개변수와 상태를 동기 혹은 비동기로 업데이트할 수 있다. 텐서플로우 알고리즘을 직렬에서 병렬로 변경할 때 일반적으로 코드의 일부만 다시 작성하면 되므로 처리 비용이 매우 적게 든다. DistBelief보다 텐서플로우 계산 모델이 더욱 간단하고 빠르며, 계산 성능도 현저하게 향상되었으며 동시에 더 많은 이기종 컴퓨터 시스템을 지원한다. 구글에서 DistBelief를 사용하던 많은 팀이 텐서플로우를 사용하여 모바일에서 컴퓨터 비전 모델을 뛰어넘거나 수백억 개의 매개변수, 수천억 개의 데이터를 가지고 있는 신경망 모델을 훈련하는 등 다양한 연구와 제품 개발을 진행하고 있다.

비록 텐서플로우를 사용한 대부분의 응용이 머신러닝 및 딥러닝 분야이지만, 텐서플로우로 추상화된 데이터 흐름도를 프랙털 그래프 계산(Fractal graph calculation) 또는 편미분 방정식의 수치 계산과 기호 계산에서 수치처럼 사용하고 응용할 수 있다. [표 1-1]은 텐서플로우의 주요 기술 특성을 보여 준다.

【표 1-1】 텐서플로우의 주요 기술 특성

프로그램 모델	Dataflow-like model (데이터 스트림 모델)
언어	Python·C++, Go·Rust·Haskell·Java Java (비공식적인 Julia·JavaScript·R의 지원)
부속	Code once, run everywhere (1차 편집, 각각 운행)

계산 자원	CPU (Linux·Mac·Windows·Android·iOS) GPU (Linux·Mac·Windows) TPU (Tensor Processing Unit, 계산 단위, 주로 추론하는 데 사용)
구현 방식	Local Implementation (stand alone 구현) Distributed Implementation (분산식 구현)
플랫폼 지원	Google Cloud Platform (구글 클라우드 플랫폼) Hadoop File System (Hadoop 분산식 파일 시스템)
디지털 표현	Math Graph Expression (수학적 계산 그래프 표현) Auto Differentiation (자동 미분)
우수성	Common Subexpression Elimination (공통 부분식 제거) Asynchronous Kernel Optimization (비동기 커널 최적화) Communication Optimization (통신 최적화) Model Parallelism (모델 병렬) Data Parallelism (데이터 병렬) Pipeline (파이프 라인)

1.2 텐서플로우 프로그램 모델 소개

1.2.1 핵심 개념

텐서플로우의 계산은 각각의 산술 연산(operation)이 하나의 노드(node)가 되고, 노드와 노드 사이의 연결을 에지(Edge)라고 부르는 방향 그래프(directed graph) 또는 계산 그래프(computation graph)로 표현할 수 있다. 계산 그래프는 데이터의 계산 프로세스를 설명하고 유지 보수와 갱신 상태를 관리해서 사용자가 계산 그래프의 분기에 대해 조건 제어 또는 순환 제어를 할 수 있도록 한다.

사용자는 파이썬, C++, Go, Java 등 몇 가지 언어를 사용하여 데이터 계산에 대한 방향 그래프를 만들 수 있다. 계산 그래프의 각 노드는 임의로 여러 개의 데이터를 입력하고 출력할 수 있으며, 각 노드는 연산 제어를 수행하고, 노드를 산술 연산에서의 인스

턴스(instance)라고 할 수 있다. 계산 그래프에서 에지의 유동(flow) 데이터를 텐서(tensor)라고 하며, 이로 인해 텐서플로우라는 이름이 정해졌다.

텐서의 데이터 유형은 미리 정의되거나, 계산 그래프의 구조에서 추론할 수 있다. 데이터 흐름이 없는 특수한 종류의 에지가 있으며, 이러한 종류의 에지는 제어 의존성(control dependencies) 노드로서, 시작 노드의 실행이 끝난 다음에 대상 노드가 실행될 수 있도록 한다. 사용자는 메모리 사용의 최대 피크값을 제한하는 등의 유연한 조건 제어를 위해 특수한 에지를 사용할 수 있다. 아래는 파이썬을 사용하여 계산 그래프를 생성하고 실행하는 예제이다. 계산 그래프는 [그림 1-3]과 같이 표시된다.

```
import tensorflow as tf
b=tf.Variable(tf.zeros([100]))              # 100차원의 벡터를 생성, 초기화는 0
W=tf.Variable(tf.random_uniform([784,100],-1,1)) # 784x100의 확률 행렬 W를 생성
x=tf.placeholder(name="x")                  # 입력된 placeholder
relu=tf.nn.relu(tf.matmul(W, x)+b)          # ReLU(Wx+b)
C=[...]                                     # ReLU 함수의 결과를 근거로 Cost 계산
s=tf.Session()
for step in range(0, 10):
    input=...construct 100-D input array...    # 입력되어 만들어진 100차원의 벡터
    result=s.run(C, feed_dict={x: input})      # Cost 획득, 공급 입력 x
    print(step, result)
```

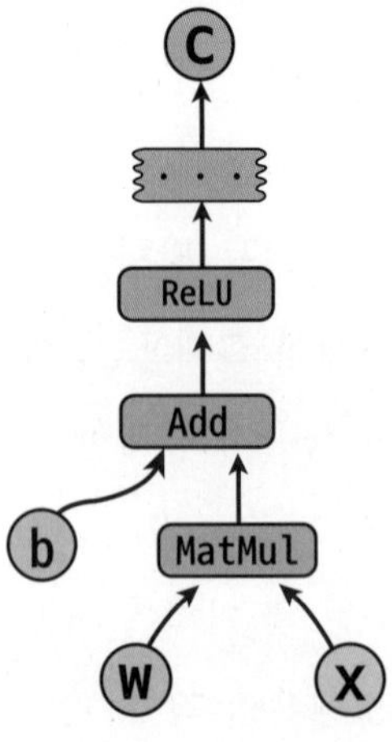

【그림 1-3】 계산 그래프

산술 연산은 일종의 행렬 곱셈 또는 벡터 덧셈과 같은 추상 연산 유형을 나타낸다. 산술 연산에는 고유의 속성이 있을 수 있지만, 계산 그래프를 생성할 때 모든 속성을 추론할 수 있어야 한다. 설정된 산술 연산의 속성에 따라 부동소수점(float) 또는 정수(int)를 지원하는 벡터 덧셈과 같은 다른 텐서 유형을 지원할 수 있다. 커널(kernel)은 CPU 또는 GPU 같은 특정 하드웨어에서의 산술 연산 작업을 수행한다. 텐서플로우는 레지스트레이션 메커니즘(registration mechanism)을 통해 새로운 산술 연산 또는 커널을 추가할 수 있다. [표 1-2]는 텐서플로우에 내장된 산술 연산 중 일부를 보여 준다.

【표 1-2】 텐서플로우 내장 연산 작업

유 형	예 시
스칼라 연산	Add · Sub · Mul · Div · Exp · Log · Greater · Less · Equal
벡터 연산	Concat · Slice · Split · Constant · Rank · Shape · Shuffle
행렬 연산	MatMul · MatrixInverse · MatrixDeterminant
상태 저장 연산	Variable · Assign · AssignAdd
신경망 모듈	SoftMax · Sigmoid · ReLU · Convolution2D · MaxPooling
저장 · 회복	Save · Restore
대기열 및 동기 연산	Enqueue · Dequeue · MutexAcquire · MutexRelease
제어 흐름(Flow of Control)	Merge · Switch · Enter · Leave · NextIteration

Session은 사용자가 텐서플로우를 사용할 때의 대화형 인터페이스이다. 사용자가 Session의 Extend 메소드를 사용해서 새로운 노드와 에지를 추가할 수 있으며, 계산 그래프로 만들 수 있다. 그런 후에 Session의 Run 메소드를 사용해서 계산 그래프를 실행할 수 있다. 사용자는 계산이 필요한 노드와 입력 데이터를 제공하며, 텐서플로우는 계산이 필요한 노드를 자동으로 찾아 제어 의존성 순서에 따라 실행한다. 대다수의 사용자들은 계산 그래프를 만들어 낸 다음 전체 계산 그래프 또는 서브 그래프(sub-graph)의 일부만 반복적으로 실행한다.

대다수 연산에서 계산 그래프는 반복적으로 여러 차례 실행되며, 데이터 역시 텐서로 계속해서 유지되지 않지만, 계산 그래프에서 한 번 실행된다. 변수(Variable)는 신경망 모델의 가중치처럼 메모리 또는 그래픽 메모리에 예약해야 하는 텐서를 저장할 수 있는 특별한 종류의 산술 연산이다. 계산 그래프가 실행될 때마다 변수에 텐서가 저장되고, 이러한 텐서는 계산 중에 업데이트될 수 있다. 예를 들어 신경망 가중치는 신경망의 미니배치(mini-batch) 훈련 시에 업데이트되고 저장된다. 변수를 사용하면 계산 그래프에서 Assign·AssignAdd(+=) 또는 AssignMul(*=)과 같은 특수한 연산을 실행할 수 있다.

1.2.2 구현 원리

텐서플로우는 중요한 구성 요소인 클라이언트를 가지고 있다. 이름에서 알 수 있듯이 Session 인터페이스를 통해 마스터(master) 및 여러 작업자(worker)와 연결된 클라이언트이다. 그중 각 작업자는 CPU 혹은 GPU와 같은 하드웨어 장치(device)에 연결될 수 있으며, 이러한 하드웨어를 관리할 책임이 있다. 마스터는 모든 작업자가 프로세스에 따라 계산 그래프를 수행하도록 유도해야 한다. 텐서플로우는 독립 실행형(Stand alone) 버전과 분산식 버전 2가지로 구현된다. 그중 독립 실행형 버전에서는 클라이언트, 마스터, 작업자가 모두 한 시스템에서 동일한 프로세스에 있으며, 분산식 버전에서는 클라이언트, 마스터, 작업자가 서로 다른 시스템의 서로 다른 프로세스에 있을 수 있다. 동시에 클러스터 스케쥴링 시스템으로 모든 작업을 일관되게 관리한다. [그림 1-4]는 독립 실행형 및 분산식 버전의 예시도를 보여 준다.

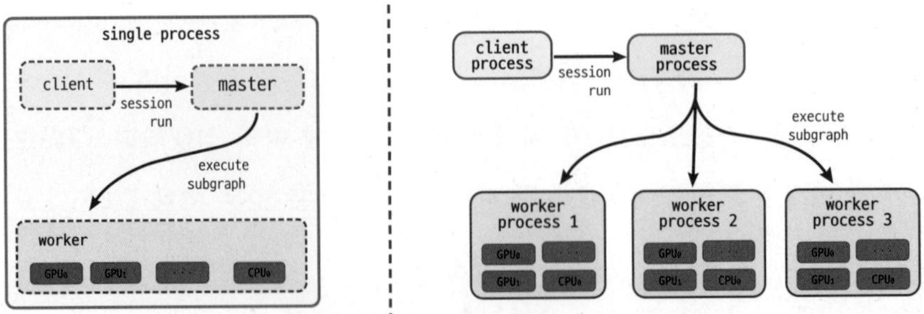

【그림 1-4】 텐서플로우의 독립 실행형 버전과 분산식 버전

텐서플로우에서 각 작업자는 여러 장치를 관리할 수 있다. 각 장치의 name은 하드웨어 유형, 번호, 작업 번호(stand alone 버전은 없음)를 포함하며, 예시는 아래와 같다.

독립 실행형 버전: /job: localhost/device: cpu: 0
분산식 버전: /job: worker/task: 17/device: gpu: 3

텐서플로우는 CPU와 GPU에 장치 관리를 위한 인터페이스 개체를 제공하며, 각 개체는 장치의 메모리 할당 및 해제는 물론 노드의 커널 실행을 담당한다. 텐서플로우의 텐서는 다차원 배열(multidimensional array)로, 데이터 유형은 8비트부터 64비트의 int 및 IEEE 표준의 float, double과 복소수형을 지원하며 임의의 문자열도 지원한다. 각 장치에는 별도의 할당자(allocator)가 있어서 다양한 데이터 형식의 텐서를 저장한다. 동시에 텐서의 참조 횟수도 기록되며, 참조 횟수가 0이 되면 메모리에서 해제된다. [그림 1-5]의 예시와 같이 텐서플로우가 지원하는 장치는 x86 아키텍처의 CPU, 휴대전화의 ARM CPU, GPU, TP TPU[Tensor Processing Unit, 구글 전용의 대규모 딥러닝을 위해 계산하기 위한 칩이지만, 현재 공개적으로 발표한 적이 없는 계획]를 포함한다. 예를 들면 AlphaGo가 이세돌과 바둑 시합 때 TPU 클러스터의 많은 컴퓨터 리소스를 사용하였다.

【그림 1-5】 텐서플로우가 지원되는 장치

단 하나의 하드웨어 장치만 있는 경우 계산 그래프는 의존 관계에서 순차적으로 실행된다. 노드의 모든 업스트림(upstream) 의존적으로 실행될 때(의존성 수는 0), 이 노드는 실행 준비 대기열에 추가되어 실행 대기 상태가 된다. 동시에 모든 노드의 다운스크림(downstream) 의존성 수는 1씩 줄어든다. 이것은 실제로 위상 순서(topology order)를 계산하는 방법이다. 여러 장치가 있는 경우 상황이 복잡해지고 어려운 점이 두 가지 있다.

① 각 노드는 어떤 하드웨어 장치로 실행되는가?

② 노드 간의 데이터 통신을 어떻게 관리하는가?

①번 문제의 대책은, 텐서플로우가 장치에 노드를 분배하기 위한 전략을 세우는 것이다. 이 전략은 먼저 각 노드의 입력, 출력 텐서의 크기와 필요한 계산 시간을 예측하여 비용 모델(Cost Model)을 계산한다. 그 비용 모델의 일부는 인간 경험에 의해 개발된 휴리스틱 규칙에서 파생되며, 다른 부분은 데이터의 일부를 실제로 연산 진행해서 측정한 것이다.

다음으로 분배 전략은 전체 계산 그래프의 실행을 시뮬레이션할 때, 먼저 시작 노드부터 시작하여 위상 순서에 따라 실행한다. 하나의 노드를 시뮬레이션할 때, 노드마다 이 노드를 실행할 수 있는 모든 장치를 한 번씩 테스트하는 것이다. 이 테스트는 노드의 계산 시간에 대한 비용 모델을 예측 계산하는 것과 데이터가 이 장치로 전송되는데 필요한 통신 시간을 고려한다. 마지막으로 가장 짧은 통합 시간을 갖는 장치를 이 노드의 연산 장치로 선택한다.

이 전략은 단순하면서도 탐욕스러운 전략이라고 볼 수 있으며, 전체에 적합한 최적의 솔루션을 찾을 수는 없지만, 비교적 빠른 속도로 노드에 연산을 분배하는 방안을 찾을 수 있으며, 실행 시간 외에도 가장 높은 메모리 사용량도 고려해서 찾는다.

현재 텐서플로우의 노드 분배 전략은 여전히 지속적으로 개발되고, 최적화되고 있으며, 미래에는 강화학습(Reinforcement Learning)의 신경망을 사용하여 의사결정을 지원할 수 있다. 텐서플로우는 노드의 분배 장치에 대해 "이 노드 분배 GPU 유형의 장치에게만 가능", "이 노드 분배는 /job:worker/task:17의 장치에게만", "이 노드 분배 장치는 반드시 variable13과 일치해야만"과 같은 제한적인 조건으로 사용자 지정을 할 수 있다. 이러한 제한적 조건에 대해 텐서플로우는 먼저 각 노드에서 사용될 수 있는 장치를 계산한 다음 유니언 찾기(union-find) 알고리즘을 사용하여 동일한 장치를 사용해야 하는 노드를 찾는다.

②번 문제에 대해 살펴보면, 노드에 장치를 분배하는 방법이 결정될 때, 전체 계산 그래프는 동일한 장치를 사용하여 많은 서브 그래프(sub-graph)로 분리되며, 인접 노드는 동일한 서브 그래프로 구분된다. 그런 다음 계산 그래프의 x에서 y까지의 에지가 송신자의 송신 노드(send node), 수신자의 수신 노드(receive node) 및 송신 노드부터 수신 노드까지의 에지로 [그림 1-6]과 같이 대체된다.

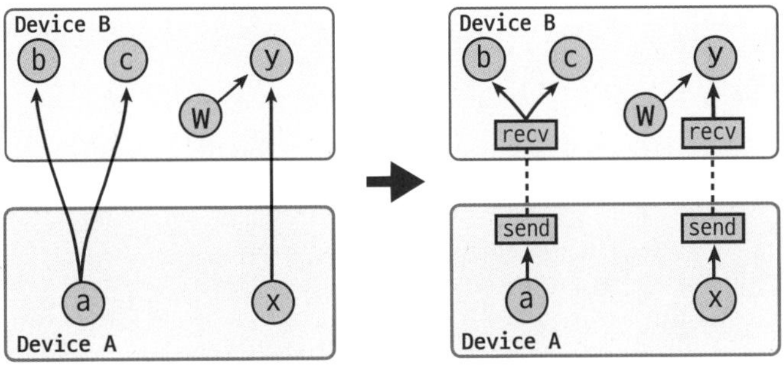

【그림 1-6】 텐서플로우의 통신 메커니즘

이렇게 데이터 통신의 문제는 송신 노드와 수신 노드의 구현 문제로 바뀌었으며, 사용자는 다른 하드웨어 환경에서 통신 방법을 구현할 필요가 없어졌다. 동시에 2개의 서브 그래프에 여러 개의 수신 노드가 있을 수 있는데, 만일 이 수신 노드에서 동일한 텐서를 수신하면 자동으로 모든 수신 노드는 하나로 병합되어 데이터의 반복 전송 또는 장치 메모리를 중복으로 차지하는 것을 피하게 된다.

요약하면, 텐서플로우의 통신 메커니즘은 매우 우수하다. 송신 노드와 수신 노드의 설계는 기본 통신 모드로 단순화되었고, 사용자는 노드 간의 통신 흐름을 설계할 필요가 없으므로 동일한 코드 세트를 다른 하드웨어 환경으로 자동 확장하여 복잡한 통신 흐름을 처리할 수 있게 된다. [그림 1-7]은 CPU와 GPU 간의 통신 흐름을 보여 준다.

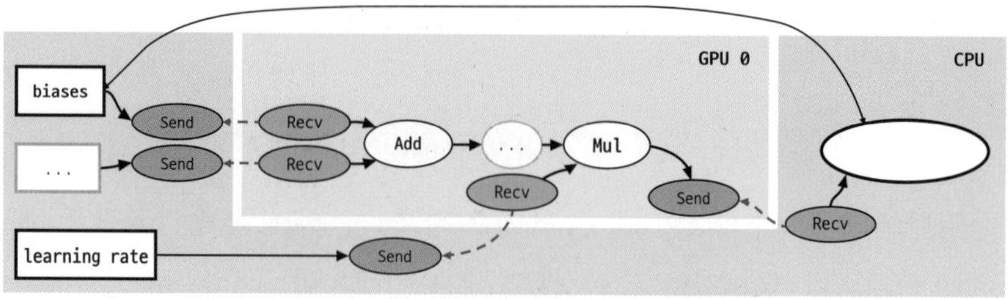

【그림 1-7】 CPU와 GPU 간 통신 흐름

동시에 독립 실행형 단일 장치 버전(Stand–alone single device version)에서 독립 실행형 다중 장치 버전(Stand–alone multi device version)으로 변경하는 것도 매우 쉽다. 아래의 코드에서 굵은 한 행만 추가하면 한 개의 GPU 훈련에서 다중 블록 GPU 훈련으로 변환을 구현할 수 있다.

```
for i in range(8):
    for d in range(4):
        with tf.device("/gpu:%d" % d):
            input = x[i] if d is 0 else m[d-1]
            m[d], c[d] = LSTMCell(input, mprev[d], cprev[d])
            mprev[d] = m[d]
            cprev[d] = c[d]
```

텐서플로우에서 분산된 실행 간의 통신은 독립 실행형 장치 간의 통신과 비슷하지만, 송신 노드와 수신 노드의 구현은 다르다. 예를 들면 독립 실행형 CPU에서 GPU까지의 통신이 서로 다른 기기 간에 TCP 또는 RDMA를 사용하여 데이터를 전송하도록 변경된다. 동시에 내결함성은 역시 분산식 텐서플로우의 특징 중 하나이다. 이 결함은 2가지 상황에서 감지될 수 있다. 하나는 데이터가 송신 노드에서 수신 노드까지 전송되지 않았을 때이고, 다른 한 가지는 작업자의 주기적인 하트비트(heartbeat) 검색이 실패했을 때이다.

결함이 감지되면, 모든 계산 그래프는 종료되었다가 다시 시작된다. 그중 변수 노드(variable node)는 지속성을 띠게 되고 텐서플로우는 검사점(check point)의 보존과 복원을 지원하게 된다. 변수 노드마다 하나의 저장 노드로 연결되며 몇 차례 반복적으로 일차 데이터를 보존하여 분산식 파일 시스템처럼 지속적인 저장 시스템에 보존된다. 마찬가지로 변수 노드마다 모두 하나의 복원 노드에 연결되어 다시 시작될 때마다 데이터를 호출하고 복원한다. 이렇게 결함이 발생하고 다시 시작된 후 모델의 매개변수는 보존되고 훈련은 처음부터 시작하지 않고 이전 검사점에서 다시 시작한다.

[그림 1-8]은 텐서플로우를 사용하는 GPU 클러스터의 분산식 훈련의 성능을 비교한 것으로, GPU 수가 16개보다 작을 때 기본적으로 성능 손실이 없다. 최대 50개의 GPU를 사용하더라도 80%의 효율을 얻을 수 있으며, 단일 GPU보다 40배 빠른 속도를 얻을 수 있다. 100개의 GPU에서 56배의 속도 향상(56% 효율)을 얻을 수도 있으며, 텐서플로우는 대규모 분산식 시스템에서 매우 높은 병렬 처리 성능을 제공한다.

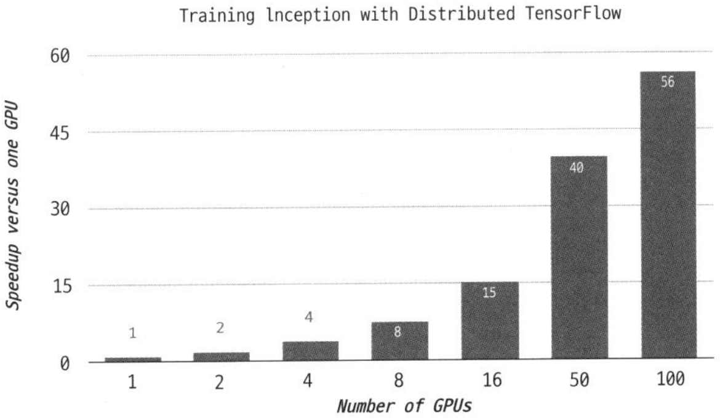

【그림 1-8】 텐서플로우 분산식 훈련 성능

1.2.3 기능 확장

딥러닝과 머신러닝의 경우 텐서플로우는 비용 함수(cost function)의 가장 기본적인 요구사항인 기울기(gradient) 계산을 자동으로 도출하는 기능을 지원한다. 텐서 C가 계산 그래프에서 종속 텐서 $\{X_k\}$ 세트를 갖는 경우 텐서플로우에서 $\{dC/dX_k\}$를 자동으로 구할 수 있다. 이 기울기를 구하는 과정도 계산 그래프에서 노드를 확장하는 방식으로 실행된다. 다만 기울기를 구하는 노드는 사용자에게 투명하다.

[그림 1-9]와 같이 텐서플로우로 텐서 *I*에 대한 텐서 *C*의 기울기를 구하는 경우에는 먼저 *I*부터 *C*까지의 정방향의 경로를 구한 다음 *C*부터 *I*까지 역으로 거슬러 올라가, 이 역방향 경로의 각 노드에 기울기 구하기에 해당하는 노드를 추가하게 된다. 체인 룰(chain rule)을 근거로 총 기울기를 계산하는 것이 역전파(BP, back propagation) 계산법이다. 이렇게 새로 추가된 노드는 [db,dW,dx] = tf.gradients(C, [b,W,x])처럼 기울기 함수(gradient function)를 계산한다.

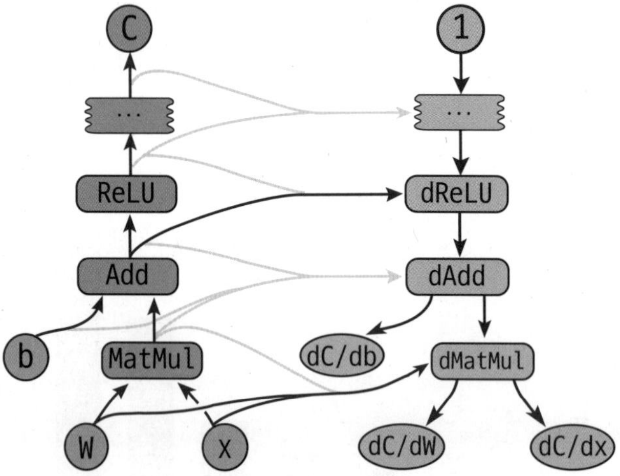

【그림 1-9】 텐서플로우 자동 기울기 계산

자동으로 기울기를 계산하는 것은 사용자에게는 매우 편리하지만, 텐서플로우의 계산에 대한 최적화(노드에 장치를 분배하기 위한 전략)는 특히 메모리 사용과 관련하여 복잡하게 변하게 된다. 계산 그래프를 정방향으로 실행하는 추론(inference)을 진행할 때 실행 순서가 확정되기 때문에, 경험을 사용하는 규칙은 좋은 결과를 얻기 쉽고, 텐서가 생성된 다음 후속 노드에 의해 빠르게 사용되므로 메모리를 계속 점유할 필요는 없다. 그래서 역전파법으로 기울기를 계산할 때, 계산 그래프의 시작 텐서를 자주 사용해야 한다.

이러한 텐서는 GPU 메모리를 많이 차지할 수 있으며 모델 크기를 제한할 수 있다. 현재 텐서플로우는 여전히 좀 더 사용하기 좋은 최적화 방법 및 텐서를 저장하는 것이 아니라 다시 계산하는 경우에 텐서를 GPU 메모리에서 CPU가 제어하는 메인 메모리로 이동하는 등의 문제를 지속적으로 개선하고 있다.

텐서플로우는 서브 그래프 실행을 별도로 지원하고 있어서 사용자가 계산 그래프의 임의의 서브 그래프를 선택하여 어떤 에지의 입력 데이터를 따라가서 다른 에지에서 출력 결과를 얻을 수 있다. 텐서플로우 사용자는 bar:0이 bar 노드의 첫 번째 출력이라는 것을 의미하는 것처럼 노드 이름에 port 형식을 추가하여 데이터를 지정한다.

서브 그래프를 실행하기 위해 Session의 Run 메소드를 호출할 때, 사용자는 name:port -> tensor와 같은 입력 데이터의 매핑을 선택할 수 있으며, 사용자가 name[:port]로 어느 노드에서 실행할지 선택하는 것처럼 반드시 출력 데이터를 지정하여야 한다. 만일 port가 선택되면 이 port의 출력 데이터는 Run 함수를 호출한 결과로 반환된다.

그런 다음 전체 계산 그래프는 입력과 출력에 따라 조정되고, 입력 데이터의 노드는 피드(feed) 노드에, 출력 데이터의 노드는 페치(fetch) 노드에 연결된다. 텐서플로우는 출력 데이터를 기반으로 어느 노드에서 실행되어야 하는지 자동으로 유추해 낼 것이다.

[그림 1-10]처럼 b를 일부 데이터로 교체하는 것을 선택하면, 피드 노드는 b를 대체하고 c에 연결한다. 동시에 f:0의 결과를 얻을 필요가 있으므로 페치 노드를 f에 연결한다. 이때 d와 e는 실행되지 않으며 최종적으로 실행될 노드는 a, c와 f가 된다.

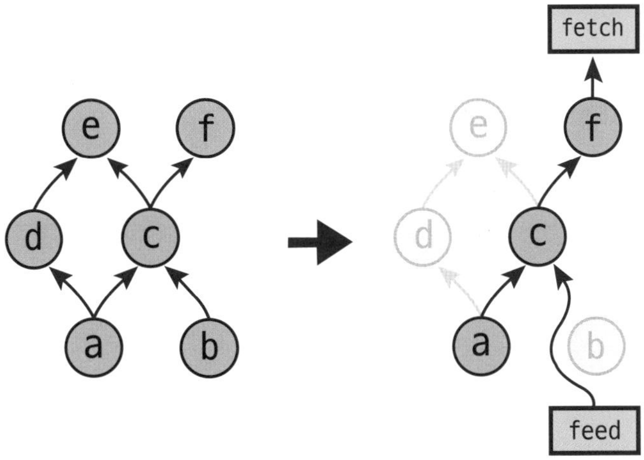

【그림 1-10】 텐서플로우 서브 그래프

텐서플로우는 if-condition와 while-loop와 같은 계산 그래프의 제어 흐름을 지원한다. 대부분의 머신러닝 알고리즘은 반복의 반복이 필요하기 때문에 이 기능이 매우 중요하다. 텐서플로우는 Switch와 Merge 2가지 연산자(operator)를 제공하는데 불특정 불값(Boolean-value)에 의해 서브 그래프를 건너뛸 수 있으며, 서브 그래프의 2가지 결과를 병합하여 if-else의 기능을 구현한다. 또한, Enter, Leave 및 NextIteration을 사용하여 순환과 반복을 실행한다. 높은 수준의 언어(예: 파이썬)를 사용하기 때문에 if-else, while, for로 계산 프로세스를 제어할 때, 이러한 제어 흐름이 해당 연산자를 사용하여 자동으로 컴파일(compilation)되므로 사용자에게 편리하다.

루프(loop)의 매회 순환에는 고유한 태그(tag)가 있으며, 실행 결과는 프레임(frame)으로 출력되므로 사용자가 쉽게 결과 로그를 찾아볼 수 있다. 텐서플로우의 제어 흐름은 분산식을 지원하고 있어서 순환 사이클마다 노드는 서로 다른 기기의 서로 다른 장치에 분산할 수 있다. 분산식 제어 흐름의 구현 방식 역시 계산 그래프에 의해 다시 작성된 것으로 순환 안의 노드는 서로 다른 작은 서브 그래프로 분리된다. 각 서브 그래프는 제어 노드에 연결되어 스스로의 순환을 구현하고, 또한 순환이 종료되었다는 등의 신호를 다른 서브 그래프로 보낸다.

분산식 제어 흐름은 계산 그래프에 포함된 기울기 계산 노드에 대한 지원을 하며, 텐서플로우가 제어 흐름에서 자동으로 기울기를 계산하는 기능을 맨 아래 레이어까지 숨기기 때문에 사용자는 이 부분의 기능에 대한 논리적 설계를 고려할 필요가 없다.

텐서플로우의 데이터 입력에는 피드 노드 외에도 구글 클라우드 플랫폼의 파일 경로처럼 사용자가 직접 파일 시스템 경로를 지정하는 특수한 입력 노드가 있다. 만일 피드 노드에서 데이터를 입력한다면 데이터를 클라이언트로부터 가져오게 되고, 네트워크를 통해서 분산식 시스템의 다른 노드로 전송하게 된다. 이렇게 하면 네트워크의 오버헤드(overhead)가 커지므로 직접 파일 경로를 사용하면 작업자 노드가 로컬 파일을 읽을 수 있어 효율성이 높아진다.

대기열(queue)은 텐서플로우의 작업 스케쥴링의 중요한 기능으로서 계산 그래프의 서로 다른 노드를 비동기적으로 실행을 할 수 있다. 대기열을 사용하는 목적은 배치(batch) 데이터를 연산할 때, 디스크에서 하나의 배치 데이터를 미리 페치해 와서 디스크 I/O

차단 시간을 줄이는 데 있다. 동시에 많은 기울기를 비동기식으로 계산하고 더 복잡한 전체 기울기로 결합할 수 있다. 선입선출(FIFO) 대기열 이외에도 텐서플로우는 손실 함수의 최적화 또는 모델 수렴에 유용한 특정 머신러닝 알고리즘의 무작위성 요구사항을 충족시키기 위해 대기열 재편(shuffling queue)을 구현한다.

컨테이너(Container)는 텐서플로우에서 장기적인 변수를 관리하기 위한 특별한 메커니즘으로 변수 개체를 컨테이너에 저장된다. 프로세스마다 프로세스가 끝날 때까지 하나의 기본 컨테이너가 계속 존재한다. 컨테이너를 사용하면 다른 계산 그래프의 다른 Session 사이의 일부 상태 값을 공유할 수 있다.

1.2.4 성능 최적화

텐서플로우에는 매우 추상적인 연산 작업이 많이 있으며, 이러한 연산 작업의 복잡한 계산을 여러 레이어로 구성할 수 있다. 여러 개의 고차원 연산 작업이 동시에 있는 경우, 처음 몇 개의 레이어는 완전히 일치하는 중복 계산(입력 및 연산 내용이 일치)일 수 있다. 이때 텐서플로우는 이러한 중복 계산을 자동으로 인식하고 계산 그래프를 수정하여 중복된 계산을 한 번만 실행한 다음 몇몇 고차원 연산 작업의 후속 계산을 일반적인 계산에 연결하여 중복 계산을 방지한다.

동시에 연산 순서가 정교하게 배열된 데이터 전송과 메모리 점용 문제를 크게 향상시킬 수 있다. 예를 들면 일부 데이터가 동시에 메모리에 존재할 때 시간이 겹치지 않게 조정한다. 메모리 용량이 비교적 작은 GPU에서 매우 중요하다. 텐서플로우 역시 수신 노드의 실행 시간을 세밀하게 계획한다. 만일 수신 노드가 너무 빨리 데이터를 수신한다면, 데이터가 장치의 메모리에 누적되므로 텐서플로우는 수신 노드로 하여금 데이터를 계산할 때 데이터 수신을 시작하도록 설계한다.

텐서플로우는 스레드(thread)가 계산을 완료할 때까지 기다릴 필요가 없도록 비동기 계산을 지원한다. 예를 들어 receive, enqueue, dequeue는 비동기 구현이며, 노드는 I/O를 기다리는 동안 다른 작업을 실행하기 위해 스레드를 차단할 필요가 없다.

텐서플로우는 몇 가지 고도로 최적화된 다른 회사의 계산 라이브러리(Library)를 지원한다.

선형 대수 계산 라이브러리:
- Eigen[3)]

행렬 곱셈 계산 라이브러리:
- BLAS[4)]
- cuBLAS(CUDA BLAS)[5)]

딥러닝 계산 라이브러리:
- cuda-convnet[6)]
- cuDNN[7)]

많은 머신러닝 알고리즘은 비교적 낮은 수치의 정밀도에서도 잘 작동하며, 텐서플로우 역시 데이터의 압축을 지원한다. 예를 들어 32비트 부동소수점 수치를 16비트 부동소수점 수치로 손실시켜 압축하면 다른 장치 간에 데이터를 전송할 때 네트워크의 오버 헤드를 줄이고 데이터 통신 효율을 높일 수 있다.

텐서플로우는 신경망 학습을 빠르게 하기 위한 3가지 병렬 계산 모드를 제공한다.

① **데이터 병렬 처리**: 서로 다른 장치에서 미니 배치(mini-batch) 데이터의 기울기 계산을 병렬로 처리한다. 예를 들면 1,000개의 샘플이 있는 미니 배치를 100개씩 10개로 분리된 샘플 데이터로 병렬 계산하고, 완료된 후에 10개의 기울기 데이터를 결합하여 최종 기울기를 얻고 공유 매개변수 서버(parameter server)로 업데이트한다. 이러한 작업은 동일한 서브 그래프 복사본을 여러 개 생성하며, 클라이언트에서 스레

3) http://eigen.tuxfamily.org/
4) http://www.netlib.org/blas/
5) https://developer.nvidia.com/cublas
6) https://github.com/akrizhevsky/cuda-convnet2
7) https://developer.nvidia.com/cudnn

드를 사용하여 복사본의 순환을 동기식으로 제어할 수 있다. [그림 1-11]은 텐서플로의 데이터 병렬 처리를 보여 준다.

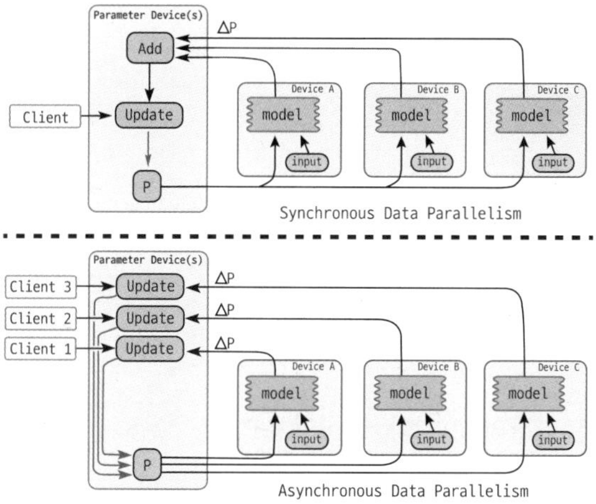

【그림 1-11】 텐서플로우의 데이터 병렬

위에서 설명한 이러한 작업은 비동기식으로 변경될 수 있으며, 여러 스레드를 사용하여 기울기 계산을 제어하고 각 스레드의 계산이 끝난 후에 비동기적으로 모델 매개변수를 업데이트할 수 있다. 동기화의 방식의 장점은 기울기의 간섭이 없는 비교적 큰 미니 배치[당연히 그중의 표준화(batch normalization)가 여전히 독립적인 것임]를 사용하는 것이지만, 단점은 결함 허용 범위가 좋지 않으며, 한 대의 기계에서 문제가 발생하면 재부팅이 필요할 수도 있다.

비동기 방식의 뛰어난 점은 일정한 결함 허용 범위가 있는 것이지만, 기울기의 간섭 문제로 인해 각 기울기의 이용 효율이 저하된다. 그 밖에 두 개의 비동기 그룹의 각 모듈마다 50개의 동기화된 훈련이 포함된 혼합식이 있다. [그림 1-12]에서 볼 수 있듯이 일반적으로 동기 훈련의 모델 정밀도가 더 나은 결과를 보인다.

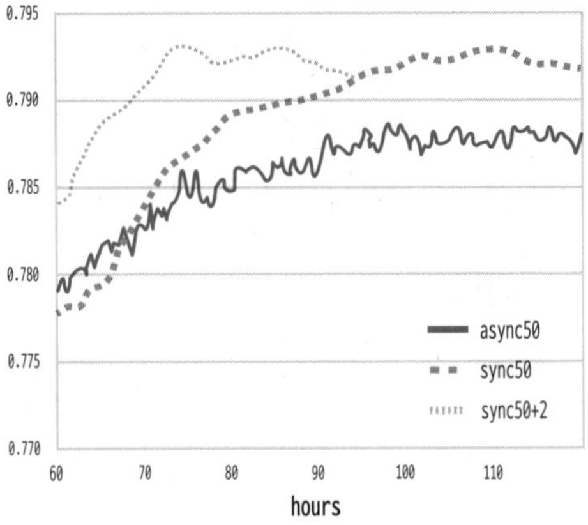

【그림 1-12】 데이터 병렬 처리에서 동기·비동기 학습 성능 비교

[그림 1-13]은 10개의 GPU와 50개의 GPU를 사용한 인셉션(inception) 학습의 비교한 것으로 동일한 정확도를 얻기 위해서 50개 GPU가 필요한 시간은 10개 GPU에서 필요한 시간의 1/4 정도이다.

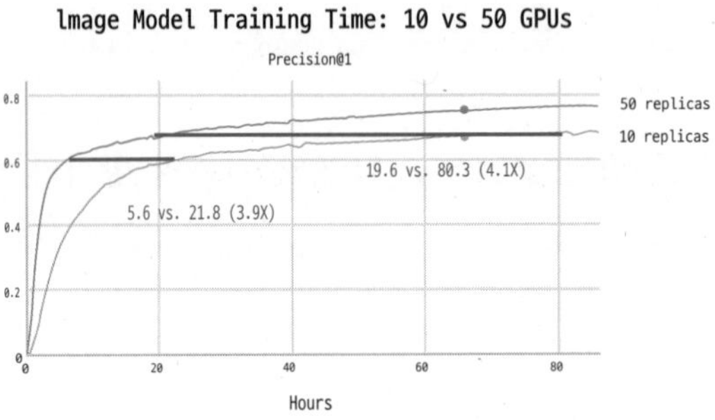

【그림 1-13】 10개 GPU와 50개 GPU의 훈련 효율 비교

모델 병렬 처리와 데이터 병렬 처리의 계산 성능 소모는 매우 적으며[특히 스파스(sparse) 모델의 경우 더욱 적다] 서로 다른 미니 배치 간의 간섭 확률이 적기 때문에 동시에 여러 복사(replicas) 데이터를 병행할 수 있으며, 최대 수천 건까지도 가능하다. [표 1-3]은 구글의 다양한 프로젝트에서 사용되는 데이터 병렬 처리와 GPU 수를 보여 준다.

【표 1-3】 구글의 데이터 병렬 처리 프로젝트

RankBrain	500건의 복사 데이터 병렬
ImageNet Inception Model	50개의 GPU, 40배 속도 증가
SmartReply	16건의 복사 데이터 병렬, 각 복사본은 여러 GPU 포함
Language model on "One Billion Word"	32개의 GPU

② **모델 병렬 처리**: 계산 그래프의 서로 다른 부분을 다른 장치에 놓고 연산하면 간단한 모델 병렬 처리를 구현할 수 있다. 그 목표는 한 사이클마다 반복되는 시간을 줄이는 데 있으며, 서로 다른 데이터를 병렬하는 동시에 많은 데이터의 훈련을 진행할 수 있다. 모델 병렬 처리는 모델 자체가 서로 의존하지 않거나 의존 정도가 높지 않은 많은 수의 서브 그래프를 필요로 한다. 성능 손실은 하드웨어 환경에 따라 다르다. 예를 들면 단일 코어 CPU에서 SIMD를 사용하면 오버헤드가 없으며, 멀티 코어 CPU에서 멀티 스레드를 사용하면 기본적으로 오버헤드가 없다. 멀티 GPU의 한계는 주로 PCIe 대역폭에 있으며, 여러 시스템 간의 한계는 주로 네트워크 오버헤드에 있다. [그림 1-14]는 텐서플로우의 모델 병렬 처리를 보여 준다.

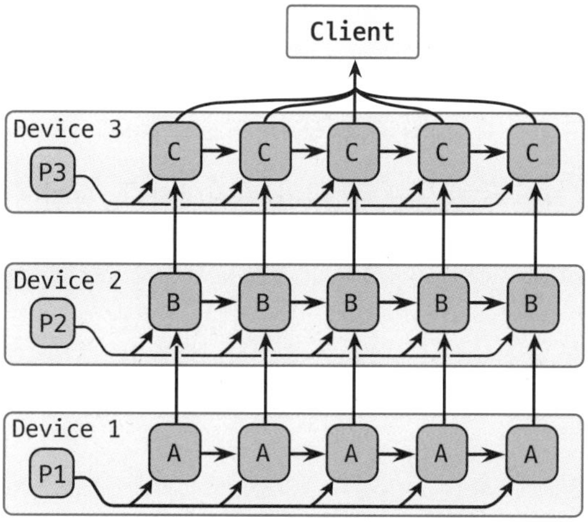

【그림 1-14】 텐서플로우의 모델 병렬 처리

③ **파이프라인(Pipeline) 병렬 처리**: 병렬 처리가 동일한 하드웨어 장치에서 실행된다는 점을 제외하면 데이터 병렬 처리와 유사하다. 일반적인 개념은 [그림 1-15]와 같이 계산을 파이프라인으로 만들어 하나의 장치에서 연속적으로 병렬로 실행해서 장치의 사용률을 높인다.

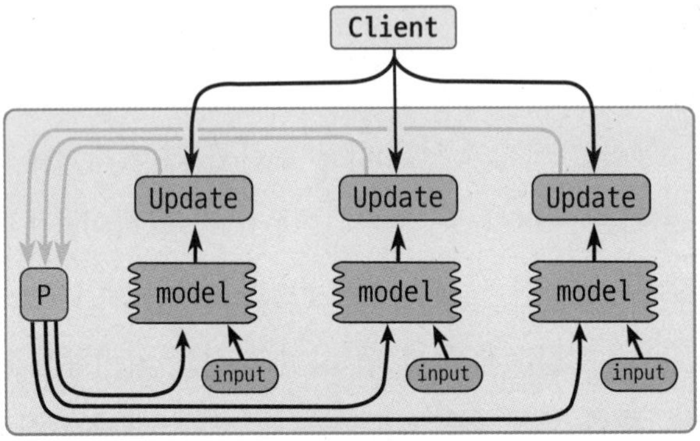

【그림 1-15】 텐서플로우의 파이프라인 처리

앞으로 텐서플로우는 임의의 서브 그래프로 분리하여 하나의 함수로 패키지화할 것이고, 서로 다른 프론트엔드(front-end) 언어(파이썬 또는 C++)에서 호출하도록 지원될 것이다. 이렇게 잘 설계된 서브 그래프는 오픈소스 커뮤니티에 발표하고 모두의 작업은 쉽게 공유할 수 있을 것이다. 텐서플로우 역시 최적화된 계산 그래프로 실행된 just-in-time 컴파일러(compiler, 현재 TensorFlow 1.0.0-rc0에서 이미 테스트 성의 XLA 모듈이 있으며, JIT 및 AOT 프로그램 최적화를 제공하고 있다)를 계획하고 있어서 자동으로 텐서의 유형, 크기를 추정해 낼 수 있으며, 자동으로 고도의 최적화된 파이프라인을 생성할 수 있기를 기대한다. 동시에 텐서플로우는 하드웨어 장치를 연산 노드에 분배하는 계획과 노드가 정렬을 실행하는 전략을 계속 최적화해 나아갈 것이다.

CHAPTER 2

텐서플로우와 기타 딥러닝 프레임워크 비교

텐서플로우와 기타 딥러닝 프레임워크 비교

2.1 주요 딥러닝 프레임워크 비교

딥러닝에 대한 연구 열정이 고조되면서 각종 딥러닝을 개발하는 프레임워크도 지속적으로 나오고 있다. 주요 프레임워크로는 TensorFlow, Caffe[8], Keras[9], CNTK[10], Torch7[11], MXNet[12], Leaf[13], Theano[14], DeepLearning4[15], Lasagne[16], Neon[17] 등이 있다. 이 중에서 텐서플로우는 관심도와 사용자 수에서 절대적인 우세를 보이며, 사용자가 증가하고 있다. [표 2-1]의 각 개발 프레임워크는 GitHub의 데이터 통계(2017년 1월 3일 데이터 통계)에서 보듯이, 텐서플로우가 star 수량, fork 수량, contributor 수량 등 이 3가지 데이터에서 모두 기타 경쟁자에 완승을 거두고 있는 것을 볼 수 있다. 그 이유를 보면 첫째,

---

8) **Convolutional Architecture for Fast Feature Embedding**, https://arxiv.org/abs/1408.5093, Authors: Yangqing Jia, Evan Shelhamer, Jeff Donahue, Sergey Karayev, Jonathan Long, Ross Girshick, Sergio Guadarrama, Trevor Darrell
9) https://keras.io/
10) **An Introduction to Computational Networks and the Computational Network Toolkit**, Microsoft Research, Authors: Dong Yu, Adam Eversole, Mike Seltzer, Kaisheng Yao, Oleksii Kuchaiev, Yu Zhang, Frank Seide, Zhiheng Huang, Brian Guenter, Huaming Wang, Jasha Droppo, Geoffrey Zweig, Chris Rossbach, Jie Gao, Andreas Stolcke, Jon Currey, Malcolm Slaney, Guoguo Chen, Amit Agarwal, Chris Basoglu, Marko Padmilac, Alexey Kamenev, Vladimir Ivanov, Scott Cypher, Hari Parthasarathi, Bhaskar Mitra, Baolin Peng, Xuedong Huang
11) https://github.com/torch/torch7
12) **A Flexible and Efficient Machine Learning Library for Heterogeneous Distributed Systems**, NIPS 2015, Authors: Tianqi Chen, Mu Li, Yutian Li, Min Lin, Naiyan Wang, Minjie Wang, Tianjun Xiao, Bing Xu, Chiyuan Zhang, and Zheng Zhang
13) https://github.com/autumnai/leaf
14) http://deeplearning.net/software/theano/
15) https://deeplearning4j.org/
16) https://github.com/Lasagne/Lasagne
17) https://github.com/NervanaSystems/neon

구글이 절대적인 영향력을 갖고 있으며, 이전에도 많은 성공적인 오픈소스 프로젝트를 보유하고 있고, 아울러 인공지능 개발 분야에서 단연 선두를 달리고 있어 모두 구글의 딥러닝 프레임워크를 신뢰하기 때문이다. 2015년 11월 텐서플로우는 오픈소스 첫 달에 10,000+ star를 기록했다. 둘째로 텐서플로우는 신경망 구조 설계 코드의 단순화, 분산식 딥러닝 계산법의 실행 효율, 배치의 편리성 등 확실히 다방면에서 뛰어난 성능을 가지고 있다. 텐서플로우 개발의 진행 상황을 주시하면 텐서플로우에는 매주 1만 행 이상의 코드 업데이트가 되어 있는 것을 볼 수 있을 것이다. 제품 자체의 우수한 품질, 빠른 교체와 갱신, 역동적인 커뮤니티와 적극적 피드백은 선순환을 형성하고 있어, 앞으로 텐서플로우가 각종 딥러닝 프레임워크를 계속 지배하게 될 것이라는 것을 예상할 수 있다.

【표 2-1】 주요 오픈소스 프레임워크에 대한 GitHub의 데이터 통계

프레임워크	개발사	지원 언어	Stars	Forks	Contributors
TensorFlow	Google	Python/C++/Go/...	41628	19339	568
Caffe	BVLC	C++/Python	14956	9282	221
Keras	fchollet	Python	10727	3575	322
CNTK	Microsoft	C++	9063	2144	100
MXNet	DMLC	Python/C++/R/...	7393	2745	241
Torch7	Facebook	Lua	6111	1784	113
Theano	U. Montreal	Python	5352	1868	271
Deeplearning4J	DeepLearning4J	Java/Scala	5053	1927	101
Leaf	AutumnAI	Rust	4562	216	14
Lasagne	Lasagne	Python	2749	761	55
Neon	NervanaSystems	Python	2633	573	52

[표 2-1]을 보면 Google·Microsoft·Facebook 등 세계적인 IT 기업이 모두 딥러닝 프레임워크 경쟁에 참여하고 있음을 알 수 있다. 또한, 버클리대학을 졸업한 지아양칭(贾扬清)이 주도하여 개발한 Caffe, 몬트리얼대학의 Lisa Lab 팀이 개발한 Theano 및 기타 개인 또는 비즈니스 조직이 공헌한 프레임워크 등이 있다. 그 밖에 주요 프레임워크 마다 기본적으로 파이썬을 지원하고 있는데, 현재 파이썬은 과학적 계산과 데이터 마이

닝 영역에서 독보적 위치를 차지하고 있다. R, Julia 및 기타 언어 보다 파이썬이 지원하는 다양한 라이브러리는 매우 완벽하다. 웹 개발, 데이터 시각화, 데이터 전처리, 데이터베이스 연결, 크롤러(Crawler) 등의 다양한 기능과 완벽한 생태 환경을 가지고 있다. 그뿐만 아니라 데이터 마이닝 도구 체인에서 파이썬은 NumPy·SciPy·Pandas·Scikit-learn·XGBoost 등의 모듈이 있으며 데이터 수집과 전처리가 매우 편리하다. 또한 텐서플로우 등 파이썬에 기반을 둔 딥러닝 프레임워크와 완벽하게 연결할 수 있다.

[표 2-2]와 [그림 2-1]은 주요 딥러닝 프레임워크인 TensorFlow·Caffe·CNTK·Theano·Torch의 측정 기준별 평가점수로, 2.2절에서 각 딥러닝 프레임워크에 대해 상세하게 소개할 것이다.

【표 2-2】 주요 딥러닝 프레임워크의 각 측정 기준별 평가점수

	모델 설계	인터페이스	배치	성능	구조 설계	총 평가 점수
TensorFlow	80	80	90	90	100	88
Caffe	60	60	90	80	70	72
CNTK	50	50	70	100	60	66
Theano	80	70	40	50	50	58
Torch	90	70	60	70	90	76
MXNet	70	100	80	80	90	84
DeepLearning4J	60	70	80	80	70	72

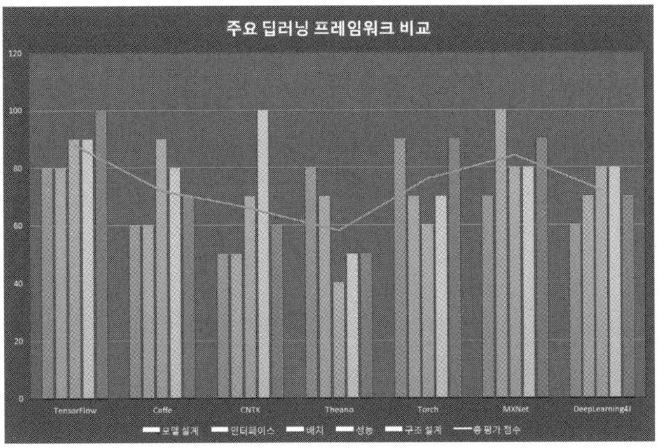

【그림 2-1】 주요 딥러닝 프레임워크 비교

2.2 주요 딥러닝 프레임워크 소개

본 절에서는 현재 널리 사용되고 있는 프레임워크의 유사점과 차이점, 각 프레임워크의 특징과 장점을 살펴 보도록 하자.

2.2.1 텐서플로우

텐서플로우는 사용자가 효율적인 구현을 위해 C++ 또는 CUDA[18] 코드를 작성하지 않고도 신경망 구조를 쉽게 설계할 수 있는 수준 높은 머신러닝 라이브러리이다. 텐서플로우는 테아노(Theano)처럼 자동 도출을 지원하고, 사용자가 다시 역전파법을 통해서 기울기를 구할 필요가 없다. 핵심 코드는 Caffe와 마찬가지로 C++로 작성되었으며, C++을 사용하여 라인상 배치의 복잡도를 단순화하고, 모바일 장치로 이런 메모리와 CPU 자원 모두 갖춘 장치가 복잡한 모델(파이썬은 소모자원을 비교할 수 있을 뿐만 아니라, 실행 효율이 높지 않다)을 실행할 수 있다. 핵심 코드인 C++ 인터페이스를 제외하고, 텐서플로우에는 SWIG(Simplified Wrapper and Interface Generator)를 통해 구현되는 공식적인 파이썬·Go와 Java 인터페이스가 있다. 이렇게 사용자가 하드웨어 배치가 비교적 잘된 기계에서 파이썬을 사용하여 실험을 진행할 수 있으며, 리소스가 제한된 임베디드(embedded) 환경 또는 대기 시간이 짧은 환경에서 C++를 사용하여 모델을 배치할 수 있다. SWIG는 C/C++ 코드에 제공된 각종 언어의 인터페이스를 지원한다. 따라서 기타 스크립트 언어의 인터페이스 미래 역시 SWIG를 통해 쉽게 추가될 수 있다. 그러나 파이썬을 사용할 때 효율성 문제가 있는 각 미니 배치(mini-batch)를 파이썬에서 네트워크로 공급해야 한다는 것이다. 이 과정은 미니 배치의 데이터양이 비교적 적거나 연산 시간이 매우 짧을 때 영향을 줄 수 있다. 현재 텐서플로우는 비공식적으로 Julia·Node.js·R의 인터페이스에서 지원되고 있다. 주소는 아래와 같다

18) https://developer.nvidia.com/cuda-zone

Julia : github.com/malmaud/TensorFlow.jl
Node.js : github.com/node-tensorflow/node-tensorflow
R : github.com/rstudio/tensorflow

텐서플로우 역시 내장된 TF.Learn과 TF.Slim 등 상위 모듈이 있어서 빠르게 새로운 네트워크를 설계할 수 있으며 Scikit-learn estimator 인터페이스를 겸용하여 evaluate · grid search · cross validation 등의 기능을 쉽게 구현할 수 있다. 동시에 텐서플로우는 신경망에만 국한되는 것이 아니라 데이터 흐름도가 매우 자율적인 알고리즘을 지원하여 표현되어 당연히 쉽게 딥러닝 이외의 머신러닝 알고리즘을 구현할 수 있다. 사실, 계산을 계산 그래프의 형식으로 표시할 수만 있다면, 텐서플로우를 사용할 수 있다. 사용자는 내부 루프 코드를 사용하여 계산 그래프의 분기된 계산을 제어할 수 있으며, 텐서플로우는 자동으로 관련 분기를 서브 그래프로 바꿔 반복 연산을 실행할 수 있다. 또한, 텐서플로우는 계산 그래프의 각 노드를 서로 다른 장치에 분배 실행하여 하드웨어 자원을 충분히 이용할 수 있다. 새로운 노드를 정의하는 것은 하나의 파이썬 함수를 작성하면 된다. 만일 대응되는 기본 연산 커널이 없다면, C++ 혹은 CUDA 코드를 작성하여 연산 작업을 구현할 수 있다.

데이터 병렬 모드에서 텐서플로우와 매개변수 서버는 매우 유사하지만, 텐서플로우는 독립적인 변수 노드(variable node)가 있으며, 하나의 전체적으로 통일된 매개변수 서버가 있는 것이 다른 프레임워크와 다르다. 따라서 매개변수 동기화가 더욱 자유롭다. 텐서플로우와 Spark의 핵심은 데이터 계산의 흐름도이며, Spark가 지향하는 것은 최대 규모의 데이터로, SQL 등의 작업을 지원한다. 또한, 텐서플로우가 주로 지향하는 메모리는 모델 매개변수를 장착한 환경을 만족하는 것으로 계산 효율을 최대화할 수 있다.

텐서플로우의 또 다른 중요한 특징은 유연한 이식성으로, 동일한 코드를 거의 수정되지 않고 가볍게 임의 수량의 CPU 혹은 GPU의 PC, 서버 혹은 이동 장치로 배치할 수 있다. 테아노와 비교하면 텐서플로우는 매우 우수한 부분이 있는데, 그것은 바로 매우 빠른 컴파일 속도이다. 새로운 네트워크의 구조를 정의할 때 테아노는 통상 긴 시간의 컴파일이 필요해서 새로운 모델을 테스트하려면 비교적 큰 비용이 필요한데, 텐서플로우는 이런 문제가 전혀 없다. 텐서플로우는 매우 강력한 기능을 가진 모듈인 텐서보드(TensorBoard)가 있어서, 네트워크 구조와 훈련 과정을 시각화할 수 있고, 관찰이 복잡한 네트워크 구조와 장시간 모니터링, 대규모 훈련에 대해 큰 도움이 된다. 텐서보드는 생산 환경에 대해 최적화되어 있으며, 제품 수준의 고품질 코드와 설계 모두 생산 환경에서 안정적인 실행을 보장한다. 텐서플로우가 광범위하게 산업계에서 사용되면 선순환을 만들고, 딥러닝 분야에서 사실상 표준이 된다.

항시 보는 네트워크 구조[컨벌루션 신경망(Convolutional Neural Network, CNN), 순환 신경망(Recurent Neural Network, RNN)]를 지원하는 것 외에, 텐서플로우는 심층 강화학습(Deep reinforcement learning, RL), 더 나아가 다른 계산 집약형의 과학적 계산(편미분 방정식 풀이 등과 같이)을 지원한다. 텐서플로우는 이전에는 상징적인 루프(symbolic loop)를 지원하지 않았는데, 파이썬을 사용하여 순환이 필요해지면서 컴파일 최적화를 진행할 방법이 없지만 최근에 새롭게 추가된 XLA는 이미 JIT와 AOT를 지원하기 시작했다. 또한, 버킷 트릭(bucketing trick)을 사용하여 보다 효율적인 순환 신경망을 구현할 수 있다. 텐서플로우의 약점 중 하나는 계산 그래프에서 반드시 고정 그래프를 구성해야 하므로 많은 계산이 구현하기 어렵게 된다. 특히 시퀀스 예측에 자주 사용되는 빔 검색(beam search)이라는 것이다.

텐서플로우의 사용자는 훈련이 잘된 모델을 쉽게 여러 하드웨어, OS 플랫폼에 배치하여 Intel과 AMD의 CPU를 지원할 수 있으며, CUDA를 통해서 NVIDIA의 GPU(최근에 OpenCL을 통해서 AMD의 GPU를 지원하기 시작했지만, CUDA가 성숙하지 못함)를 지원하기 시작했으며, Linux와 Mac을 지원하여 최근에 0.12 버전에도 Windows 지원을 테스트하기 시작했다. 산업 생산 환경에서, 어떤 하드웨어 장치는 최신의 모델이고, 어떤 것은 몇 년을 사용한 낡은 모델로, 소스가 비교적 복잡할 수 있는데 텐서플로우는 이기종 특성으로 인해 각종 하드웨어와 OS를 전면적으로 지원할 수 있다. 동시에 CPU의 행렬 연산 라이브러리는 BLAS 라이브러리 대신 Eigen을 사용하여 ARM 구조를 기반으로 컴파일 및 최적화 모바일 장치(Android와 iOS)에서 원활하게 작동한다.

텐서플로우가 처음 출시된 때에는 단지 스탠드 얼론과 CUDA 6.5와 cuDNNv2만을 지원했으며, 공식적으로 다른 딥러닝 프레임워크와 비교한 결과가 없었다. 2015년 말, 많은 다른 프레임워크의 각 성능을 비교 평가하였는데 매번 텐서플로우가 비교적 차이가 있는 것으로 평가되었다. 그 시기의 텐서플로우는 사실 빠르지도 않고 성능도 매우 느린 테아노와 비슷하다고 일반적으로 인식되었다. 그러나 구글의 강력한 개발 실력을 등에 지고 매우 빠르게 새로운 버전의 cuDNN(현재 cuDNN v5.1 지원)을 지원하여 단독 GPU에서의 성능이 다른 프레임워크를 따라잡았다. [표 2-3]은 https://github.com/soumith/convnet-benchmarks가 제시한 각 프레임워크가 AlexNet에서의 단일 GPU 성능 평가를 보여준다.

【표 2-3】 AlexNet에서 주요 딥러닝 프레임워크 성능 비교

라이브러리	Class(종류)	총시간(ms)	피드포워드 시간(ms)	피드백 시간(ms)
cuDNN[R4]-fp16 (Torch)	cudnn.SpatialConvolution	71	25	46
Nervana-neon-fp16	ConvLayer	78	25	52
cuDNN[R4]-fp32 (Torch)	cudnn.SpatialConvolution	81	27	53
TensorFlow	conv2d	81	26	55
Nervana-neon-fp32	ConvLayer	87	28	58
fbfft (Torch)	fbnn.SpatialConvolution	104	31	72
Chainer	Convolution2D	177	40	136
cudaconvnet2*	ConvLayer	177	42	135
cuDNN[R2] *	cudnn.SpatialConvolution	231	70	161
Caffe (native)	ConvolutionLayer	324	121	203
Torch-7 (native)	SpatialConvolutionMM	342	132	210
CL-nn (Torch)	SpatialConvolutionMM	963	388	574
Caffe-CLGreenTea	ConvolutionLayer	1442	210	1232

현재 단일 GPU 환경에서 대부분의 딥러닝 프레임워크는 cuDNN에 의존하므로 하드웨어 계산 성능 또는 메모리 분배 차이가 크지 않다면 최종 학습 속도는 크게 차이가 나지 않는다. 하지만 대규모 딥러닝의 거대한 데이터 양은 스탠드 얼론이 제한된 시간 내에 훈련을 완성하기에는 매우 어렵다. 이때 분산식 계산이 GPU 클러스터로 하여금 TPU 클러스터까지 병행 계산이 필요하며, 공동으로 모델을 훈련하게 되므로 프레임워크의 분산식 성능이 가장 중요한 포인트가 된다. 텐서플로우는 2016년 4월에 분산식 버전으로 개발되었으며, 16개의 GPU를 사용하여 단일 GPU의 15배 속도 증가를 달성하였다.

50개의 GPU일 때는 분산식 효율이 가장 높은 40배의 증가 속도에 도달하였다. 현재 원래 지원하던 분산식 딥러닝 프레임워크는 많지 않으며, TensorFlow·CNTK·DeepLearning4J·MXNet 등이 있다. 그러나 현재 텐서플로우의 설계는 다른 장치 간의 통신에는 그다지 좋지 않다. 스탠드 얼론의 reduction은 단지 CPU 처리에만 사용할 수 있으며 분산식 통신 사용은 속도가 더욱 빨라지는 RDMA가 아닌 socket을 기반으로 하는 RPC를 사용해서 분산식 성능이 최적화에 도달하지 못할 수도 있다.

구글은 2016년 2월에 TensorFlow Serving[19]을 개발하였는데, 이 구성 요소는 텐서플로우 훈련이 잘된 모델을 도출할 수 있고 대외적으로 예측 서비스의 RESTful 인터페이스를 제공할 수 있도록 배치될 수 있다. (그림 2-2 참조) 이 모듈이 있어서 텐서플로우는 머신러닝 전체 과정[훈련 모델, 테스트 매개변수에서 sealing 모델까지, 마지막에는 서비스 배치까지]의 응용을 구현할 수 있다. 그것은 문자 그대로 연구에서부터 생산에 이르기까지 전체 파이프라인을 모두 완전히 갖춘 프레임워크이다. 여기에서 텐서플로우 개발 담당자의 설명을 인용하면, "TensorFlow Serving은 생산 환경과 설계의 고성능화된 머신러닝 서비스 시스템을 위한 것이다. 그것은 동시에 여러 개의 대규모 딥러닝 모델을 운행할 수 있으며, 모델의 생명 주기를 관리, 알고리즘 실험을 지원하고 고효율로 GPU 자원을 이용하여 텐서플로우 훈련이 잘된 모델로 더욱 빠르고 쉽게 실제 생산 환경에 투입될 수 있다."라고 말한다. 텐서플로우를 제외한 다른 프레임워크는 모두 생산 환경 배치의 고려가 부족하다. 구글에서는 광범위하게 실제 제품에 딥러닝을 응용하면서 이 기회를 인식하게 되었고, 그로 인해 서비스를 배치한 플랫폼을 개발하였다. TensorFlow Serving은 하나의 조커라고 말할 수 있는데, 텐서플로우가 산업 표준이 되는 데 기여할 것이다.

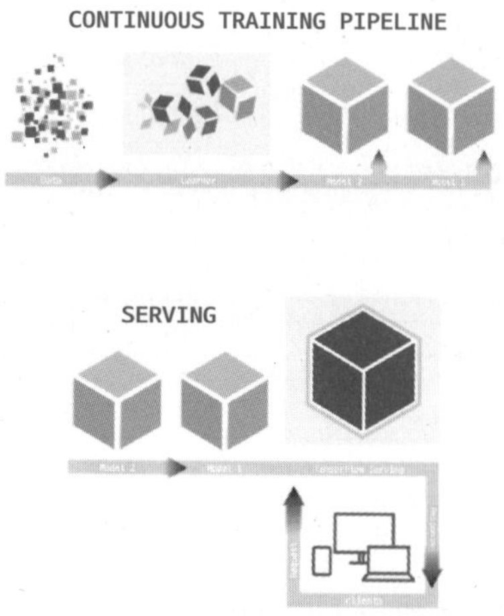

【그림 2-2】 TensorFlow Serving 구조

19) https://tensorflow.github.io/serving/

텐서보드는 텐서플로우의 웹 응용으로 텐서플로우 실행 과정을 모니터링하는 데 사용하거나 계산 그래프를 시각화하는 데 사용한다. 텐서보드는 현재 스칼라(scalars), 이미지(images), 오디오(audio), 히스토그램(histograms)과 계산 그래프의 시각화를 지원한다. 텐서보드의 이벤트(Events) 대시보드(Dashboard)는 손실(loss), 학습 속도(learning rate) 혹은 검증 세트(Validation set)의 정확도(accuracy)와 같이 지속적으로 운행할 때의 키워드를 모니터링할 때 사용할 수 있으며, 이미지 대시보드는 훈련 중간 결과로 Matplotlib 등으로 그려낸(plot) 그림과 같이 훈련 과정 중의 사용자가 보존을 설정한 그림을 표시할 수 있다. 그래프 탐색기는 텐서플로우의 계산 그래프를 완전하게 표시할 수 있으며, 확대/축소, 노드 속성 드래그 및 찾아보기를 지원한다. 텐서보드의 시각화는 [그림 2-3]과 [그림 2-4]와 같다.

텐서플로우는 고품질 코드를 제공하며, 구글의 강력한 개발 및 유지 관리 능력의 지원으로 전체 구조 설계 역시 탁월하다. 파이썬을 기반으로 한 오래된 경쟁 브랜드인 테아노(Theano)와 비교하면, 텐서플로우는 더욱 성숙되고 완벽하다. Theano의 많은 주요 개발자들이 구글에서 텐서플로우를 개발하였다(예를 들어 딥러닝의 저가인 Ian Goodfellow는 후에 OpenAI로 갔다). 구글은 훨씬 많은 자원을 텐서플로우의 개발에 투입하였으며, 텐서플로우는 향후 비약적으로 발전할 것으로 예견되고 있다.

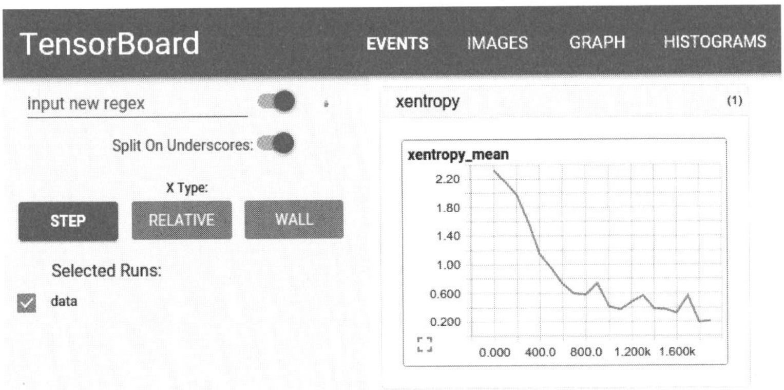

【그림 2-3】 텐서보드의 손실 스칼라 시각화

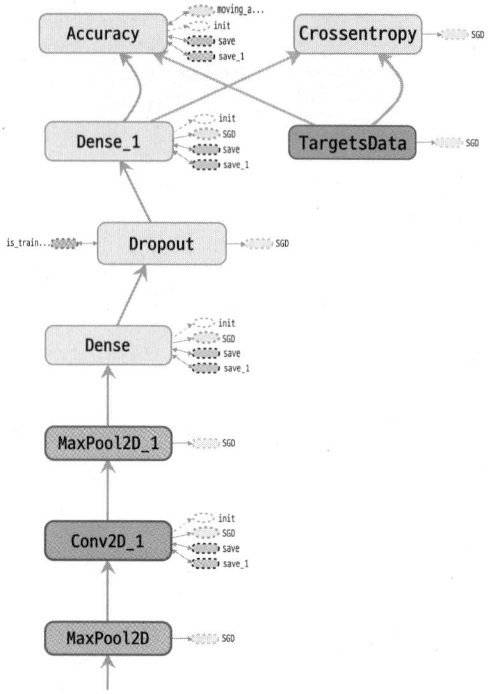

【그림 2-4】 텐서보드의 모델 구조 시각화

2.2.2 카페(Caffe)

공식 사이트 주소 : caffe.berkeleyvision.org/
GitHub : github.com/BVLC/caffe

Caffe는 광범위하게 사용되고 있는 오픈소스 딥러닝 프레임워크(텐서플로우가 나타나기 전에는 줄곧 딥러닝 영역에서 GitHub star가 가장 많은 프로젝트였다)이다. 현재 버클리 비전 학습 센터(Berkeley Vision and Learning Center, BVLC)가 유지 관리를 진행하고 있다. Caffe의 창시자는 캘리포니아대학 버클리의 지아양칭 박사이다. 그는 동시에 텐서플로우 개발자 중의 한 명으로 MSRA, NEC와 Google Brain에서 일했으며, 현재는 Facebook FAIR 실험실에서 근무하고 있다. Caffe의 주요 특징은 아래의 몇 가지 점을 포함하고 있다.

① 사용이 간편한 네트워크 구조는 구성 파일 형식으로 정의되며, 네트워크를 설계 하는 데 코드가 필요 없다.

② 학습 속도가 빠르며, state-of-the-art의 모델과 대규모 데이터를 훈련할 수 있다.

③ 모듈식 구성 요소는 새로운 모델 및 훈련 과제로 쉽게 확장할 수 있다.

Caffe의 핵심 개념은 레이어(Layer)로 각 신경망의 모듈은 모두 레이어이다. 레이어는 입력 데이터를 받아 내부 계산을 통해 출력 데이터를 생성한다. 네트워크 구조를 설계할 때 각 레이어를 함께 연결하여 완전한 네트워크를 구성한다(protobuf 작성을 통해서 문서 정의를 배치한다.). 예를 들면 컨벌루션 레이어(convolution Layer)의 입력은 이미지의 전체 픽셀이며, 내부에서 진행하는 작업은 각종 픽셀 값과 레이어 매개변수의 컨벌루션(convolution) 작업이며, 마지막 출력하는 것은 모든 컨벌루션 커널 필터의 결과이다. 각 레이어는 두 가지 연산을 정의해야 한다. 하나는 정방향(forward) 연산, 즉 입력 데이터로부터 출력 결과를 계산하며 모델의 예측 과정이며, 다른 하나는 역방향(backward) 연산으로 출력단의 기울기로부터 입력에 대한 기울기를 구하는 역전파법 알고리즘인데 이 부분 역시 모델의 훈련 과정이다. 새로운 레이어를 구현할 때 정방향과 역방향 두 가지 종류의 계산 과정 함수를 구현하고 이 부분의 계산은 일반 사용자가 사용하기 어려운 C++ 또는 CUDA(GPU에서 실행이 필요할 때) 코드를 작성해야 한다. Caffe의 정식 명칭인 Convolutional Architecture for Fast Feature Embedding이 설명하는 것처럼, Caffe는 컨벌루션 신경망의 기술에 대해 매우 우수한 것이지만 시간 행렬 순환 신경망, LSTM 등에 대해 특별하게 충분한 지원을 하는 것은 아니다. 동시에 레이어의 모드를 기본으로 순환 신경망은 매우 우호적이지 않으며, 순환 신경망 구조를 정의할 때 비교적 번거롭다. 모델 구조가 매우 복잡할 경우 네트워크를 설계하기 위해 매우 긴 파일을 작성해야 할 수도 있으며, 읽기가 더 힘들 수도 있다.

Caffe의 가장 큰 장점은 잘 훈련된 전형적인 모델(AlexNet · VGG · Inception)과 다른 state-of-the-art(ResNet 등) 모델을 가지고 있으며, Caffe의 Model Zoo(github.com/BVLC/caffe/wiki/Model-Zoo) 에 보관되어 있다는 것이다. Caffe는 인기가 높기 때문에 산업계와 학술계에서 널리 사용되고 있다. 소스 코드를 제공하는 많은 딥러닝 논문에서 Caffe를 사용하여 그 모델을 구현한다. 컴퓨터 비전 분야에서도 Caffe는 매우 많이 응용되고 있으며,

안면 인식, 이미지 분류, 위치 검사, 목표 추적 등에 사용될 수 있다. 비록 Caffe가 주로 학술계와 연구자들을 대상으로 하고 있지만 그 프로그램 실행은 매우 안정적이고 코드 품질은 매우 높아서 안정적이며 엄격한 요구의 생산 환경에 매우 적합하여 최적의 딥러닝 프레임워크라고 말할 수 있다. Caffe가 C++를 기반으로 한 것이기 때문에 각종 하드웨어 환경의 컴파일에서 양호한 이식성(portability)을 가지게 된다. Linux·Mac와 Windows 시스템을 지원하며 Android와 iOS 같은 모바일 장치 시스템에 컴파일하여 배치할 수 있다. 다른 대부분의 딥러닝 라이브러리와 마찬가지로 Caffe 역시 파이썬 언어 인터페이스 pycaffe를 제공하며, 새로운 작업에서 새로운 네트워크를 설계할 때에도 파이썬 인터페이스를 사용하여 작업을 간소화할 수 있다. 그러나 사용자는 일반적으로 Protobuf 구성 파일을 사용하여 신경망 구조를 정의하고, 다시 command line를 사용하여 훈련하거나 예측한다. Caffe의 구성 파일은 JSON 유형의 .prototxt 파일로서 그중에 많은 순서가 연결된 레이어를 사용하여 신경망 구조를 설명한다. Caffe의 이진법은 프로그램을 실행하는데 이러한 .prototxt 파일을 추출하고 그 정의에 따라 신경망을 훈련할 수 있다. 이론상 Caffe의 사용자는 코드를 완전히 사용하지 않아도 단지 네트워크 구조를 정의하여 모델의 훈련을 완성할 수 있다. Caffe의 훈련이 완성된 후에 사용자는 모델 파일을 사용하기 쉬운 인터페이스로 패키지할 수 있다. 예를 들면 파이썬이나 MATLAB의 API로 패키지할 수 있다. 그러나 .prototxt 파일 내부에 네트워크 구조를 설계하면 비교적 제한될 수 있으며 텐서플로우 또는 케라스(Keras)와 달리 파이썬의 네트워크 구조를 설계하는데 쉽고 자유롭다. 더욱 중요한 것은 Caffe의 구성 파일은 편집될 수 없는 방식으로 하이퍼 매개변수를 조정하는 것이며 또한 Scikit-learn과 같이 유용한 estimator 제공 없이 쉽게 교체 검증, 하이퍼 매개변수의 grid search 등의 작업을 진행할 수 있다. Caffe는 GPU 훈련(단일 GTX 1080을 사용하여 AlexNet을 훈련할 때 하루에 수백만 장의 이미지로 훈련할 수 있다)에서 우수한 성능을 보였으나, 현재 단지 스탠드 얼론의 멀티 GPU의 훈련을 지원할 뿐 원래의 분산식의 훈련을 지원하지 않는다. 다행스럽게도 야후의 오픈소스인 CaffeOnSpark와 같이 현재 많은 제3자의 지원이 있어서 Spark의 분산식 프레임워크를 이용하여 Caffe의 대규모 분산식 훈련을 구현할 수 있다.

2.2.3 테아노(Theano)

공식 사이트 : http: //www.deeplearning.net/software/theano/
GitHub : github.com/Theano/Theano

2008년에 출시된 Theano는 몬트리올대학의 Lisa Lab 팀이 개발하고 유지 관리하는 고성능의 기호 계산 및 딥러닝 라이브러리이다. 초기에 출현되어서 이런 라이브러리의 시조 중의 하나라고 할 수 있으며, 딥러닝 연구와 응용의 중요한 표준 중의 하나로 간주된다. Theano의 핵심은 수학 표현식의 컴파일러로, 전문적으로 대규모의 신경망 훈련의 계산을 처리하고 설계하기 위한 것이다. Theano는 다양한 사용자 정의 계산을 효율적인 기본 코드로 컴파일하고, BLAS·CUDA 등 가속할 수 있는 다양한 라이브러리에 연결한다. Theano는 다차원 배열을 포함하는 수식을 사용자가 정의, 최적화, 평가할 수 있게 해주며, 계산을 GPU(Theano는 GPU에서 성능이 좋지만 CPU에서 성능이 떨어진다)에 로드하는 것을 지원한다. Theano는 Scikit-learn과 마찬가지로 NumPy를 잘 통합하며, GPU를 투명하게 사용하기 때문에 CUDA 코드를 직접 작성하지 않아도 더욱 편리하게 신경망을 설계할 수 있다.

Theano의 주요 장점은 아래와 같다.

① NumPy를 통합하여 직접 NumPy의 ndarray를 사용할 수 있으며, API 인터페이스를 낮은 비용으로 훈련시킨다.

② 계산 안정성이 좋으며, 출력 값이 매우 적은 함수[log(1+x) 같은 함수]를 정밀하게 계산하여 출력해 낼 수 있다.

③ 효율적인 기계 코드로 컴파일하기 위해 C 또는 CUDA 코드를 동적으로 생성한다.

Theano는 널리 사용되어서 많은 높은 수준의 문서와 교육 과정(tutorial)이 작성되어 있으므로 사용자는 모델 저장 방법, 모델 실행 방법 등 Theano의 각종 FAQ를 쉽게 검색할 수 있다. 그렇지만 Theano는 제품으로 사용되지 않으며, 비록 Theano가 Linux·Mac와 Windows를 지원하지만 C++ 기반의 인터페이스는 없기 때문에 모델의 배치가 쉽지 않아서 각종 파이썬 라이브러리에 의존하며, 각종 모바일 장치를 지원하지 않으므로 산업 생산 환경에서는 거의 응용 프로그램이 없다. 디버깅(debugging) 중에 Theano가 출력한 오류 메시지는 이해하기가 매우 어렵다. 또한, Theano는 생산 환경에서 훈련된 모델을 사용하여 예측할 때 성능이 좋지 않다. 예측은 일반적으로 서버 CPU(생산 환경 서버는 일반적으로 GPU가 없을 뿐만 아니라, GPU 예측 샘플은 지연이 높아서 오히려 CPU만 못하다)를 사용하므로 CPU에서 Theano의 실행 성능은 좋지 않다.

Theano는 단일 GPU에서 실행 효율이 뛰어나고 성능은 다른 프레임워크와 비슷하다. 그러나 연산 시에 사용자의 파이썬 코드를 CUDA 코드로 변환한 다음 다시 이진법으로 컴파일하여 파일을 실행할 수 있다. 복잡한 모델을 컴파일하는 시간은 매우 길다. 이 외에 Theano는 도입될 때에 비교적 느릴 뿐만 아니라, 일단 불특정 GPU를 설정하면 다른 장치로 바꿀 방법이 없다. 현재 Theano는 CUDA와 cuDNN에서 GPU를 지원하지 않으며, 단지 OpenCL과 Theano 자체의 gpuArray 라이브러리에서만 멀티 GPU를 지원하여 훈련한다. 속도는 일시적으로 CUDA 버전과 비교가 안 되며 Theano는 현재 분산식 구현이 아직 안 되고 있다. 그러나 Theano가 간단한 네트워크를 훈련할 때 (매우 얕은 MLP와 같이) 성능은 텐서플로우보다 좋을 수 있다. 전체 코드가 실행 시의 컴파일이기 때문에 텐서플로우처럼 매번 미니배치 데이터를 피드(feed) 할 때 낮은 효율의 파이썬을 통해 순환하여 구현할 필요가 없다.

Theano는 파이썬(C++/CUDA 코드도 파이썬 문자열로 패키지 되어 있다.)의 기호에 기반을 두고 라이브러리를 계산한다. 사용자가 정의한 각종 연산은 Theano가 자동으로 구할 수 있으므로 수동으로 신경망 역전파법 알고리즘을 작성하는 번거로움을 줄일 수 있으며, Caffe와 마찬가지로 레이어를 위해 C++ 또는 CUDA 코드를 쓸 필요가 없다. Theano는 컨벌루션 신경망에 대한 지원이 매우 좋으며, 동시에 기호는 API를 계산하여 순환 제어(내부명 scan)를 지원한다. 컨벌루션 신경망의 구현은 매우 간편하고 성능이 높을 뿐 아니라, 그 전체 기능 역시 Theano로 대부분의 state-of-the-art 네트워크를 지원할 수 있다. Theano는 딥러닝 라이브러리를 기반으로 파생되었으며, 일련의 상위 패키지를 포함하는데 그중에는 명성이 높은 Keras가 있다. Keras는 신경망의 추상에 대해 매우 적합하고 임의로 계산의 백엔드(back－end: 현재 Theano와 텐서플로우를 동시에 지원한다.)을 실행할 수 있다. Keras는 탐색 단계에서 신속하게 각종 네트워크 구조를 테스트하는데 비교적 적합하고, 콤포넌트(component)는 모두 플러그인 모듈로서 콤포넌트(선형 레이어 함수 등)를 하나씩 연결해야 하지만, 새로운 모듈 혹은 레이어를 설계하는 것이 쉽지 않다. Keras 외에도 학계에서 선호하는 Lasagne 역시 Theano의 상위 패키지이다. Lasagne는 신경망 내 모든 레이어를 매우 엄격하게 정의한다. 그 외에 scikit-neuralnetwork·nolearn 이 두 가지는 Lasagne의 상위 패키지를 기반으로 하며, 신경망을 추상화하여 Scikit-learn 인터페이스의 classifier와 regressor의 상위 패키지를 겸용한다. 이렇게 하면 Scikit-learn 안의 전형적인 fit·transform·score 등을 사용하여 쉽게 작업할 수 있다. 또한, Theano의 상위 패키지 라이브러리는 blocks·deepy·pylearn2와 Scikit-theano가 있는데, 이는 이른바 거대한 가족이라고 할 수 있다. 만일 Theano가 없다면, 이렇게 많이 사용되는 파이썬 딥러닝 라이브러리는 근본적으로 출현할 수 없다. 마찬가지로 파이썬 과학 계산의 초석인 NumPy가 없다면 SciPy·Scikit-learn와 Scikit-image가 있을 수 없다. Theano는 딥러닝의 NumPy라고 말할 수 있으며 다른 파이썬 딥러닝 라이브러리의 초석이라 할 수 있다. Theano가 매우 중요하지만, 직접 Theano를 사용하여 대형 신경망을 설계하는 것은 여전히 번거로운 일이다. Theano로 구글 인셉션을 구현하는 것은 NumPy를 사용하여 서포트 벡터 머신(SVM)을 구현하는 것과 같다. 많은 사용자가 Theano를 사용하지 않고 인셉션 네트워크를 구현한다고 말할 수는 없다. 설사 만들 수 있다고 할지라도 반드시 시간이 필요하다. 결국, 모든 사람이 기초 과학의 종사자는 아니며 대부분의 사용 배경은 여전히 산업의 응용 분야에 있다. 따라서 간단하게 사용하는 것이 상위 패키지 라이브러리의 가치이며 매우 중요한 기능이다. 항상 기본적인 텐서의 단위에서 네트워크 설계할 필요는 없지만, 보다 상위 레이어 단위에서 네트워크를 설계한다.

2.2.4 토치(Torch)

공식 사이트 : [http://torch.ch/]
GitHub : [github.com/torch/torch7]

Torch는 LuaJIT의 고효율 과학 계산 라이브러리로서 대량의 머신러닝 알고리즘을 지원하면서 GPU에서의 계산을 우선적으로 수행한다. Torch의 역사는 매우 유구하지만 진정한 빛을 발한 것을 Facebook에서 그 딥러닝의 모듈을 개발한 후로 이후에는 Google·Twitter·NYU·IDIAP·Purdue 등에서 대량으로 Torch를 사용하였다. Torch의 목표는 과학 계산 알고리즘 설계를 더욱 간편하게 바꾸는 것으로 대량의 머신러닝, 컴퓨터 비전, 신호 처리, 병행 연산, 이미지, 비디오, 오디오, 네트워크 처리의 라이브러리를 포함한다. 또한, Caffe와 마찬가지로 Torch는 대량의 훈련된 딥러닝 모델을 가지고 있다. Torch는 매우 복잡한 신경망의 토폴로지(topography) 구조 설계를 지원하고, CPU 및 GPU와 병렬화를 할 수 수 있다. Torch에서 새로운 레이어를 설계하는 것은 비교적 간단하다. Torch는 텐서플로우와 같이 C++에 스크립트 언어를 호출하는 방식을 사용한다. 다른 점은 Torch는 Lua를 사용한다. Lua의 성능은 매우 우수하다(이 언어는 자주 게임을 개발하는 데 사용한다). 일반적인 코드는 투명한 JIT 최적화를 통해서 C의 성능의 80%까지 도달할 수 있다. 편리성에서 Lua의 어법은 매우 간단하고 읽기 쉽다. 통일된 구조를 가지고 있어서 파악이 쉽고 C/C++ 보다 더욱 간결하게 쓸 수 있다. 동시에 Lua는 매우 직접적인 C 프로그램의 인터페이스를 사용하고 있어서 대량의 C를 기반으로 한 라이브러리를 간편하게 사용할 수 있다. 기본 핵심이 C로 작성하는 것이기 때문에 쉽게 각종 환경에 도입할 수 있다. Lua는 Linux·Mac을 지원하고 또한 각종 임베디드 시스템(iOS · Android · FPGA 등)을 지원하므로 단지 실행할 때 LuaJIT의 환경만이 필요하다. 따라서 산업 생산 환경의 사용은 상대적으로 적고 Caffe와 텐서플로우만큼 많이 사용되지는 않는다.

왜 간단하게 파이썬를 사용하지 않고 LuaJIT를 사용하는가? 공식적으로 아래와 같은 이유가 제기되었다.

① LuaJIT의 일반적인 계산 성능은 파이썬보다 뛰어날 뿐만 아니라 직접 LuaJIT 안에서 C의 pointers를 작업할 수 있다.

② Torch의 프레임워크는 Lua가 self-consistency한 것을 포함하고 파이썬에 기반을 둔 프로그램은 다른 플랫폼, 시스템에 대해 이식성이 좋지 않아서 외부에 의존하는 라이브러리가 비교적 많다

③ LuaJIT의 FFI의 확장 인터페이스는 매우 배우기 쉬워서 다른 라이브러리를 Torch에 쉽게 연결할 수 있다. Torch는 N-차원 배열형(N-Dimension array type)의 대상 텐서

를 특별히 설계하였다. Torch 안의 텐서는 메모리 뷰(view)이며, 동시에 메모리는 그 것을 가리키는 많은 뷰를 가질 수 있다. 이러한 설계는 성능(직접 메모리 지향)과 편리성을 동시에 고려한 것이다. 또한, Torch는 [그림 2-5]에서와 같이 선형 대수, 컨벌루션, 푸리에 변환, 도표 그리기, 통계 등을 포함하는 많은 라이브러리를 제공한다.

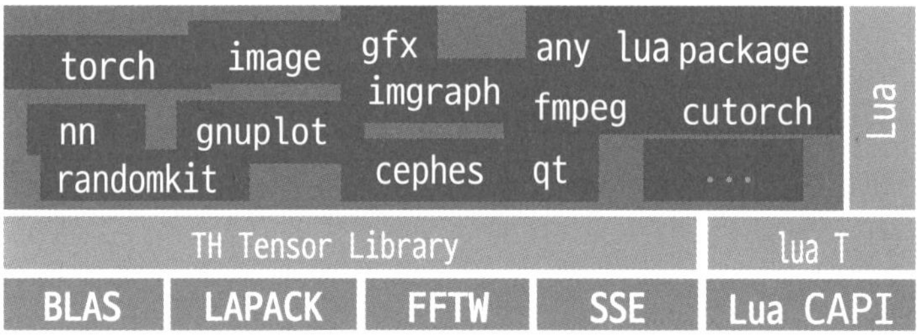

【그림 2-5】 Torch가 제공하는 각종 데이터 처리 라이브러리

Torch의 nn 라이브러리는 신경망·Self Encoder·컨벌루션 회귀, 컨벌루션 네트워크·순환신경망 등을 지원하고, 사용자 지정 손실 함수 및 기울기 계산을 지원한다. Torch는 LuaJIT를 사용하므로 사용자는 Lua에서 루프 등을 사용하여 데이터 전처리 작업을 자유롭게 할 수 있다. 사용자는 파이썬의 성능 문제를 걱정할 필요가 없으며, 파이썬에서 작업 속도를 높이기 위해 다양한 라이브러리를 배울 필요도 없다. 그러나 Lua는 파이썬과 비교하면 일부에서 사용하고 있으며 대부분의 사용자는 추가의 훈련이 필요하다. CPU에서 Torch의 계산은 OpenMP·SSE을 사용하여 최적화를 진행하며, GPU에서는 CUDA·cutorch·cunn·cuDNN를 사용하여 최적화를 진행하고, 또한 cuda-convnet의 wrapper를 사용하여 최적화를 진행한다. Torch는 RNN을 지원하는 많은 타사의 확장을 제공하므로 기본적으로 대부분의 네트워크를 지원한다. Caffe와 마찬가지로 Torch는 주로 레이어의 연결에 기반을 두고 네트워크를 정의한다. Torch 안의 새로운 레이어는 여전히 사용자 스스로 구현하는 것이 필요하지만, 새로운 레이어를 정의하는 것이 네트워크 방식을 정의하는 것과 유사하며, Caffe처럼 번거롭지 않고 매우 간편하여 사용자가 C++ 혹은 CUDA를 사용하여 새로운 레이어를 정의해야 한다. 동시에 Torch는 Theano·텐서플로우와 같은 선언적 프로그래밍이 아니라(그래프는 예비 정의한 정적 상태의 구조), 명

령형 프로그래밍 모델에 속한다. 따라서 Torch를 사용하여 beam search와 같이 불특정의 복잡한 작업을 구현하는 것은 Theano와 텐서플로우보다 훨씬 쉽다.

2.2.5 라자냐(Lasagne)

공식 사이트 : http : //lasagne.readthedocs.io/
GitHub : github.com/Lasagne/Lasagne

Lasagne는 Theano에 기반한 경량급의 신경망 라이브러리이다. Lasagne는 컨벌루션 네트워크, 순환 신경망, LSTM 등과 같은 피드포워드 신경망을 지원하고, Nesterov momentum, RMSprop, ADAM와 같은 많은 최적화 방법을 지원한다. Lasagne는 Theano의 상위 패키지이지만 Keras처럼 다수의 패키지를 진행하지 않으며, Keras는 Theano 안의 모든 메소드와 대상을 숨긴다. Lasagne는 Theano 안의 많은 종류를 빌려 사용하는데 기초적인 Theano와 고도의 추상적 Keras 사이의 기울기 패키지라고 할 수 있으며, 작업을 간소화하여 동시에 비교적 기본 작업을 지원한다. Lasagne 설계의 6대 원칙은 간결성·투명성·모듈화·실용성·절제성·집중성이다.

2.2.6 케라스(Keras)

공식 사이트 : keras.io
GitHub : github.com/fchollet/keras

Keras는 고도의 모듈화된 신경망 라이브러리로, 파이썬을 사용하여 구현되고 동시에 텐서플로우와 Theano에서 실행한다. Keras는 사용자가 가장 빠른 원형의 실험을 수행하고 아이디어를 프로세스의 최단 결과로 만들 수 있도록 설계되었다. Theano와 텐서플로우는 딥러닝 분야의 NumPy와 더 비슷하며, Keras는 이 분야의 Scikit-learn이다. Keras는 현재까지 가장 편리한 API를 제공한다. 사용자는 단지 고급 모듈을 합하기만하면 신경망을 설계할 수 있으며, 코드 오버헤드(code overhead)와 다른 사람의 코드를 읽을 때의 인식 오버헤드(cognitive overhead)를 크게 줄인다. 컨벌루션 네트워크와 순환 네트워크를 지원하고 연결된 모델 또는 임의의 그래프 구조 모델을 지원하며, 코드를 변경하지 않고 CPU에서 GPU 가속으로 전환할 수 있다(불특정 데이터가 불특정 레이어와 뒤의 레이어를 서로 연결할 수 있어서 인셉션 등 복잡한 네트워크를 쉽게 바꾸어 만든다). 기본적으로 Theano 또는 텐서플로우를 사용하므로, Keras 훈련 모델을 앞의 2가지와 비교하면 어떠한 성능 손실이 없으며(기본적으로 앞의 2가지의 지속적인 성능 개발을 유지할 수 있음), 프로그래밍의 복잡성을 단순화하고, 새로운 네크워크 구조를 테스트하는 시간을 단축한다. 모델이 복잡할수록 Keras 사용의 장점이 커지며, 특히 고도로 종속적인 가중치 공유, 멀티 모델 조합, 멀티 태스킹 훈련 등의 모델에서 Keras는 매우 뛰어난 성능을 발휘한다. Keras의 모든 모듈은 간결하고, 이해하기 쉽고, 완전하게 배치 가능할 뿐만 아니라, 기본적으로 어떠한 사용의 제한이 없이 신경망, 손실 함수, 옵티마이저, 초기화 방법, 활성함수와 정규화 등의 모듈 모두 자유롭게 조합될 수 있다. Keras 역시 대부분의 state-of-the-art의 Trick을 포함하고 Adam, RMSProp, Batch Normalization, PReLU, ELU, LeakyReLU 등을 포함한다. 동시에 새로운 모듈 역시 매우 쉽게 추가되어서 Keras가 이전의 연구에 매우 적합하다. Keras 안의 모델 역시 모두 파이썬에서 정의된 것으로 Caffe, CNTK 등과 다르게 특별한 문서를 필요로 하는 모델을 정의하는데, 이렇게 하면 프로그램 방식의 모델 구조를 시운전하고 각종 하이퍼 매개변수를 통할 수 있다. Keras 안에서 몇 행의 코드만이 필요하며 MLP를 구현할 수 있거나 십여 행의 코드로 AlexNet을 구현한다. 이는 다른 딥러닝 프레임워크에서 기본적으로 작업을 완성할 수 없다. Keras의 최대 문제는 현재 직접 멀티 GPU를 사용할 수 없다는 것으로, 대규모의 데이터 처리 속도에 대해 멀티 GPU와 분산식 프레임워크를 지원하지 않는다. Keras의 프로그램 모델 설계와 Torch는 매우 비슷하지만, Torch와 비교하면 Keras는 파이썬 위에 세워지고 완벽한 과학 계산 툴체인(toolchain)이 있지만, Torch의 프로그램 언어 Lua는 이러한 과학 계산 툴체인이 없다. 현재 Keras 이용 증가 속도는 Torch를 훨씬 앞지르고 있다.

2.2.7 엠엑스넷(MXNet)

공식 사이트 : mxnet.io
GitHub : github.com/dmlc/mxnet

MXNet는 DMLC(Distributed Machine Learning Community)가 개발한 오픈소스이다. 가볍고 이식이 가능하며 유연한 딥러닝 라이브러리로서, 코드를 사용하는 프로그램 모드와 명령식 프로그램 모드를 결합하여 효율과 유연성을 최대화한다. 현재 AWS 공식 사이트가 추천하는 딥러닝 프레임워크이다. MXNet의 많은 프로그래머들이 cxxnet, minerva과 purine 2 등 딥러닝 항목에서 가져와서 소위 많은 장점을 가지고 있다고 할 수 있다. MXNet는 각 프레임워크 중에서 멀티 GPU와 분산식을 지원하는 동시에 그 분산식 기능 역시 매우 높다.

MXNet의 핵심은 동적 상태의 의존하는 Scheduler로, 자동으로 계산 임무를 병행하여 멀티 GPU 혹은 분산식 클러스터(AWS, Azure·Yarn 등을 지원)를 지원한다. 상위 레이어의 그래프 최적화 알고리즘은 기호 계산을 매우 빠르게 할 수 있을 뿐만 아니라, 메모리를 절약하고, mirror 모드를 가동하여 메모리를 더욱 줄일 수 있다. 또한, 불특정 작은 메모리의 GPU에서 다른 프레임워크가 메모리가 부족하거나 훈련할 수 없는 딥러닝 모델을 훈련하며, 모바일 디바이스(Android·iOS)에서 딥러닝을 기반으로 하는 이미지 식별 등의 임무를 운영한다. 그 외에 MXNet의 큰 장점은 C++, 파이썬, R, Julia, Scala, Go, MATLAB와 JavaScript 등과 같이 많은 언어 패키지를 지원하고, 대부분의 스크립트 언어는 전부 지원한다고 할 수 있다. MXNet에서는 네트워크가 필요한 시간을 구축하여 Keras, Torch 등 이런 고도의 패키지 프레임워크보다 길어야만 하지만, 직접 Theano를 사용하는 것보다 빨라야 한다. MXNet의 각 시스템 구조(아래에서 하드웨어 및 오퍼레이션 시스템의 기반이 되며, 점진적으로 위를 향해 갈수록 추상적인 인터페이스가 된다)는 [그림 2-6]과 같다.

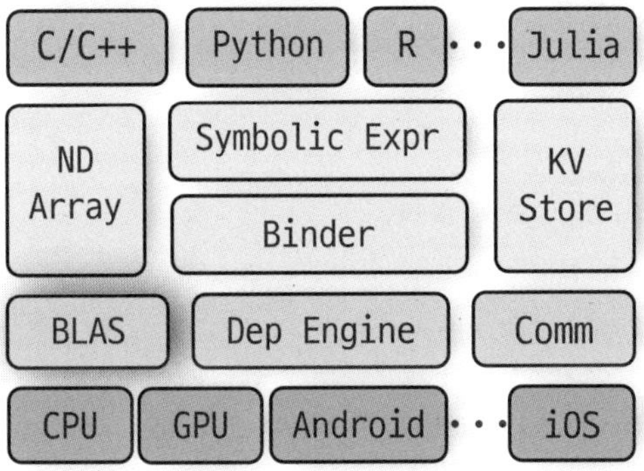

【그림 2-6】 MXNet 시스템 구조

2.2.8 DIGITS(Deep Learning GPU Training System)

공식 사이트 : developer.nvidia.com/digits
GitHub : github.com/NVIDIA/DIGITS

DIGITS는 표준 딥러닝 라이브러리가 아니며, Caffe의 고급 패키지(혹은 Caffe의 Web 버전 교육 시스템)라고 할 수 있다. 패키지가 너무 커서 DIGITS에 코드를 작성할 필요가 없으므로(할 수도 없음), 딥러닝의 이미지 인식 모델을 구현할 수 있다. Caffe에서는 모델의 구조, 전처리 데이터, 훈련 진행을 정의하고 훈련 과정을 모니터링하는 것이 상대적으로 비교적 번거로워서 DIGITS는 모든 이런 작업을 브라우저 안에서 실행하도록 간소화하였다. DIGITS는 Caffe로 이미지 분류에서 뛰어난 GUI를 조작할 수 있으며, 컴퓨터 비전 연구자 또는 엔지니어가 매우 쉽게 딥러닝 모델, 예측 정확도 및 각종 하이퍼 매개변수의 디버깅을 설계할 수 있다. 동시에 그것을 사용하여 데이터와 훈련 결과의 시각화 통계 보고서를 생성할 수 있으며, 심지어 네트워크의 시각화 구조도를 생성할 수 있다. 훈련된 Caffe 모델은 DIGITS에 의해 직접 사용될 수 있으며, 업로드한 이미지는 서버 혹은 입력 url에 이미지에 대해 분류를 진행할 수 있다.

2.2.9 CNTK(Computational Network Toolkit)

공식 사이트 : cntk.ai
GitHub : github.com/Microsoft/CNTK

CNTK는 Microsoft의 오픈소스 딥러닝 프레임워크이다. 처음 start the deep learning craze의 연출자가 만들었다. 현재 통용되고 있는 플랫폼의 딥러닝 시스템으로 발전하였고, 특히 음성 인식 분야에서 널리 사용되고 있다. CNTK는 방향 그래프를 통해 신경망을 시리즈의 연산 작업으로 설명하며, 이런 방향이 있는 그래프의 서브 노드는 입력 또는 네트워크 매개변수를 나타내고, 기타 노드는 다양한 행렬 연산을 나타낸다. CNTK는 다양한 피드포워드 네트워크를 지원하는데 여기에는 MLP, CNN, RNN, LSTM, Sequence-to-Sequence 모델 등이 포함되며 또한 자동으로 기울기를 구하는 것을 지원한다. CNTK는 풍부한 세부 정밀도의 신경망 모듈이 있어서 사용자가 C++ 혹은 CUDA를 사용할 필요가 없으며, 이는 이런 모듈의 조합을 통해 새로운 복잡한 레이어를 설계한다. CNTK는 제품급의 코드 품질을 가지고 있어서 멀티 기기, 멀티 GPU의 분산식 훈련을 지원한다.

CNTK 설계는 성능 지향적이며 CPU, 단일 GPU, 멀티 GPU 및 GPU 클러스트에서 뛰어난 성능을 발휘한다. 동시에 Microsoft가 최근에 추진한 1-bit 압축(compression) 기술은 통신 비용을 크게 낮추었으며, 대규모 병렬 훈련을 효율적으로 할 수 있다. CNTK는 동시에 매우 높은 유연성을 가지고 있으며, Caffe와 마찬가지로 파일 설정을 통해 네트워크 구조를 정의하고 다시 명령행 프로그램을 통해서 훈련을 진행한다. 또한, 임의의 계산 그래프 생성을 지원하며 Adagrad, RMSProp 등의 최적화 방법을 지원한다. 그 외의 중요한 특징은 확장성이다. CNTK는 내장된 대량의 연산 커널을 제외하고 사용자가 스스로 계산 노드를 정의하는 것을 허락하며 고도의 정제를 지원한다. CNTK는 2016년 9월에 강화학습에 대한 지원을 발표하였다. 동시에 구성 파일을 작성하여 네트워크 구조를 정의하는 것 외에도 CNTK는 파이썬, C++ 및 C#와 같은 다른 언어의 바인딩을 지원하므로 사용자가 프로그래밍 방식을 사용하여 네트워크 구조를 설계할 수 있다. CNTK

는 Caffe와 마찬가지로 C++ 및 크로스 플랫폼을 기반으로 하며, 대부분의 상황에서 배치는 매우 간단하다. Linux, Mac 및 Windows는 PC에서 지원되지만 현재 ARM 아키텍처를 지원하지 않으므로 모바일 장치에서는 사용이 제한적이다. [그림 2-7]은 CNTK의 전체 구조도를 보여준다.

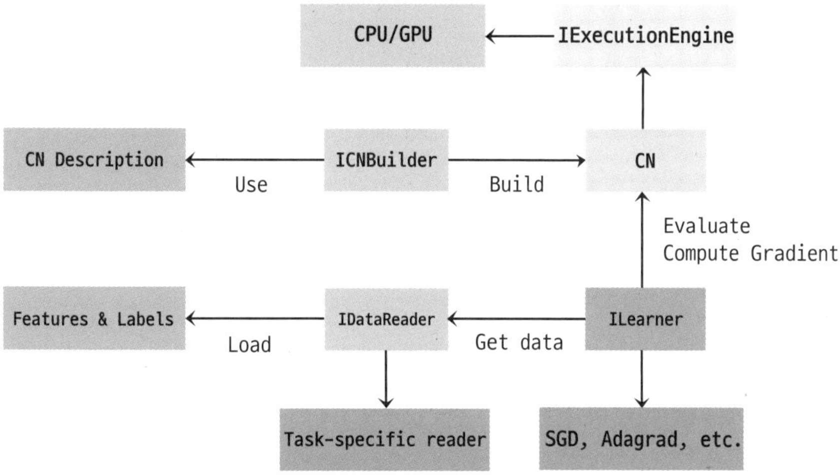

【그림 2-7】 CNTK의 전체 구조도

CNTK는 기본적으로 멀티 GPU와 분산식을 지원한다. 공식 웹사이트에서 발표한 비교 평가를 보면 성능은 매우 우수하다. 멀티 GPU 측면에서 CNTK는 다른 딥러닝 라이브러리와 비교하면 더욱 특출나게 표현되며, 1-bit SGD과 자체 적용한 미니 배치(mini-batch)를 구현한다. [그림 2-8]의 예시는 CNTK 공식 사이트가 발표한 2015년 12월의 각 프레임워크의 성능 비교이다. 그 당시 CNTK는 유일하게 스탠드 얼론의 8개 GPU의 프레임워크를 지원했을 뿐만 아니라, 분산식 시스템에서 8개 GPU의 성능을 능가하는 유일한 프레임워크였다.

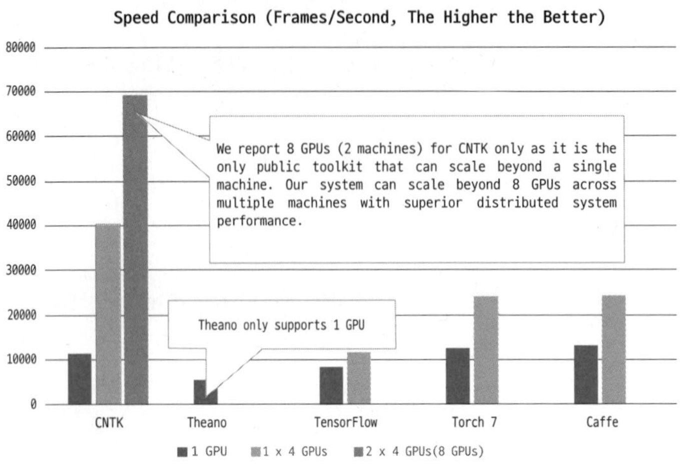

【그림 2-8】 CNTK와 각종 프레임워크의 기능 비교

2.2.10 Deeplearning4J

공식 사이트 : http: //deeplearning4j.org/
GitHub: github.com/deeplearning4j/deeplearning4j

Deeplearning4(약칭 DL4J)는 Java와 Scala를 기반으로 하는 오픈소스 분산식 딥러닝 라이브러리이다. Skymind가 2014년 6월에 발표하였으며, 그 핵심 목표는 플러그 앤 플래이 솔루션 프로토 타입을 만드는 것이다. 액센츄어, 쉐보레, 보쉬 컨설팅, IBM 등은 모두 DL4J의 고객이다. DL4J는 다용도의 n 차원 배열 클래스를 가지고 있어서 각종 데이터 작업을 쉽게 진행할 수 있으며, 여러 종류의 백앤드 컴퓨팅 코어를 가지고 있다. CPU 및 GPU를 지원함으로써 속도를 높이고 이미지 식별 등의 훈련 임무에서 성능은 Caffe와 비슷하다. Hadoop 및 Spark와 자동으로 결합되는 동시에 쉽게 이전의 클러스터(AWS, Azure에 한정하지 않는다)에서 확장을 진행한다. 동시에 DL4J의 병행은 클러스터의 노드와 연결을 근거로 자동으로 최적화하고 다른 딥러닝 라이브러리와 다르게 사용자가 수동 조정할 수 있다. DL4J는 Java를 주 언어로 선택한 이유는 현재 Java에 기반한 분산 컴퓨

팅, 클라우드 컴퓨팅, 빅데이터의 에코 시스템이 매우 크기 때문이다. 사용자는 대량의 Hadoop와 Spark를 기반으로 하는 클러스터를 보유할 수 있으므로, 이러한 클러스터에서 딥러닝 플랫폼을 구축해야 하는 필요성이 DL4J에서 충족할 수 있다. 동시에 JVM의 생태권 내에는 무수한 라이브러리의 지원이 있으며 DL4J 역시 ND4J를 만들어서 JVM 안의 NumPy로 대규모의 행렬 연산을 지원한다. 이 외에 DL4J는 상용 버전을 지원하며 사용자는 문제가 출현했을 때 비용을 지불하고 전화 상담을 통해 지원을 요청할 수 있다.

2.2.11 체이너(Chainer)

공식 사이트 : chainer.org
GitHub : github.com/pfnet/chainer

Chainer는 일본 회사 Preferred Networks가 2015년 6월에 발표한 딥러닝 프레임워크이다. Chainer는 자체 특성을 다음과 같이 설명한다.

① Powerful: CUDA 계산을 지원한다. GPU 가속에 몇 행의 코드만 필요하며 약간의 변경으로 여러 GPU에서 실행할 수 있다.

② Flexible: 컨벌루션 네트워크, 순환 네트워크, 귀납 네트워크를 비롯한 다양한 피드포워드 신경망을 지원하고 실행 중 동적 상태로 정의되는 네트워크(Define-by-Run)를 지원한다.

③ Intuitive: 피드포워드 계산은 파이썬의 각종 제어 흐름을 소개할 수 있으며, 역전파 중에 간섭을 받지 않고 오차의 난이도 조정을 간소화한다.

대부분의 딥러닝 프레임워크는 'Define-and-Run'에 기반으로 한다. 즉 먼저 네트워크를 정의한 다음 데이터를 네트워크(미니 배치)에 공급해야 한다. 네트워크가 먼저 정적 상태로 정의된 것이기 때문에 모든 제어 로직은 데이터 형식으로 네트워크 안에 삽입되어야 하며, Caffe와 같이 정의된 네트워크 구조의 문서를 포함하거나 Theano, Torch, 텐서플로우와 같이 프로그램 언어를 사용하여 네트워크를 정의한다. Chainer는 다른 한편으로 네트워크가 실제 실행하는 중에 정의된다. Chainer는 네트워크의 구조적 논리가 아닌 실행 기록을 저장하므로 파이썬에서 쉽게 제어 흐름을 사용할 수 있으므로 추가 작업이 필요 없이 직접 네트워크에서 조건부 제어 및 루프를 사용할 수 있다.

2.2.12 리프(Leaf)

공식 사이트 : autumnai.com/leaf/book
GitHub : github.com/autumnai/leaf

Leaf는 Rust 언어의 직관적인 플랫폼을 기반으로 하는 딥러닝 및 기계 기능 프레임워크이다. Leaf는 명확한 아키텍처를 가지고 있으며, Leaf는 Autumn AI의 기본 계산 라이브러리에 속하는 Collenchyma를 제외하고 다른 종속 라이브러리를 가지고 있지 않다. Leaf는 유지 보수와 사용이 쉬울 뿐만 아니라 성능이 매우 우수하다. Leaf 자체가 홍보하는 특징은 해커에 맞춰져 있다(여기에서의 해커는 가장 짧은 시간에 최소의 힘을 들여 머신러닝 알고리즘의 기술을 구현하고자 하는 기술 괴짜(Gecks)를 말한다). Leaf의 이식성은 매우 좋아서 CPU, GPU와 FPGA 등의 장치에서 실행할 수 있으며, 어떠한 운영체제의 PC, 서버나 운영체제가 없는 임베디드 장치를 지원할 수 있으며 OpenCL과 CUDA도 지원한다. Leaf는 Autumn AI가 계획한 중요한 모듈로 후자의 목표는 인공지능 알고리즘의 효율을 100배 높이는 것이다. 그 우수한 설계를 빌려 Leaf는 심층 강화학습, 시각화 모니터링, 네트워크 배치, 자동화 전처리와 대규모 제품 배치 등과 같이 각종 독립된 모듈을 만드는 데 사용할 수 있다.

Leaf는 가장 간단한 API를 가지고 있으며 사용자가 파악이 필요한 기술을 가장 간소화하기를 희망한다. 비록 탄생한 지 얼마 안 되었지만 Leaf는 이미 가장 빠른 딥러닝 프레임워크 중의 하나가 되었다. [그림 2-9]는 Leaf의 공식 웹사이트에 게시된 자료로서, 단일 GPU에서 VGG 네트워크의 계산 시간(적을수록 좋다)을 비교한 것이다(최신 버전의 텐서플로우 성능이 매우 우수하다).

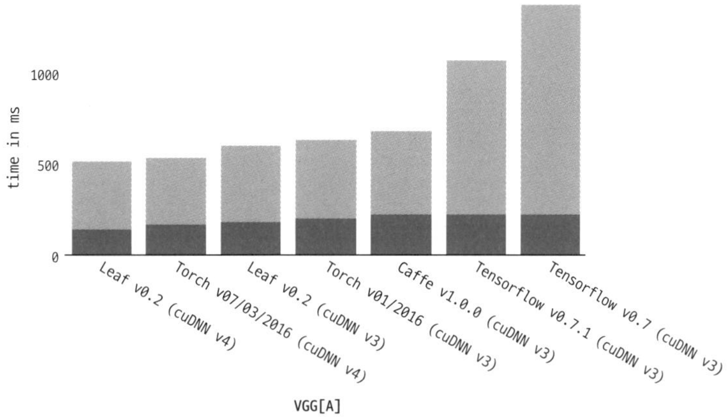

【그림 2-9】 Leaf와 각 딥러닝 프레임워크의 성능 비교(짙은 색은 forawrd, 옅은 색은 backward)

2.2.13 DSSTNE(Deep Scalable Sparse Tensor Network Engine)

GitHub : [github.com/amznlabs/amazon-dsstne]

DSSTNE는 아마존의 오픈소스인 희소 신경망 프레임워크로서 희소 데이터를 훈련할 때 매우 큰 장점을 가지고 있다. DSSTNE은 현재 연결된 전체 신경망을 지원할 뿐 컨벌루션 네트워크 등을 지원하지 않는다. Caffe와 마찬가지로 JSON 유형의 파일을 작성하여 모델 구조를 정의하지만, 매우 큰 레이어(입력과 출력 노드가 모두 매우 많다)를 지원하며, 활성함수, 초기화 방식 및 최적화 프로그램에서 기본적으로 state-of-the-art의 방법을 지원한다. 대규모 분산식 GPU 훈련을 지원하는데, 주로 데이터 병렬 처리에 의존하는 다른 프레임워크와는 달리 DSSTNE는 자동 모델 병렬 처리를 지원한다(데이터 병렬 처리는 학습 속도와 모델 정확도에서 일정한 균형을 유지해야 하며, 모델 병렬 처리에는 이러한 문제가 없다.).

특징이 매우 많은 훈련용 희소 데이터를 처리할 때(일반적인 권장사항, 광고, 자연어 처리 작업 중 출현), 간단한 3개의 숨겨진 레이어의 MLP(Multi−Layer Perceptron)도 매개변수가 매우 많은 모델로 바뀌게 된다. 전통적인 밀집(dense) 행렬의 방식으로 훈련하는 방법은 이렇게 많은 모델 매개변수를 처리하는 것이 어렵다. 대규모 데이터 양은 말할 것도 없고, DSSTNE는 희소 데이터에 대한 최적화 세트를 갖추고 있으며, 대규모 데이터 훈련에 대한 지원을 실현하고 성능을 크게 향상시켰다.

DSSTNE의 공식 테스트에서 DSSTNE은 [그림 2-10]에서와 같이 MovieLens의 희소 데이터의 단일 M40 GPU의 텐서플로우보다 14.8배 빠른 성능을 보였다(주의할 것은 구버전의 텐서플로우와 비교). DSSTNE는 희소 데이터를 최적화하고, 텐서플로우는 GPU에 데이터를 전송하는데 많은 시간을 소비하며, DSSTNE는 GPU에서 데이터 보유를 최적화한다. DSSTNE는 자동 모델 병렬 기능이 있으며 텐서플로우는 자동 지원이 없어 수동 최적화가 필요하다.

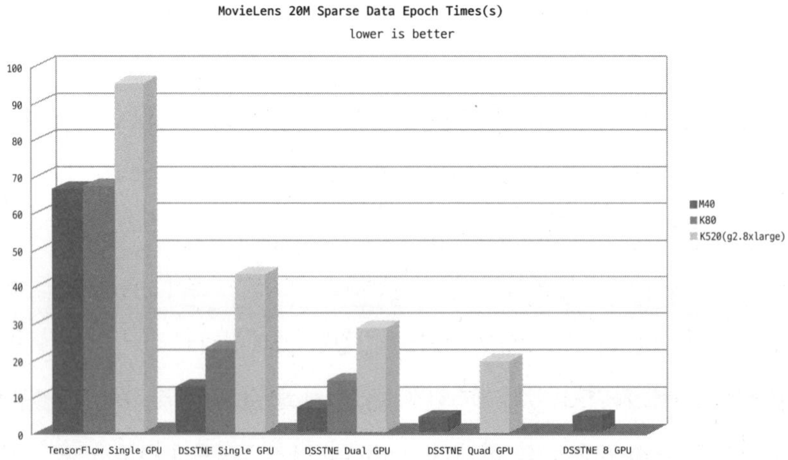

【그림 2-10】 희소 데이터에서 DSSTNE와 텐서플로우의 성능 비교

CHAPTER

3

텐서플로우 첫걸음

텐서플로우 첫걸음

앞 두 장에서는 텐서플로우의 핵심 개념과 프로그램 모델에 대해서 설명하고, 또한 텐서플로우와 딥러닝 프레임워크의 같은 점과 다른 점을 비교하였다. 본 장에서는 직접 주제를 다루면서 텐서플로우를 설치한 다음 TensorFlow(1.0.0－rc0)를 사용하여 필기 인식(MNIST) 모델을 훈련할 것이다.

3.1 텐서플로우 컴파일 및 설치

텐서플로우 설치 방식은 Theano처럼 간단하지 않다. 모두 파이썬으로 작성한 라이브러리가 아니어서 기층 레이어에는 많은 C++과 CUDA 코드가 있다. 이 때문에 상황에 따라 컴파일 설치가 필요할 수 있다. 예를 들면 gcc 버전이 비교적 새로운 것이고, 하드웨어 환경이 특수하거나 사용하는 CUDA 버전이 릴리스(release) 버전의 예비 컴파일이 아닌 경우에는 컴파일 설치가 필요하다. 일반적으로 텐서플로우 설치는 2가지 경우로 나눌 수 있다. 하나는 CPU만을 사용할 때로 상대적으로 설치가 쉽다. 다른 하나는 GPU를 사용하는 것으로, 이런 경우에는 CUDA와 cuDNN 설치가 필요해서 상대적으로 복잡하다. 하지만 어떤 경우든 많은 호환성 문제를 피할 수 있는 Anaconda[20]를 파이썬 환경으로 사용하는 것을 추천한다. 또한, 이 책은 기본적으로 파이썬 3.5를 파이썬 기본 버전으로 사용하는데, 파이썬 2.7과 비교하면 파이썬의 개발 추세를 나타낸다. 텐서플로우는 현재 Linux와 Mac에서 비교적 완벽하게 지원되고 있다(Windows에 대해서는 아직 전면적으로 지원되지 않는다). Mac 시스템은 주로 CPU 버전(Mac 시스템은 NVIDIA 그래픽 카드 사용이 적고, 현재 텐서플로우는 CUDA에 대한 지원이 비교적 좋으며, OpenCL의 지원에 대해서 여전히 실험적 성격이 있다)에 사용하고 있기 때문에 설치 방식이 Linux의 CPU 버전과 기본적으로 일치하며, Mac은 일반적으로 NVIDIA 그래픽 카드가 없어서 GPU 버전을 사용하는 데 적합하지 않다. 본 장에서는 주로 Linux에서 텐서플로우의 설치 과정을 설명하고자 한다. 또한, 이 책은 2017년 1월에 발표된 TensorFlow1.0.0-rc0 버전을 기반으로 한다. 구버전은 이 책의 코드를 실행할 때에 호환되지 않을 수 있으므로 이 버전 또는 최신 버전의 텐서플로우을 설치하는 것이 좋다. 또한, 이 책에서 대형 네트워크나 대규모 데이터를 훈련할 때 CPU 버전의 속도는 매우 느려질 수 있으므로 GPU 버전을 사용할 것을 권장한다.

3.1.1 아나콘다(Anaconda) 설치

Anaconda는 과학 계산용 파이썬 배포 버전으로, 파이썬이 자주 사용할 라이브러리와 Scikit-learn·NumPy·SciPy와 Pandas 등을 포함한 머신러닝 또는 데이터 마이닝 라이브러리를 내장하고 있다. 그중에는 텐서플로우의 종속 라이브러리가 있을 수 있다. 이러한 라이브러리를 설치하면 일반적으로 컴파일에 많은 시간이 소요되며, 호환성 문제가 자주 발생하게 되는데, Anaconda는 직접 설치할 수 있는 컴파일 환경을 제공한다. 동시에 Anaconda는 최신 버전의 MKL(Math Kernel Libaray) 라이브러리를 자동으로 통합한다. 이것은 Intel 기반 수치 계산 라이브러리로, BLAS(Basic Linear Algebra Software) 등 행렬 연산 라이브러리의 기능을 포함하고 있으며, NumPy·SciPy·Scikit-learn·NumExpr 등과

20) https://www.continuum.io/downloads

같은 라이브러리에 기본적으로 종속되어, 이러한 라이브러리의 행렬 연산과 선형대수 연산을 가속화할 수 있다. 간단하게 말하면, Anaconda는 과학적 계산을 위한 최고의 파이썬 환경으로 설치가 용이하고 성능이 향상된다. 이 책은 Anaconda 설치를 강력 추천하며, 다음 장에서도 Anaconda를 사용하여 텐서플로우의 파이썬 기본 환경을 설정할 것이다.

① Anaconda의 공식 사이트(www.continuum.io/downloads)에서 Anaconda3 4.2.0 버전을 다운로드하고, 해당 운영 체제에 따라 대응되는 버전의 64bit의 파이썬 3.5 버전을 다운로드한다.

② Anaconda의 다운로드 목록에서 다음의 명령을 실행한다. (다운로드 파일에 따라 해당 파일 이름을 바꾼다.)

```
bash Anaconda3-4.2.0-Linux-x86_64.sh
```

③ 이어서 설치 프롬프트가 나타나면 Enter 키를 눌러 다음 단계로 넘어간다. 그런 다음 Anaconda의 라이센스 문서를 확인할 수 있으며, 여기에서 q키를 누른 후 yes를 입력하고 확인한다. 다음 단계에서 anaconda3의 설치 경로를 입력한다. 특별한 상황이 아니라면 Enter 키를 눌러서 기본 경로를 사용할 수 있으며, 설치가 자동으로 시작한다.

④ 설치가 끝나면, anaconda3의 binary 경로를 bashrc에 추가할지 여부를 묻는 메시지가 표시되는데, 자신의 상황에 맞게 추가할 것을 권장한다. 이렇게 하면 파이썬과 ipython 명령이 자동으로 Anaconda 파이썬 3.5의 환경으로 사용하게 된다.

3.1.2 텐서플로우 CPU 버전 설치

텐서플로우의 CPU 버전은 상대적으로 설치가 쉽고, 2가지 상황으로 나눌 수 있다. 첫 번째 상황은 컴파일된 릴리스(release) 버전을 설치하는 것으로 대부분 사용자가 이 버전을 설치할 것을 추천한다. 두 번째 상황은 1.0.0-rc0 플랫폼별 소스 코드를 컴파일하여 설치하는 것으로, 사용자의 시스템이 비교적 특수한 경우, 예를 들면 gcc 버전처럼 비교적 새로운 것이거나(gcc 6 이상) 컴파일된 릴리스 버전을 지원하지 않을 경우에 설치하는 것을 추천한다.

첫 번째 경우로, 컴파일된 릴리스 버전을 설치할 때는 아래의 명령을 실행하면 된다. 파이썬의 기본 패키지 관리자인 pip를 사용하여 텐서플로우를 설치한다.

Mac 또는 Windows 시스템의 경우 텐서플로우의 GitHub 저장소의 Download and Setup 페이지에서 컴파일된 프로그램 주소를 확인한다.

```
export TF_BINARY_URL=https://storage.googleapis.com/tensorflow/linux/cpu/
tensorflow-1.0.0rc0-cp35-cp35m-linux_x86_64.whl
pip install --upgrade $TF_BINARY_URL
```

두 번째 경우로, 1.0.0-rc0 플랫폼별 소스 코드를 컴파일하여 설치할 수도 있다.

이때 시스템에 gcc(가장 좋은 버전은 4.8~5.4 사이)가 설치되어 있는지 확인한다. 만일 설치되어 있지 않으면, 자신의 시스템 상황에 따라 먼저 gcc를 설치한다. 또한, 텐서플로우를 컴파일하려면 구글 자체의 컴파일 도구인 bazel(github.com/bazelbuild/bazel)이 있어야 하며, 그 설치 과정(www.bazel.io/versions/master/docs/install.html)에 따라 직접 v0.43 릴리스 버전을 설치하면 된다. 최신 dev 버전 기능을 사용할 필요는 없다.

gcc와 bazel을 올바르게 설치한 후에는 텐서플로우를 컴파일 방식으로 설치할 수 있다.

먼저 TensorFlow 1.0.0-rc0 소스 코드를 다운로드한다.

```
wget https://github.com/tensorflow/tensorflow/archive/v1.0.0-rc0.tar.gz
tar -xzvf v1.0.0-rc0.tar.gz
```

다운로드가 완료된 후에 텐서플로우가 저장된 경로로 이동한 다음, 아래의 명령을 실행하여 구성을 진행한다.

```
cd tensorflow-1.0.0-rc0
./configure
```

그다음 파이썬 경로를 선택해야 하며, anaconda3의 파이썬 경로인지 확인하는 것이다.

```
Please specify the location of python. [Default is /home/wenjian/anaconda3/
bin/python]:
```

여기에서 CPU 컴파일 최적화 옵션을 선택하면 기본 -march=native는 로컬 CPU가 지원할 수 있는 SSE4.2·AVX 등과 같은 최상의 구성을 선택한다. 기본값을 선택하는 것이 좋다.

```
Please specify optimization flags to use during compilation [Default is
-march=native]:
```

jemalloc을 기본 malloc 설정(Linux에 한정)으로 사용할 것인지 선택한다. 기본 설정을 선택하는 것이 좋다.

```
Do you wish to use jemalloc as the malloc implementation? (Linux only) [Y/n]
```

그런 다음 구글 클라우드 플랫폼에서 텐서플로우를 실행할 것인지 선택할 수 있다. 일반적으로 N을 선택하면 된다.

```
Do you wish to build TensorFlow with Google Cloud Platform support? [y/N]
```

Hadoop File System 지원이 필요한지를 선택한다. 만일 HDFS 데이터를 읽고 쓸 필요가 있다면, y를 선택하고, 그렇지 않을 경우 기본 N을 선택하면 된다.

```
Do you wish to build TensorFlow with Hadoop File System support? [y/N]
```

XLA JIT 컴파일 및 컴파일 기능 지원을 사용할지 여부를 선택한다. 여기에서 XLA는 텐서플로우가 현재 실험적인 JIT(Just in Time), AOT(Ahead of Time)의 컴파일 최적화 기능으로, 아직 완성되지 않았지만, 사용하고 싶은 경우에 설치할 수 있다.

```
Do you wish to build TensorFlow with the XLA just-in-time compiler (exper
imental)? [y/N]
```

그런 다음 파이썬의 라이브러리 경로를 선택해야 하는데 여기에서는 anaconda3s 경로를 선택한다.

```
Please input the desired Python library path to use. Default is
[/home/wenjian/anaconda3/lib/python3.5/site-packages]
```

이어서 GPU를 사용하지 않는 것을 선택한다. 즉 OpenCL과 CUDA 모두 N을 선택한다.

```
Do you wish to build TensorFlow with OpenCL support? [y/N]
Do you wish to build TensorFlow with CUDA support? [y/N]
```

그런 다음 라이브러리에 의존하는 파일을 다운로드할 수 있다. 완료 후 configure가 성공적으로 끝나면 이어서 컴파일 명령을 사용하여 컴파일을 실행한다.

```
bazel build --copt=-march=native -c opt //tensorflow/tools/pip_package:build
_pip_package
```

컴파일이 완료되면 아래의 명령을 사용하여 pip 패키지를 생성한다.

```
bazel-bin/tensorflow/tools/pip_package/build_pip_package /tmp/tensorflow_pkg
```

마지막으로, pip 명령을 사용하여 텐서플로우를 설치한다.

```
pip install /tmp/tensorflow_pkg/tensorflow-1.0.0rc0-cp35-cp35m-linux_
x86_64.whl
```

3.1.3 텐서플로우 GPU 버전 설치

텐서플로우의 GPU 버전 설치는 상대적으로 복잡하다. 현재 텐서플로우는 CUDA만 지원하므로 먼저 NVIDIA 그래픽 카드가 필요하다. AMD의 그래픽 카드는 실험적으로 지원되는 OpenCL에만 사용할 수 있으며, 이어서 그래픽 카드 드라이버, CUDA와 cuDNN을 설치해야 한다.

CUDA는 GPU 리소스를 사용하여 범용 계산(Genral Purpose GPU)을 하는 엔비디아(NVIDIA)의 소프트웨어 개발 키트(SDK) 이다. CUDA의 설치 패키지는 일반적으로 통합 그래픽 카드 드라이버이며, 공식 사이트에서 직접 NVIDIA CUDA(https://developer.nvidia.com/cuda-toolkit)를 다운로드할 수 있다.

설치하기 전에, 현재 NVIDIA 드라이버의 X 서버를 일시 중단해야 한다. 원격으로 연결된 Linux 시스템인 경우, 아래의 명령을 사용하여 X 서버를 종료할 수 있다.

```
sudo init 3
```

그다음에는 실행 파일에 대한 CUDA 설치 패키지 권한을 설정하고, 설치 프로그램을 실행한다.

```
chmod u+x cuda_8.0.44_linux.run
sudo ./cuda_8.0.44_linux.run
```

이어서 공식적으로 CUDA의 설치 프로세스에 들어간다. 먼저 q 키를 라이센스 설명을 건너뛰고, accept를 입력하여 라이센스를 승인한 후, y 키를 눌러 설치할 드라이버를 선택한다.

```
Install NVIDIA Accelerated Graphics Driver for Linux-x86_64 367.48?
(y)es/(n)o/(q)uit:
```

y 키를 눌러 CUDA 설치를 선택하고 설치 경로를 확인한다. 일반적으로 기본 주소를 직접 사용할 수 있다.

```
Install the CUDA 8.0 Toolkit?
(y)es/(n)o/(q)uit:
Enter Toolkit Location
[ default is /usr/local/cuda-8.0 ]:
```

n 키를 눌러 CUDA sample 설치를 선택한다(CUDA 코드를 직접 작성하지 않고, 텐서플로우를 통해 CUDA를 호출한다).

```
Install the CUDA 8.0 Samples?
(y)es/(n)o/(q)uit:
```

마지막으로 설치 프로그램이 완료되기를 기다린다.

이어서 cuDNN을 설치하는데, cuDNN은 NVIDIA가 도입한 딥러닝에서 컨벌루션 신경망(CNN)과 순환 신경망(RNN)의 고도로 최적화된 구현이다. 기층은 많은 고급 기술과 인터페이스(외부 오픈소스 없음)를 사용하기 때문에 다른 GPU에서의 신경망 라이브러리보다 훨씬 높은 성능을 제공한다. 현재 대부분의 딥러닝 프레임워크는 모두 cuDNN을 사용하여 GPU 계산을 실행한다. 먼저 공식 사이트(https://developer.nvidia.com/rdp/cudnn-download)에서 cuDNN을 다운로드한다. 이 단계에서는 먼저 NVIDIA 계정을 등록하고 그 심사를 기다려야 하는 경우도 있다(다소 시간이 걸린다).

이어서 다시 cuDNN을 설치하고, cuda의 설치 목록에서 압축해제 명령을 실행한다.

```
cd /usr/local
sudo tar -xzvf ~/downloads/cudnn-8.0-linux-x64-v5.1.tgz
```

이렇게 cuDNN의 설치를 완료하였지만, 시스템 환경에서 CUDA 경로를 설정할 수도 있다.

```
vim ~/.bashrc
export LD_LIBRARY_PATH=/usr/local/cuda-8.0/lib64:/usr/local/cuda-8.0/extras/
CUPTI/lib64:$LD_LIBRARY_PATH
export CUDA_HOME=/usr/local/cuda-8.0
export PATH=/usr/local/cuda-8.0/bin:$PATH
source ~/.bashrc
```

이어서 텐서플로우 설치를 시작한다. 텐서플로우 GPU 버전의 공식 사이트는 사전 컴파일된 패키지도 제공하고 있지만, 이 사전 컴파일된 버전은 현지의 각종 종속 환경 지원에 적합하지 않을 수 있다. 어떠한 호환성 문제 없는 설치를 하려면 사전 컴파일 버전의 텐서플로우를 직접 설치할 수 있다.

```
export TF_BINARY_URL=https://storage.googleapis.com/tensorflow/linux/gpu/
tensorflow_gpu-1.0.0rc0-cp35-cp35m-linux_x86_64.whl
pip install --upgrade $TF_BINARY_URL
```

만일 사전 컴파일 버전이 이전의 CUDA, cuDNN 버전을 지원하지 않거나 다른 호환성 문제가 존재한다면 컴파일 설치가 가능하다. 앞에서 언급한 CPU 버전의 컴파일 설치와 유사해서 먼저 gcc와 bazel을 설치한 다음 TensorFlow 1.0.0-rc0의 코드를 다운로드해야 한다. 그런 다음 구성 프로그램(./configure)을 사용하여 구성을 컴파일한다. CUDA 단계를 지원할지를 선택할 때까지 앞의 몇 단계와 CPU 버전의 설치는 완전히 일치한다.

```
Do you wish to build TensorFlow with CUDA support? [y/N]
```

y 키를 눌러서 GPU 지원을 선택하고, 이어서 지정된 gcc 컴파일 서버를 선택한다. 일반적으로 기본 설정으로 설치를 선택하는 것이 좋다.

```
Please specify which gcc should be used by nvcc as the host compiler.
[Default is /usr/bin/gcc]:
```

이어서 사용할 CUDA 버전, CUDA 설치 경로, cuDNN 버전과 cuDNN 설치 경로를 선택한다. 여기에서 사용되는 것은 CUDA 8.0 버전으로, CUDA SDK Version으로 8.0이 설치된다. 경로 설치는 /usr/local/cuda-8.0, cuDNN 버전 설치는 5.1이며, cuDNN 경로 역시 /usr/local/cuda-8.0로 설치된다.

```
Please specify the Cuda SDK version you want to use, e.g. 7.0. [Leave
empty to use system default]:
Please specify the location where CUDA toolkit is installed. Refer to
README.md for more details. [Default is /usr/local/cuda]:
Please specify the Cudnn version you want to use. [Leave empty to use
system default]:
Please specify the location where cuDNN library is installed. Refer to
README.md for more details. [Default is /usr/local/cuda]:
```

마지막으로 GPU compute capability(CUDA 계산 호환성)을 선택한다. 다른 GPU는 서로 다른 compute capability가 있을 수 있으며, 공식 사이트에서 특정 값을 찾을 수 있다. 예를 들면 GTX 1080와 새로운 Titan X는 6.1이며, GTX 980과 이전 버전의 GTX Titan X는 5.2이다.

```
Please note that each additional compute capability significantly increases
your build time and binary size.
[Default is: "3.5,5.2"]:
```

이렇게 하면 배치가 완성된다. 배치 프로그램은 대응되는 필요한 다른 라이브러리의 코드를 참고해서 다운로드를 시작할 수 있기 때문에 인내심을 가지고 기다리는 것이 좋다.

이어서 컴파일 GPU 버전의 텐서플로우를 시작하고 아래의 명령을 실행한다. CPU 버전의 컴파일과 비교해서 여기에는 주의하고, --config=cuda가 많음에 주의해야 한다.

```
bazel build --copt=-march=native -c opt --config=cuda //tensorflow/tools/
pip_package:build_pip_package
```

컴파일은 대개 일정 시간이 필요하며, 그 후에 실행 명령인 pip 설치 패킷을 생성하고 설치를 진행한다.

```
bazel-bin/tensorflow/tools/pip_package/build_pip_package /tmp/tensorflow_pkg
pip install /tmp/tensorflow_pkg/tensorflow-1.0.0rc0-cp35-cp35m-linux_x86_64.whl
```

3.2 텐서플로우에 의한 Softmax Regression의 필기 숫자 인식 구현

3.1절에서는 텐서플로우 설치를 소개하였고, 다음으로 머신러닝 분야의 Hello World 과제인 MNIST 필기 숫자 인식으로 텐서플로우를 탐구해 보도록 하자. MNIST[21](Mixed National Institute of Standards and Technology database)는 매우 간단한 기계의 시각 데이터 세트로 [그림 3-1]과 같이 수만 장의 28×28 픽셀의 필기 숫자 조합으로 구성되어 있으며, 이 이미지에는 그레이스케일(grayscale) 정보만이 포함되어 있다. 작업은 손으로 쓴 숫자의 이미지를 0에서 9까지 총 10개의 범주로 분류하는 것이다.

---

21) http://yann.lecun.com/exdb/mnist/

【그림 3-1】 MNIST 필기 숫자 이미지 예시

먼저 MNIST 데이터를 로드한다. 텐서플로우는 MNIST 데이터를 원하는 형식으로 직접 로드할 수 있는 편리한 패키지를 제공하고, ipython 명령 또는 spyder에서 직접 아래의 코드를 실행할 수 있다. 본 장의 코드는 주로 텐서플로우의 오픈소스 코드[22)]를 기반으로 한다.

```
from tensorflow.examples.tutorials.mnist import input_data
mnist = input_data.read_data_sets("MNIST_data/", one_hot=True)
```

그런 다음 mnist 데이터 세트를 보면, 훈련 세트에는 5만 5,000개의 샘플이 있고, 테스트 세트는 1만 개의 샘플이 있으며, 검증 세트는 5,000개의 샘플이 있는 것을 볼 수 있다. 각 샘플은 모두 대응되는 주석 정보, 즉 label이 있다. 훈련 세트에서 모델을 훈련하고, 검증 세트에서 검사 효과와 언제 훈련을 완료할 것인지 결정한 후에, 마지막으로 테스트 세트에서 모델의 효율성(정확도, 회수율, F1－score 등)을 평가한다.

```
print(mnist.train.images.shape, mnist.train.labels.shape)
print(mnist.test.images.shape, mnist.test.labels.shape)
print(mnist.validation.images.shape, mnist.validation.labels.shape)
```

앞에서 언급한 이미지는 [그림 3-2]와 같이 28×28 픽셀 크기의 그레이스케일 사이이다. 공백 부분은 모두 0이며, 필적이 있는 곳은 색의 깊이에 따라 0에서 1 사이의 값을 갖는다. 동시에 각 샘플은 784 차원의 특성, 즉 28×28포인트가 1차원의 결과(28x28=784)

22) https://github.com/tensorflow/tensorflow/blob/master/tensorflow/examples/tutorials/mnist/mnist_softmax.py

로 전개된다는 것을 알 수 있다. 따라서 여기에서 이미지의 2차원 구조 정보는 버려지고, 1장의 이미지가 긴 1차원 벡터로 변환된다. 아마 다음과 같은 의문이 있을 것이다. 이미지의 공간 구조 정보는 가치가 없는 것인가? 왜 그것을 버려야 하는가? 이 데이터 세트의 분류 작업은 비교적 간단하고 동시에 텐서플로우를 사용하는 첫 번째 테스트이기도 하기 때문에 너무 복잡한 모델을 만들 필요는 없어서 문제를 간략화하고, 공간 구조 정보를 버린다. 다음 장에서는 컨벌루션 신경망을 활용하고 더 높은 정확도를 달성하기 위해 컨벌루션 신경망을 사용한다. 이미지를 1차원 벡터로 전개할 때, 순서는 중요하지 않으며, 각 한 장의 이미지가 같은 순서로 전개되기만 하면 된다.

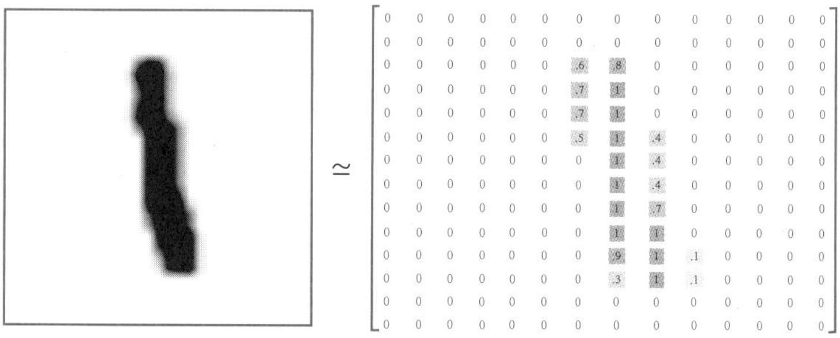

【그림 3-2】 필기 숫자 그레이스케일 정보 예시

훈련 데이터의 특징은 55,000×784의 텐서로, 첫 번째 차원은 그림의 번호이고, 두 번째 차원은 [그림 3-3]과 같이 이미지 안의 픽셀의 번호이다. 동시에 훈련 데이터 레이블은 [그림 3-4]와 같이 55,000×10의 텐서로, 여기에는 10 종류에 대해 one-hot 인코딩을 진행한다. 레이블은 10차원의 벡터이며, 1개 값은 1이며, 나머지는 0이 된다. 예를 들어 숫자는 0, 대응되는 레이블은 [1,0,0,0,0,0,0,0,0,0], 숫자 5에 대응되는 레이블은 [0,0,0,0,0,1,0,0,0,0], 숫자 n은 대응 위치의 값이 1임을 나타낸다.

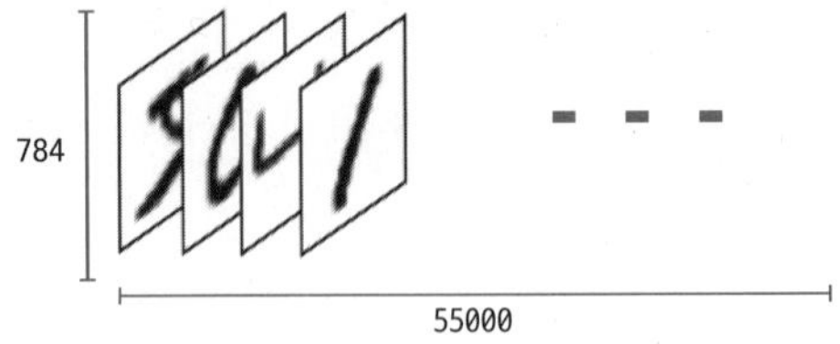

【그림 3-3】 MNIST 훈련 데이터의 특징

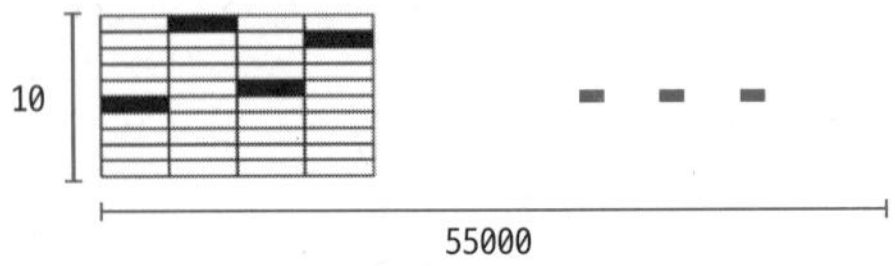

【그림 3-4】 MNIST 훈련 데이터의 레이블

데이터를 준비한 후에, 이어서 알고리즘을 설계한다. 여기에는 Softmax Regression이라는 알고리즘을 사용하여 필기 숫자 인식의 분류 모델을 훈련한다. 숫자는 모두 0~9 사이로, 총 10개의 유형이 있다. 모델이 1장의 그림에 대해 예측을 진행할 때, Softmax Regression은 각 유형에 대한 확률을 추정한다. 예를 들어 예측한 숫자 3의 확률이 80%인 경우 숫자 5의 확률은 5%이며, 마지막으로 가장 큰 확률을 갖는 숫자를 모델의 출력 결과로 한다.

다중 분류 작업을 처리할 때는 일반적으로 Softmax Regression을 사용해야 한다. 설사 다음 장의 컨벌루션 신경망 또는 순환 신경망이 분류 모델이더라도 마지막 층은 똑같이 Softmax Regression인 것이다. 그 작업 원리는 매우 간단해서 어떤 종류의 특징을 서로 더해 판정할 수 있고, 그런 후에 이 특징을 판정으로 전환하는 것이 하나의 확률이다. 위에서 서술한 특징은 모든 픽셀에 weighted sum을 구하고, 가중치는 모델이 데이터에 근거하여 자동으로 훈련되는 것처럼 간단한 방법을 통해서 얻을 수 있다. 예를 들어 픽셀의 그레이 값이 큰 경우 숫자 n이 될 수 있으며, 이 픽셀의 가중치는 매우 크다. 반대로, 픽셀의 그레이의 값이 커서 숫자 n이 될 수 없을 때, 이 픽셀의 가중치는 마이너스(−)가 될 것이다. [그림 3-5]는 이런 특징을 보여주는 것으로 그중 밝은 구역은 마이너스(−) 가중치를 대표하고, 어두운 구역은 플러스(+) 가중치를 나타낸다.

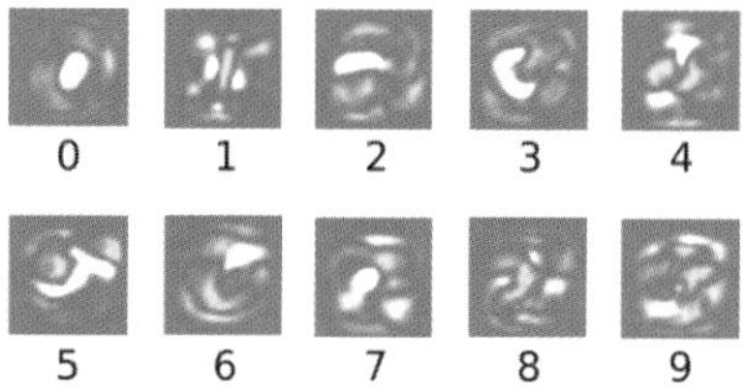

【그림 3-5】 서로 다른 숫자에 대응하는 특징 가중치

이러한 특징을 아래의 공식으로 작성할 수 있다. i는 제 i종류를 나타내고, j는 이미지의 제 j번째 픽셀을 나타낸다. b_i는 bias이며, 이름에서 알 수 있듯이 이 데이터 자체의 경향이다. 예를 들어 대부분의 숫자가 모두 0이면 0의 특징과 대응되는 bias는 매우 커진다.

$$\text{feature}_i = \sum_j W_{i,j} x_j + b_i$$

이어서 모든 특징은 softmax로 계산되는데 결과는 아래와 같다. 간단하게 말하면 1개의 exp 함수를 계산한 후에 다시 표준화를 진행한다. (모든 종류별 출력된 확률값은 1이 된다)

$$\text{softmax}(x) = \text{normalize}(\exp(x))$$

그중 판정된 i 번째 종류의 확률은 아래의 공식으로 얻을 수 있다.

$$\text{softmax}(x) = \frac{\exp(x_i)}{\sum_j \exp(x_j)}$$

먼저 각 종류의 특징에 대해 exp 함수를 구한 다음 합계가 1이 되도록 표준화를 한다. 특징의 값이 클수록 최종 출력 확률이 커진다. 반대로 특징의 값이 작을수록 출력 확률은 작아진다. 마지막의 표준화 작업은 모든 확률이 0 또는 음수가 아니며, 그 합이 1이고 확률 분포를 만족시키는 것을 보장한다. 전체 계산 과정을 시각화하면 결과는 [그림 3-6]과 같이 나타난다.

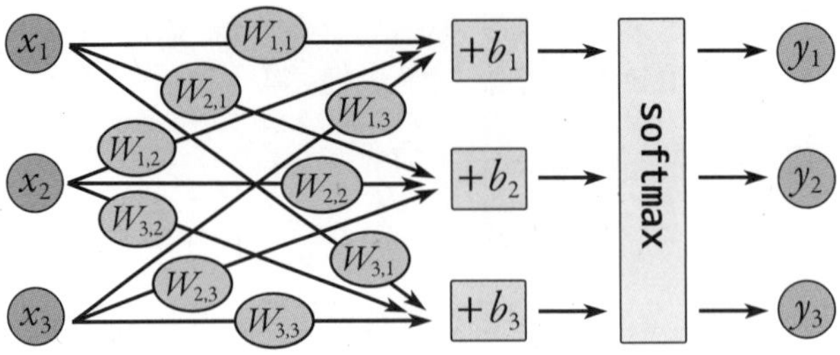

【그림 3-6】 Softmax Regression의 프로세스

이어서, 만일 [그림3-6]의 연결을 공식으로 바꾸면 결과는 [그림 3-7]과 같다. 마지막으로 요소를 서로 곱해서 행렬 곱셈으로 바꾸면 결과는 [그림 3-8]과 같다.

$$\begin{bmatrix} y_1 \\ y_2 \\ y_3 \end{bmatrix} = \mathrm{softmax} \begin{pmatrix} W_{1,1} x_1 + W_{1,2} x_2 + W_{1,3} x_3 + b_1 \\ W_{2,1} x_1 + W_{2,2} x_2 + W_{2,3} x_3 + b_2 \\ W_{3,1} x_1 + W_{3,2} x_2 + W_{3,3} x_3 + b_3 \end{pmatrix}$$

【그림 3-7】 Softmax Regression 요소 곱셈 예시

$$\begin{bmatrix} y_1 \\ y_2 \\ y_3 \end{bmatrix} = \mathrm{softmax} \left(\begin{bmatrix} W_{1,1} & W_{1,2} & W_{1,3} \\ W_{2,1} & W_{2,2} & W_{2,3} \\ W_{3,1} & W_{3,2} & W_{3,3} \end{bmatrix} \cdot \begin{bmatrix} x_1 \\ x_2 \\ x_3 \end{bmatrix} + \begin{bmatrix} b_1 \\ b_2 \\ b_3 \end{bmatrix} \right)$$

【그림 3-8】 Softmax Regression 행렬 곱셈 예시

위에 설명한 행렬 연산은 공식으로 표현하여 작성한다면 아래와 같이 간결한 1행으로 표현될 수 있다.

$$y = \mathrm{softmax}(W_x + {}_b)$$

이어서 텐서플로우를 사용하여 Softmax Regression를 구현한다. 사실 파이썬에, 텐서플로우가 없을 때에는 일반적으로 NumPy를 사용하여 밀집된 연산 작업을 한다. NumPy는 C와 일부 fortran 언어를 사용하여 프로그램한 것이며, openblas·mkl 등의 행렬 연산 라이브러리를 사용하기 때문에 효율이 매우 높다. 그중 각 연산 작업의 결과

는 파이썬으로 반환되지만 서로 다른 언어 사이에 전송된 데이터는 상당한 지연이 발생할 수 있다. 텐서플로우도 똑같이 밀집되고 복잡한 연산을 파이썬 외부로 옮겨 실행하지만 더욱 철저하게 수행한다. 텐서플로우는 계산 그래프를 정의하여 파이썬 외부의 모든 계산을 실행한다. 예를 들면 C++를 통해 CPU에서 실행하거나 CUDA를 통해 GPU에서 실행하는 경우 매번 연산이 끝난 데이터를 파이썬으로 반환할 필요가 없다.

먼저 텐서플로우 라이브러리를 다운로드하고 새로운 InteractiveSession을 만든다. 이 명령을 사용하면 session이 기본 session으로 등록되며, 이후 연산 역시 이 session에서 기본적으로 실행된다. 서로 다른 session 간의 데이터와 연산은 모두 서로 독립적이어야 한다. 이어서 placeholder, 즉 데이터를 입력하는 곳을 만든다. placeholder의 첫 번째 매개변수는 데이터 유형이고, 두 번째 매개변수 [None, 784]는 데이터의 크기인 텐서의 shape를 나타낸다. 여기에서 None은 무제한 입력 수를 나타내며, 784는 각 입력이 784 차원의 벡터를 나타낸다.

```
import tensorflow as tf
sess = tf.InteractiveSession()
x = tf.placeholder(tf.float32, [None, 784])
```

이어서 Softmax Regression 모델 안의 weights와 biases에 Variable 대상을 만들어 주어야 한다. 제1장에서 언급한 Variable은 모델 매개변수를 저장하는 데 사용된다. 데이터를 저장하는 텐서와는 달리 일단 사용하면 없어지고, Variable은 모델 훈련 반복 중에 유지되며(예: 메모리에 저장), 오랜 기간 존재하고 반복할 때마다 업데이트된다. weights와 biases를 모두 0으로 초기화한다. 모델은 훈련할 때 자동으로 적합한 값을 훈련하므로 단순한 모델에서 초깃값은 그다지 중요하지 않다. 그러나 복잡한 컨벌루션 네트워크, 순환 네트워크 또는 비교적 깊은 전체 연결 네트워크의 경우 초기화 방법은 매우 중요하다. 여기에서 W의 shape는 [784,10] 이며 784는 특징의 차원이며, 레이블은 one-hot 인코딩 이후의 10차원의 벡터이므로 뒤의 10은 10종류를 뜻한다.

```
W = tf.Variable(tf.zeros([784, 10]))
b = tf.Variable(tf.zeros([10]))
```

이어서 Softmax Regression 알고리즘을 구현한다. 앞에서 언급한 $y = \text{softmax}(W_x + {}_b)$ 공식을 기억해 보자. 텐서플로우로 다시 작성한 언어는 아래 행의 코드가 된다.

```
y = tf.nn.softmax(tf.matmul(x, W) + b)
```

softmax는 tf.nn 아래의 함수이며, tf.nn은 대량의 신경망 모듈을 포함하고 있으며, tf.matmul은 텐서플로우의 행렬 곱셈 함수이다. 이 간단한 코드를 사용해서 Softmax Regression를 정의하였는데 어법과 직접 작성한 수학적 공식은 매우 유사하다. 따라서 텐서플로우의 가장 뛰어난 부분은 공식을 정의하는 것이 아니라 forward와 backward의 내용을 모두 자동으로 구현하는 것이다(CPU 또는 GPU에서). 이어서 loss를 정의하면, 훈련할 때 자동으로 추론하여 기울기를 낮춤으로써 Softmax Regression 모델 매개변수를 사용해서 자동으로 훈련을 완성한다.

모델을 훈련하기 위해서는 모델 분류의 정확도를 설명하는 loss function을 정의해야 한다. loss가 적을 수로 모델의 분류 결과와 실제값의 편차가 적어지므로 모델이 정확해진다. 시작할 때 모델에 전부 0인 매개변수를 기재하는데, 이런 모델은 최초의 loss가 있을 것이며, 훈련의 목적은 끊임없이 이 loss를 줄여서 전체의 최적화 또는 국부 최적화에 직접 도달하는 데 있다. 다중 분류 문제에 대해 일반적으로 cross_entropy를 사용하여 loss function을 만든다. cross_entropy는 정보 이론(Information Theory) 중의 압축 비율 등과 관련 있는 정보 엔트로피(information entropy)가 가장 먼저 나오고, 그런 후에 통신, 에러 정정 코드, 게임 이론, 머신러닝 등을 포함한 많은 곳에 사용된다. cross_entropy의 정의는 아래와 같다. 그중 y는 예측된 확률 분포이며, y'는 실제 확률 분포(즉 Label의 one-hot 코드)이다. 일반적으로 이것은 모델이 실제 확률 분포에 대해 예측한 정확도를 판단하는데 사용할 수 있다.

$$H_{y'}(y) = -\sum_i y'_i \log(y_i)$$

텐서플로우에서 cross_entropy 역시 매우 쉽게 정의할 수 있으며, 코드는 아래와 같다.

```
y_ = tf.placeholder(tf.float32, [None, 10])
cross_entropy = tf.reduce_mean(-tf.reduce_sum(y_ * tf.log(y),
                                   reduction_indices=[1]))
```

먼저 placeholder를 정의하면, 입력은 실제 레이블이며 계산된 cross_entropy를 계산하는 데 사용한다. 여기에서의 $y * \text{tf.log}(y)$ 역시 앞의 공식 중의 $y'_i \log(y_i)$ 이며, tf.reduce_sum 역시 합을 구하는 Σ이고, tf.reduce_mean은, 즉 각 batch 데이터 결과에 대해 평균값을 구한다.

이제 알고리즘 Softmax Regression를 정의하였으며, 또한 손실함수 cross_entropy를 정의하였으므로, 최적화된 알고리즘을 다시 정의하면 훈련을 시작할 수 있다. 확률적 기울기 하강법, SGD(Stochastic Gradient Descent)를 사용한다. 최적화 알고리즘을 정의한 후에 텐서플로우는 정의된 전체 계산 그래프를 근거로(앞에서 정의한 각 공식은 이미 자동으로 계산 그래프를 구성하였다.) 자동으로 답을 추론하여 구하고, 역전파법을 근거로 훈련을 진행하여 매번 반복할 때 갱신된 매개변수로 loss를 줄인다. 백그라운드에서 텐서플로우는 자동으로 많은 연산 작업(Operation)을 추가하여 방금 제공된 역전파법과 기울기 하락을 구현할 수 있으며, 제공되는 것은 패키지된 최적화 도구로 매번 반복 시에 feed 데이터를 주기만 하면 된다. 직접 tf.train.GradientDescentOptimizer를 사용하여 학습률을 0.5로 설정하면 최적화 목표는 cross_entropy로 설정되고, train_step을 얻게 된다. 물론 텐서플로우에는 많은 다른 최적화 도구가 있으며, 사용하는 것도 매우 간단하여 함수명을 변경하면 된다.

```
train_step = tf.train.GradientDescentOptimizer(0.5).minimize(cross_entropy)
```

다음 단계는 텐서플로우의 전역 매개변수 초기화 프로그램인 tf.global_variables_initializer를 사용하여 run 메소드를 직접 실행한다.

```
tf.global_variables_initializer().run()
```

마지막 단계에서는 훈련 작업인 train_step을 반복적으로 실행한다. 여기에서 매번 훈련 세트로부터 100개의 샘플을 무작위로 추출하여 mini-batch를 구성하고, placeholder에게 공급한 다음 train_step를 사용하여 이 샘플에 대한 훈련을 진행한다. 일부 샘플을 사용하여 확률적 기울기 하강법이라 불리는 훈련을 진행하게 되는데, 매번 전체 샘플을 사용한 전통적 기울기 하강법과 대응된다. 만일 매번 훈련이 전체 샘플을 사용하게 된다면 계산량이 너무 커서 어떤 때에는 부분을 건너뛰어 최적화하는 데 쉽지 않게 된다. 따라서 대부분의 머신러닝의 문제는 일부 데이터를 사용하여 확률적 기울기 하강을 진행하지만, 전체 샘플 훈련보다 훨씬 빠르게 수렴된다.

```
for i in range(1000):
    batch_xs, batch_ys = mnist.train.next_batch(100)
    train_step.run({x: batch_xs, y_: batch_ys})
```

이제 훈련을 마쳤으므로, 이어서 모델의 정확도에 대해 검증을 진행할 수 있다. 아래의 코드 중에 tf.argmax는 텐서로부터 찾은 최댓값의 시리얼 넘버이며, tf.argmax(y, 1)는 각 예측하여 구한 숫자 중에 확률이 가장 큰 것으로, tf.argmax(y, 1)은 즉 샘플의 실제 숫자 유형을 찾는 것이다. tf.equal 방법은 예측된 숫자 유형이 정확한 유형인지를 판단하는 데 사용되며, 마지막으로 correct_predition을 반환하여 분류가 정확한지 계산한다.

```
correct_prediction = tf.equal(tf.argmax(y, 1), tf.argmax(y_, 1))
```

전체 샘플의 예측 정확도를 통계한다. 여기에서는 먼저 tf.cast를 사용하여 이전의 correct_prediction의 bool 값을 float32로 형변환한 다음 평균을 구한다.

```
accuracy = tf.reduce_mean(tf.cast(correct_prediction, tf.float32))
```

테스트 세트에서 모델의 정확도를 계산한 다음 결과를 인쇄한다. 데이터의 특징과 레이블 입력 평가 프로세스의 정확도를 테스트하고, Softmax Regression를 사용하여 MNIST 데이터를 분류하고 식별하면, 테스트 세트의 평균 정확도는 92% 정도까지 도달할 수 있다.

```
print(accuracy.eval({x: mnist.test.images, y_: mnist.test.labels}))
```

위의 간단한 예를 통해 텐서플로우를 사용하여 간단한 머신러닝 알고리즘인 Softmax Regression를 구현하였다. Softmax Regression은 숨겨진 레이어가 없는 가장 얕은 신경망으로 간주할 수 있다. 전체 과정을 되돌아보면, 하는 일을 4개 부분으로 나눌 수 있다.

① 알고리즘 공식, 즉 신경망 forward 계산을 정의한다.
② loss를 정의하고, 옵티마이저를 선정하고, 옵티마이저 loss를 지정한다.
③ 반복적으로 데이터를 훈련한다.
④ 테스트 세트 또는 검증 세트의 정확도를 평가한다.

이 몇 가지 단계는 텐서플로우를 사용하여 알고리즘을 설계하고 훈련하는 핵심 단계이며, 다른 유형의 신경망의 장으로 이어진다. 주의할 것은, 텐서플로우와 Spark는 유사해서 정의한 각 공식은 단지 Computation Graph이다. 이 코드를 실행하면 실제로 계산이 수행되지 않으며, run 메소드를 사용하여 데이터를 feed 할 때 비로소 실제 계산이 실행된다. 예를 들면 cross_entropy·train_step·accuracy 등은 모두 계산 그래프의 노드이며 데이터 결과는 아니다. 따라서 run 메소드를 사용하여 실행하거나 연산 조작으로 결과를 얻을 수 있다.

Softmax Regression이 도달한 결과를 다시 보면 정확도는 92%이다. 비록 이것이 좋은 수치이지만, 여전히 실용적이지는 않다. 필기 숫자 인식의 주요 응용처는 은행 수표를 식별하는 것인데, 만일 정확도가 높지 않다면 그로 인해 심각한 결과를 초래할 수 있다.

뒤에 멀티 레이어 감지기와 선형 신경망을 사용하여 MNIST 필기 숫자 인식 문제를 해결하는 방법을 설명하고자 한다. 사실상 MNIST 숫자 인식은 컨벌루션 신경망의 가장 전형적인 응용이라고 할 수 있다. LeCun의 LeNet5는 1990년대에 이미 제시되었을 뿐만 아니라, 99%의 정확도에 도달할 수 있으며 앞선 시대의 중대한 돌파구라고 말할 수 있다. 애석한 것은 계산 능력에 제한이 있기 때문에 컨벌루션 신경망의 연구가 줄곧 큰 돌파구가 없었으며, 신경망 역시 SVM 등에 의해 이미 추월당하여 침체에 빠져들었다는 것이다. 20세기 초, 수 년 동안 신경망은 거의 모두에게 잊혀졌으며 관련 연구도 홀대를 받아 이 시기는 딥러닝의 빙하기였다. [신경망의 연구는 모두 3차례에 거쳐 크게 폭락했다.] 2006년 제프리 힌턴(Geoffrey Hinton) 교수가 예비 훈련을 점차적으로 제기하여 초기화를 가중하는 방법 및 다중 레이어 RBM을 적층한 신경망인 DBN를 이용하여, 신경망이 비로소 조금씩 모두의 시야로 다시 돌아오게 되었다. 힌턴은 신경망의 최대 가치는 특징에 대한 자동 추출과 추론에 있으며, 그것은 인공적으로 특징을 추출하는 번거로움을 없애서 자동으로 복잡하지만 효과적인 높은 가치의 특징을 찾을 수 있다고 하였다.

이 점은 먼저 간단한 개념을 이해하고 다시 점진적으로 복잡한 개념까지 들어가는 인류의 학습 과정과 유사하다. 신경망이 심화된 레이어마다 특징을 추출하는 것은 보다 추상적이다. 2012년 힌턴 교수팀의 대학원생들의 연구 성과에 따라 AlexNet은 그 해 ImageNet ILSVRC 대회에서 1등을 차지하였고, 딥러닝의 열풍은 다시 점화되었다. ImageNet은 매우 유명한 이미지 데이터 세트로 몇백만 장의 이미지와 1,000개의 종류가 있을 정도이다. (대부분은 동물로, 약 몇백 종류의 동물이 있다.) 공식적으로 매년 대형 시합이 한 차례 열리는데 이미지 분류, 목표 위치 탐사, 비디오 감지, 이미지 세분화 등의 작업이 있다. 이전에는 시합에 참가하는 도서는 모두 특징을 만드는 엔지니어링이었고, 분류에 SVM

을 사용 등 모델을 사용하였다. AlexNet이 챔피언이 된 후에 매년 ImageNet ILSVRC 챔피언은 모두 딥러닝 컨벌루션 신경망에 의존하고 있으며, 레이어 수가 점점 깊어지고 효과가 좋아지는 추세이다. 2015년, Microsoft 연구원에서 제출한 ResNet는 152 레이어의 놀라운 깊이에 도달하여 분류 정확도를 획기적으로 향상시켰다. 이제 딥러닝은 복잡한 머신러닝 과제에서 거대한 우수성이 공식적으로 확립되었다. 기본적으로 어떤 문제에 대해 자세하게 설계된 신경망은 다른 알고리즘보다 훨씬 좋은 정확도와 확대성을 취할 수 있는데, 전제가 되는 것은 충분한 데이터가 있어야 하는 것이다.

이어지는 장에서는 다른 알고리즘을 MNIST 데이터 세트에 계속 사용하여 훈련을 진행하게 될 것이다. 사실 현재의 Softmax Regression이 숨겨진 레이어에 가입되어 정통 신경망으로 바꾼 후에 다시 Dropout·Adagrad·ReLU 등과 결합하면 기술 정확도가 98%까지 도달할 수 있다. 컨벌루션 레이어, 풀링 레이어를 도입하면 99%의 정확도까지 도달할 수 있다. 현재 컨벌루션 신경망에 기반한 state-of-the-art 방법은 이미 99.8%의 정확도를 달성할 수 있다.

CHAPTER

4

텐서플로우에 의한 오토인코더 및 멀티 레이어 퍼셉트론 구현

텐서플로우에 의한 오토인코더 및 멀티 레이어 퍼셉트론 구현

4.1 오토인코더(Autoencoder) 소개

전통적인 머신러닝 작업은 우수한 특징 엔지니어링에 의존한다. 예를 들면 수치형, 일자 시간형, 종류형 등과 같은 특징(feature) 추출이다. 특징 엔지니어링은 많은 시간과 에너지가 소비된다. 이미지, 오디오와 미디어에서 효과적인 특징 추출이 더욱 어려워서 엔지니어는 반드시 이런 영역에서 매우 깊은 이해를 가지고 있어야 하며, 전문 알고리즘을 사용하여 이런 데이터의 특징 추출을 하여야 한다. 딥러닝은 특징을 효과적으로 추출함으로써 인위적인 문제를 해결할 수 있으며, 특징 엔지니어링에 대한 머신러닝의 의존도를 크게 완화할 수 있다. 딥러닝은 일찍이 특징 비지도 학습(Unsupervised Feature Learning)으로 여겨져 왔으며, 인간의 뇌 특징에 대한 점진적 추론을 추출하는 과정을 모방하였다. 그중에는 두 가지 중요한 점이 있는데, 하나는 비지도 학습(자율 학습), 즉 데이터에 주석이 필요없어서 데이터에 대해 일정 정도의 훈련을 진행할 수 있다는 것으로, 이러한 훈련은 데이터 내용에 대해 조직된 형식의 학습이며, 추출하는 것은 빈번하게 출현하는 특징이다. 두 번째는 점진적 추론으로 특징은 끊임없이 추론할 필요가 있는 것으로 인간처럼 결국 간단한 기초의 개념에서부터 훈련을 시작해서 다시 복잡한 개념까지 가게 된다. 학생들은 사칙연산부터 배우기 시작해 다시 간단한 함수를 배운 후에

미적분에 도달한다. 딥러닝도 동일하다. 간단한 마이크로 특징부터 시작해 지속적으로 특징 수준을 추론하고, 점차 복잡한 매크로 특징으로 변경해 간다.

예를 들어 이미지 인식 문제에서 많은 자동차의 이미지를 가지고 있다고 가정한다면, 어떻게 이런 이미지가 자동차인지를 판단할 수 있을까? 만일 픽셀 수준의 특징부터 분류하는 훈련을 진행한다면 절대 다수의 알고리즘은 매우 어렵게 작업될 것이다. 만일 자동차의 바퀴, 자동차 창문, 자동차 본체와 같이 고급 특징(High－end feature)을 추출한다면 이런 고차원 특징을 사용하여 이미지를 매우 정확하게 분류할 수 있다. 이것이 바로 고차원 특징의 효과이다. 그러나 모든 고차원 특징은 자동차 바퀴가 고무 타이어, 차축, 타이어 폭 등이 조성된 것처럼 기본 특징의 조합으로 이루어진 것이다. 그중에서 각 모듈은 고무바퀴가 많은 검정의 동심원으로 구성되고, 이런 동심원이 많은 원주 곡선으로 조성되고, 원주 곡선이 픽셀로 구성된 것처럼 더욱 작은 단위의 특징이 조합되어 이루어진 것이다. 앞에서의 과정을 역으로 보면, 한 장의 이미지의 원시 픽셀을 천천히 추론하고 픽셀 조성이 점, 선부터 다시 점, 선의 조합이 작은 부품으로 합해지고, 다시 작은 부품을 바퀴, 창문, 차체 등의 고가치의 특별한 것으로 조성하는데, 이것이 딥러닝이 훈련 과정 중에 만들어 낸 특징 학습이다.

일찍이 학자들이 스파스 코딩(Sparse Coding)을 연구할 때, 그들은 대량의 흑백 풍경이미지를 수집하고 많은 16×16 픽셀의 이미지 파편을 추출하였다. 그들은 거의 모든 이미지 파편이 [그림 4-1]의 예시와 같이 64종의 정교하게 집합된 테두리 조합으로 얻어진 것이라는 것을 발견하였으며, 한 장의 이미지 파편이 필요한 테두리의 수량이 매우 적고, 즉 희소한 것이라는 것을 알아냈다. 학자들은 동시에 오디오 역시 이런 상황에서 존재한다는 것을 발견하여 그들은 대량의 주석이 없는 오디오로부터 20종의 기본 구조로, 절대다수의 오디오가 이런 기본 구조의 선형 조합으로 얻어질 수 있다는 것을 발견하였다. 이는 특징의 희소성을 표현한 것으로 소량의 기본 특징 조합을 사용하여 더욱 높은 레이어의 추상적 특징을 얻어내는 것이다. 통상 멀티 레이어의 신경망을 필요로 한다. 각 레이어의 신경망에 대해 말하자면, 프론트 레이어(front layer)의 출력은 가공되지 않은 픽셀이며, 이 레이어가 바로 픽셀에 대해 가공을 진행하여 더 높은 고차원 특징을 조직해 낸다. (즉 앞에서 언급한 테두리를 이미지 파편으로 조합하는 것이다.)

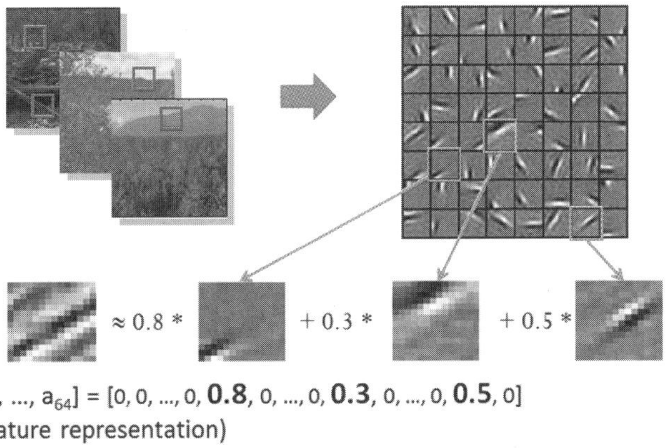

【그림 4-1】 이미지 조각은 소량의 기본 구조로 희소성을 표현할 수 있다.

실제 예를 들어 보자. 만일 각 방향의 테두리, white block, black block을 지시하는 것과 같이 많은 기본 구조가 있다고 가정한다면 [그림 4-2]의 예시처럼 서로 다른 방식을 통해서 서로 다른 고차원 특징을 조합해 낼 수 있으며, 최종적으로 서로 다른 목표 물체를 판독해 낼 수 있다. 이런 기본 구조가 basis(기저)로 사람의 얼굴 인식 작업에서 그것들을 사용해 코, 입, 눈, 눈썹, 이마 등과 같은 사람의 서로 다른 기관을 판독한다. 또한, 이런 기관이 상위 레이어로 서로 다른 양식의 얼굴을 판독하고 마지막 모델이 이미지 속의 이런 서로 다른 양식의 얼굴(즉 고차원 특징)을 배합하여 인식한다. 마찬가지로 basis는 자동차의 다른 모듈을 판독하고, 마지막엔 각양각색의 차종을 판독한다. 또한, 큰 코끼리 몸의 다른 부위를 판독해서 마지막으로 각종 크기, 브랜드, 컬러의 코끼리를 판독할 수 있다. 또한, 의자의 등받이, 앉음판, 등판 등을 판독하여 마지막엔 서로 다른 형식의 의자를 조합할 수 있다. 특징은 끊임없이 추론하여 높은 수준의 특징으로 바꿀 수 있다. 어떻게 이런 기본 구조를 찾고, 그런 후에 어떻게 추론하는 것일까? 만일 많은 주석이 있는 데이터가 있다면 심층적인 신경망을 훈련할 수 있을 것이다. 만일 주석이 없는 데이터라면? 이런 상황에서 비지도 오토인코더를 사용하여 특징을 추출할 수 있다. 오토인코더는 이름에서 알 수 있듯이 자신의 고차원 특징을 사용하여 스스로 코딩한다. 오토인코더는 사실 일종의 신경망으로 입력과 출력이 일치하며, 스파스 코딩의 아이디어를 활용하고, 희소한 고차원 특징을 사용하여 다시 조합하여 자신을 재구성하는 것을 목표로 한다. 특징은 매우 분명하다. 첫째, 입력/출력이 일치하기를 희망한다. 둘째, 고차원 특징을 사용하여 자신을 다시 세우기를 희망하는데 이는 픽셀을 복제하는 것이 아니다.

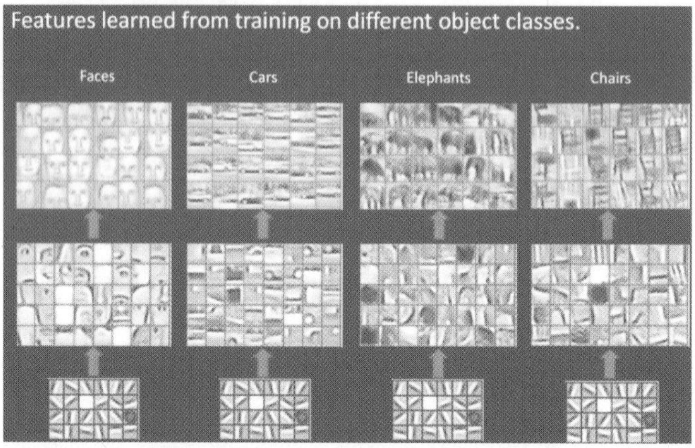

【그림 4-2】 기본 구조에서 지속적으로 고차원 특징을 추론한다.

힌턴 교수는 사이언스지에 〈Reducing the dimensionality of data with neural networks〉[23]를 발표하고, 오토인코더를 사용하여 데이터에 대해 차원을 낮추는 방법을 설명하였다. 힌턴은 심층 심리 신경망(Deep Belief Networks[24], DBN, 멀티 레이어가 RBM을 쌓아 만든다)을 기반으로 레이어별 비지도 훈련의 그리디 알고리즘(Greedy Algorithm)을 사용할 수 있으며, 심층 네트워크를 훈련하기 위해 실시 가능한 솔루션을 제공한다. 직접 심층 네트워크를 훈련하기 매우 어려울 수 있지만, 점진적으로 비지도 훈련을 통해 특징을 추출할 수 있다. 네트워크의 가중치를 비교적 좋은 위치에 초기화하고 뒤의 후면의 지도 훈련을 보조한다. 점진적 자율 훈련(비지도 훈련)은 그 생각과 오토인코더가 매우 유사하다. 후자의 목표는 신경망의 출력으로 원시 입력과 일치할 수 있으며 [그림 4-3]의 예시와 같이 항등식 $y = x$를 훈련하는 것과 같다. 오토인코더의 입력 노드와 출력 노드의 수량은 일치하지만, 만일 단순하게 입력 노드를 쫓는 것이라면 의미가 없다. 앞에서 언급한 것과 같

23) **Reducing the dimensionality of data with neural networks**, *Science*, Authors: G. E. Hinton and R. R. Salakhutdinov
24) **Deep belief networks**, *Scholarpedia*, Geoffrey E. Hinton

이 오토인코더는 통상 소량의 희소한 고차원 특징을 사용하여 입력을 다시 세우는 것을 희망하기 때문에 몇 가지 제한을 추가할 수 있다.

① 중간의 숨겨진 레이어 노드의 수가 제한되는 경우, 예를 들어 중간의 숨겨진 레이어 노드 수가 입력/출력 노드의 수보다 작으면 이는 차원 축소 프로세스에 해당한다. 이때 모든 노드를 복사하는 것은 불가능하다. 중간 노드 수가 입력 노드 수보다 적으므로 데이터에서 가장 중요한 특징만 복구하고 관련 없는 내용은 제거한다. 이때 중간의 숨겨진 레이어의 가중치에 L1의 규칙성을 더하면 패널티 계수에 따라 숨겨진 노드의 희소성을 제어할 수 있다. 패널티 계수가 클수록 훈련한 특징의 조합이 희소하게 되고, 실제로 사용하는(0이 아닌 가중치) 특징의 수가 적어진다.

② 데이터에 노이즈가 추가되면 노이즈 제거 오토인코더(Denoising AutoEncoder)가 된다. 노이즈에서 데이터 특징을 훈련할 것이다. 노드를 완전하게 복사하는 것은 불가능하다. 완전 복사는 추가한 노이즈를 제거할 수 없으며, 데이터를 완전히 복원할 방법이 없다. 따라서 빈번하게 발생하는 훈련 데이터의 패턴과 구조를 훈련하여 불규칙 노이즈를 제거하면 데이터를 복원할 수 있다.

노이즈 제거 오토인코더에 가장 자주 사용되는 노이즈는 부가 가우시안 노이즈(Additive Gaussian Noise, AGN)로, 그 구조는 [그림 4-3]의 예시와 같다. 당연히 Masking Noise을 사용할 수 있으며, 무작위로 차단한 노이즈가 있다. 이런 상황에서 이미지의 일부분인 픽셀은 0으로 설정되고 모델은 다른 픽셀의 구조로부터 이렇게 차단된 픽셀이 무엇인지 추측해야만 한다. 따라서 모델은 이미지에서의 추상적 고차원 특징을 훈련해야 한다.

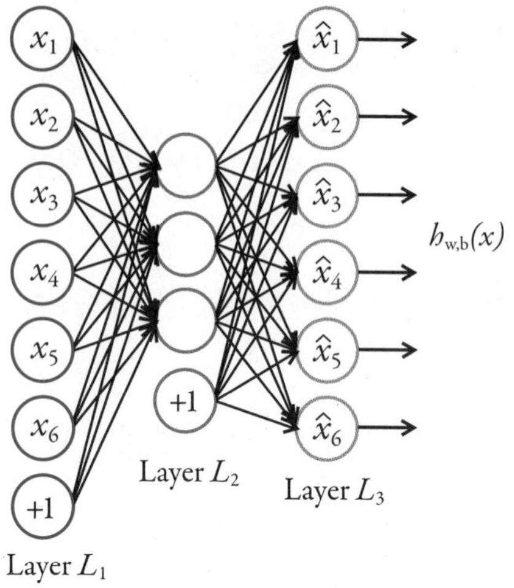

【그림 4-3】 오토인코더 구조도, 학습 목표는 소량의 고차원 특징을 사용하여 입력을 재구성하는 것이다.

만일 오토인코더의 숨겨진 레이어가 하나만 있다면, 그 원리는 주성분 분석(PCA)과 유사하다. 힌턴이 제기한 DBN 모델은 여러 개의 숨겨진 레이어가 있는데, 각 숨겨진 레이어는 모두 제한된 볼츠만 머신(RBM: Restricted Boltzman Machine, 특수 연결 분포된 신경망을 가지고 있다)이다. DBN을 훈련할 때, 먼저 두 개의 레이어 사이마다 비지도 사전 훈련(pre-training)을 진행한다. 이 과정은 멀티 레이어의 오토인코더에 해당되며, 전체 네트워크의 가중치를 이상적인 분포로 초기화할 수 있다. 마지막으로 역전파법 알고리즘을 통해 모델 가중치를 조정한다. 이 단계에서는 주석 정보를 사용하여 지도성 분류 훈련을 할 수 있다. 그렇게 하여 DBN은 심층 신경망 훈련의 가능성을 제공하였으며, 심층 네트워크로 인한 기울기 분산(Gradient Vanishment) 문제를 해결하고 훈련을 쉽게 할 수 있었다. 간단하게 말해서, 힌턴의 생각은 오토인코더의 방법을 먼저 사용하여 비지도 사전 훈련을 진행하고, 특징을 추출해서 가중치를 초기화한 후에 주석 정보를 사용하여 지도 훈련을 진행한다. 당연히 오토인코더의 작용은 훈련을 모니터링에 제한적으로 사전 훈련시키는 것뿐만이 아니라, 직접 오토인코더를 사용하여 특징 추출과 분석을 진행하는 것 역시 가능하다. 현실에서의 데이터 중 가장 많은 것은 여전히 주석이 없는 데이터이기 때문에 오토인코더는 매우 유용하다.

4.2 텐서플로우에 의한 오토인코더 구현

아래에서 가장 대표적인 노이즈 제거 오토인코더를 구현할 것이다. 노이즈 제거 오토인코더는 가장 광범위하게 통용되고 있다. 다른 몇 가지의 오토인코더는 코드를 스스로 수정하여 구현할 수 있으며, 그 안에서 노이즈 없는 오토인코더는 노이즈를 제거할 필요가 있으며, 숨겨진 레이어 노드가 입력 레이어 노드보다 작은 것을 보장한다. 즉 변이 오토인코더(VAE: Variational AutoEncoder)는 상대적으로 복잡해서 VAE가 중간 노드의 분포에 대해 강한 가정을 한다면 이외의 손실 항목을 가지고 있으며, 특수한 SGVB(Stochastic Gradient Variational Bayes) 알고리즘을 사용하여 훈련을 진행한다. 현재 VAE는 모델 생성에 매우 큰 역할을 하고 있다.

여기에서 먼저 자주 사용하는 라이브러리 NumPy와 Scikit-learn의 전처리 모델을 가져온다. 이것은 데이터에 대해 전처리를 진행한 상용 모듈이며, 그 후에 그중의 데이터 표준화 기능을 사용한다. 동시에 본 장에서는 MNIST 데이터 세트를 사용하는데 텐서플로우의 MNIST 데이터의 로딩 모듈도 가져온다. 본 장의 코드는 주로 텐서플로우의 오픈소스 코드[25)]를 기반으로 한다.

```
import numpy as np
import sklearn.preprocessing as prep
import tensorflow as tf
from tensorflow.examples.tutorials.mnist import input_data
```

오토인코더는 일종의 매개변수 초기화 방법 xavier initialization[26)]을 사용하는데 먼저 그것의 정의가 필요하다. Xavier 이니셜라이저(initializer)는 Caffe의 초기 버전에서 빈번하게 사용되며, 그것의 특징은 불특정 레이어의 네트워크의 입력, 출력 노드 수량을 근거

25) https://github.com/tensorflow/models/blob/master/autoencoder/AdditiveGaussianNoiseAutoencoderRunner.py
26) **Understanding the difficulty of training deep feedforward neural networks**, *AISTATS 2010*, Authors: Xavier Glorot and Yoshua Bengio

로 자동으로 가장 적합한 분포를 조정한다. Xaiver Glorot와 딥러닝의 빅3 중의 한 명인 요수아 벤지오(Yoshua Bengio) 교수는 논문에서 다음과 같이 지적했다. 만일 딥러닝 모델의 가중치가 매우 적게 초기화된다면 신호는 각 레이어 사이에 전달될 때 점차 축소되고 생산적인 작용을 하기 어렵다. 그러나 만일 가중치의 초기화가 비교적 크다면 신호는 각 레이어 사이에 전달될 때 점차 확대되어 분산되고 효력을 잃게 된다. Xaiver 이니셜라이저가 한 일은 가중치의 초기화를 크지도 작지도 않게, 딱 알맞게 하는 것이다. 수학적 각도에서 분석하자면 가중치가 0의 평균값을 만족하는 동시에 방정식 차는 $\frac{2}{n_{in}+n_{out}}$로, 분포는 균일 분포 혹은 가우스 분포로 사용될 수 있다. 만일 아래의 코드의 예시와 같이 tf.random_uniform을 통해서 $\left(-\sqrt{\frac{6}{n_{in}+n_{out}}}, \sqrt{\frac{6}{n_{in}+n_{out}}}\right)$ 범위 안의 균일한 분포를 만들어 내고 그것의 분산은 공식 $D(x)=(\max-\min)^2/12$ 을 근거로 $\frac{2}{n_{in}+n_{out}}$에 동등하게 한다. 그래서 여기에서 구현하는 것은 표준의 균일 분포의 Xaiver 이니셜라이저이며, 그 안의 fan_in은 입력 노드의 수량이며, fan_out은 출력 노드의 수량이다.

```
def xavier_init(fan_in, fan_out, constant = 1):
low = -constant * np.sqrt(6.0 / (fan_in + fan_out))
high = constant * np.sqrt(6.0 / (fan_in + fan_out))
return tf.random_uniform((fan_in, fan_out),
                         minval = low, maxval = high,
                         dtype = tf.float32)
```

아래에서 나중에 사용할 수 있도록 노이즈 제거 오토인코딩의 class를 정의한다. 이런 종류는 빌드 함수 __init__()를 포함한다. 또한, 일반적으로 사용되는 멤버 함수가 있는데, 비교적 길기 때문에 아래에서는 몇 개의 코드로 나눠 설명하고자 한다. 먼저 빌드 함수를 살펴 보자.

__init__함수는 n_input(입력 변수 수)·n_hidden(숨겨진 레이어 노드 수)·transfer_function(숨겨진 레이어 활성화 함수, softplus 기본값)·optimizer(최적화 도구, Adam 기본값)·scale(가우시안 노이즈 계수, 0.1 기본값) 등의 몇 가지 입력을 포함한다. 그중 class 내부의 scale 매개변수는 placeholder가 되고, 매개변수 초기화는 곧 이어서 정의하는 _initialize_weights 함수를 사용한다. 여기에서 주의

할 것은 단지 숨겨진 레이어 한 개를 사용한다. 필요하면 숨겨진 레이어를 몇 개 더 추가하여 테스트해 볼 수 있다.

```
class AdditiveGaussianNoiseAutoencoder(object):
    def __init__(self, n_input, n_hidden, transfer_function=tf.nn.softplus,
                optimizer = tf.train.AdamOptimizer(), scale=0.1):
        self.n_input = n_input
        self.n_hidden = n_hidden
        self.transfer = transfer_function
        self.scale = tf.placeholder(tf.float32)
        self.training_scale = scale
        network_weights = self._initialize_weights()
        self.weights = network_weights
```

이어서 네트워크 구조를 정의해 보자. x를 입력하기 위해 n_input의 placeholder라는 하나의 차원을 입력한다. 그런 후에 특징을 추출할 수 있는 숨겨진 레이어를 만들어서 먼저 x를 입력하여 노이즈, 즉 self.x + scale * tf.random.normal((n_input,))를 추가한 후에 tf.matmul를 사용하여 노이즈를 추가한 입력을 숨겨진 레이어의 가중치인 w1과 서로 곱하고, tf.add를 사용하여 숨겨진 레이어의 bias인 b1을 추가한다. 마지막으로 self.transfer를 사용하여 결과에 대해 활성함수 처리를 진행한다. 숨겨진 레이어를 통한 후에 출력 레이어에서 데이터 복원, 재구성 작업(즉 reconstruction 레이어를 구성)을 진행해야 한다. 여기에서 활성함수가 필요없기 때문에 직접 숨겨진 레이어의 self.hidden을 출력하여 출력 레이어의 가중치 w2를 곱하고 다시 출력 레이어의 bias인 b2를 더하면 된다.

```
        self.x = tf.placeholder(tf.float32, [None, self.n_input])
        self.hidden = self.transfer(tf.add(tf.matmul(
                        self.x + scale * tf.random_normal((n_input,)),
                        self.weights['w1']), self.weights['b1']))
        self.reconstruction = tf.add(tf.matmul(self.hidden,
                                self.weights['w2']), self.weights['b2'])
```

이어서 오토인코더의 손실함수를 정의해 보자. 여기에서는 직접 제곱 오차(Squared Error)를 사용하여 cost로 삼는다. 즉 tf.subtract으로 출력(self.reconstruction)과 입력(self.x)의 차이를 계산하고, 다시 tf.pow를 사용하여 Square의 차이를 구한다. 마지막으로 tf.reduce_sum을 사용하여 구하면 제곱 오차를 얻을 수 있다. 훈련 작업을 다시 정의하면, 옵티마이저를 self.optimizer로 손실 self.cost에 대해 최적화를 진행한다. 마지막으로, Session을 만들어 오토인코더의 전체 모델 매개변수를 초기화한다.

```
        self.cost = 0.5 * tf.reduce_sum(tf.pow(tf.subtract(
                              self.reconstruction, self.x), 2.0))
        self.optimizer = optimizer.minimize(self.cost)

        init = tf.global_variables_initializer()
        self.sess = tf.Session()
        self.sess.run(init)
```

아래에서 매개변수 초기화 함수 _initialize_weights를 살펴보자. 먼저 all_weights라고 이름 붙여진 단어 dict을 만들고, 그런 다음 w1·b1·w2·b2을 전부 그 안에 저장하고, 마지막으로 all_weights를 반환한다. 그중 w1은 앞에서 정의한 xavier_init 함수를 사용하여 초기화해야 하며, 직접 입력 노드 수와 숨겨진 레이어 노드 수를 유입하면, xavier로 비교적 softplus 등 활성함수의 가중치에 적합한 초기 분포를 반환할 수가 있어서, bias b1은 tf.zero만을 사용하여 전체를 0으로 만들면 된다. 출력 레이어인 self.reconstruction에 대해 활성함수를 사용하지 않으므로 여기에서는 w2, b2를 전부 초기화하여 0으로 만들면 된다.

```
    def _initialize_weights(self):
        all_weights = dict()
        all_weights['w1'] = tf.Variable(xavier_init(self.n_input,
                                                    self.n_hidden))
        all_weights['b1'] = tf.Variable(tf.zeros([self.n_hidden],
                                                 dtype = tf.float32))
```

```
        all_weights['w2'] = tf.Variable(tf.zeros([self.n_hidden,
                                              self.n_input], dtype = tf.float32))
        all_weights['b2'] = tf.Variable(tf.zeros([self.n_input],
                                                        dtype = tf.float32))
        return all_weights
```

손실 cost 계산과 한 단계 훈련을 실행하는 함수 partial_fit를 정의해 보자. 이 함수 안에서는 단지 Session으로 2개의 계산 그래프 노드를 실행해야 하는데, 손실 cost와 훈련 과정의 optimizer로, 입력 feed_dict는 입력 데이터 x 및 노이즈 계수인 scale을 포함한다. 함수 partial_fit가 만든 것은 하나의 batch 데이터로 훈련을 진행하고 이전의 손실 cost를 반환하는 것이다.

```
    def partial_fit(self, X):
        cost, opt = self.sess.run((self.cost, self.optimizer),
            feed_dict = {self.x: X, self.scale: self.training_scale})
        return cost
```

또한 하나의 손실 cost의 함수 calc_total_cost를 구할 필요가 있다. 여기에서 Session은 계산 그래프 노드인 self.cost를 실행하고, 전달된 매개변수는 앞에서의 partial_fit와 일치하게 된다. 이 함수는 오토인코더 훈련이 끝난 후에 테스트 세트에서 모델의 성능을 평가할 때 사용되며, partial_fit 처럼 훈련 작업을 유발하지 않는다.

```
    def calc_total_cost(self, X):
        return self.sess.run(self.cost, feed_dict = {self.x: X,
            self.scale: self.training_scale
        })
```

이어서 transform 함수를 정의해 보자. 이 함수는 오토인코더의 숨겨진 레이어의 출력 결과를 반환한다. 이 함수의 목적은 하나의 인터페이스로 추론을 얻은 후의 특징을 제공하여 오토인코더의 숨겨진 레이어의 가장 주요한 기능이 데이터 안 높은 가치의 특징을 훈련하는 데 있다.

```
def transform(self, X):
    return self.sess.run(self.hidden, feed_dict = {self.x: X,
        self.scale: self.training_scale
    })
```

다시 generator 함수를 정의해 보자. 이 함수는 숨겨진 레이어의 출력 결과를 입력으로 하여, 추출된 고차원 특징을 재구성 레이어를 통해 원본 데이터로 복원한다. 이 인터페이스에서의 transform은 전체 오토인코더를 2부분으로 나누는데, 여기에서의 generate 인터페이스는 후반부의 것으로 고차원 특징을 원시 데이터 단계로 복원한다.

```
def generate(self, hidden = None):
    if hidden is None:
        hidden = np.random.normal(size = self.weights["b1"])
    return self.sess.run(self.reconstruction,
                         feed_dict = {self.hidden: hidden})
```

이어서 reconstruct 함수를 정의해 보자. 이 함수는 고차원 특징을 추출하고 고차원 특징을 통해 데이터를 복원(변환 및 두 블록 생성 포함)하는 등 전체 복원 프로세스를 실행한다. 입력 데이터는 원본 데이터이고 출력 데이터는 복원된 데이터이다.

```
def reconstruct(self, X):
    return self.sess.run(self.reconstruction, feed_dict = {self.x: X,
        self.scale: self.training_scale
    })
```

여기에서 getWeights 함수의 역할은 숨겨진 레이어의 가중치 w1을 얻는 것이다.

```
def getWeights(self):
```

```
        return self.sess.run(self.weights['w1'])
```

getBiases 함수는 즉 숨겨진 레이어의 바이어스(bias) 계수 b1을 얻는다.

```
    def getBiases(self):
        return self.sess.run(self.weights['b1'])
```

이 시점에서, 신경망의 설계, 가중치의 초기화 및 몇 가지 공통 멤버 함수(계산 그래프 안의 서브 그래프에 속하는 transform generate 등)를 포함하여 노이즈 제거 오토인코더 클래스를 모두 정의하였다. 이어서 정의된 AGN 오토인코더를 사용하여 MNIST 데이터 세트에 대한 간단한 기능 테스트를 진행하고 모델이 데이터 복원 효과에 대해 어떻게 되는지 보도록 하자.

이어서 텐서플로우가 제공하는 샘플 데이터를 읽는 함수를 사용하여 MNIST 데이터 세트에 로드한다.

```
mnist = input_data.read_data_sets('MNIST_data', one_hot = True)
```

먼저 훈련 및 테스트 데이터를 표준화하는 함수를 정의해 보자. 표준화는 데이터가 0의 평균값으로 되고, 표준편차가 1인 분포이다. 이 방법은 먼저 평균값을 빼고, 다시 표준편차로 나눈다. sklearn.preprossing의 StandardScaler 클래스를 직접 사용하여, 먼저 훈련 세트에서 fit를 진행하고 다시 이 scaler를 훈련 데이터와 테스트 데이터에 사용한다. 여기에서 주의할 것은, 훈련 및 테스트 데이터 모두 동일한 Scaler를 사용하여야 이후 모델이 데이터를 처리할 때 일관성을 보증할 수 있다. 이것이 먼저 훈련 데이터에 공용의 Scaler를 fit 하는 이유이다.

```
def standard_scale(X_train, X_test):
    preprocessor = prep.StandardScaler().fit(X_train)
    X_train = preprocessor.transform(X_train)
    X_test = preprocessor.transform(X_test)
```

```
    return X_train, X_test
```

다시 랜덤 무작위 블록(block) 데이터를 얻는 함수를 정의해 보자. 0부터 len(data)까지 취해서 batch_size에서 임의의 정수를 취한 다음 이 임의의 수를 블록의 처음 위치로 사용하고 순서대로 batch size의 데이터를 취한다. 주의할 것은, 이는 비대체 샘플링에 속하며 데이터의 이용 효율을 높일 수 있다는 것이다.

```
def get_random_block_from_data(data, batch_size):
    start_index = np.random.randint(0, len(data) - batch_size)
    return data[start_index:(start_index + batch_size)]
```

이전에 정의한 standard_scale 함수를 사용하여 훈련 세트, 측정 세트에 대해 표준화 변환을 진행한다.

```
X_train, X_test = standard_scale(mnist.train.images, mnist.test.images)
```

이어서 몇 가지 공통 매개변수에 대해 정의해 보자. 총 훈련 샘플 수는 최대 훈련 횟수(epoch)는 20으로, batch_size는 128로 설정한다. 그리고 1회(epoch)마다 손실 cost를 표시하도록 설정한다.

```
n_samples = int(mnist.train.num_examples)
training_epochs = 20
batch_size = 128
display_step = 1
```

AGN 오토인코더의 인스턴스(instance)를 만들어 보자. 모델 입력 노드 수 n_input을 784로 정의하고, 오토인코더의 숨겨진 레이어 노드 수 n_hidden은 200, 숨겨진 레이어의 활성함수 transfer_function은 softplus로, 옵티마이저는 adam으로, 학습 속도는

0.001로 설정하고, 노이즈 계수 scale은 0.01로 설정한다.

```
autoencoder = AdditiveGaussianNoiseAutoencoder(n_input = 784,
                n_hidden = 200,
                transfer_function = tf.nn.softplus,
                optimizer = tf.train.AdamOptimizer(learning_rate = 0.001),
                scale = 0.01)
```

아래의 과정을 시작해 보자. 순환을 시작할 때마다 평균 손실 avg_cost를 0으로 설정하고, 총 필요한 batch 수(샘플 총수를 통해 batch 크기를 나눔)를 계산한다. 여기에서는 비대체 샘플링을 사용하므로 모든 샘플을 추출하여 훈련한다는 보장은 없다. 그런 후에 각 batch의 순환에서 get_random_block_from_data 함수를 사용하여 무작위로 하나의 블록 데이터를 추출한 후에, 멤버 함수 partial_fittraining 사용하여 이 batch 데이터를 훈련하고, 현재 cost를 계산하며, 마지막으로 현재 cost를 avg_cost에 합한다. 매번 반복 후에 이전의 반복 횟수와 이번에 반복할 평균 cost가 표시된다. 처음 반복 시에 cost가 대략 19,000이 되고 마지막 반복 시에는 cost가 대략 7,000이 된다. 다시 훈련 cost를 계속 절감하는 것은 어렵다. 만일 관심이 있다면, batch_size·epoch 수, 옵티마이저, 오토인코더의 숨겨진 레이어 수, 숨겨진 노드 등의 조정을 통해 더욱 낮은 cost를 얻을 수 있다.

```
for epoch in range(training_epochs):
    avg_cost = 0.
    total_batch = int(n_samples / batch_size)
    for i in range(total_batch):
        batch_xs = get_random_block_from_data(X_train, batch_size)

        cost = autoencoder.partial_fit(batch_xs)
        avg_cost += cost / n_samples * batch_size

    if epoch % display_step == 0:
        print("Epoch:", '%04d' % (epoch + 1), "cost=",
              "{:.9f}".format(avg_cost))
```

마지막으로 훈련이 끝난 모델의 성능을 테스트한다. 여기에서는 이전의 정의한 멤버 함수 cal_total_cost를 사용하여 테스트 세트 X_test를 테스트한다. 평가 인덱스는 여전히 제곱 오차(squared error)를 의미한다. 예제의 매개변수를 사용하면 손실 값은 약 60만이 된다.

```
print("Total cost: " + str(autoencoder.calc_total_cost(X_test)))
```

이로써 노이즈 제거(demnosing) 오토인코더의 텐서플로우 구현이 완료되었다. 오토인코더를 구현하는 것이 단독의 숨겨진 레이어의 신경망을 구현하는 것과 비슷하다. 단순히 데이터 입력할 때 표준화를 하고, 여기에 가우시안 노이즈를 더하는 것이다. 동시에 출력한 결과는 디지털 분류 결과가 아닌 복원 데이터이므로 표시된 데이터로 지도 훈련을 진행할 필요가 없다. 오토인코더는 비지도 학습 방법으로, 다른 비지도 학습과 차이점은 데이터에 대해 클러스터를 진행하지 않고 그중의 가장 유용하고, 가장 빈도가 많이 출현하는 고차원 특징을 추출하고, 이런 고차원 특징을 근거로 다시 데이터를 세우는 것이다. DBN은 딥러닝 개발 초기에 매우 인기가 있었으며, 먼저 데이터에 대해 비지도 학습을 진행하고 유용한 특징을 추출하여 신경망의 가중치를 비교적 양호한 분포로 초기화한 후에 다시 표시된 데이터를 사용하여 지도 훈련을 한다. 즉 가중치에 대해 fine-tune을 진행한다.

현재 자율 사전 훈련은 이전보다 훨씬 적은 장면을 사용한다. 완전 연결된 MLP 또는 CNN, RNN을 훈련할 때 먼저 오토인코더 특징을 추출하기 위해 자율훈련을 사용할 필요가 없다. 그러나 비지도 학습, 심지어 오토인코더는 여전히 매우 유용한 것으로, 현재 생활에서 대부분의 데이터는 표시되지 않은 정보이지만, 사람의 뇌에는 이런 데이터를 매우 잘 처리하므로 그중 고차원의 추상적 특징을 추출하고 다른 곳에 사용할 수 있을 것이다. 오토인코더를 사용함으로써 딥러닝이 자율 영역에서 테스트가 되는 것은 매우 성공적인 동시에 비지도 학습 역시 딥러닝의 중요한 개발 방향이 될 것이다.

4.3 멀티 레이어 퍼셉트론(MLP) 소개

제3장에서 텐서플로우를 사용하여 간단한 Softmax Regression 모델을 구현하였다. 이 선형 모델의 가장 큰 특징은 간단하게 사용할 수 있지만 피팅(fitting) 능력은 강하지 않다. Softmax Regression는 다중 분류 로지스틱 회귀분석으로 간주될 수 있으며, 기존 신경망과 구별이 되는 것은 숨겨진 레이어가 없다는 것이다. 숨겨진 레이어는 신경망의 중요한 개념으로 입력, 출력 레이어를 제외하고 중간의 레이어를 의미한다. 입력 레이어와 출력 레이어는 밖에서 볼 수 있는 것으로, 가시층이라고도 불리며, 중간 레이어가 직접 노출되지 않는 모델의 블랙박스 부분이다. 통상 비교적 해석성을 가지기 어렵다. 그래서 일반적으로 숨겨진 레이어라고 불린다. 숨겨진 레이어가 있다면 신경망은 비선형의 숨겨진 레이어를 도입한 후에 이론적으로 숨겨진 노드가 충분히 많으면 되는데, 설사 숨겨진 레이어의 신경망만 있어도 임의의 함수를 피팅하는 것처럼 특수한 속성을 가지고 있다. 동시에 숨겨진 레이어가 많을수록 복잡한 함수의 피팅이 쉬워진다. 이론적 연구에 따르면, 복잡한 함수를 피팅하기 위해 필요한 숨겨진 노드의 수는 기본적으로 숨겨진 레이어의 수가 증가함에 따라 기하급수적으로 감소한다. 또한, 레이어 수가 많을수록 신경망에 필요한 숨겨진 레이어는 줄어들게 된다. 이 역시 딥러닝의 특징 중 하나로, 레이어 수가 깊을수록 개념은 추상적이 되고 암기해야 하는 지식 포인트(신경망의 숨겨진 노드)는 적어지게 된다. 그러나 실제 사용 중에 사용 레이어의 수가 비교적 깊은 신경망은 쉽게 피팅되고, 테스트하기 어려운 매개변수, 기울기가 분산되는 등의 많은 어려움이 발생한다. 이런 문제에 대해 많은 Trick으로 해결이 필요하며, 최근 몇 년의 연구에서 Dropout[27], Adagrad[28], ReLU[29] 등의 많은 방법들이 점차적으로 문제를 해결하는데 도움이 되고 있다.

---

27) **Dropout: A Simple Way to Prevent Neural Networks from Overfitting**, *Journal of Machine Learning Research*, Authors: Nitish Srivastava, Geoffrey Hinton, Alex Krizhevsky, Ilya Sutskever, Ruslan Salakhutdinov

28) **Adaptive Subgradient Methods for Online Learning and Stochastic Optimization**, *Journal of Machine Learning Research*, Authors: John Duchi, Elad Hazan, Yoram Singer

29) **Digital selection and analogue amplification coesist in a cortex-inspired silicon circuit**, *Nature*, Authors: Hahnloser, R. Sarpeshkar, M A Mahowald, R. J. Douglas, H.S. Seung

오버피팅(overfitting)은 머신러닝 중 자주 볼 수 있는 문제로 모델 예측 정확도가 훈련 세트에서 높아지는 것을 의미하지만, 테스트 세트에서는 오히려 하락하게 된다. 이는 통상 확대성이 좋지 않으며, 모델은 단지 현재 데이터의 특징을 기억하는 것이지 확대 능력을 가지지 않음을 의미한다. 더욱이 신경망에서 매개변수가 많기 때문에 자주 매개변수가 데이터에 비해 더 많아야만 하는 상황이 나오게 되는데, 이는 단지 훈련 세트의 특징을 기억하는 상황이 쉽게 나타나는 것이다. 이 문제를 해결하기 위해 힌턴 교수 팀은 생각하기 간단하지만 매우 효과적인 방법인 Dropout을 제시하였다.

복잡한 컨벌루션 신경망으로 이미지 데이터를 훈련할 때 더욱 효과적이며, 일반적인 아이디어는 훈련할 때 신경망 레이어의 출력 노드 데이터 중 일부를 무작위로 버리는 것이다. 이미지의 50%의 점을 무작위로 삭제하면(즉 50%의 점이 무작위로 검은 점이 된다), 이때 사람은 이미지의 유형을 인식할 가능성이 높다. 이런 방법은 무작위로 매우 많은 새로운 샘플을 만들어 내는 것과 같아서 샘플 양의 증대와 특징 수량의 감소를 통해서 오버 피팅을 방지하게 된다. Dropout은 일종의 bagging 방법으로 매번 버린 노드 데이터가 특징에 대한 하나의 샘플임을 이해할 수 있다. 하나의 ensemble한 신경망 모델을 훈련하는 것과 유사하게 각 샘플에 대해 특징을 샘플링하지만, 단지 훈련하지 않은 많은 신경망 모델이지만, 하나의 융합된 신경망이 있게 된다.

테스트하기 어려운 매개변수는 신경망의 또 다른 힘든 점이다. SGD의 매개변수가 더욱 그러한데, SGD가 설치된 서로 다른 학습 속도에 대해 마지막으로 얻은 결과는 차이가 매우 클 수 있다. 신경망의 최적화 문제가 아니라, 곳곳에 국부적인 최적화를 채우는 것이다. SGD 자체는 비교적 안정적인 알고리즘으로 결과는 최적의 솔루션에 근접하여 오르내릴 수도 있으며, 다른 학습 속도는 신경망이 다른 부분의 최적화 안에 떨어지는 것을 야기할 수도 있다. 그러나 일반적으로 전체 최적화에 도달하기를 바라지 않는다. 이론적으로 신경망이 매우 많은 부분의 최적화 솔루션으로 비교적 양호한 분류 효과에 도달할 수 있을 수 있지만, 전체 최적화는 오히려 오버피팅의 솔루션이 되기 쉽다. 사람들로부터 유추할 수 있는데, 서로 다른 사람이 각자 완전히 다른 뇌신경 연결을 가지고 있기 때문에 마치 두 사람의 견해가 완전히 같을 수 없는 것처럼 두 사람 신경의 연결 방식이 완전히 일치할 수 없다. 그러나 각 사람의 뇌신경망(부분 최적 솔루션)은 이미지 안의 물체 유형을 식별하는 것에 대해 아주 좋은 영향을 미친다. SGD에 대해 시작부터 학습 속도를 크게 할 수도, 빠르게 수축할 수도 있지만, 훈련 후기에는 학습 속도가 작아지기를 희망한다. 이렇게 비교적 안정적으로 부분 최적 솔루션에 접어들 수 있다. 다른 머신러닝 문제에 필요한 학습 속도 역시 잘 설치되지 않아서 반복 테스트가 필요하기 때문에 Adagrad, Adam[30], Adadelta[31] 등의 스스로 적응하는 방법으로 매개변수의 테스트에 대한 부담을 줄일 수 있다. 이런 최적화 알고리즘에 대해 일반적으로 그것의 기본 매개변수를 사용하여 설치하여 비교적 양호한 효과를 얻을 수 있다. SGD는 학습 속도, Momentum[32], Nesterov[33] 등의 매개변수에 대해 보다 복잡한 디버깅(debugging)이 필요하다. 디버깅한 매개변수가 문제에 더 적합할 때, 비로소 더 나은 결과를 얻을 수 있다.

기울기 분산(Gradient Vanishing)은 또 다른 심층 신경망 훈련에 영향을 주는 문제로 ReLU 활성화 함수가 출현하기 전에 신경망의 전체 훈련은 sigmoid를 사용하여 활성함수가 된다. 이는 sigmoid 함수가 제한성을 가지고 있기 때문에 출력 수치가 0~1에 있으면 확률 출력의 정의에 가장 적합하다. 비선형의 sigmoid 함수는 신호의 특징 공간 맵핑에서 중앙 구역의 신호의 배수 증폭이 비교적 크고, 양 측면 구역의 신호 배수 증폭은 작다. 생물학적 신경과학의 시각에서 보자면, 중앙 구역은 뉴런의 흥분 상태와 몹시 흡사하며, 양측 구역은 뉴런의 제어 상태와 매우 흡사하다. 그래서 신경망을 훈련할 때, 중요한 특징은 중앙 구역에 배치하고, 중요하지 않은 특징은 양측 구역에 배치한다. 이는 sigmoid가 비교적 가장 초기의 선형 활성 함수인 $y=x$이며, 단계적 활성함수 $y=\begin{cases}-1 & (x<0)\\ 1 & (x\geq 0)\end{cases}$과 $y=\begin{cases}0 & (x<0)\\ 1 & (x\geq 0)\end{cases}$라고 말할 수 있다. 그러나 신경망의 레이어 수가 비교적 많을 때에는 sigmoid 함수는 역전파법의 기울기 값이 점점 줄어들게 되고, 멀티 레이어를 통한 전파 후에는 지수가 급격하게 줄어들 수 있다. 그래서 기울기 값은 앞면의 몇 개의 레이어에 전달될 때 매우 적게 변하게 된다. 이런 상황에서 훈련 데이터의 피드백을 근

---

30) **ADAM: A METHOD FOR STOCHASTIC OPTIMIZATION**, *ICLR 2015*, Authors: Diederik P. Kingma and Jimmy Lei Ba
31) **ADADELTA: AN ADAPTIVE LEARNING RATE METHOD**, *https://arxiv.org/abs/1212.5701*, Authors: Matthew D. Zeiler
32) **On the momentum term in gradient descent learning algorithms**, *Neural Networks : The Official Journal of the International Neural Network*, Authors: Ning Qian
33) **A method for unconstrained convex minimization problem with the rate of convergence o(1/k2)**, *Doklady ANSSSR*, Authors: Nesterov, Y.

거로 신경망의 매개변수를 갱신해서 매우 완만하게 할 수 있으나 기본적으로 훈련의 작용을 하지 못한다. 직접 ReLU가 출현하게 되면 비로소 완전하게 기울기 분산의 문제가 해결된다. ReLU는 간단한 비선형 함수 $y=\max(0,x)$ 로, 그것은 좌표 축 위에서 꺾임선[[그림 4-4](B) 예시 참조]으로 $x\leq 0$ 일 때는 $y=0$, $x>0$ 일 때는 $y=x$ 가 되고 사람의 뇌의 임계치와 매우 유사하게 메커니즘(Mechanism)에 상응하게 된다[[그림 4-4](A) 참조]. 신호가 불특정 임계치를 초과할 때, 뉴런은 비로소 흥분과 활성의 상태에 진행하게 되고 평상시에는 제어 상태에 있게 된다. ReLU는 기울기를 매우 잘 전달할 수 있으며, 멀티 레이어의 역전파법을 통해서 기울기가 크게 축소될 수 없게 하기 때문에 심층 신경망에 매우 적합하다. ReLU는 프런트에서 기울기 분산 문제를 해결하고, 자율적 레이어 훈련을 통해서 가중치를 초기화하는데 우회할 필요가 없다. sigmoid와 비교하여 ReLU의 주요 변화는 다음 3가지이다.

① 일방적 제어

② 비교적 넓은 흥분 경계

③ 스파스 활성화

신경과학자들은 대뇌 에너지 소비의 연구를 개발하는 중에 뉴런 코딩의 작업 방식이 희소성을 가진 것을 발견하였으며, 또한 대뇌에서 활성화된 뉴런은 1~4%에 불과하다고 추측했다. 뉴런은 입력 신호에 대해 매우 적은 부분의 선택적 반응만 할 뿐이며, 대량의 관계없는 신호는 차단되어 중요한 특징을 효율적으로 추출할 수 있다. 전통적인 sigmoid 함수는 거의 절반의 뉴런이 활성화되어 신경과학 연구에 적합하지 않다. Softplus가 일방적인 억제를 하지만 스파스 활성화는 없다. 따라서 ReLU 함수 max(0,x)가 실제 뉴런의 가장 적합한 모델이 되었다. 현재 ReLU 및 그 변종(EIU[34), PReLU[35), RReLU[36))은 이미 가장 대중적인 활성함수가 되었다. 실제로 대부분 상황(MLP와 CNN, RNN 내부에서는 주로 여전히 Sigmoid·Tanh·Hard Sigmoid을 사용한다)에서 숨겨진 레이어의 활성함수는 sigmoid에서 ReLU로 바꾸면 모델의 학

34) **Fast and Accurate Deep Network Learning by Exponential Linear Units** (ELUs), *ICLR 2016*, Authors: Djork-Arné Clevert, Thomas Unterthiner, Sepp Hochreiter

35) **Delving Deep into Rectifiers: Surpassing Human-Level Performance on ImageNet Classification**, *https://arxiv.org/abs/1502.01852*, Authors: Kaiming He, Xiangyu Zhang, Shaoqing Ren, Jian Sun

36) **Empirical Evaluation of Rectified Activations in Convolutional Network**, *https://arxiv.org/abs/1505.00853*, Authors: Bing Xu, Naiyan Wang, Tianqi Chen, Mu Li

습 속도와 정확도가 향상될 수 있다. 물론 신경망의 출력 레이어는 확률 출력 분포에 가장 근접하기 때문에 여전히 sigmoid 함수이다.

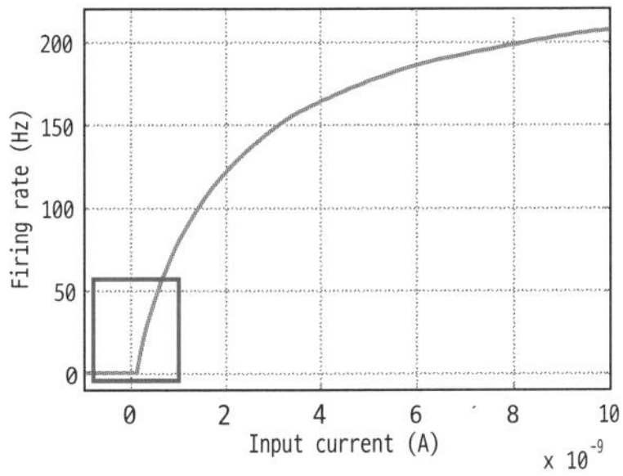

【그림 4-4】(A). 신경과학자가 제기한 뉴런 활성 모델 그림

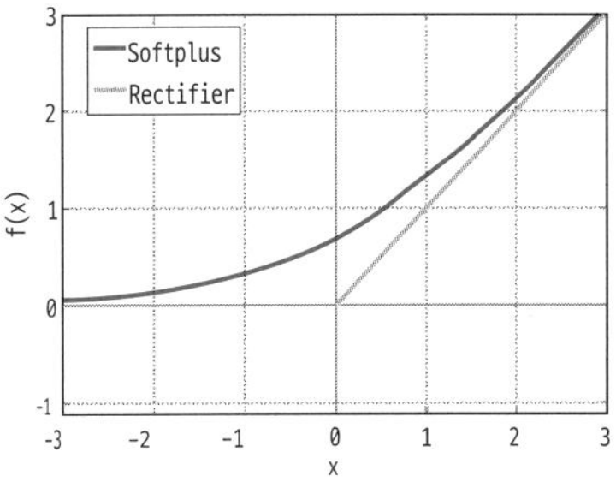

【그림 4-4】(B). ReLU 활성함수 및 Softplus 활성함수

위의 세 단락은 멀티 레이어 신경망 문제의 Dropout, Adagrad, ReLU 등을 해결할 수 있다는 것을 제시하고 있다. 그러면 탐색에 가치 있는 멀티 레이어 신경망의 중요한 기능은 무엇인가? 혹은 신경망의 숨겨진 레이어는 도대체 어떤 쓸모가 있는가? 숨겨진 레이어의 대표적인 기능은 XOR 문제를 해결할 수 있다는 것이다. 초기 신경망 연구에서 일부 학자들은 예리한 문제를 제기했는데, 숨겨진 레이어가 없던 그 당시에 신경망은 XOR 문제를 해결할 수가 없었다. [그림 4-5]와 같이 두 가지 차원의 특징이 있고 두 가지 유형의 샘플이 있다고 가정한다. (0, 0)·(1, 1)이 회색이고, (0, 1)·(1, 0)이 검은색이다. 이 특징 공간에서 이 두 가지 유형의 샘플은 선형으로 분리될 수 없다. 즉 직선으로 회색과 검은색 유형을 분리할 수 없다. 숨겨진 레이어가 없는 신경망은 선형이어서 이 두 가지의 샘플에 대해 정확한 구분을 할 수 없다. 이는 초기 신경망의 치명적 결함으로 당시 신경망 연구의 슬럼프를 직접 야기하였다. 숨겨진 레이어가 도입되고(sigmoid, ReLU 같은) 선형 활성함수를 사용한 후에 곡선으로 두 샘플을 분리하고 XOR 배타적 함수의 분류 문제를 쉽게 해결할 수 있었다. 신경망의 숨겨진 레이어가 많으면 많을수록 원래의 특징에 대해 더욱 추상적인 변환을 진행할 수 있으며, 모델의 피팅 능력이 더욱 강해지는데, 이것이 멀티 레이어의 신경망[혹은 멀티 레이어 퍼셉트론]의 기능이다.

다음은, 1개의 숨겨진 레이어를 추가하는 경우 신경망이 MNIST 데이터 세트의 분류 성능이 크게 향상되고, 98%의 정확도까지 도달할 수 있음을 예를 통해 보여준다. 물론 Dropout·Adagrad·ReLU 등의 보조 모듈을 사용하였다.

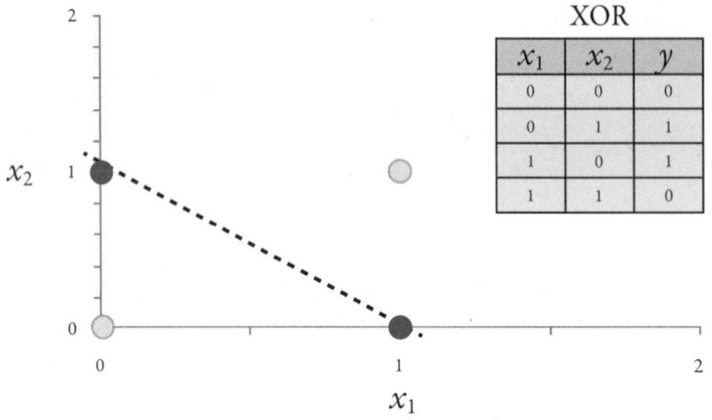

【그림 4-5】 XOR 분류 문제

4.4 텐서플로우에 의한 멀티 레이어 퍼셉트론 구현

제3장에서 텐서플로우를 사용하여 완전한 Softmax Regression(숨겨진 레이어가 없는)를 구현하였고, MNIST 데이터 세트에서 약 92%의 정확도를 얻었다. 이제 신경망에 숨겨진 레이어를 추가하고, 4.3절에서 언급한 오버피팅을 줄이기 위한 Dropout과 자체 적응 학습 속도를 위한 Adagrad, 기울기 분산을 해결할 수 있는 활성함수인 ReLU를 사용할 것이다. 텐서플로우에서 이러한 것을 구현하는 것은 매우 쉬우며, 일반적으로 상응하는 종류 혹은 함수를 적절히 사용하기만 하면 된다.

먼저 텐서플로우를 로드하고 MNIST 데이터 세트를 로드하여 텐서플로우의 기본 Interactive Session을 작성한다. 그러면 나중에 작업을 실행할 때 session을 지정할 필요가 없다.

```
from tensorflow.examples.tutorials.mnist import input_data
import tensorflow as tf
mnist = input_data.read_data_sets("MNIST_data/", one_hot=True)
sess = tf.InteractiveSession()
```

이어서 숨겨진 레이어의 매개변수에 Variable을 설치하고 초기화를 진행한다. 여기에서 in_units는 입력 노드 수이며, h1_units는 출력 노드 수로 300이 설정된다(이 모델 중에 숨겨진 노드수는 200~1000 범위 내로 설정하여 구별이 크지 않다). W1·b1은 숨겨진 레이어의 가중치와 바이어스로, 바이어스 전부를 0으로 대입하고 가중치를 차단한 정규 분포로 초기화한다. 그 표준편차는 0.1이 된다. 이 단계는 tf.truncated_normal를 통해서 쉽게 구현할 수 있다. 모델에 사용한 활성함수는 ReLU이므로 정규 분포 매개변수를 사용하여 노이즈를 추가하여 완전한 대칭을 깨고 0의 기울기를 피할 필요가 있다. 다른 모델에서 어떤 때에는 바이어스가 필요하기 때문에 작은 nonzero value로 죽은 뉴런(dead neuron)을 피하게 되지만, 여기에서 작용은 그다지 명확하지 않다. 마지막 출력 레이어의 softmax에 대해 직접 가중치 W2와 바이어스 b2를 전부 0으로 초기화하면 된다(위에 제기한 적이 있듯이 sigmoid에 대해 0 부근에서 가장 민감하고, 기울기가 가장 크다).

```
in_units = 784
h1_units = 300
W1 = tf.Variable(tf.truncated_normal([in_units, h1_units], stddev=0.1))
b1 = tf.Variable(tf.zeros([h1_units]))
W2 = tf.Variable(tf.zeros([h1_units, 10]))
b2 = tf.Variable(tf.zeros([10]))
```

이어서 입력 x의 placeholder를 정의해 보자. 또한, 훈련과 예측 중에는 Dropout의 비율 keep_prob(즉 노드를 보류할 확률)가 다르므로 일반적으로 훈련 중에는 1보다 작고, 예측 시에는 1과 같으므로 Dropout의 비율을 계산 그래프에 입력하면 하나의 placeholder로 정의된다.

```
x = tf.placeholder(tf.float32, [None, in_units])
keep_prob = tf.placeholder(tf.float32)
```

아래에서는 모델 구조를 정의해 보자. 먼저 hidden1로 이름 붙인 숨겨진 레이어가 필요하다. tf.nn.relu(tf.matmul(x,W_1) + b_1) 를 통해서 활성함수 ReLU의 숨겨진 레이어를 구현할 수 있으며, 이 숨겨진 레이어의 계산 공식은 $y = relu(W_1x + b_1)$ 이다. 이어서 tf.nn.dropout을 사용하여 Dropout의 기능을 구현해 보자. 노드의 일부를 임의로 0으로 설정하고, 여기에서 keep_prob 매개변수는 보류 데이터가 되어 0에 비례되지 않도록 설정한다. 훈련 중에는 무작위성을 만들고 오버피팅을 방지해야 하므로 반드시 1보다 작아야 한다. 예측 시에는 1과 같아야 하는데 전체 특징을 사용하여 샘플의 유형을 예측한다. 마지막으로 출력 레이어 역시 softmax이며, 이 행의 코드의 기능은 이전과 같다.

```
hidden1 = tf.nn.relu(tf.matmul(x, W1) + b1)
hidden1_drop = tf.nn.dropout(hidden1, keep_prob)
y = tf.nn.softmax(tf.matmul(hidden1_drop, W2) + b2)
```

제3장에서 언급한 텐서플로우를 사용하여 신경망의 4단계를 훈련해 보자. 지금까지 4단계 중 1단계를 완료하여 알고리즘 공식, 즉 신경망 forward 시의 계산을 정의하였다. 이어서 2단계를 진행하여 손실함수를 정의하고, 옵티마이저를 선택하여 loss를 최적화한다. 여기에서 손실함수는 이전과 같은 정보 엔트로피를 계속 사용하지만 옵티마이저는 자체 적응한 옵티마이저 Adagrad를 선택하고, 학습 속도를 0.3으로 설정한다. 여기서는 tf.train.AdagradOptimizer를 사용한다. 마찬가지로 Adadelta 및 Adam 등의 옵티마이저가 있는데, 스스로 테스트할 수 있지만, 학습 속도를 조정할 필요가 있다.

```
y_ = tf.placeholder(tf.float32, [None, 10])
cross_entropy = tf.reduce_mean(-tf.reduce_sum(y_ * tf.log(y),
                                              reduction_indices=[1]))
train_step = tf.train.AdagradOptimizer(0.3).minimize(cross_entropy)
```

그런 다음 제3단계 훈련을 진행한다. 여기에서 이전과 다른 점이 하나 있는데, keep_prob에 추가해서 계산 그래프의 입력으로 하고, 훈련 시에는 0.75로 설정한다. 이는 78%의 노드가 유지되고 나머지 25%가 0으로 설정됨을 의미한다. 일반적으로 말하자면, 추가해서 복잡할수록 대규모의 신경망, Dropout의 효과가 더욱 확실해 진다. 그 밖에 숨겨진 레이어가 추가되었으므로 모델 매개변수를 최적화하여 더 나은 결과를 얻으려면 더 많은 훈련의 반복이 필요하다. 따라서 3,000개의 batch가 사용되었다. 각 batch는 100개의 샘플과 총 30만 개의 샘플을 포함한다. 이는 전체 데이터 세트의 5개 에폭(epoch) 반복에 해당된다. 또한 순환 횟수를 증가하여 테스트할 수 있으며 정확도는 높아질 것이다.

```
tf.global_variables_initializer().run()
for i in range(3000):
    batch_xs, batch_ys = mnist.train.next_batch(100)
    train_step.run({x: batch_xs, y_: batch_ys, keep_prob: 0.75})
```

마지막으로 4단계를 진행하여 모델의 정확도를 평가한다. 여기에서 코드와 제3장에서 해석한 평가 코드는 기본적으로 일치하지만, 입력으로서 keep_prob를 추가해야 한다. 예측 부분이기 때문에 직접 keep_prob를 1로 유지하면 모델의 가장 좋은 예측 효과를 얻을 수 있다.

```
correct_prediction = tf.equal(tf.argmax(y, 1), tf.argmax(y_, 1))
accuracy = tf.reduce_mean(tf.cast(correct_prediction, tf.float32))
print(accuracy.eval({x: mnist.test.images, y_: mnist.test.labels,
                     keep_prob: 1.0}))
```

마침내 예측 테스트 세트에서 98%의 정확도를 달성할 수 있다. 이전의 softmax와 비교하면 오차율은 8%에서 2%로 떨어졌다. 청구서의 이런 개선은 숨겨진 레이어를 추가함으로써 달성되었으며, 멀티 레이어 신경망의 효과가 매우 중요하다는 것을 알 수 있다. 물론 Dropout, Adagrad, ReLU 등과 같은 일부 Trick을 사용하지만, 결정적 작용을 하는 것은 숨겨진 레이어 자체로 특징에 대해 추상과 변환을 진행할 수 있다.

숨겨진 레이어가 없는 Softmax Regression는 직접 이미지의 픽셀 포인트로부터 어느 숫자인지를 추론할 수 있으며, 특징 추상화 프로세스는 없다. 멀티 레이어 신경망은 숨겨진 레이어에 의거하여 가로선, 세로선, 동그라미 등과 같은 고가치의 특징과 결합할 수 있다. 이후에 이런 고가치의 특징 또는 모듈을 다시 숫자와 조합할 수 있는데 이를 통해 정확한 배치와 분류를 구현할 수 있다. 숨겨진 레이어의 출력된 고가치 특징(모듈)은 자주 재사용될 수 있어서 각자 독립적으로 연결된 고가치 특징이 아닌 각 종류의 판별, 확률 출력 모두 이런 고가치 특징을 공유하게 된다.

동시에 숨겨진 레이어를 추가하고 Dropout, Adagrad와 ReLU를 사용하면 코드의 증가가 많지 않다는 것을 알 수 있는데, 이것이 텐서플로우의 장점 중 하나이다. 이 코드는 매우 간결하고 쓸데없이 많이 필요하지 않아서 유용한 모듈을 쉽게 조립할 수 있다.

요약하면, 본 절에서는 숨겨진 레이어가 포함된 MLP를 어떻게 구현하는지를 소개하였다. 숨겨진 레이어가 더 많이 포함된 MLP에 대해서도 그대로 따라 할 수 있을 것이다. 또한, Dropout, Adagrad, ReLU의 원리와 효과를 설명하고, 텐서플로우에서 사용하는 방법을 설명하였다.

그러나 전체 연결 신경망(Fully Connected Network, FCN, MLP의 다른 설명법)을 사용하는 것은 제한적이다. 즉 심층 네트워크, 많은 숨겨진 노드, 많은 반복 횟수를 사용하더라도 MNIST 데이터 세트에서 99% 이상의 정확도에 도달하는 것은 매우 어렵다. 따라서 제5장에서는 컨벌루션 신경망과 MNIST 데이터 세트에서 컨벌루션 신경망을 사용하여 99% 이상의 정확도에 도달하는 방법을 소개하며, 은행의 수표와 같은 고정밀 시스템을 식별하는 방법을 소개하고자 한다.

CHAPTER

5

텐서플로우에 의한 컨벌루션 신경망 구현

텐서플로우에 의한 컨벌루션 신경망 구현

5.1 컨벌루션 신경망 소개

컨벌루션 신경망은 원래 이미지 인식 등의 문제를 해결하기 위해 설계되었지만, 현재의 응용 프로그램은 이미지와 비디오에 국한되었지만, 오디오 신호, 텍스트 데이터 등과 같은 시계열 신호에도 사용할 수 있다. 초기 이미지 연구에서 가장 큰 문제는 이미지 데이터가 다른 유형의 데이터와 달라 인공적인 이해를 통해 특징을 추출할 수 없었기 때문에 어떻게 특징을 조직하느냐였다. 주식 예측 등의 모델에서 자주 거래하는 가격의 변동, 주가 수익률, 주가와 주식 순자산 간의 비율, 이윤 증가 등의 금융 요인을 원시 데이터로부터 추출할 수 있는데, 이것이 바로 특징 엔지니어링이다. 그러나 이미지에서 인간의 이해를 기반으로 효율적이고 풍부한 특징을 추출하는 것은 매우 어렵다. 딥러닝이 출현하기 전에 SIFT·HoG 등의 알고리즘을 사용하여 차별성이 우수한 특징을 추출한 다음 SVM 등의 머신러닝 알고리즘을 통합하여 이미지 인식을 하여야 한다. [그림 5-1]에서 볼 수 있듯이, SIFT는 일정 수준의 스케일링(scaling), 평행 이동, 회전, 시각 변경, 밝기 조절 등의 왜곡에 영향을 받지 않으며, 당시 가장 중요한 이미지 특징 추출 방법 중의 하나였다. 이전에는 단지 SIFT 등 특징 추출 알고리즘에 의존하여 비로소 신뢰할 만한 이미지 인식을 수행하였다고 말할 수 있다.

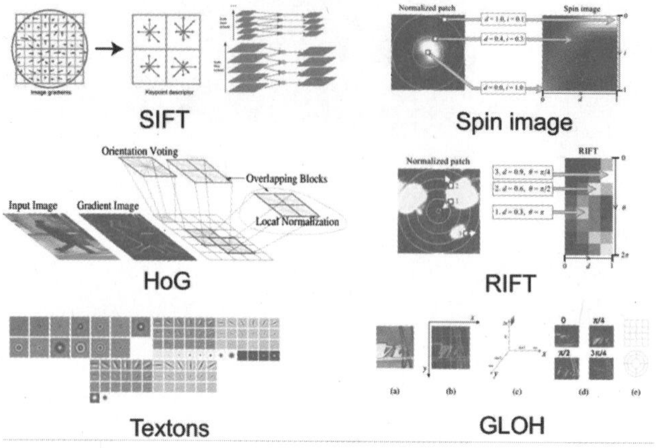

【그림 5-1】 SIFT, HoG 등 이미지 특징 추출 방법

하지만 SIFT 알고리즘에 의한 특징 추출은 여전히 한계가 있다. ImageNet ILSVRC 시합에서의 가장 좋은 결과의 오류율이 26%를 넘었고, 장기간 이 부분을 개선하기도 어려웠다. 컨벌루션 신경망으로 추출한 특징은 더 좋은 결과에 도달할 수 있었으며, 특징 추출과 분류 훈련 두 가지 과정을 분리할 필요 없이 훈련할 때, 자동으로 가장 효과적인 특징을 추출하였다. 컨벌루션 신경망은 딥러닝 프레임워크로서 초기에는 이미지 데이터의 전처리의 필요성을 줄이고, 복잡한 특징 엔지니어링을 피하는 것이 요구되었다. 컨벌루션 신경망은 이미지의 원래 픽셀을 사용하여 직접 입력할 수 있으며, SIFT 등 알고리즘을 사용하여 특징을 추출할 필요 없이, SVM과 같은 전통적인 알고리즘을 사용할 때 반복적이고 복잡한 데이터 전처리 작업을 많이 수행할 필요가 없다. SIFT 등 알고리즘과 유사한 컨벌루션 신경망 훈련의 모델은 스케일링, 평행 이동, 변환, 회전 등 왜곡에 대해 불변성을 가지고 있으며, 매우 강력한 확대성을 가지고 있다. 컨벌루션 신경망의 가장 큰 특징은 컨벌루션의 가중치를 공유하는 구조로서, 신경망의 매개변수 양을 크게 줄일 수 있고, 오버피팅을 방지하는 동시에 신경망 모델의 복잡성을 줄일 수 있다는 것이다. 컨벌루션 신경망의 가중치 공유는 초기의 시간 지연 신경망(time delay neural network, TDNN)과 매우 비슷하지만, TDNN은 시간 차원에서 가중치를 공유하고 훈련 시간 행렬 신호의 복잡성을 줄인다.

컨벌루션 신경망의 확률은 1960년대 과학자들이 제기한 수용영역(Receptive Field[37])에서 처음 나왔다. 당시 과학자들은 고양이의 시각 피부층 세포에 대한 연구를 통해서 각 시각 뉴런이 작은 영역의 시각 이미지만을 처리할 수 있다는 것을 발견하는데, 이것이 바로 수용영역이다. 1980년대에 일본 과학자는 네오코그니트론(Neocognitron[38]) 개념을 제시하였는데, 이는 컨벌루션 신경망의 최초 원형이라고 할 수 있다. 네오코그니트론 중에는 두 가지의 뉴런이 포함되어 있다. 추출한 특징의 S-cells과 변형을 막는 C-cells이 있으며, 그중 S-cells은 현재 대부분의 컨벌루션 신경망 중의 컨벌루션 커널 여파 작업에 대응되고, C-cells은 활성함수, 최대 풀링 등 작업에 대응된다. 동시에 컨벌루션 신경망은 처음 성공적으로 멀티 레이어 훈련을 진행한 네트워크 구조로, 앞장에서 제기한 LeCun의 LeNet5[39]은 전체 연결 네트워크가 매개변수의 과다 및 기울기 분산 문제로 인해서 초기에 멀티 레이어의 훈련을 순조롭게 진행하기 어려웠다. 컨벌루션 신경망은 공간 구조 관계를 이용하여 훈련이 필요한 매개변수 양을 줄이고, 오차 역전파법의 훈련 효율을 높였다. 컨벌루션 신경망에서 첫 번째 컨벌루션 레이어는 이미지 픽셀 수준의 입력을 직접 받아들인다. 각 컨벌루션의 작업은 작은 이미지 블록만 처리하고 컨벌루션이 변화를 진행한 후에 다시 뒤의 네트워크에 전달된다. 각 레이어의 컨벌루션(또는 필터)은 데이터 중의 가장 효과적인 특징을 추출할 수 있다. 이런 방법은 서로 다른 방향의 엣지 또는 모서리와 같은 이미지에서 가장 기초가 되는 특징으로, 후에 더욱 높은 가치를 형성한 특징을 조합하고 추론한다. 컨벌루션 신경망이 각종 상황에 대응하기 때문에 이론상 이미지의 스케일링, 평행 이동과 회전에 대한 불변성을 가지고 있다.

일반적인 컨벌루션 신경망은 여러 개의 컨벌루션 레이어로 구성되며, 각 컨벌루션 레이어 중에 통상 아래의 몇 가지 작업이 수행된다.

① 이미지는 여러 개의 서로 다른 컨벌루션 커널에 의해 필터링되고, 바이어스를 추

37) **Observations on the scratch-reflex in the spinal dog**, *Journal of Physiology*, Authors: Sherrington, C. S.
38) **Neocognitron: a neural network model for a mechanism of visual pattern recognition**, *IEEE Transactions on Systems*, Man, and Cybernetics, Authors: Fukushima, K.; Miyake, S.; Ito, T.
39) **Gradient-based learning applied to document recognition**, *Proceedings of the IEEE*, Authors: Y. LeCun, L. Bottou, Y. Bengio, and P. Haffner

가하여 부분적 특징을 추출한다. 각 컨벌루션 커널은 새로운 2D의 이미지를 맵핑 한다.

② 앞의 컨벌루션 커널에 의해 출력 결과는 비선형의 활성함수로 처리한다. 현재 가장 보편적인 것은 ReLU 함수를 사용하는 것으로 이전의 sigmoid 함수보다 더 많이 사용된다

③ 활성함수의 결과에 대해 풀링 작업을 다시 진행한다(즉 2x2의 이미지를 1x1의 이미지로 축소하는 다운 샘플링). 현재 일반적으로 최대 풀링을 사용하여 가장 큰 특징을 유지하고 모델의 왜곡을 개선하고 있다.

이 몇 가지 단계는 가장 보편적인 컨벌루션 레이어로 구성되었으며, 물론 LRN[40](Local Response Normalization) 레이어를 추가할 수 있다. 현재 가장 인기 있는 Trick으로는 Batch Normalization 등이 있다. 하나의 컨벌루션 레이어에는 서로 다른 많은 컨벌루션 커널이 있을 수 있으며, 각 컨벌루션 커널은 필터링 후 맵핑된 새로운 이미지에 해당한다. 동일한 새로운 이미지의 각 픽셀은 완전히 같은 컨벌루션 커널로부터 나온다. 이것이 바로 컨벌루션 커널의 가중치 공유이다. 그러면 컨벌루션 커널의 가중치 매개변수를 공유해야 하는 이유는 무엇인가? 답은 매우 간단하다. 모델의 복잡성을 낮추고 오버피팅을 줄여서 계산량을 낮추기 위함이다. 예를 들면 [그림 5-2]의 예시와 같이 이미지 크기가 1000×1000픽셀이고, 흑백의 이미지라고 가정하면, 즉 하나의 색상 채널만이 있다면 한 장의 이미지에는 100만 개의 픽셀이 있고 입력 데이터의 차원 역시 100만이다. 이어서 만일 같은 크기의 숨겨진 레이어(100만 개의 숨겨진 노드)를 연결하면, 100만×100만 = 1조 개가 만들어져 연결된다. 단지 전체 연결 레이어(Fully Connected Layer)이지만, 1조 개가 연결된 가중치를 훈련해야 하므로 일반 하드웨어의 계산 능력을 초과하게 된다. 훈련에 필요한 가중치 수량을 줄여야만 하는데, 하나는 계산의 복잡도를 낮추는 것이고, 두 번째는 과다한 연결이 심각한 오버피팅을 초래하기 때문에 연결 수를 줄임으로써 모델의 확대성을 높일 수 있다.

---

40) **ImageNet Classification with Deep Convolutional Neural Networks**, *NIPS 2012*, Authors: Alex Krizhevsky, Ilya Sutskever, Geoffrey E. Hinton

이미지는 공간에서 조직적으로 구성된 것으로 각 픽셀은 실제로 공간 주변의 픽셀과 실제로 서로 긴밀한 관련이 있지만, 멀리 떨어진 픽셀과는 반드시 관련이 있는 것은 아니다. 이것은 앞에서 언급한 인간의 시각 수용영역의 개념으로, 각 수용영역은 단지 하나의 작은 영역 신호만을 받아들인다. 이 작은 영역 내의 픽셀은 서로 관련이 있다. 각 뉴런은 전체 픽셀의 신호를 받을 필요 없이 단지 로컬 픽셀을 받아서 입력하기만 하면 되며, 그런 후에 모든 뉴런이 받은 로컬 정보를 종합하여 전체의 신호를 얻을 수 있다. 이렇게 이전의 전체 연결 모드를 로컬 연결로 수정할 수 있다. 이전의 숨겨진 레이어의 각 숨겨진 노드에 모두 전체 픽셀과 연결되면, 이제 단지 각 숨겨진 노드를 로컬 픽셀 노드에 연결하기만 하면 된다. 로컬 수용영역의 크기가 10×10, 즉 각 숨겨진 노드가 10×10 픽셀만 연결된다고 가정하면 10×10×100만 = 1억 개를 연결하기만 하면 된다. 이전의 1조 개와 비교하면 1만 배가 줄었다.

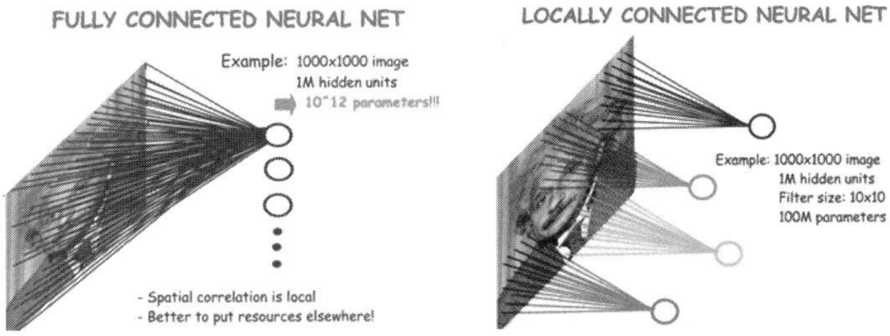

【그림 5-2】 전체 연결(좌)와 로컬 연결(우)

위와 같이 로컬 연결(Locally Connect) 방법을 사용하여 1조 개의 연결 수를 1억 개로 낮추었지만 여전히 많으므로 매개변수 수를 계속 줄여야 한다. 현재 숨겨진 레이어는 각 노드마다 10×10픽셀에 연결되고 각 숨겨진 노드 역시 100개의 매개변수를 가지고 있다. 로컬 연결 방식을 컨벌루션 작업이라고 가정한다면, 즉 각 숨겨진 노드의 매개변수가 모두 완전히 같다면, 매개변수는 더 이상 1억 개가 아닌 100개가 된다. 이미지의 크기와 관계없이 모두 10×10 = 100개의 매개변수가 된다. 즉 컨벌루션 커널의 크기는 매개변수 감소에 대한 컨벌루션의 기여이다. 숨겨진 노드 또는 이미지가 얼마나 큰지, 매개변수 양이 컨벌루션 커널과 얼마나 관련이 있는지 걱정할 필요가 없다. 매개변수의 양은 컨벌루션 커널의 크기와 관련이 있다. 이를 가중치 공유하고 한다. 그러나 하나의 컨벌루션 커널만이 있다면, 하나의 컨벌루션 커널 필터의 결과만 추출할 수 있다. 즉 하나의 이미지 특징만을 추출할 수 있는데 이는 기대한 결과가 아니다. 이미지에는 기본 특징이 매우 적기 때문에 컨벌루션 커널의 수를 늘려서 특징을 추출할 수 있다. 이미지의 기본 특징은 점과 변에 이미지가 얼마나 복잡하든 모두 점과 변의 조합으로 이루어져 있다.

사람의 눈이 물체를 인식하는 방식도 역시 점과 변으로부터 시작한다. 시각적 뉴런이 빛 신호를 받은 후에 각 뉴런은 한 개 영역의 신호만을 받게 되는데, 점과 변의 특징을 추출한 후에 점과 변의 신호를 뒤의 뉴런에 전달하고 다시 이어서 삼각형, 오각형, 직선, 모서리와 같은 높은 가치의 특징을 조합한다. 그리고 다시 계속해서 추상적으로 조합하여 눈과 코와 입 등 얼굴의 특징을 가져오고, 마지막으로 얼굴 특징이 하나의 얼굴에 결합하여 인식을 완성한다. 이로써 문제는 잘 해결되었다. 제공한 컨벌루션 커널 수량이 충분하면 각종 방향의 변 또는 각종 형태의 점을 추출할 수 있으므로 컨벌루션 레이어로 효과적이고 풍부한 고차원의 특징을 추출할 수 있다. 각 컨벌루션 커널의 필터링 이미지는 특징이 있는 맵핑으로, 즉 feature Map이다. 일반적으로 100개의 컨벌루션 커널을 사용해서 첫 번째 컨벌루션 레이어에 놓으면 충족된다. 이 경우 [그림 5-3]과 같이 매개변수 양은 100×100=1만 개를, 이전의 1억 개와 비교하면 1만 배 작다. 그러므로 컨벌루션에 의존하여 효율적으로 로컬 연결된 신경망을 훈련할 수 있다. 컨벌루션의 장점은 이미지 크기와 관계없이 훈련해야 하는 가중치 수는 컨벌루션 커널의 크기, 컨벌루션 커널의 수와 관련 있으며, 매우 적은 매개변수 양을 사용하여 모든 크기의 이미지를 처리할 수 있다는 것이다. 각 컨벌루션 레이어에 의해 추출된 특징은 뒤의 레이어에서 보다 고차원의 특징으로 추상적으로 결합된다. 멀티 레이어의 추상 컨벌루션 네트워크는 표현력이 강하고 효율성이 높다. 한 개의 숨겨진 레이어를 사용하여 모든 고차원 특징을 추출하는 것과 비교하면 많은 매개변수를 절약할 수 있다. 물론 훈련해야 하는 매개변수 양은 감소하지만 숨겨진 노드의 수는 감소하지 않으며, 숨겨진 노드의 수는 컨벌루션의 단계 크기(step size)에 의존한다는 사실에 주의해야 한다. 단계 크기가 1이면 숨겨진 노드의 수는 입력 이미지 픽셀 수와 같고, 단계 크기가 5이면 숨겨진 노드는 5×5픽셀마다 필요하며 숨겨진 노드의 수는 입력 픽셀 수는 1/25가 된다.

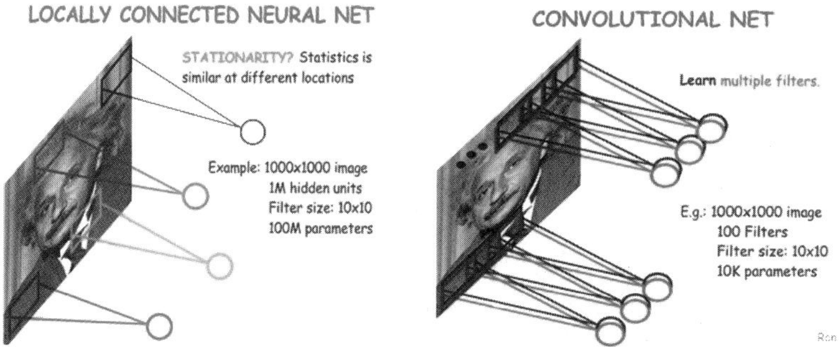

【그림 5-3】 로컬 연결(좌)과 컨벌루션 작업(우)

정리하면, 컨벌루션 신경망의 요점은 로컬 연결(Local Connection), 가중치 공유(Weight Sharing)와 풀링(Pooling)의 다운 샘플링(Down-Sampling)이다. 그중 로컬 연결과 가중치 공유는 매개변수 양을 줄이고, 훈련의 복잡성을 크게 낮추며 오버피팅을 줄인다. 또한, 가중치 공유는 컨벌루션 네트워크에 평행 이동에 대한 허용 오차를 부여하며, 풀링 레이어의 다운 샘플링은 출력 매개변수의 양을 한 단계 더 줄여 주고, 모델에 가벼운 변형에 대한 허용 오차를 부여하며, 모델의 일반화 능력을 향상시킨다. 전통적 머신러닝 알고리즘과 비교하면 컨벌루션 신경망은 수동으로 특징을 추출할 필요 없으며, 사용자가 SIFT와 같은 특징 추출 알고리즘이 필요 없고 훈련 중에 자동으로 특징의 추출과 추상을 완성할 수 있다. 동시에 패턴 분류를 진행하면 이미지 인식을 응용하는 어려움을 크게 줄일 수 있다. 일반적인 신경망과 비교하면, 컨벌루션 신경망은 구조적으로 그림의 공간 구조에 더 가깝고 2D와 관련 있는 구조이다. 그리고 컨벌루션 신경망의 컨벌루션 연결 방식은 사람의 시각 신경이 광신호를 처리하는 방식과 유사하다.

잘 알려진 LeNet-5는 1994년에 탄생하였으며, 초기의 심층 컨벌루션 신경망 중의 하나로 딥러닝의 발전을 촉진하였다. 1998년부터 시작되어 여러 차례 성공을 거친 후에 얀 르쿤(Yann LeCun)이 완성하였으며 LeNet-5으로 명명되었다. 르쿤은 매개변수를 훈련할 수 있는 컨벌루션 레이어는 소량의 매개변수를 사용하여 이미지의 여러 위치에서 유사한 특징을 추출하는 효과적인 방법이라고 생각했다. 이것은 각 픽셀을 다중 신경망으로 직접 입력하는 것과는 다르다. 픽셀은 입력 레이어에서 사용되어서는 안 된다. 이미지는 강한 공간적 상관성을 가지고 있으므로 이미지 안의 독립된 픽셀을 입력으로 직접 사용하면 이러한 상관관계가 사용되지 않았다.

LeNet-5의 특징은 다음과 같다.

- 각 컨벌루션 레이어는 3개 부분으로 구성된다.: 컨벌루션, 풀링, 비선형 활성함수
- 컨벌루션을 사용하여 공간적 특징을 추출한다.
- 서브 샘플링 된 평균 풀링
- 탄젠트(Tanh) 또는 시그모이드(Sigmoid)의 활성함수
- MLP는 최종 분류기이다.
- 레이어와 레이어 사이의 희소 연결은 계산의 복잡성을 줄인다.

LeNet-5의 많은 기능은 현재 state-of-the-art 컨벌루션 신경망에서 여전히 사용되고 있으며, LeNet-5는 현대 컨벌루션 신경망 초석이라고 할 수 있다.

LeNet-5의 구조는 [그림 5-4]와 같다. 입력 이미지는 32×32 그레이스케일 이미지로 뒤에 3개의 컨벌루션 레이어가 있으며, 하나의 전체 연결 레이어와 가우스(Gaus) 연결 레이어가 있다. 첫 번째 컨벌루션 레이어 C1은 6개의 컨벌루션 커널을 포함하고, 컨벌루션 커널의 크기는 5×5, 즉 (5×5+1)×6=156개 매개변수이다. 괄호 안의 1은 1개의 바이어스를 나타내고, 뒤의 하나의 2×2의 평균 풀링 레이어 S2로 다운 샘플링을 진행한 후에 1개의 시그모이드 활성함수를 사용해 비선형 처리를 진행한다. 그런 다음 두 번째 컨벌루션 레이어 C3은 똑같은 5×5의 컨벌루션 커널 크기이며, 16개의 컨벌루션 커널을 사용하여 16개의 특징 지도(Feature Map)를 대응한다. 여기에서 주의할 것은, 16개의 특징 지도는 앞의 6개 특징 지도의 출력과 전체 연결되어 있지 않으며, 단지 그중 몇 개의 특징 지도에 연결되어 있기 때문에 모델의 다양성이 증가하였다. 다음 두 번째 풀링 레이어 S4와 첫 번째 풀링 레이어 S2는 일치하며, 모두 2×2의 다운 샘플링이다. 이어서 세 번째 컨벌루션 레이어 C5는 120개의 컨벌루션 커널이 있으며, 컨벌루션 크기는 똑같이 5×5이다. 입력 이미지의 크기도 정확하게 5×5이기 때문에 전체 연결로 구성되고 전체

연결 레이어를 형성한다. F6 레이어는 하나의 전체 연결 레이어로서 84개의 숨겨진 노드를 가지고 있으며 활성함수는 시그모이드이다. LeNet-5의 마지막 레이어는 최종 분류 결과를 출력하는 유클리드 레이디얼 기초 함수(Euclidean Radial Basis Function) 단위로 구성된다.

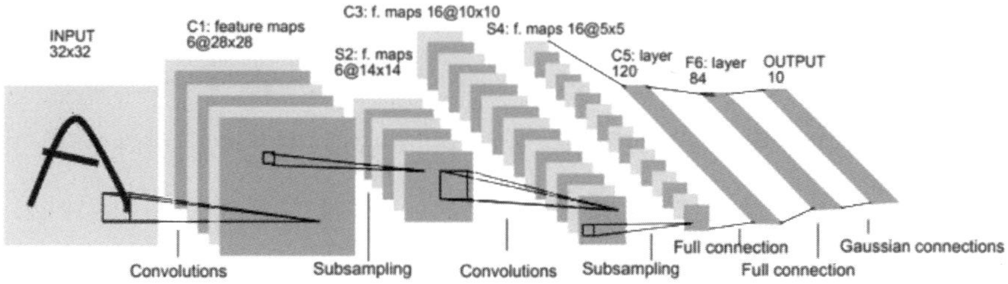

【그림 5-4】 LeNet-5 구조 다이아그램

5.2 텐서플로우에 의한 간단한 컨벌루션 네트워크 구현

본 장에서는 텐서플로우를 사용하여 간단한 컨벌루션 신경망을 구현하는 방법을 설명하고자 한다. 사용되는 데이터 세트는 MNIST이며, 약 99.2%의 정확도를 달성할 수 있을 것으로 예상된다. 본 장은 두 개의 컨벌루션 레이어와 전체 연결 레이어를 사용하여 간단하지만 대표성을 가진 컨벌루션 신경망을 만들 것이다. 이 예제를 통해 컨벌루션 신경망을 설계하는 요점을 파악할 수 있어야 한다.

먼저 MNIST 데이터 세트를 로드하고, 기본 Interactive Session을 만든다. 본 장의 코드는 주로 텐서플로우 오픈소스 코드를 기반으로 한다[41].

41) https://github.com/tensorflow/tensorflow/blob/master/tensorflow/g3doc/tutorials/mnist/pros/index.md

```
from tensorflow.examples.tutorials.mnist import input_data
import tensorflow as tf
mnist = input_data.read_data_sets("MNIST_data/", one_hot=True)
sess = tf.InteractiveSession()
```

이어서 구현하는 컨벌루션 신경망은 많은 가중치와 바이어스를 만들어야 하므로 먼저 초기화 함수를 정의하여 다시 사용한다. 표준편차가 1인 절단된 정규 분포 노이즈와 같은 완전 대칭을 피하기 위해 가중치에 임의의 노이즈를 생성해야 한다. 또한, ReLU를 사용하기 때문에 바이어스에 작은 양수 값(0.1)을 추가하여 죽은 노드를 피한다.

```
def weight_variable(shape):
    initial = tf.truncated_normal(shape, stddev=0.1)
    return tf.Variable(initial)

def bias_variable(shape):
    initial = tf.constant(0.1, shape=shape)
    return tf.Variable(initial)
```

컨벌루션 레이어, 풀링 레이어도 다음 단계에서 다시 사용되므로 별도로 생성함수를 정의한다. 여기에서 tf.nn.conv2d는 텐서플로우의 2D 컨벌루션 함수이며, 매개변수 중의 x는 입력이고, W는 [5,5,1,32]와 같이 컨벌루션의 매개변수이다. 앞의 두 개의 숫자는 컨벌루션 커널의 크기를 대표하고, 세 번째 숫자는 채널 수를 나타낸다. 그레이스케일의 단색만을 가지고 있기 때문에 1이 된다. 만일 컬러 RGB 이미지라면 3이 되어야 한다. 마지막 숫자는 컨벌루션 커널의 수량을 나타낸다. 이는 컨벌루션 레이어가 추출하는 특징의 수이다. Strides는 컨벌루션 템플릿이 이동하는 단계 크기(step size)를 나타내며, 1은 유실되지 않고 그려진 이미지의 각 포인트를 나타낸다. padding은 경계의 처리 방법을 나타내며, 여기에서 SAME은 경계에 padding을 더해서 컨벌루션의 출력과 입력으로 같은(SAME) 크기를 유지하는 것을 나타낸다. tf.nn.max_pool은 텐서플로우에서 최대 풀링 함수이다. 여기서는 2×2의 최대 풀링을 사용하게 된다. 즉 하나의 2×2의 픽셀을 1×1의 픽셀로 낮추는 것이다. 최대 풀링은 원시 픽셀 블록에서 가장 높은 회색 값을 갖는픽셀을 보존한다. 즉 가장 잘 드러나는 특징을 보존한다. 전체적으로 이미지의 크기를 축소하는 것이 바람직하므로 풀링 레이어의 strides는 가로세로 두 방향으로 2의 단계 크기로 설정된다. 만일 단계 크기가 1이라면, 하나의 동일한 크기의 이미지를 얻게 된다.

```
def conv2d(x, W):
    return tf.nn.conv2d(x, W, strides=[1, 1, 1, 1], padding='SAME')

def max_pool_2x2(x):
    return tf.nn.max_pool(x, ksize=[1, 2, 2, 1], strides=[1, 2, 2, 1],
                          padding='SAME')
```

정식으로 컨벌루션 신경망의 구조를 설계하기 전에 먼저 입력의 placeholder를 정의한다. X는 특징이고, y_는 실제 레이블이다. 컨벌루션 신경망이 공간 구조의 정보를 이용하기 때문에 1D의 입력 벡터를 2D의 이미지 구조로 바꿀 필요가 있다. 즉 1×784의 형식부터 원시의 28×28 구조로 바꾸는 것이다. 동시에 하나의 컬러 채널만 있기 때문에 마지막 크기는 [-1,28,28,1]이 된다. 앞의 -1은 샘플 수가 고정되지 않음을 나타내고, 마지막 1은 색깔 채널 수를 나타낸다. 여기에서 사용하는 텐서 변형 함수는 tf.reshape이다.

```
x = tf.placeholder(tf.float32, [None, 784])
y_ = tf.placeholder(tf.float32, [None, 10])
x_image = tf.reshape(x, [-1,28,28,1])
```

이어서 첫 번째 컨벌루션 레이어를 정의한다. 먼저 앞에서 작성한 함수를 사용하여 weight와 bias가 포함된 매개변수의 초기화를 진행한다. 여기에서 [5,5,1,32]는 컨벌루션 커널 크기가 5×5이며, 1개의 색상 채널, 32개의 서로 다른 컨벌루션 커널을 나타낸다. 그런 다음 conv2d 함수를 사용하여 컨벌루션 작업을 실행하고 바이어스를 추가한

다음 ReLU 활성함수를 사용하여 비선형 처리를 실행한다. 마지막으로 최대 풀링 함수 max_pool_2x2를 사용하여 컨벌루션 출력 결과에 대해 풀링 작업을 실행한다.

```
W_conv1 = weight_variable([5, 5, 1, 32])
b_conv1 = bias_variable([32])
h_conv1 = tf.nn.relu(conv2d(x_image, W_conv1) + b_conv1)
h_pool1 = max_pool_2x2(h_conv1)
```

이제 두 번째 컨벌루션 레이어를 정의해 보자. 이 컨벌루션 레이어는 기본적으로 첫 번째 컨벌루션 레이어와 동일하지만 유일한 차이점은 컨벌루션 커널의 수가 64가 된다는 것이다. 이는 이 레이어의 컨벌루션이 64개의 특징을 추출한다는 것을 의미한다.

```
W_conv2 = weight_variable([5, 5, 32, 64])
b_conv2 = bias_variable([64])
h_conv2 = tf.nn.relu(conv2d(h_pool1, W_conv2) + b_conv2)
h_pool2 = max_pool_2x2(h_conv2)
```

앞에서 2차례 단계 크기를 통해서 2×2의 최대 풀링이 되기 때문에 변의 길이는 이미 1/4이 되었고, 이미지의 크기는 28×28에서 7×7로 바뀌었다. 두 번째 컨벌루션 레이어의 컨벌루션 커널 수량은 64가 되는데 출력한 텐서 크기는 7×7×64가 된다. tf.reshape 함수를 사용하여 두 번째 컨벌루션 레이어의 출력 텐서에 대해 변형을 진행하고, 1D의 벡터로 바꾼 후에 하나의 완전 연결 레이어를 연결하면 숨겨진 노드는 1024가 되며, ReLU 활성함수를 사용한다.

```
W_fc1 = weight_variable([7*7*64, 1024])
b_fc1 = bias_variable([1024])
h_pool2_flat = tf.reshape(h_pool2, [-1, 7*7*64])
h_fc1 = tf.nn.relu(tf.matmul(h_pool2_flat, W_fc1) + b_fc1)
```

오버피팅을 줄이기 위해 아래에서 Dropout 레이어를 사용한다. Dropout 사용법은

제4장에서 이미 설명했는데, placeholder의 유입된 keep_prob 비율에 의해 제어된다. 훈련할 때는 노드 데이터의 일부를 무작위로 버려서 오버피팅을 줄이고, 예측할 때는 전체 데이터를 유지하여 최상의 예측 성능을 추구한다.

```
keep_prob = tf.placeholder(tf.float32)
h_fc1_drop = tf.nn.dropout(h_fc1, keep_prob)
```

마지막으로 Dropout 레이어의 출력을 softmax 레이어에 연결하여 최종 확률 출력을 얻는다.

```
W_fc2 = weight_variable([1024, 10])
b_fc2 = bias_variable([10])
y_conv=tf.nn.softmax(tf.matmul(h_fc1_drop, W_fc2) + b_fc2)
```

손실함수를 cross_entropy로 정의해 보자. 이전과 동일하지만, AdamOptimizer를 사용해서 비교적 작은 학습 속도 1e-4를 제공한다.

```
cross_entropy = tf.reduce_mean(-tf.reduce_sum(y_ * tf.log(y_conv),
                                              reduction_indices=[1]))
train_step = tf.train.AdamOptimizer(1e-4).minimize(cross_entropy)
```

다시 이어서 평가 정확도의 작업을 정의해 보자. 제3장, 제4장과 동일하다.

```
correct_prediction = tf.equal(tf.argmax(y_conv,1), tf.argmax(y_,1))
accuracy = tf.reduce_mean(tf.cast(correct_prediction, tf.float32))
```

아래의 훈련 과정을 시작해 보자. 먼저 모든 매개변수를 초기화하고, 훈련 시 드롭아웃의 keep_prob 비율은 0.5로 설정한다. 그런 다음 크기가 50인 미니 배치를 사용하면 총 2만 회의 훈련 반복을 진행하게 되며, 훈련에 참여한 샘플 수량은 총 100만 개가 된다. 100회의 훈련마다 정확도를 평가(평가 시, keep_prob는 1이 된다)를 하여 모델의 성능을 실시간으로 모니터링한다.

```
tf.global_variables_initializer().run()
for i in range(20000):
    batch = mnist.train.next_batch(50)
    if i%100 == 0:
        train_accuracy = accuracy.eval(feed_dict={x:batch[0], y_: batch[1],
                                                   keep_prob: 1.0})
        print("step %d, training accuracy %g"%(i, train_accuracy))
    train_step.run(feed_dict={x: batch[0], y_: batch[1], keep_prob: 0.5})
```

모든 훈련이 완료된 후에는 전체 분류 정확도를 얻기 위해 최종 테스트 세트에서 전반적인 테스트를 실시한다.

```
print("test accuracy %g"%accuracy.eval(feed_dict={
     x: mnist.test.images, y_: mnist.test.labels, keep_prob: 1.0}))
```

마지막으로, 이 컨벌루션 신경망 모델의 정확도는 99.2%가 된다. 기본적으로 필기 숫자 인식 정확도의 요구를 충족할 수 있다. 이전의 MLP의 2% 오류율과 비교하면 컨벌루션 신경망의 오류율은 약 60% 낮아졌다. 성능이 향상된 주된 요인은 더욱 최적화된 네트워크 설계, 즉 컨벌루션 네트워크의 이미지 특징에 대한 추출과 추론 능력에 있다. 컨벌루션 커널의 가중치 공유에 의거하여, 컨벌루션 신경망의 매개변수 양은 폭발하지 않고 계산량을 낮춘 동시에 오버피팅이 줄어들어 전체 모델 능력의 성능이 크게 향상되었다. 본 장에는 복잡한 트릭 없이 간단한 컨벌루션 신경망만을 구현하였다. 이어서 좀 더 복잡한 컨벌루션 네트워크를 구현한다. 간단한 MNIST 데이터 세트는 성능 평가에 더 이상 적합하지 않으므로, CIFAR-10[42] 데이터 세트를 사용하여 훈련을 진행해 보자. 이 역시 딥러닝이 다른 모델을 크게 이끌어 낼 수 있는 데이터 세트이다.

5.3 텐서플로우에 의한 고급 컨벌루션 네트워크 구현

본 장에서 사용하는 데이터 세트는 CIFAR-10으로 전형적인 데이터 세트이다. 6만 개의 32×32인 컬러 이미지가 포함되어 있는데, 그중 훈련 세트는 5만 개, 테스트 세트가 1만 개이다. CIFAR-10은 그 이름에서 알 수 있듯이 10개의 카테고리가 있고, 각 카테고리에는 6,000장의 이미지가 있다. 10개의 카테고리는 airplane·automobile·bird·cat·deer·dog·frog·horse·ship과 truck으로 분별되며 서로 중첩되지 않는다. 예를 들어 automobile은 소형차만 포함되고, truck에는 트럭만 포함되는 것처럼 한 장의 이미지에서 동시에 2가지 유형의 물체가 나올 수 없다. 또한, 100개의 카테고리로 표시된 버전인 CIFAR-100이 있다. 이 두 가지 데이터 세트는 앞장에서 언급한 딥러닝의 아버지 Geoffrey Hinton과 그의 두 명의 학생인 Alex Krizhevsky와 Vinod Nair가 수집한 것으로 이미지는 80million tiny images[43]의 데이터 세트에서 왔으며, 힌턴 등이 선별하고 주석을 달아 진행하였다. CIFAR-10 데이터 세트는 매우 다양한 용도로 사용되며, 성능 보고서에서 자주 인용되며, Kaggle 대회에도 나와 널리 알려져 있다. [그림 5-5]는 이 데이터 세트의 몇 가지 예를 보여준다.

---

42) **Learning Multiple Layers of Features from Tiny Images**, *https://www.cs.toronto.edu/~kriz/learning-features-2009-TR.pdf*, Authors: Alex Krizhevsky

43) http://groups.csail.mit.edu/vision/TinyImages/

【그림 5-5】 CIFAR-10 데이터 세트 예시

이 데이터 세트에서 많은 테스트가 진행되어, 현재 state-of-the-art의 작업은 이미 3.5%의 오류율에 도달하였다. 하지만 오랜 시간의 훈련이 필요하며, GPU에서도 10여 시간 훈련해야 한다. CIFAR-10 데이터 세트의 자세한 벤치마크와 순위는 classification datasets results(http://rodrigob.github.io/are_we_there_yet/build/classification_datasets_results.html)에 있다. 딥러닝의 빅 3 중 한 명인 르쿤에 의하면 기존의 컨벌루션 신경망은 이미 CIFAR-10에 대한 훈련이 잘 이루어졌고, 이 데이터 세트의 문제도 이미 해결되었다. 본 장에서 구현한 컨벌루션 신경망은 그렇게 복잡하지 않다(Alex가 설명한 cuda－convnet 모델은 약간의 수정이 있음.). 3,000개의 배치(각 batch는 128개의 샘플을 포함)를 사용하는 경우, 약 79%의 정확도에 도달할 수 있다. 이 모델은 GTX 1080의 단독 그래픽 카드에서는 대략 몇십 초의 훈련 시간만 필요할 뿐이다. 만일 CPU에서 훈련하면 상당히 느려질 것이다. 만일 100k의 배치를 사용하여 학습 속도 decay(즉 각 시간마다 학습 속도가 일정한 비율로 떨어짐)와 결합하면 정확도는 최고 86%까지 도달할 수 있다. 모델에서 훈련이 필요한 매개변수는 약 100만 개이며, 예측 시 필요한 사칙연산 총량은 2,000만 번 정도가 된다. 이 컨벌루션 신경망 모델에서는 몇 가지 새로운 기술이 사용되었다.

① 가중치에 대해 L2의 정규화(regularization)을 진행하였다.

② [그림 5-6] 예시와 같이 이미지에 대해 롤오버(rollovers) 및 랜덤 자르기(random cut) 등 데이터를 증강하여 보다 많은 샘플을 만들었다.

③ 각 컨벌루션 최대 풀링 레이어 뒤에 LRN 레이어를 사용하여 모델의 일반화 기능을 높였다.

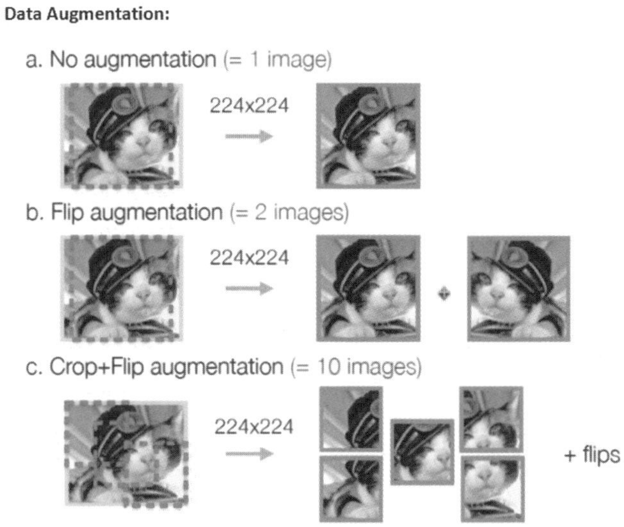

【그림 5-6】 데이터 증강 예시(수평 반전, 랜덤 자르기)

먼저 텐서플로우 모델 라이브러리를 다운로드한 다음, 그중 CIFAR-10 데이터를 제공하는 클래스를 사용한다.

```
git clone https://github.com/tensorflow/models.git
cd models/tutorials/image/cifar10
```

그런 다음 NumPy와 time과 같은 상용 라이브러리를 로드하고, 텐서플로우 모델 중에서 CIFAR-10 데이터를 자동으로 다운로드하고 읽는 클래스를 로드한다. 본 장의 코드는 주로 텐서플로우의 오픈소스 코드[44)]에서 가져 왔다.

```
import cifar10,cifar10_input
import tensorflow as tf
import numpy as np
import time
```

이어서 batch_size와 훈련 라운드 수 max_steps를 정의하고, CIFAR-10 데이터의 기본 경로를 다운로드한다.

```
max_steps = 3000
batch_size = 128
data_dir = '/tmp/cifar10_data/cifar-10-batches-bin'
```

여기에서 weight 초기화 함수를 정의해 보자. 이전과 동일하게 tf.truncated_normal 절단 정규 분포를 사용하여 가중치를 초기화하는데, 여기에서는 weight에 L2의 loss를 더해서 L2의 정규화 처리를 한다. 머신러닝에서 분류나 회귀 작업과는 상관없이 특징의 과다로 인해 오버피팅이 될 수 있다. 일반적으로 특징을 줄이거나 중요하지 않은 특징의 가중치에 페널티를 줌으로써 이 문제를 해결할 수 있다. 그러나 통상 어느 특징의

44) https://github.com/tensorflow/models/tree/master/tutorials/image/cifar10

가중치에 페널티를 주어야 하는지 알 수 없으며, 정규화는 특징 가중치에 페널티를 내리는 데 도움이 된다. 즉 특징의 가중치도 모델의 손실 함수의 일부분이 된다. 이는 어떤 특징을 사용하려면 loss의 대가를 지급해야 하며, 이 특징이 효과적이지 않으면 loss의 증가로 인해 효과를 가리게 될 것이다. 이렇게 하면 가장 효과적인 특징을 필터링하고 특징 가중치를 줄여서 오버피팅을 방지할 수 있다. 이 역시 '오컴의 면도날(Ockham's razor) 법칙'으로 간단할수록 더욱 효과적이다. 일반적으로 L1은 희소한 특징을 생성하고, 불필요한 특징은 대부분 0으로 설정된다. L2는 특징 가중치를 너무 크게 하지 않아 특징의 가중치가 평균이 된다. wl을 사용하여 L2 loss의 크기를 제어하고, tf.nn.l2_loss 함수를 사용하여 weight의 L2 loss 함수를 계산한 다음 tf.multiply를 사용하여 L2 loss에 w1을 곱하여 최종 weight loss를 얻는다. 이어서 tf.add_to_collection을 사용하여 weight loss를 collection에 저장한다. 이 collection을 'losses'라고 하며, 뒤의 신경망의 전체적인 loss를 계산할 때 사용된다.

```
def variable_with_weight_loss(shape, stddev, wl):
    var = tf.Variable(tf.truncated_normal(shape, stddev=stddev))
    if wl is not None:
        weight_loss = tf.multiply(tf.nn.l2_loss(var),wl,name='weight_loss')
        tf.add_to_collection('losses', weight_loss)
    return var
```

아래의 cifar10 클래스를 사용하여 데이터 세트를 다운로드하고, 압축을 푼 다음 기본 위치까지 확장한다.

```
cifar10.maybe_download_and_extract()
```

그런 다음 cifar10_input 클래스의 distorted_inputs 함수를 사용하여 특징 및 해당 label 등 훈련에 사용될 데이터를 생성한다. 여기서 반환된 텐서는 실행할 때마다 batch_size의 수량 샘플을 생성한다. 여기에서 데이터에 대해 데이터 증강(Data

Augmentation)을 진행했음을 유의해야 한다. 구체적 구현의 세부 사항은 cifar10_input.distorted_inputs 함수에서 살펴볼 수 있다. 그중에서 데이터 증강 작업은 무작위 수평 뒤집기(tf.image.random_flip_left_right), 임의로 잘라낸 24×24 크기의 이미지(tf.random_crop), 임의의 밝기와 명암 대비 설정(tf.image.random_brightness · tf.image.random_contrast) 등을 포함하며, 데이터에 대해 표준화 tf.image.per_image_whitening(데이터에서 평균값을 빼고, 분산으로 나눈 다음 데이터의 평균이 0, 분산이 1인지 확인한다)을 실행한다. 이런 작업을 통해 더욱 많은 샘플(노이즈 포함)을 얻을 수 있다. 원래의 이미지 샘플이 여러 장의 이미지로 변경할 수 있는데, 이는 샘플의 양을 늘리는 것과 같아서 정확도를 높이는데 매우 도움이 된다. 주의할 것은, 이미지에 대해 데이터 증강 작업을 진행하는데 대량의 CPU 시간이 필요하므로 distorted_inputs는 16개의 독립된 스레드를 사용하여 작업을 가속화하고, 함수 내부는 스레드 풀(pool)을 생성하며, 필요한 경우 텐서플로우 대기행렬(queue)을 통해서 배정(dispatch)을 진행한다.

```
images_train, labels_train = cifar10_input.distorted_inputs(
                                  data_dir=data_dir, batch_size=batch_size)
```

다음은 cifar10_input.inputs 함수를 사용하여 테스트 데이터를 생성한다. 여기에서는 너무 많은 작업을 진행할 필요가 없다. 이미지의 반전 또는 밝기, 명암의 대비 등을 수정할 필요는 없지만, 이미지 가운데에서 24×24 크기의 블록을 절단하여 데이터의 표준화 작업을 진행한다.

```
images_test, labels_test = cifar10_input.inputs(eval_data=True,
                                                data_dir=data_dir,
                                                batch_size=batch_size)
```

여기에서는 특징과 레이블이 포함된 입력 데이터의 placeholder를 만들어 보자. placeholder의 데이터 크기를 설정할 때 주의해야 한다. 나중에 네트워크 구조를 정의할 때 batch-size가 사용되므로 데이터 크기의 첫 번째 값, 즉 샘플 수가 먼저 설정되어야 하며, 이전과 같이 None으로 설정할 수 없다. 데이터 크기 중 이미지 크기는 24×24이다.

즉 잘라낸 후의 크기이며, 색상 채널 수는 3으로 설정한다. 이는 이미지가 RGB 3가지 채널로 채색되어 있음을 나타낸다.

```
image_holder = tf.placeholder(tf.float32, [batch_size, 24, 24, 3])
label_holder = tf.placeholder(tf.int32, [batch_size])
```

작업이 준비되었으면, 이어서 첫 번째 컨벌루션 레이어를 만들어 보자. 먼저 이전에 작성한 variable_with_weight_loss 함수를 사용하여 컨벌루션 커널의 매개변수를 만들고 초기화를 진행한다. 첫 번째 컨벌루션 레이어는 5×5의 컨벌루션 커널 크기와 3가지 색상 채널과 64개의 컨벌루션 커널을 사용하고, 동시에 weight 초기화 함수의 표준편차를 0.05로 설정한다. 첫 번째 컨벌루션 레이어의 weight에 대해 L2의 규칙성을 적용하지 않으므로 wl(weight loss)은 0으로 설정한다. 다음은 tf.nn.conv2d 함수를 사용하여 입력 데이터 image_holder에 대해 컨벌루션 작업을 진행한다. 여기에서 스텝 길이 stride는 1로 설정하고, padding 모드는 SAME으로 한다. 이 레이어의 바이어스를 모두 0으로 초기화하고, 컨벌루션의 결과에 바이어스를 추가하고, 마지막으로 ReLU 활성함수를 사용하여 비선형화를 진행한다. ReLU 활성함수 뒤에 크기가 3×3, 스텝 길이가 2×2인 최대 풀링 레이어를 사용하여 데이터를 처리한다. 주의할 것은 최대 풀링 레이어의 크기와 스텝 길이가 일치하지 않아서 데이터가 풍부해질 수 있다는 것이다. 그런 다음 tf.nn.lrn 함수, 즉 LRN을 사용하여 결과를 처리한다. LRN은 알렉스 크리제프스크(Alex Krizhevsky)의 논문에서 처음 발표되었다. 알렉스는 논문에서 LRN 레이어는 생물 신경 시스템의 "lateral inhibition" 매커니즘을 모방하여 로컬 뉴런의 활동을 위한 경쟁 환경을 만들고, 그 안에서 비교적 큰 값이 상대적으로 더욱 크게 반응한다고 설명했다. 다른 피드백의 작은 뉴런을 제어하여 모델의 일반화 능력을 향상시킨다. 알렉스는 ImageNet 데이터 세트의 실험을 통해서 LRN을 사용한 Top1에서 컨벌루션 신경망의 오류율을 1.4%까지 줄일 수 있다고 밝혔다. 따라서 모범적인 AlexNet에서 LRN 레이어가 사용된다. LRN은 ReLU과 같은 종류의 상한 경계가 없는 활성함수에 대해 비교적 유용하게 사용되는데 부근의 많은 컨벌루션 커널의 반응(Response)에서 비교적 큰 피드백을 선택할 수 있기 때문이다. 다만 sigmoid와 같은 고정인 경계에는 부적합하며, 과다하게 큰 값의 활성함수를 제어할 수 있다.

```
weight1 = variable_with_weight_loss(shape=[5, 5, 3, 64], stddev=5e-2,
                                    wl=0.0)
kernel1 = tf.nn.conv2d(image_holder, weight1, [1, 1, 1, 1], padding='SAME')
bias1 = tf.Variable(tf.constant(0.0, shape=[64]))
conv1 = tf.nn.relu(tf.nn.bias_add(kernel1, bias1))
pool1 = tf.nn.max_pool(conv1, ksize=[1, 3, 3, 1], strides=[1, 2, 2, 1],
                       padding='SAME')
norm1 = tf.nn.lrn(pool1, 4, bias=1.0, alpha=0.001 / 9.0, beta=0.75)
```

현재 두 번째 컨벌루션 레이어를 만드는 단계는 첫 번째 단계와 매우 유사하다. 그 차이는 아래와 같다. 위의 레이어의 컨벌루션 커널 수량은 64개(즉 64개의 채널을 출력)이므로 본 레이어의 컨벌루션 커널 크기는 세 번째 차원, 즉 입력 채널 수 역시 64로 조정이 필요하다. 여기에서 바이어스 값은 0이 아니라 모두 0.1로 초기화된다는 점을 유의해야 한다. 마지막으로 최대 풀링 레이어와 LRN 레이어의 순서를 바꿔서 먼저 LRN 레이어 처리를 진행하고, 다시 최대 풀링 레이어를 사용한다.

```
weight2 = variable_with_weight_loss(shape=[5, 5, 64, 64], stddev=5e-2, wl=0.0)
kernel2 = tf.nn.conv2d(norm1, weight2, [1, 1, 1, 1], padding='SAME')
bias2 = tf.Variable(tf.constant(0.1, shape=[64]))
conv2 = tf.nn.relu(tf.nn.bias_add(kernel2, bias2))
norm2 = tf.nn.lrn(conv2, 4, bias=1.0, alpha=0.001 / 9.0, beta=0.75)
pool2 = tf.nn.max_pool(norm2, ksize=[1, 3, 3, 1], strides=[1, 2, 2, 1],
                       padding='SAME')
```

두 개의 컨벌루션 레이어 뒤에 완전 연결 레이어가 사용된다. 여기에서 먼저 두 번째 컨벌루션 레이어의 출력 결과를 평탄화(flatten)하고, tf.reshape 함수를 사용하여 1차원 벡터로 변환한다. 그리고 get_shape를 사용하여 데이터가 평탄화된 후의 길이를 얻는다. 그런 다음 variable_with_weight_loss 함수를 사용하여 완전 연결 레이어의 weight

에 대해 초기화를 진행한다. 여기에서 숨겨진 노드 수는 384가 되며, 정규 분포의 표준편차는 0.04가 되고, 바이어스의 값 역시 0.1로 초기화된다. 주의해야 할 것은, 이 완전 연결 레이어가 오버피팅 되어서는 안 되므로, 0이 아닌 weight loss 값 0.04를 설정하는데 이 레이어의 모든 매개변수는 L2 규칙에 의해 제한된다. 마지막으로 ReLU 활성함수를 사용하여 비선형화를 진행한다.

```
reshape = tf.reshape(pool2, [batch_size, -1])
dim = reshape.get_shape()[1].value
weight3 = variable_with_weight_loss(shape=[dim, 384], stddev=0.04, wl=0.004)
bias3 = tf.Variable(tf.constant(0.1, shape=[384]))
local3 = tf.nn.relu(tf.matmul(reshape, weight3) + bias3)
```

다음 완전 연결 레이어는 앞의 레이어와 매우 유사하지만, 숨겨진 노드 수가 절반인 192개로 감소하며, 다른 매개변수는 변하지 않고 유지된다.

```
weight4 = variable_with_weight_loss(shape=[384, 192], stddev=0.04, wl=0.004)
bias4 = tf.Variable(tf.constant(0.1, shape=[192]))
local4 = tf.nn.relu(tf.matmul(local3, weight4) + bias4)
```

다음은 마지막 레이어로, 먼저 레이어의 weight를 생성한다. 정규 분포 표준편차는 앞의 숨겨진 레이어의 노드 수의 역수로 설정하며, L2의 규칙에는 포함되지 않는다. 주의할 점은, 여기서는 이전처럼 softmax를 사용하여 최종 결과를 출력하지 않는다는 것이다. 이는 softmax의 작업을 loss 계산에 적용하였기 때문이다. 최종 분류 결과를 얻기 위해 inference의 출력에 대해 softmax 처리를 진행할 필요가 없다(직접 inference 출력의 각종 수치 크기와 비교하면 된다). softmax를 계산하는 것은 loss를 계산하기 위한 것으로 softmax 작업을 통합하는 것이 더 적절하다.

```
weight5 = variable_with_weight_loss(shape=[192, 10], stddev=1/192.0, wl=0.0)
bias5 = tf.Variable(tf.constant(0.0, shape=[10]))
logits = tf.add(tf.matmul(local4, weight5), bias5)
```

여기까지 전체 네트워크 inference 부분을 마무리하였다. [표 5-1]은 전체 네트워크 구조를 표시한 것이다. 위에서 아래로 순서대로, 전체 컨벌루션 신경망의 입력부터 출력까지의 프로세스이다. 실제로 컨벌루션 신경망을 설계하는 것은 컨벌루션 레이어, 풀링 레이어, 완전 연결 레이어의 분포와 순서뿐만 아니라 하이퍼 매개변수의 설정, 트릭의 사용 등을 배열하는 것을 관찰할 수 있다. 우수한 성능의 컨벌루션 신경망을 설계하는 것은 일정한 규칙이 있지만, 특정 문제에 대해 최적화된 네트워크 구조를 설계하려면 많은 훈련을 해야 한다.

【표 5-1】 컨벌루션 신경망 구조

레이어 명칭	설명
conv1	컨벌루션 레이어와 ReLU 활성함수
pool1	최대 풀링
norm1	LRN
conv2	컨벌루션 레이어와 ReLU 활성함수
norm2	LRN
pool2	최대 풀링
local3	전체 연결 레이어와 ReLU 활성함수
local4	전체 연결 레이어와 ReLU 활성함수
logits	모델 Inference의 출력 결과

모델 inference 부분의 구성을 완료하였다. 이어서 컨벌루션 신경망의 loss를 계산해보자. cross_entropy를 사용하여 softmax의 계산과 cross_entropy loss의 계산을 결합하는 것으로, 즉 tf.nn.sparse_softmax_cross_entropy_with_logits이다. tf.reduce_mean을 사용하여 cross_entropy에 대해 평균값을 계산하고, 다시 tf.add_to_collection를 사용하여

cross_entropy의 losss를 전체 losses의 collection에 추가한다. 마지막으로 tf.add_n을 사용하여 전체 losses의 collection 안의 전체 loss를 합하여 최종 loss를 얻는다. 최종 loss에는 cross_entropy loss와 두 개의 완전 연결 레이어 weight의 l2 loss가 포함된다.

```
def loss(logits, labels):
    labels = tf.cast(labels, tf.int64)
    cross_entropy = tf.nn.sparse_softmax_cross_entropy_with_logits(
        logits=logits, labels=labels, name='cross_entropy_per_example')
    cross_entropy_mean = tf.reduce_mean(cross_entropy,
                                        name='cross_entropy')
tf.add_to_collection('losses', cross_entropy_mean)

return tf.add_n(tf.get_collection('losses'), name='total_loss')
```

이어서 logits 노드와 label_holder를 loss 함수에 전달하여 최종 loss를 얻는다.

```
loss = loss(logits, label_holder)
```

옵티마이저는 AdamOptimizer를 선택하고 학습 속도는 1e-3으로 설정한다.

```
train_op = tf.train.AdamOptimizer(1e-3).minimize(loss)
```

tf.nn.in_top_k 함수를 사용하여 출력 결과 중에 top_k의 정확도를 구한다. 기본적으로 top1을 사용하는데 출력 점수가 가장 높은 유형의 정확도이다.

```
top_k_op = tf.nn.in_top_k(logits, label_holder, 1)
```

tf.InteractiveSession을 사용하여 기본 session을 만들고, 이어서 전체 모델 매개변수를 초기화한다.

```
sess = tf.InteractiveSession()
tf.global_variables_initializer().run()
```

이 단계는 앞에서 언급한 이미지 데이터 증강의 스레드 대기열을 가동한다. 여기에서는 모두 16개의 스레드를 사용하여 가속을 진행한다. 만일 여기에서 스레드가 가동되지 않으면 후속 inference 및 훈련의 작업은 시작할 수 없다.

```
tf.train.start_queue_runners()
```

이제 정식으로 훈련을 시작해 보자. 각 step의 훈련 프로세스 중에, 먼저 session의 run 메소드를 사용하여 images_train · labels_train의 계산을 실행하고 batch의 훈련 데이터를 얻는다. 그런 다음 이 batch 데이터를 train_op와 loss 계산에 전달한다. 각 step에 소요되는 시간을 기록하고, 각 10step마다 현재 loss와 샘플 수 및 batch 데이터를 훈련하는 데 소모되는 시간을 계산하여 기록하면 전체 훈련 과정을 보다 편리하게 모니터링할 수 있다. GTX 1080에서는 초당 약 1,800개 샘플을 훈련할 수 있다. 만일 batch_size가 128이면, 각 batch는 약 0.066초가 필요하다. 손실 loss는 처음에는 약 4.6이며, 3,000 스텝 훈련 후에는 약 1.0으로 내려간다.

```
for step in range(max_steps):
    start_time = time.time()
    image_batch,label_batch = sess.run([images_train,labels_train])
    _, loss_value = sess.run([train_op, loss],
        feed_dict={image_holder: image_batch, label_holder:label_batch})
    duration = time.time() - start_time

    if step % 10 == 0:
        examples_per_sec = batch_size / duration
        sec_per_batch = float(duration)

        format_str=('step %d,loss=%.2f (%.1f examples/sec; %.3f sec/batch)')
```

```
        print(format_str % (step,loss_value,examples_per_sec,sec_per_batch))
```

이어서 테스트 세트에서 모델의 정확도를 측정해 보자. 테스트 세트는 총 1만 개의 샘플이 있지만 훈련할 때처럼 고정된 batch_size를 사용하고, 테스트 데이터를 한 batch, 한 batch에 입력해야 한다. 먼저 전체 샘플을 평가하기 위해 필요한 batch 수를 계산한다. 동시에 각 step에서 session의 run 메소드를 사용하여 images_test·labels_test의 batch를 얻은 다음, top_k_op를 실행하여 모델이 이 batch의 top 1에서 정확한 샘플 수를 예측하는지를 계산한다. 마지막으로 모든 정확한 예측 결과를 종합하여 전체 측정 샘플 중에서 정확하게 예측한 수량을 구한다.

```
num_examples = 10000
import math
num_iter = int(math.ceil(num_examples / batch_size))
true_count = 0
total_sample_count = num_iter * batch_size
step = 0
while step < num_iter:
    image_batch,label_batch = sess.run([images_test,labels_test])
    predictions = sess.run([top_k_op],feed_dict={image_holder: image_batch,
                                                 label_holder:label_batch})
    true_count += np.sum(predictions)
    step += 1
```

마지막으로 정확도의 평가 결과를 계산하고 인쇄한다.

```
precision = true_count / total_sample_count
print('precision @ 1 = %.3f' % precision)
```

마침내 CIFAR-10 데이터 세트에서 짧은 시간에 반복 회수의 훈련을 통해 약 73% 정확도까지 도달할 수 있다. max_steps가 계속 증가하면, 정확도가 점차 높아지는 것을 기대할 수 있다. max_steps가 큰 경우에는 학습 속도를 감소하는 SGD를 사용하여 훈련하는 것을 추천한다. 이 훈련 과정에서 얻을 수 있는 최고 정확도는 비교적 높아서 약 865%까지 도달할 수 있다. L2 정규 및 LRN 레이어를 사용하면 정확도가 향상되고, 모델 일반화를 향상시킬 수 있다.

데이터 증강(Data Augmentation)은 훈련 과정에서 중요한 역할을 하며, 단일 이미지에 여러 복사본을 추가하여 이미지의 이용률을 높이고 이미지 구조의 훈련에 대해 오버피팅을 방지할 수 있다. 이것은 이미지 데이터의 성질을 이용하는 것으로, 이미지의 중복된 정보량이 비교적 크기 때문에 다른 노이즈가 생겨서 이미지를 인식할 수 있다. 신경망이 이런 노이즈를 극복하고 정확하게 인식할 수 있다면, 일반화는 필연적으로 좋아질 것이다. 데이터를 증강은 샘플 양을 증가시키며, 데이터양의 크기는 바로 딥러닝에서 가장 중요하다. 딥러닝이 이미지 인식에서 다른 알고리즘을 이끌 수 있는 큰 요인으로 대용량 데이터를 사용할 때 매우 효율이 높다는 것이다. 다른 알고리즘을 사용하면 데이터양이 일정한 정도일 때, 정확도가 더 이상 올라가지 않을 수 있지만, 딥러닝은 충분한 샘플이 제공되면 정확도는 기본적으로 계속해서 올라갈 수 있으므로 빅데이터에 가장 적합한 알고리즘이다. [그림 5-6]의 예시와 같이 기존의 머신러닝 알고리즘은 일정량의 데이터를 얻은 후에 정확도 상승 곡선은 한계에 근접하고, 신경망은 더욱 높은 정확도까지 지속적으로 상승하여야 한계에 근접할 수 있다. 규모가 크면 클수록 신경망 모델은 복잡해져서 도달할 수 있는 정확도 수준도 높아지지만, 그에 따라 많은 데이터를 훈련해야 하며, 데이터양이 적으면 오히려 오버피팅이 되기 쉽다. Large NN은 데이터양이 적을 때 일반적인 알고리즘보다 좋지 않으며, 데이터양이 지속적으로 확대되어야만 일반적인 알고리즘, Small NN과 Medium NN을 점차적으로 초월해서 마지막에는 매우 높은 정확도에 도달하게 된다. 알렉스의 cuda-convnet 테스트 결과에 따르면 CIFAR-10의 데이터에 대해 데이터 증강을 사용하지 않는다면, 오차율은 최저 17%까지 낮추고, 데이터 증강을 사용한 후에는 오차율은 약 11%까지 낮춰서 모델 성능을 크게 향상할 수 있다.

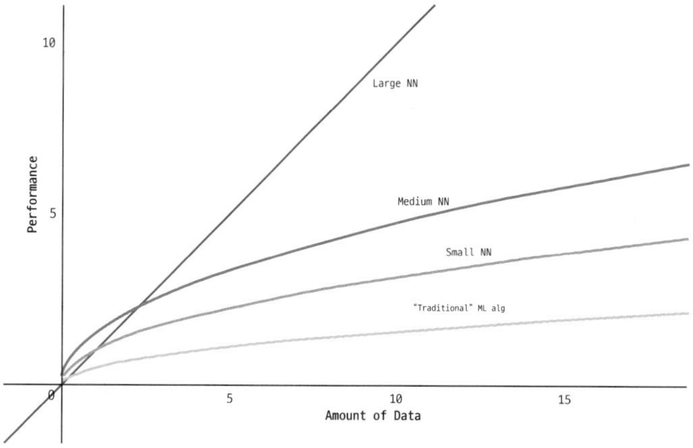

【그림 5-7】 데이터양에 따른 기존의 머신러닝 알고리즘과 딥러닝의 성능

본 장에서의 예시에서 볼 수 있듯이, 컨벌루션 레이어는 일반적으로 풀링 레이어와 연결되어야 하며, 컨벌루션에 풀링의 조합은 현재 이미지 인식할 때 하나의 표준 모듈임을 알 수 있다. 컨벌루션 네트워크의 마지막 몇 가지 완전 연결 레이어의 역할은 분류 결과를 출력하는 것이다. 컨벌루션 레이어의 주요 특징을 취하는 작업이 되며 마지막에 전체 연결 레이어에 직접 도달해야 비로소 특징에 대해 조합 진행을 시작할 수 있고, 분류를 진행한다. 컨벌루션 레이어의 훈련은 상대적으로 완전 연결 레이어보다 더욱 복잡하다. 완전 연결 레이어의 훈련은 기본적으로 행렬 곱셈 연산을 수행하는 것이다. 현재 컨벌루션 레이어의 훈련은 기본적으로 cuDNN의 구현(그 외 nirvana 회사의 neon 역시 1위의 자리를 차지하고 있다)에 의존하고 있다. 그 안의 알고리즘은 비교적 복잡해서 Facebook의 오픈소스 알고리즘과 같은 메소드는 푸리에 변환(Fourier transform)을 포함한다. 동시에 컨벌루션 레이어의 사용은 많은 Trick이 있어서 본 장에서 언급한 방법 외에도 실제로 많은 방법이 있어서 컨벌루션 신경망의 오버피팅을 방지하고, 컨버전스 속도를 높이거나 일반화를 향상할 수 있다. 이런 방법들은 다음 장에서 설명하고자 한다.

CHAPTER

6

텐서플로우에 의한 전형적인 컨벌루션 신경망 구현

텐서플로우에 의한 전형적인 컨벌루션 신경망 구현

본 장에서는 AlexNet[45]·VGGNet[46]·구글 인셉션 Net[47]와 ResNet[48], 이 4가지 전형적인 컨벌루션 신경망을 소개하고자 한다. 이 4가지 네트워크는 개발된 순서에 따라 배열한 것으로 깊이와 복잡성도 순서대로 발전하고 있으며, ILSVRC(ImageNet Large Scale Visual Recognition Challenge)[49] 대회의 분류 항목에서 2012년 우승(top－5 오차율이 16.4%로, 별도 데이터를 사용하면 15.3%까지 도달하며, 8레이어의 신경망이다), 2014년 준우승(top－5 오차율이 7.3%로, 19레이어의 신경망), 2014년 우승(top－5 오차율이 6.7%로, 22레이어의 신경망), 2015년 우승(top－5 오차율이 3.57%로, 152레이어의 신경망)를 차지하였다. 이 4가지 전형적인 네트워크는 선진화된 컨벌루션 신경망 구조를 사용하여 컨벌루션 네트워크와 딥러닝의 확산에 큰 역할을 하였으며, 컨벌루션 신경망이 2012~2015년까지 4년 동안 비약적인 발전을 주도하였다. [그림 6-1]의 예시와 같이 ILSVRC의 top-5 오차율은 최근 몇 년 동안 큰 발전을 이루었다. 전통적 머신러닝 알고리즘은 현

---

45) **ImageNet Classification with Deep Convolutional Neural Networks**, *NIPS 2012*, Authors: Alex Krizhevsky, Ilya Sutskever, Geoffrey E. Hinton

46) **VERY DEEP CONVOLUTIONAL NETWORKS FOR LARGE-SCALE IMAGE RECOGNITION**, *ICLR 2015*, Authros: Karen Simonyan and Andrew Zisserman

47) **Going Deeper with Convolutions**, *CVPR 2015*, Authors: Christian Szegedy, Wei Liu, Yangqing Jia, Pierre Sermanet, Scott Reed, Dragomir Anguelov, Dumitru Erhan, Vincent Vanhoucke, Andrew Rabinovich

48) **Deep Residual Learning for Image Recognition**, *https://arxiv.org/abs/1512.03385*, Authors: Kaiming He, Xiangyu Zhang, Shaoqing Ren, Jian Sun

49) **ImageNet Large Scale Visual Recognition Challenge**, *IJCV 2015*, Authors: Olga Russakovsky, Jia Deng, Hao Su, Jonathan Krause, Sanjeev Satheesh, Sean Ma, Zhiheng Huang, Andrej Karpathy, Aditya Khosla, Michael Bernstein, Alexander C. Berg and Li Fei-Fei

재 ILSVRC에서 딥러닝의 발걸음을 따라가기 어렵게 되었으며, 심지어 얕은 학습(Shallow Learning)이라고 불리고 있다. 현재 ImageNet[50] 데이터 세트에서 사람의 눈은 도달할 수 있는 오차율이 대략 5.1%로, 이것은 여전히 많은 훈련을 통한 전문가들이 도달할 수 있는 등급으로, 일반인들은 1,000가지 유형의 이미지를 분류하는 것이 비교적 어려운 편이다. ILSVRC 2015년 우승자인 152 레이어의 ResNet의 성적은 오차율 3.57%까지 도달하여서 이미 사람의 눈을 초월하였다. 이는 컨벌루션 신경망이 기본적으로 ImageNet 데이터 세트에서의 이미지 분류 문제를 해결하였음을 설명하고 있다.

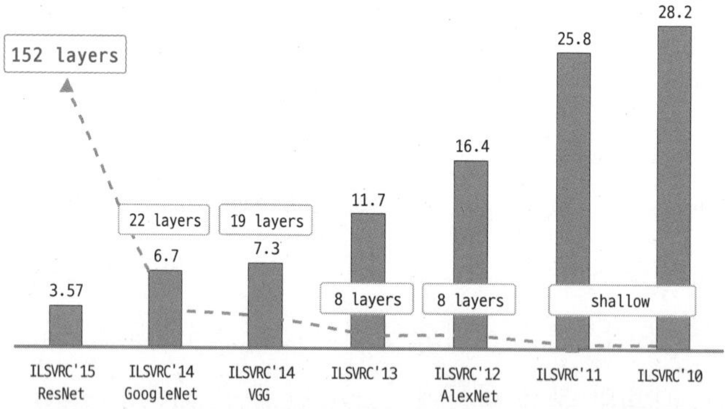

【그림 6-1】 ILSVRC 대회 대표 모델의 성적과 신경망의 깊이

앞에서 언급한 컴퓨터 비전 경연대회 ILSVRC에서 사용된 데이터는 [그림 6-2]와 같이 ImageNet에서 가져온 것이다. ImageNet 프로젝트는 2007년 스탠퍼드대학의 리 페이페이(Li Feifei) 교수가 설립하였으며, 컴퓨터 비전 모델 훈련을 위한 주석 정보로 많은 양의 이미지 데이터를 수집하는 것을 목적으로 한다. ImageNet에는 1,500만 개의 고화질 이미지가 태그되어 있고, 총 2만 2,000개의 카테고리가 있으며, 그중 약 100만 장에는 이미지 속 주요 대상의 위치가 표시되어 있다. ImageNet 프로젝트는 초기에 인간이 시각을 통해 세계를 배우는 방법에서 영감을 받았다. 아이들의 눈을 바이오 카메라라고 가정하면 아이들은 눈동자가 한 번 돌아가는 평균 시간인 200ms마다 한 장씩 이미지를 찍으며, 3세가 되면 이미 수억 장의 실제 이미지를 찍게 된다. 이는 매우 큰 데이터

50) **A Large-Scale Hierarchical Image Database**, *CVPR 2009*, Authors : J. Deng, W. Dong, R. Socher, L.-J. Li, K. Li and L. Fei-Fei

세트로 간주 될 수 있다. ImageNet 프로젝트는 인터넷에 약 10억 개의 이미지를 다운로드하고, 아마존의 메커니컬 터크(Mechanical Turk)를 사용하여 크라우드 소싱 라벨링 프로세스를 달성했으며, 전 세계 167개국에서 약 5만 명이 이미지의 분류와 라벨링을 수행했다.

【그림 6-2】 ImageNet 데이터 세트 이미지 예시

매년 ILSVRC 대회의 데이터 세트에서 대략 120만 장의 이미지 및 1,000가지의 주석을 가지고 있는 것은 ImageNet 전체 데이터의 서브 세트이다. 대회는 일반적으로 top-5와 top-1의 분류 오차율을 적용하여 모델 성능의 평가 지표로 삼는다. [그림 6-3]과 같이 AlexNet가 ILSVRC 데이터 세트 안의 이미지를 식별하는 상황에서 각 장의 이미지의 아래에는 분류 예측의 최고 5개 분류의 항목을 얻거나 그 값을 매긴다.

【그림 6-3】 AlexNet는 ILSVRC 데이터 세트의 top-5 분류를 식별한다.

6.1 텐서플로우에 의한 AlexNet 구현

2012년 힌턴의 학생 Alex Krizhevsky는 심층 컨벌루션 신경망 모델인 AlexNet를 선보였다. 그것은 LeNet의 일종으로 더욱 깊고 넓은 버전이라고 할 수 있다. AlexNet 안에는 몇 가지 비교적 새로운 기술이 포함되어 있는데 처음으로 컨벌루션 신경망에서 ReLU·Dropout과 LRN 등과 같은 Trick을 성공적으로 응용하였다. 동시에 AlexNet에서는 GPU를 사용하여 연산을 더욱 빠르게 진행하였고 연구자는 그들이 GPU에서 컨벌루션 신경망의 CUDA 코드를 훈련하는 소스를 개발하였다. AlexNet은 6억 3,000만 개의 연결, 6,000만 개의 매개변수와 65만 개의 뉴런을 포함하였으며, 5개의 컨벌루션 레이어를 가지고 있고, 그중 3개의 컨벌루션 레이어 뒤에 최대 풀링 레이어를 연결하고, 그 뒤에는 3개의 전체 연결 레이어가 있다. AlexNet은 월등한 성능으로 ILSVRC 2012 대회의 치열했던 경쟁을 이겨 내어 top-5의 오차율을 16.4%까지 떨어뜨렸다. 2등의 성적과 비교하면 26.2% 오차율이 날 정도로 큰 상승이 있었다. AlexNet은 딥러닝을 확립하여 컴퓨터 비전 분야의 높은 위치에 오름과 동시에 딥러닝이 언어 인식, 자연어 처리, 강화학습 등 영역의 확대를 추진하였다.

AlexNet은 LeNet의 아이디어를 더욱 넓게 펼쳤으며, 컨벌루션 신경망의 기본 원리를 매우 깊고 폭넓은 네트워크에 응용하였다. AlexNet의 주로 사용된 새로운 기술은 아래와 같다.

① ReLU를 컨벌루션 신경망의 활성함수로 성공적으로 사용하였으며, 그 효과가 비교적 깊은 네트워크인 Sigmoid를 뛰어넘었음을 증명하였고, Sigmoid가 네트워크가 비교적 깊어질 때의 기울기 소실 문제를 성공적으로 해결하였다. 비록 ReLU 활성함수가 매우 오래전에 제시된 것이지만 AlexNet이 출현하고서 넓게 펼쳐졌다.

② 훈련 시에 Dropout을 사용하여 임의로 일부 뉴런을 생략하고 모델의 오버피팅을 피하였다. Dropout이 비록 단독적인 논문으로 저술되었지만, AlexNet은 그것을 실용화하였으며, 실험을 통해 효과를 증명하였다. AlexNet에서 주로 마지막 몇 개의 전체 연결 레이어에 Dropout을 사용하였다.

③ 컨벌루션 신경망에서 중첩된 최대 풀링을 사용하였다. 이전의 컨벌루션 신경망은 보편적으로 평균 풀링을 사용하였으나 AlexNet은 전부 최대 풀링을 사용하여 평균 풀링의 모호한 효과를 피하였다. 그 뿐만 아니라, AlexNet에서는 스텝 길이를 풀링 커널의 크기보다 작게 제시하여 풀링 레이어의 출력 간에 중첩 및 뒤덮어 특징의 풍부성을 이루었다.

④ LRN 레이어를 제시하였다. 부분 뉴런의 활동에 대해 경쟁 메커니즘을 만들고, 그 중의 비교적 큰 값을 상대적으로 더욱 크게 하고, 다른 피드백이 비교적 작은 뉴런을 제어하여 모델의 일반화 능력을 강화하였다.

⑤ CUDA를 사용하여 심층 컨벌루션 네트워크의 훈련을 가속화하였고, GPU를 이용하여 계산 능력을 크게 병렬 처리하여 신경망을 훈련할 때 대량의 행렬연산을 처리한다. AlexNet은 두 개의 GTX 580 GPU를 사용하여 훈련을 진행하고 하나의 GTX 580은 단지 3GB의 그래픽이 있어서 훈련할 수 있는 네트워크의 최대 규모를 제한했다. 그래서 AlexNet 두 개의 GPU에 분포하여 각 GPU의 그래픽 카드에서 절반의 뉴런의 매개변수를 저장하였다. GPU 간의 통신이 간편하기 때문에 서로 그래픽 카드에 접근할 수 있어서 본체 메모리를 통할 필요가 없어서 동시에 여러 GPU를 사용하는 것 역시 매우 높은 효율을 보여주는 동시에 AlexNet의 설계는 GPU 간의 통신으로 하여금 네트워크의 불특정 레이어에서만 진행하게 하고 통신을 최소화하도록 하였다.

⑥ 데이터 증강은, 256×256 원본 이미지에서 224×224 크기의 영역을 무작위로 절취하며 $(256\times224)^2\times2=2{,}048$배의 데이터 증가에 해당한다. 데이터 증강이 없다면 원래의 데이터양 때문에 많은 매개변수를 가진 CNN이 오버피팅 된다. 데이터 증강(data augmentation)이 되면 오퍼피팅을 크게 줄이고 일반화 능력을 향상시킬 수 있다. 예측할 때 이미지의 네 모서리와 중간에 5개의 위치를 가져와서 좌우로 뒤집으면 총 10개의 이미지가 얻어지고 10개의 결과를 통해 예측되고 평균화된다. 또한, AlexNet의 논문에 의하면, 이미지의 RGB 데이터에 PCA(Principal Component Analysis)처리를 하고 주성분의 표준편차를 0.1로 하면 정규 분포를 방해하는 약간의 노이즈가 증가하며, 이 트릭은 오류율을 1% 낮출 수 있다.

전체 AlexNet에는 8개의 훈련에 필요한 매개변수 레이어(풀링 레이어와 LRN 레이어가 포함되지 않음)가 있는데 앞의 5개 레이어는 컨벌루션 레이어이며, 뒤의 3 레이어는 전체 연결 레이어이다. [그림 6-4]의 예시와 같다. AlexNet는 마지막 레이어가 1,000가지의 출력 softmax 레이어로 분류 작용을 하는데 LRN 레이어는 첫 번째 및 두 번째 컨벌루션 레이어 뒤에 나타나며, 최대 풀링 레이어는 2개의 LRN 레이어 및 마지막 컨벌루션 레이어 뒤에 나타난다. ReLU 활성함수는 이 8개 레이어의 각 레이어 뒤에 응용된다. AlexNet 훈련 때에는 2개의 GPU를 사용하기 때문에 이 구조도에서는 적지 않은 모듈이 두 부분으로 나뉜다. 현재 GPU의 그래픽이 전체 모델 매개변수에 놓여지기 때문에 하나의 GPU 상황만 고려하면 된다.

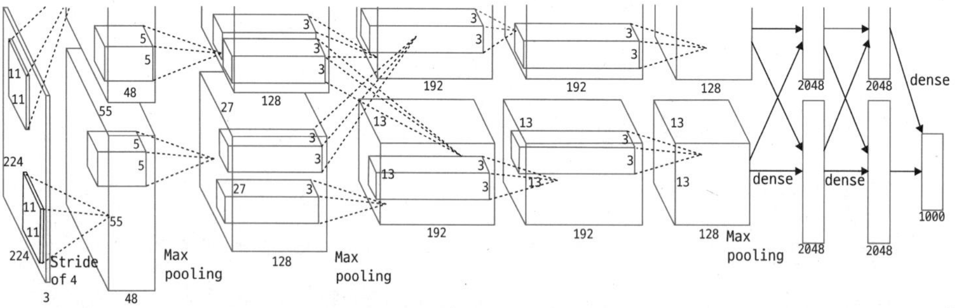

【그림 6-4】 AlexNet의 네트워크 구조

AlexNet의 각 레이어에 대한 하이퍼 매개변수는 [그림 6-5]와 같다. 그 안의 입력된 이미지 크기는 224×224이며, 첫번째 컨벌루션 레이어는 비교적 큰 컨벌루션 커널 크기가 11×11을 사용하고, 스텝 길이는 4이며, 96개의 컨벌루션 커널로 긴밀하게 LRN 레이어와 연결되어 있다. 그런 후에 3×3의 최대 풀링 레이어로 스텝 길이는 2이다. 이 후의 컨벌루션 커널 크기는 비교적 작아서 모두 5×5 혹은 3×3의 크기이고, 스텝 길이는 모두 1이 된다. 즉 전체 그림의 모든 픽셀을 스캔할 것이다. 최대 풀링 레이어는 여전히 3×3을 유지하며 스텝 길이는 2가 된다. 비교적 재미있는 현상을 발견할 수 있는데 앞의 몇 개의 컨벌루션 레이어에서 비록 계산량이 매우 크더라도 매개변수량은 매우 작다. 1M 가량이며 심지어 더욱 작아서 AlexNet의 총 매개변수량은 매우 일부일 정도로 작다. 이것은 컨벌루션 레이어가 사용되는 곳으로 비교적 작은 매개변수량을 통해서 효과적인 특징을 추출할 수 있다. 만일 앞의 몇몇 레이어가 직접 전체 연결 레이어를 사용한다면 매개변수량과 계산량은 천문학적인 숫자가 될 것이다. 비록 각 컨벌루션 레이어가 전체 네트워크의 매개변수량의 1%도 되지 않지만, 만일 임의의 컨벌루션 레이어를 제거한다면 네트워크 분류 성능은 큰 폭으로 하락할 것이다.

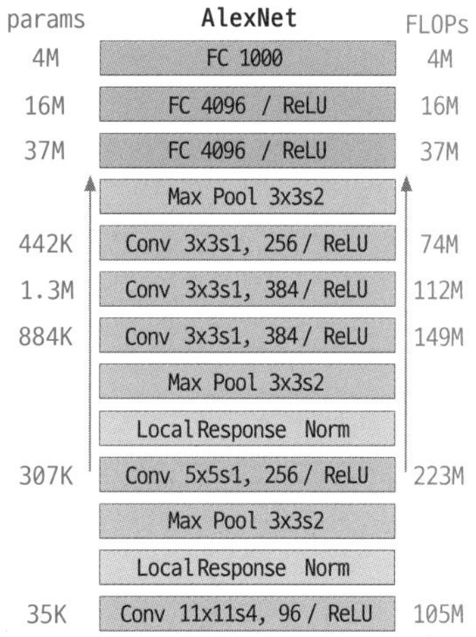

【그림 6-5】 AlexNet의 각 레이어에 대한 하이퍼 매개변수 및 매개변수량

ImageNet 데이터 세트를 사용하여 전체 AlexNet 훈련을 완성하려면 본 장에서 AlexNet의 구현은 실제 데이터 훈련에 포함하지 않는다. 전체 AlexNet 컨벌루션 신경망을 만든 후에 매 batch의 피드포워드 계산과 오차역전파 계산의 속도에 대해 테스트를 진행한다. 여기에서는 임의의 이미지 데이터를 사용하여 각각 피드포워드, 오차역전파의 평균 수행 시간을 계산한다. 흥미가 있으면 스스로 ImageNet 데이터를 다운로드하여 본서에서 구축한 AlexNet으로 훈련을 하고 테스트 세트에서 테스트를 진행할 수 있다.

먼저 datetime, math와 time을 포함한 몇 가지 시스템 라이브러리를 import하고, 텐서플로우를 로드한다. 본 장에서의 주요 코드는 텐서플로우의 오픈소스 코드[51]에서 가져왔다.

51) https://github.com/tensorflow/models/blob/master/tutorials/image/alexnet/alexnet_benchmark.py

```
from datetime import datetime
import math
import time
import tensorflow as tf
```

여기에서는 batch_size를 32로, num_batches는 100으로 설정한다. 즉 총 100개의 batch 데이터를 테스트한다.

```
batch_size=32
num_batches=100
```

네트워크의 각 레이어 구조를 나타내는 함수 print_actications를 정의해 보자. 각 컨벌루션 레이어 또는 풀링 레이어는 출력 텐서의 크기를 나타낸다. 이 함수는 텐서를 받아들여 입력하고, 그 명칭(t.op.name)과 텐서 크기(t.get_shape.as_list())를 나타낸다.

```
def print_activations(t):
print(t.op.name, ' ', t.get_shape().as_list())
```

이어서 AlexNet의 네트워크 구조를 설계해 보자. 먼저 inference 함수를 정의하면, 그것은 images를 받아서 입력하고, 마지막 레이어 pool5(다섯 번째 풀링 레이어) 및 AlexNet 안의 모든 훈련이 필요한 모델 매개변수를 반환한다. 이 inference 함수는 매우 커서 많은 컨벌루션 및 풀링 레이어를 포함하고 있어서 아래에서는 몇가지 작은 단락으로 구분하여 설명하고자 한다.

먼저 첫 번째 컨벌루션 레이어인 conv1로, 여기에서는 텐서플로우 안의 name_scope를 사용하여 with tf.name_scope('conv1') as scope를 통해서 scope 내에 생성된 변수를 자동으로 conv1/xxx로 이름 붙일 수 있으며, 쉽게 다른 컨벌루션 레이어 간의 모듈을 구별할 수 있다. 그런 후에 첫 번째 컨벌루션 레이어를 정의하면, 이전과 같이

tf.truncated_normal를 사용하여 절단한 정규 분포 함수(표준편차는 0.1)를 컨벌루션 커널의 매개변수 커널로 초기화한다. 컨벌루션 커널 크기는 11×11, color 채널은 3, 컨벌루션 커널 수는 64가 된다. 커널을 잘 준비하여 다시 tf.nn.conv2d를 사용하여 입력 image에 대해 컨벌루션 작업을 완료한다. strides 스텝 길이를 4×4로 설정(즉 이미지의 각 4×4 구역에 단지 1번만 샘플 추출하고 가로 간격은 4, 세로 간격은 역시 4로 설정하고 매번 샘플 추출한 컨벌루션 커널의 크기는 모두 11×11이 된다)하고, padding 모드는 SAME으로 설정한다. 컨벌루션 레이어의 biases는 전부 0으로 초기화하고 다시 tf.nn.bias_add를 사용하여 conv와 biases를 더해서 활성함수 tf.nn.relu를 사용하여 결과에 대해 비선형 처리를 진행한다. 마지막으로 print_activations를 사용하여 이 레이어의 마지막 출력한 텐서 conv1의 구조를 프린트하고 이 레이어에 훈련할 수 있는 매개변수 kernel, biases를 parameters에 추가한다.

```
def inference(images):
    parameters = []

    with tf.name_scope('conv1') as scope:
        kernel = tf.Variable(tf.truncated_normal([11, 11, 3, 64],
                      dtype=tf.float32, stddev=1e-1), name='weights')
        conv = tf.nn.conv2d(images, kernel, [1, 4, 4, 1], padding= 'SAME')
        biases = tf.Variable(tf.constant(0.0, shape=[64], dtype=tf.float32),
                           trainable=True, name='biases')
        bias = tf.nn.bias_add(conv, biases)
        conv1 = tf.nn.relu(bias, name=scope)
        print_activations(conv1)
        parameters += [kernel, biases]
```

첫 번째 컨벌루션 레이어 뒤에 다시 LRN 레이어와 최대 풀링 레이어를 추가한다. 먼저 tf.nn.lrn를 사용하여 앞에 출력한 텐서 conv1에 대해 LRN 처리를 진행하고, 여기에서 사용된 depth_radius는 4로 설정하며 bias는 1로, alpha는 0.001/9로, beta는 0.75로 설정한다. 기본적으로 AlexNet 논문 안의 추천 값이다. 그러나 현재는 AlexNet을 제외하고 다른 전형적인 컨벌루션 신경망 모델은 LRN을 포기하였다(주로 효과가 뚜렷하지 않다). LRN

사용하는 것 역시 피드포워드, 오차 역전파의 속도가 크게 떨어질 수 있으므로(전체 속도의 1/3까지 떨어진다), 스스로 LRN 사용 여부를 선택할 수 있다. 아래에서는 tf.nn.max_pool를 사용하여 앞의 출력 lrn1에 대해 최대 풀링 처리를 진행하고, 여기에서의 풀링 크기는 3×3, 즉 3×3 크기의 픽셀이 1×1의 픽셀로 축소되어 샘플 추출의 스텝 길이는 2×2, padding 모드는 VALID, 즉 샘플 추출 시 테두리를 초과할 수 없으며 SAME 모드와 다르게 테두리 바깥 점을 보충할 수 있다. 마지막으로 출력 결과 pool1의 구조를 프린트한다.

```
lrn1 = tf.nn.lrn(conv1, 4, bias=1.0, alpha=0.001/9, beta=0.75, name='lrn1')
pool1 = tf.nn.max_pool(lrn1, ksize=[1, 3, 3, 1], strides=[1, 2, 2, 1],
                      padding='VALID', name='pool1')
print_activations(pool1)
```

이어서 두 번째 컨벌루션 레이어를 설계하는데 대부분 단계는 첫 번째 컨벌루션 레이어와 비슷하지만 몇 가지 다른 매개변수가 있다. 주요 구분은 컨벌루션 커널의 크기가 5×5이며, 입력 채널 수(즉 위 레이어의 출력 채널 수로, 위 레이어의 컨벌루션 커널 수이기도 하다)가 64이며, 컨벌루션 커널 수는 192가 된다. 동시에 컨벌루션 스텝 길이 역시 전부 1로 설정하고, 즉 전체 그림의 픽셀을 스캔한다.

```
with tf.name_scope('conv2') as scope:
    kernel = tf.Variable(tf.truncated_normal([5, 5, 64, 192],
                dtype=tf.float32, stddev=1e-1), name='weights')
    conv = tf.nn.conv2d(pool1, kernel, [1, 1, 1, 1], padding='SAME')
    biases = tf.Variable(tf.constant(0.0, shape=[192],
                dtype=tf.float32), trainable=True, name='biases')
    bias = tf.nn.bias_add(conv, biases)
    conv2 = tf.nn.relu(bias, name=scope)
    parameters += [kernel, biases]
print_activations(conv2)
```

이어서 두 번째 컨벌루션 레이어의 출력 conv2에 대해 처리를 진행하고 먼저 LRN 처리를 하고 다시 최대 풀링 처리를 진행한다. 매개변수는 이전과 완전히 똑같아서 여기에서는 더 이상 설명하지 않도록 한다.

```
lrn2 = tf.nn.lrn(conv2, 4, bias=1.0, alpha=0.001/9, beta=0.75, name='lrn2')
pool2 = tf.nn.max_pool(lrn2, ksize=[1, 3, 3, 1], strides=[1, 2, 2, 1],
                       padding='VALID', name='pool2')
print_activations(pool2)
```

아래에서는 세 번째 컨벌루션 레이어를 만들어 보자. 기본적인 구조는 앞에서의 2개와 유사하지만, 단지 매개변수가 다르다. 이 레이어의 컨벌루션 커널 크기는 3×3이며, 입력 채널 수는 192, 컨벌루션 커널 수는 계속 확대되어 384가 되며 동시에 컨벌루션 스텝 길이는 전부 1이 된다. 다른 부분은 앞과 일치한다.

```
    with tf.name_scope('conv3') as scope:
        kernel = tf.Variable(tf.truncated_normal([3, 3, 192, 384],
                     dtype=tf.float32, stddev=1e-1), name='weights')
        conv = tf.nn.conv2d(pool2, kernel, [1, 1, 1, 1], padding='SAME')
        biases = tf.Variable(tf.constant(0.0, shape=[384],
                     dtype=tf.float32), trainable=True, name='biases')
        bias = tf.nn.bias_add(conv, biases)
        conv3 = tf.nn.relu(bias, name=scope)
        parameters += [kernel, biases]
        print_activations(conv3)
```

마지막 네 번째 컨벌루션 레이어는 이전과 유사해서 이 레이어의 컨벌루션 커널 크기는 3×3이며, 입력 채널 수는 384이지만, 컨벌루션 커널 수는 256으로 작아진다.

```
    with tf.name_scope('conv4') as scope:
        kernel = tf.Variable(tf.truncated_normal([3, 3, 384, 256],
```

```
                dtype=tf.float32, stddev=1e-1), name='weights')
        conv = tf.nn.conv2d(conv3, kernel, [1, 1, 1, 1], padding='SAME')
        biases = tf.Variable(tf.constant(0.0, shape=[256],
                dtype=tf.float32), trainable=True, name='biases')
        bias = tf.nn.bias_add(conv, biases)
        conv4 = tf.nn.relu(bias, name=scope)
        parameters += [kernel, biases]
        print_activations(conv4)
```

마지막 다섯 번째 컨벌루션 레이어는 똑같이 3×3 크기의 컨벌루션 커널로 입력 채널 수는 256이며, 컨벌루션 커널 수는 256이다.

```
    with tf.name_scope('conv5') as scope:
        kernel = tf.Variable(tf.truncated_normal([3, 3, 256, 256],
                dtype=tf.float32, stddev=1e-1), name='weights')
        conv = tf.nn.conv2d(conv4, kernel, [1, 1, 1, 1], padding='SAME')
        biases = tf.Variable(tf.constant(0.0, shape=[256],
                dtype=tf.float32), trainable=True, name='biases')
        bias = tf.nn.bias_add(conv, biases)
        conv5 = tf.nn.relu(bias, name=scope)
        parameters += [kernel, biases]
        print_activations(conv5)
```

다섯 번째 컨벌루션 레이어 뒤에 최대 풀링 레이어가 있으며 풀링 레이어와 앞 2개의 컨벌루션 레이어의 풀링 레이어는 일치하며, 마지막에 이 풀링 레이어의 출력 pool5를 반환한다. 이렇게 inference 함수가 완료되었으며, 그것을 AlexNet의 컨벌루션 부분으로 만들 수 있다. 정식으로 AlexNet을 사용하여 훈련하거나 예측할 때에, 3개의 전체 연결 레이어를 추가해야 하며, 숨겨진 노드 수는 4096, 4096과 1000으로 분리한다. 마지막 3개의 전체 연결 레이어의 계산량은 매우 적어서 계산 속도를 정해 놓지 않고 평가하는 중에는 소비 시간 계산에 대한 영향이 매우 적다. 정식으로 AlexNet를 사용할 때 스스로 이 3개의 전체 연결 레이어를 추가해야 하며, 전체 연결 레이어의 텐서플로우에서 구현 방법은 제4장에서 이미 설명했기 때문에 여기에서는 설명을 생략한다.

```
    pool5 = tf.nn.max_pool(conv5, ksize=[1, 3, 3, 1], strides=[1, 2, 2, 1],
                           padding='VALID', name='pool5')
    print_activations(pool5)

    return pool5, parameters
```

이어서 반복 횟수마다 AlexNet에서 계산된 시간을 평가하는 time_tensorflow_run 함수를 구현한다. 이 함수의 첫 번째 입력은 텐서플로우의 Session이고, 두 번째 변수는 평가에 필요한 연산 계산이며, 세 번째 변수는 테스트의 이름이다. 먼저 워밍업 반복 횟수 num_steps_burn_in=10을 정의한다. 프로그램을 워밍업 하면 메모리 로드의 처음 몇 회 반복, 캐시 히트(cache hit) 등의 문제를 피할 수 있으므로, 10회 반복한 후에 계산된 시간만 고려하면 된다. 동시에 total_duration과 total_duration_squared의 총시간도 기록하여 분산을 계산한다.

```
def time_tensorflow_run(session, target, info_string):
    num_steps_burn_in = 10
    total_duration = 0.0
    total_duration_squared = 0.0
```

num_batches + num_steps_burn_in을 계산하여 반복 진행하고, time.time()을 사용하여 시간을 기록하며, 각각의 반복마다 session.run(target)을 실행한다. num_steps_burn_in 초기 워밍업 후 10번의 반복마다 현재 반복에 필요한 시간을 보여 준다. 동시에 total_duration과 total_duration_squared를 누적하여 더해서 반복마다 수행 시간의 평균값과 표준편차를 계산한다.

```
    for i in range(num_batches + num_steps_burn_in):
        start_time = time.time()
        _ = session.run(target)
        duration = time.time() - start_time
        if i >= num_steps_burn_in:
```

```
        if not i % 10:
            print('%s: step %d, duration = %.3f' %
                  (datetime.now(), i - num_steps_burn_in, duration))
        total_duration += duration
        total_duration_squared += duration * duration
```

순환(cycle)이 완료된 후에, 반복에 대한 평균 수행 시간 mn과 표준편차 sd를 계산하고, 마지막에 결과를 보여 준다. 이렇게 해서 수행 시간의 측정 함수 time_tensorflow_run 계산을 완료한다.

```
    mn = total_duration / num_batches
    vr = total_duration_squared / num_batches - mn * mn
    sd = math.sqrt(vr)
    print('%s: %s across %d steps, %.3f +/- %.3f sec / batch' %
          (datetime.now(), info_string, num_batches, mn, sd))
```

다음은 메인 함수 run_benchmark이다. 먼저 with tf.Graph().as_default()를 사용하여 나중에 사용하기 편리한 그래프를 정의해 보자. 앞에서 말한 것과 같이 ImageNet 데이터 세트를 사용하지 않고 훈련하는데, 단지 임의의 이미지 데이터를 사용하여 피드포워드와 오차 역전파의 수행 시간을 측정한다. tf.random_normal 함수를 사용하여 정규 분포(표준편차 0.1)의 임의의 텐서를 생성한다. 첫 번째 인수 배열의 첫 번째 요소인 batch_size는 반복 횟수당 샘플 수, 두 번째와 세 번째 요소는 이미지 크기인 image_size = 224, 네 번째 요소는 이미지의 색상 채널 수이다.

이어서, 앞에서 정의한 inference 함수를 사용하여 전체 AlexNet 네트워크를 만드는데 마지막의 풀링 레이어의 출력 pool5와 네트워크 안에 훈련이 필요한 매개변수의 집합 parameters를 얻는다. 이어서, tf.Session()을 사용하여 새로운 Session을 만들고 tf.global_variables_initializer()를 통해서 모든 매개변수를 초기화한다.

```
def run_benchmark():
    with tf.Graph().as_default():
        image_size = 224
        images = tf.Variable(tf.random_normal([batch_size,
                                               image_size,
                                               image_size, 3],
                                               dtype=tf.float32,
                                               stddev=1e-1))
        pool5, parameters = inference(images)

        init = tf.global_variables_initializer()
        sess = tf.Session()
        sess.run(init)
```

다음은 AlexNet의 forward 계산 평가를 진행한다. 직접 time_tensorflow_run을 사용하여 연산 시간을 계산하는데, 유입된 target은 컨벌루션 네트워크의 마지막 풀링 레이어의 출력인 pool5이다. 그런 후에 backward, 즉 훈련 과정의 평가를 진행한다. 여기에서는 forward 계산과 다른 부분이 있는데, 마지막 출력 pool5에 최적화 목표 loss를 설정할 필요가 있다. tf.nn.l2_loss를 사용하여 pool5의 손실을 계산한 다음, tf.gradients를 사용하여 손실과 관련된 모든 모델 매개변수의 기울기를 찾아 훈련 과정을 시뮬레이션한다. 당연히 훈련할 때 기울기에 따라 매개변수를 업데이트하는 프로세스가 있지만, 이 계산은 매우 작으며 평가 프로그램에서는 계산되지 않는다. 마지막으로 time_tensorflow_run을 사용하여 backward 작업 시간을 계산하고, 여기서 target은 전체 네트워크 gard를 구하는 작업이다.

```
        time_tensorflow_run(sess, pool5, "Forward")

        objective = tf.nn.l2_loss(pool5)
        grad = tf.gradients(objective, parameters)
        time_tensorflow_run(sess, grad, "Forward-backward")
```

마지막으로 메인 함수를 실행한다.

```
run_benchmark()
```

프로그램은 세 Session의 결과를 보여 준다. 먼저 AlexNet의 네트워크 구조로 정의한 5개의 컨벌루션 레이어 중의 첫 번째, 두 번째와 다섯 번째 컨벌루션 레이어 뒤에 풀링 레이어를 연결하며, 또한 각 레이어 출력 텐서의 크기도 보여 준다.

```
conv1 [32, 56, 56, 64]
pool1 [32, 27, 27, 64]
conv2 [32, 27, 27, 192]
pool2 [32, 13, 13, 192]
conv3 [32, 13, 13, 384]
conv4 [32, 13, 13, 256]
conv5 [32, 13, 13, 256]
pool5 [32, 6, 6, 256]
```

그런 다음 forward 계산 시간을 보여 준다. 사용한 GPU는 GTX1080이며, 소프트웨어 환경은 CUDA 8.0과 cuDNN 5.1이 포함된다. LRN 레이어가 있을 때 각 반복 시간은 대략 0.026s가 되고, LRN 레이어를 제거하면 각 반복 시간은 대략 0.0074s가 되어 연산 시간은 크게 감소되어 3배 이상 빨라진다. LRN 레이어가 최종 정확도에 준 영향은 크지 않으므로 스스로 LRN을 사용할 것인지를 고려할 수 있다.

```
2016-12-10 21:08:31.851750: step 0, duration = 0.026
2016-12-10 21:08:32.109889: step 10, duration = 0.026
2016-12-10 21:08:32.367558: step 20, duration = 0.026
2016-12-10 21:08:32.625277: step 30, duration = 0.026
2016-12-10 21:08:32.884085: step 40, duration = 0.026
2016-12-10 21:08:33.141951: step 50, duration = 0.026
2016-12-10 21:08:33.400239: step 60, duration = 0.026
2016-12-10 21:08:33.658713: step 70, duration = 0.026
```

```
2016-12-10 21:08:33.916780: step 80, duration = 0.026
2016-12-10 21:08:34.174840: step 90, duration = 0.026
2016-12-10 21:08:34.407022: Forward across 100 steps, 0.026 +/- 0.000 sec /
batch
```

그런 다음 backward 연산의 시간을 보여 준다. LRN 레이어를 사용할 때 각 반복 시간은 0.078s가 된다. LRN 레이어를 제거한 후의 각 반복 시간은 0.025s가 되어 속도가 3배 이상 빨라진다. 그 밖에 LRN 레이어가 있든 없든 backward 연산의 소모 시간은 대략 forward 소모 시간의 3배 정도가 된다.

```
2016-12-10 21:08:35.447963: step 0, duration = 0.078
2016-12-10 21:08:36.225855: step 10, duration = 0.078
2016-12-10 21:08:37.002277: step 20, duration = 0.077
2016-12-10 21:08:37.777730: step 30, duration = 0.078
2016-12-10 21:08:38.555231: step 40, duration = 0.078
2016-12-10 21:08:39.333113: step 50, duration = 0.077
2016-12-10 21:08:40.110716: step 60, duration = 0.078
2016-12-10 21:08:40.887492: step 70, duration = 0.078
2016-12-10 21:08:41.664907: step 80, duration = 0.078
2016-12-10 21:08:42.441733: step 90, duration = 0.078
2016-12-10 21:08:43.139532: Forward-backward across 100 steps, 0.078 +/- 0.000
sec / batch
```

컨벌루션 신경망의 훈련 과정(즉 backward 계산)은 일반적으로 시간 소모적이며 예측 프로세스와 달리 대개 많은 양의 데이터와 많은 반복이 필요하다. 따라서 컨벌루션 신경망 응용에서 나타나는 주요 지연 현상은 여전히 훈련 중이지만, 컨벌루션 신경망을 사용한 예측은 큰 문제가 아니다. 현재 텐서플로우는 이미 iOS·Android 시스템에서 운영을 지원하고 있어서 휴대전화에서 CPU를 사용하여 사람의 얼굴을 식별하거나 이미지를 분류하는 것이 이미 간편해졌을 뿐만 아니라, 반응 속도 역시 매우 빠르다.

여기까지 AlexNet의 텐서플로우 구현과 연산 시간 평가가 완료되었다. AlexNet은 컨벌루션 신경망과 딥러닝의 이름으로 2012년 ILSVRC에서 절대적인 우위로 우승하여 학술계의 큰 관심을 불러 일으키고, 신경망의 부흥에 크게 기여하였다. AlexNet이 ILSVRC 데이터 세트에서 16.4%의 오차율(스스로 데이터 세트를 다운로드하여 테스트할 수 있지만, batch_size가 1로 설정해야만 논문 안의 결과를 구현할 수 있음을 주의)에 도달할 수 있으며, 그 안에서 가져온 많은 네트워크 구조와 Trick은 딥러닝의 발전에 매우 커다란 영향을 주었다. 당연히 ImageNet 데이터 세트가 딥러닝에 가져온 공헌을 무시할 수 없다. 심층 컨벌루션 신경망을 훈련하면 반드시 ImageNet와 같이 매우 큰 데이터 세트에서 오버피팅을 피할 수 있으며 딥러닝의 최적화를 발휘할 수 있다. 이는 전통적 머신러닝 모델은 소형 데이터 세트를 훈련하는 데 적합하다고 말할 수 있지만, 대형 데이터 세트에 대해서는 보다 큰 학습 용량(Learning Capacity)을 가진 딥러닝 모델과 같은 모델이 필요하다.

AlexNet이 NIPS에 발표되었을 때, 힌턴 교수는 "만일 당신이 이전 몇십 년간의 NIPS에 참여하지 않았다면 상관없다. 현재의 신경망이 진정한 효과를 내기 시작하고 있기 때문이다."라고 말했다. 그때 본 협회의 교수가 신경망을 받아들이지 않았다면, 그들은 딥러닝이 블랙박스 모델처럼 해석할 수 없었을 것이며 6,000만 매개변수가 넘을 수 없었을 것이다. ILSVRC에서의 성적은 불특정한 오버피팅으로서 컴퓨터 비전에 공헌은 크지 않았을 것이다. 이전에 전통적인 방식으로 ILSVR 대회에서 우승을 차지했던 NEC Labs의 모델 매개변수량 역시 적지 않았다. 그들은 당시에 sparse SIFT를 사용하여 Pyramid 풀링을 더해서 특징을 추출한 후에 SVM을 사용하여 분류를 진행하였으나, 그들의 SVM 모델 매개변수 역시 1억 6,000만 개가 넘어서 AlexNet의 매개변수보다 훨씬 많았다. 따라서 가치가 없는 많은 컨벌루션 신경망 매개변수가 있다고 말할 수 없다. 딥러닝의 매개변수는 일정하지 않은 기존의 머신러닝 모델이 많고, 특히 컨벌루션 레이어에 사용되는 매개변수의 양은 실제로 매우 적지만, 그 특징을 추출할 수 있는 능력이 매우 강하기 때문에 컨벌루션 신경망이 효과적이다.

6.2 텐서플로우에 의한 VGGNet 구현

VGGNet은 옥스포드대학 Visual Geometry Group과 구글 DeepMind 연구원이 함께 개발한 심층 컨벌루션 신경망이다. VGGNet은 컨벌루션 신경망의 깊이와 그 성능 차이의 관계를 찾아서 반복적으로 3×3의 소형 컨벌루션과 2×2의 최대 풀링 레이어를 통해 VGGNet은 16~19 레이어 깊이의 컨벌루션 신경망을 성공적으로 구축하였다. VGGNet은 이전의 state-of-the-art의 네트워크 구조와 비교해 보면 오차율이 크게 감소하였으며, ILSVRC 2014 대회의 분류 프로젝트 분야에서 2등, 위치 프로젝트 분야에서 1등을 차지했다. 동시에 VGGNet은 확장성이 뛰어나며 다른 이미지 데이터로 마이그레이션하는 것이 일반적이다. VGGNet의 구조는 매우 간단하며 전체 네트워크는 동일한 크기의 컨벌루션 커널 크기(3x3)와 최대 풀링 크기(2x2)를 사용한다. 현재까지 VGGNet은 이미지 특징을 추출하는 데 자주 사용고 있다. VGGNet의 훈련 된 모델 매개변수는 공식 웹사이트에 공개되어 있으며 도메인마다 이미지 분류 작업을 다시 훈련하는 데 사용할 수 있으므로(매우 좋은 초기화 가중치를 제공하는 것과 동일) 많은 곳에서 사용된다

VGGNet 논문은 네트워크 구조를 지속적으로 심화시킴으로써 성능을 향상시키기 위해 3×3 컨벌루션 커널과 2×2 풀링된 커널을 사용한다. [그림 6-6]은 VGGNet의 각 등급의 네트워크 구조를 보여 주며, [그림 6-7]은 각 등급의 매개변수를 보여 준다.

11번째 레이어 네트워크에서 19번째 레이어 네트워크까지 세부적인 성능 테스트를 했다. A에서 E까지 네트워크의 각 레벨이 점점 더 깊어지지만, 네트워크 매개변수의 양은 크게 증가하지 않는다. 이는 매개변수의 양이 주로 마지막 세 개의 전체 연결 레이어에서 사용되기 때문이다. 컨벌루션의 이전 부분은 매우 깊지만 사용되는 매개변수의 양은 크지 않다. 연산의 시간이 많이 소요되는 부분은 여전히 컨벌루션이다. 그중 D, E는 VGGNet-16 및 VGGNet-19라고 자주 말한다. C는 매우 흥미롭게도 B와 비교해 볼 때, 1×1 컨벌루션 레이어가 몇 가지 있다. 1×1 컨벌루션의 중요성은 주로 선형 변환에 있으며 입력 채널 수와 출력 채널 수는 변하지 않는다.

ConvNet Configuration					
A	A-LRN	B	C	D	E
11 weight layers	11 weight layers	13 weight layers	16 weight layers	16 weight layers	19 weight layers
input(224×224 RGB image)					
conv3-64	conv3-64 **LRN**	conv3-64 **conv3-64**	conv3-64 conv3-64	conv3-64 conv3-64	conv3-64 conv3-64
maxpool					
conv3-128	conv3-128	conv3-128 **conv3-128**	conv3-128 conv3-128	conv3-128 conv3-128	conv3-128 conv3-128
maxpool					
conv3-256 conv3-256	conv3-256 conv3-256	conv3-256 conv3-256	conv3-256 conv3-256 **conv1-256**	conv3-256 conv3-256 **conv3-256**	conv3-256 conv3-256 conv3-256 **conv3-256**
maxpool					
conv3-512 conv3-512	conv3-512 conv3-512	conv3-512 conv3-512	conv3-512 conv3-512 **conv1-512**	conv3-512 conv3-512 **conv3-512**	conv3-512 conv3-512 conv3-512 **conv3-512**
maxpool					
conv3-512 conv3-512	conv3-512 conv3-512	conv3-512 conv3-512	conv3-512 conv3-512 **conv1-512**	conv3-512 conv3-512 **conv3-512**	conv3-512 conv3-512 conv3-512 **conv3-512**
maxpool					
FC-4096					
FC-4096					
FC-1000					
soft-max					

【그림 6-6】 VGGNet 각 등급별 네트워크 구조도

Network	A, A-LRN	B	C	D	E
Number of parameters	133	133	134	138	144

【그림 6-7】 VGGNet 각 등급별 네트워크 매개변수량(단위 100만)

VGGNet는 5단의 컨벌루션을 가지고 있는데, 각 섹션 안에는 2~3개의 컨벌루션 레이어가 있고, 동시에 각 섹션 끝부분에는 최대 풀링 레이어를 연결해서 이미지의 크기를 축소한다. 각 섹션 안의 컨벌루션 커널 수는 똑같으며, 뒤 섹션의 컨벌루션 커널 수가 늘어날수록 많아진다(64 – 128 – 256 – 512 – 512). 그중에 완전히 똑같은 3×3의 컨벌루션 레이어가 함께 겹쳐서 쌓이는 상황이 자주 출현하는데, 이는 사실 매우 유용한 설계이다. [그림 6-8]의 예시와 같이 두 개의 3×3의 컨벌루션 레이어의 직렬 연결은 1개의 5×5의 컨벌루션 레이어에 상응한다. 즉 하나의 픽셀은 주위의 5×5의 픽셀과 관련성을 만들어 내고, 수용영역(Receptive Field)의 크기가 5×5라고 말할 수 있다. 3개의 3×3의 컨벌루션 레이어의 직렬 연결한 효과는 1개의 7×7의 컨벌루션 레이어와 비슷하다. 이를 제외하고,

3개의 직렬 연결된 3×3의 컨벌루션 레이어는 1개의 7×7의 컨벌루션 레이어 보다 더욱 적은 매개변수량을 가지고 있으며 단지 후자의 $\frac{3\times3\times3}{7\times7}=55\%$가 된다. 가장 중요한 것은 3개의 3×3 컨벌루션 레이어는 1개의 7×7의 컨벌루션 레이어보다 더욱 많은 비선형 교환을 가지고 있어서(전자는 3차례 ReLU 활성함수를 사용할 수 있고, 후자는 단 한번만 가능하다) 특징에 대한 컨벌루션 신경망의 훈련 능력이 더욱 강하게 된다.

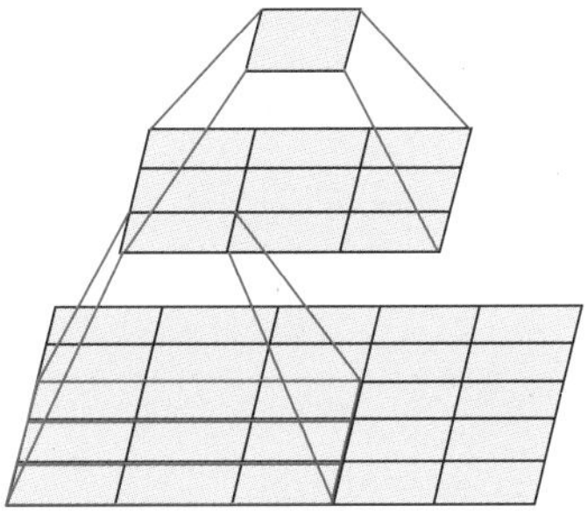

【그림 6-8】 두 개의 직렬 연결된 3×3의 컨벌루션 레이어 기능은 1개의 5×5의 컨벌루션 레이어와 유사하다.

VGGNet은 훈련할 때 약간의 트릭이 있다. 먼저 등급 A의 간단한 네트워크를 훈련하고, 다시 A 네트워크의 가중치로 뒤의 몇 개의 복잡한 모델을 초기화한다. 이렇게 훈련하면 속도는 더욱 빠르게 된다. 예측할 때에 VGG는 Multi-Scale의 방법을 적용한다.

VGGNet은 훈련에 약간의 트릭을 가지고 있는데, 먼저 A등급의 간단한 네트워크를 훈련시킨 다음 A 네트워크의 가중치를 재사용하여 다음과 같은 몇 가지 복잡한 모델을 초기화함으로써 훈련이 더 빨리 수렴되도록 한다. 예측에서 VGG는 Multi-Scale 방법을 사용하여 이미지를 크기 Q로 스케일링해서 컨벌루션 네트워크에 이미지를 입력한다. 그런 후에 슬라이딩 윈도우를 최종 컨벌루션 레이어에서의 분류 예측에 이용하여, 다른 윈도우의 분류 결과를 평균화한 후, 다른 크기 Q의 결과를 평균하여 최종 결과를 얻는 것으로, 이미지 데이터의 이용률을 향상시키고 예측 정밀도를 향상시킬 수 있다. 동시에 VGGNet은 Multi-Scale 방법을 사용하여 데이터를 향상시키고 원본 이미지를 다양한 크기 S로 축소/확대한 다음 224×224개의 이미지를 임의로 자르면 많은 양의 데이터가 증가하여 모델의 오버피팅을 방지하여 더 좋은 결과를 얻을 수 있다.

실제로 저자는 [256,512] 간격으로 S값을 만들고 Multi-Scale을 사용하여 여러 버전의 데이터를 얻은 다음 여러 버전의 데이터를 결합하여 훈련을 수행한다. [그림 6-9]는 VGGNet이 Multi-Scale을 사용한 훈련 시 얻은 결과를 보여 주며 D와 E가 모두 7.5%의 오류율을 달성할 수 있음을 알 수 있다.

ILSVRC 2014에 제출된 최종 버전은 Single-Scale 및 Multi-Scale D 네트워크를 사용하는 6개의 서로 다른 수준의 네트워크가 융합되어 7.3%의 오류율을 달성했다. 그러나 대회를 마친 후에 Multi-Scale D와 E의 융합이 더 나은 결과를 얻을 수 있었다. 오류율은 7.0%에 도달했으며 다른 최적화 전략을 사용하면 최종 오류율이 약 6.8%에 도달하고, 같은 해 우승자인 구글 Inceptin Net 수준까지 접근할 수 있음을 발견하였다.

동시에 필자는 각 등급의 네트워크를 비교하여 아래의 몇 가지 관점을 도출하였다.

① LRN 레이어 작용이 크지 않다.

② 깊은 네트워크일수록 효과가 더욱 좋다.

③ 1×1의 컨벌루션 역시 매우 효과적이지만, 3×3의 컨벌루션 만큼 좋지는 않다. 큰 컨벌루션 커널은 더욱 큰 공간적 특징을 훈련할 수 있다.

ConvNet config.(Table 1)	smallest image side		top-1 val. error(%)	top-5 val. error(%)
	train(*S*)	test(*Q*)		
B	256	224,256,288	28.2	9.6
C	256	224,256,288	27.7	9.2
	384	352,384,416	27.8	9.2
	[256;512]	256,384,512	26.3	8.2
D	256	224,256,288	26.6	8.6
	384	352,384,416	26.5	8.6
	[256;512]	256,384,512	24.8	7.5
E	256	224,256,288	26.9	8.7
	384	352,384,416	26.7	8.6
	[256;512]	256,384,512	**24.8**	**7.5**

【그림 6-9】 Multi-Scale을 사용한 훈련 시 각 등급별 VGGNet top-5의 오차율

VGGNet 훈련 시에는 4개의 Geforce GTX Titan GPU를 사용하여 병렬로 계산한다. 속도 비율은 단일 GPU보다 3.75배 빠르며, 다성능의 손실이 거의 없다. 그러나 각 네트워크 수행 시간은 2~3주가 되어야만 훈련을 끝낼 수 있다. 여기에서 직접적으로 ImageNet 데이터를 사용하지 않고 VGGNet을 훈련하기 때문에 AlexNet과 같은 방식을 적용한다. VGGNet 네크워크 구조를 만들고 그 forward(inference)의 연산 시간과

backward(training) 연산 시간을 평가한다.

아래에서는 VGGNet-16의 구현을 시작하는 것이 바로 위의 버전 D이다. 다른 버전은 본 장의 코드를 수정하고 구현할 수 있으며 난이도는 높지 않다. 먼저 몇 가지 시스템 라이브러리와 텐서플로우를 로드한다. 본 장의 코드는 tensorflow-vgg 오픈소스 코드[52)]에서 가져왔다.

```
from datetime import datetime
import math
import time
import tensorflow as tf
```

VGGNet-16는 멀티 레이어의 컨벌루션을 포함하고 있어서 먼저 함수 conv_op를 작성하고 컨벌루션 레이어를 만들어서 본 레이어의 매개변수를 매개변수 리스트에 집어 놓는다. 먼저 conv_op 함수의 입력을 보면, input_op는 입력된 텐서이고, name은 이 레이어의 명칭이다. kh는 kernel height, 즉 컨벌루션 커널의 높이이며 kw는 kernel width, 즉 컨벌루션 커널의 폭이다. n_out은 컨벌루션 커널 수, 즉 입력 채널 수이며, dh는 스텝 길이의 높이이다. Dw는 스텝 길이의 폭이고, p는 매개변수 리스트이다. 아래에서는 입력된 이미지의 크기가 224×224×3 안의 마지막 3개인 것처럼 get_shape()[-1].value를 사용하여 입력 input_op의 채널 수를 얻는다. 그런 후에 tf.name_scope(name)를 사용하여 scope을 설정한다. 커널[즉 컨벌루션 커널의 매개변수]은 tf.get_variable을 사용하여 만들고, 그중 shape는 [kh, kw, n_in, n_out]로, 즉 [컨벌루션 커널의 높이, 컨벌루션 커널의 너비, 입력 채널 수, 출력 채널 수]이다. 동시에 tf.contrib.layers.xavier_initializer_conv2d()를 사용하여 매개변수 초기화를 실행한다. Xavier 초기화 방법은 제4장에서 구현했으며, 원리 역시 설명했으므로 여기에서는 추가 설명을 하지 않는다.

```
def conv_op(input_op, name, kh, kw, n_out, dh, dw, p):
    n_in = input_op.get_shape()[-1].value
```

52) https://github.com/machrisaa/tensorflow-vgg

```
    with tf.name_scope(name) as scope:
        kernel = tf.get_variable(scope+"w",
                    shape=[kh, kw, n_in, n_out], dtype=tf.float32,
                    initializer=tf.contrib.layers.xavier_initializer_conv2d())
```

이어서 tf.nn.conv2d을 사용하여 input_op에 대해서 컨벌루션 처리를 진행하고, 컨벌루션 커널이 되고, 스텝 길이는 dh×dw, padding 모드는 SAME이 된다. Biases는 tf.constant을 사용하여 0의 값을 부여한다. 다시 tf.Variable를 사용하여 훈련할 수 있는 매개변수로 바꾼다. tf.nn.bias_add를 사용하여 컨벌루션 결과 conv를 bias와 서로 더하고 다시 tf.nn.relu을 사용하여 그것에 대해 비선형 처리를 진행해서 activation을 얻는다. 마지막으로 컨벌루션 레이어를 만들 때 사용한 매개변수 커널과 biases를 매개변수 리스트 p에 추가하고, 컨벌루션 레이어의 출력 activation을 함수 결과로 하여 반환한다.

```
        conv = tf.nn.conv2d(input_op, kernel, (1, dh, dw, 1),
                            padding='SAME')
        bias_init_val = tf.constant(0.0, shape=[n_out], dtype=tf.float32)
        biases = tf.Variable(bias_init_val, trainable=True, name='b')
        z = tf.nn.bias_add(conv, biases)
        activation = tf.nn.relu(z, name=scope)
        p += [kernel, biases]
        return activation
```

다음은 전체 연결 레이어 함수인 fc_op를 정의해 보자. 먼저 input_op의 채널 수를 얻은 후에 tf.get_variable를 사용하여 전체 연결 레이어의 매개변수를 만든다. 그러나 매개변수의 크기가 단지 두 개만 있는데, 첫 번째 크기는 입력의 채널 수 n_in이고, 두 번째 크기는 출력 채널 수 n_out이 된다. 똑같이 매개변수 초기화 방법 역시 xavier_initializer를 사용한다. 여기에서는 biases가 더 이상 0으로 초기화되지 않고, 비교적 적은 값인 0.1을 주어 dead neuron을 피한다. 그런 다음 tf.nn.relu_layer를 사용하여 입력 변수 input_op에 대해 커널과 행렬 곱셈을 하고 biases를 더하고, 다시 ReLU 비선형 변환을 하여 activation을 얻는다. 마지막으로 이 전체 연결 레이어를 매개변수 kernel, biases를 사용하여 매개변수 리스트 p에 추가해서 activation을 함수 결과로 반환한다.

```
def fc_op(input_op, name, n_out, p):
    n_in = input_op.get_shape()[-1].value

    with tf.name_scope(name) as scope:
        kernel = tf.get_variable(scope+"w",
            shape=[n_in, n_out], dtype=tf.float32,
            initializer=tf.contrib.layers.xavier_initializer())
        biases = tf.Variable(tf.constant(0.1, shape=[n_out],
                                        dtype= tf.float32), name='b')
        activation = tf.nn.relu_layer(input_op, kernel, biases, name= scope)
        p += [kernel, biases]
        return activation
```

다시 최대 풀링 레이어가 만들어 낸 함수 mpool_op를 정의해 보자. 여기에서는 직접 tf.nn.max_pool을 사용하여 입력하면 input_op가 되고, 풀링 크기는 kh×kw가 되며, 스텝 길이는 dh×dw가 되고, padding 모드는 SAME이 된다.

```
def mpool_op(input_op, name, kh, kw, dh, dw):
    return tf.nn.max_pool(input_op,
                          ksize=[1, kh, kw, 1],
                          strides=[1, dh, dw, 1],
                          padding='SAME',
                          name=name)
```

컨벌루션 레이어, 전체 연결 레이어와 최대 풀링 레이어의 함수 만들기를 완료하였다. 이어서 VGGNet-16 네트워크 구조를 만들어 보자. VGGNet-16는 주로 6개 섹션으로 나누어지는데, 앞 5개는 컨벌루션 네트워크가 되고, 마지막 하나는 전체 연결 네트워크가 된다. VGGNet-16 네트워크 구조의 함수 inference_op와 입력에는 input_op와 keep_prob를 만들어 정의해 보자. 여기에서 keep_prob는 dropout의 확률을 조정하는 placeholder이다. 첫 번째 단계는 먼저 매개변수 리스트 p를 초기화한다. 그런 후에 첫 번째 컨벌루션 네트워크를 만든다. 이 단계는 [그림 6-6]에서의 네크워크 구조와 같아서 두 개의 컨벌루션 레이어와 하나의 최대 풀링 레이어로 구성된다. 앞에서 설명한 함수 conv_op, mpool_op를 사용하여 만들려고 한다. 이 두 개의 컨벌루션 레이어의 컨벌루션 커널의 크기는 모두 3×3이며, 동시에 컨벌루션 커널의 수(출력 채널 수)는 약 64가 되며, 스텝 길이는 1×1, 전체 픽셀을 스캔한다. 첫 번째 컨벌루션 레이어의 입력 input_op의 크기는 224×224×64가 된다.

```
def inference_op(input_op, keep_prob):
    p = []

    conv1_1 = conv_op(input_op, name="conv1_1", kh=3, kw=3, n_out=64, dh=1,
                      dw=1, p=p)
    conv1_2 = conv_op(conv1_1, name="conv1_2", kh=3, kw=3, n_out=64, dh=1,
                      dw=1, p=p)
    pool1 = mpool_op(conv1_2, name="pool1", kh=2, kw=2, dw=2, dh=2)
```

두 번째 컨벌루션 네트워크는 첫 번째와 매우 유사하며, 두 개의 컨벌루션 레이어에 하나의 최대 풀링 레이어를 더하고 두 개의 컨벌루션 레이어의 컨벌루션 커널 길이 역시 3×3이 된다. 그러나 출력 채널 수는 128로 바뀌어서 이전의 2배가 된다. 최대 풀링 레이어는 앞의 것과 일치되게 유지된다. 그래서 이 컨벌루션 네트워크의 출력 크기는 56×56×128이 된다.

```
    conv2_1 = conv_op(pool1, name="conv2_1", kh=3, kw=3, n_out=128, dh=1,
                      dw=1, p=p)
    conv2_2 = conv_op(conv2_1, name="conv2_2", kh=3, kw=3, n_out=128, dh=1,
                      dw=1, p=p)
    pool2 = mpool_op(conv2_2, name="pool2", kh=2, kw=2, dh=2, dw=2)
```

이어지는 세 번째 컨벌루션 네트워크에는 3개의 컨벌루션 레이어와 하나의 최대 풀링 레이어가 있다. 3개의 컨벌루션 레이어의 컨벌루션 커널 크기는 여전히 3×3이지만, 출력 채널 수는 256으로 증가되어 최대 풀링 레이어는 변하지 않도록 유지되고 컨벌루션 네트워크의 출력 크기는 28×28×256가 된다.

```
conv3_1 = conv_op(pool2, name="conv3_1", kh=3, kw=3, n_out=256, dh=1,
                  dw=1, p=p)
conv3_2 = conv_op(conv3_1, name="conv3_2", kh=3, kw=3, n_out=256, dh=1,
                  dw=1, p=p)
conv3_3 = conv_op(conv3_2, name="conv3_3", kh=3, kw=3, n_out=256, dh=1,
                  dw=1, p=p)
pool3 = mpool_op(conv3_3, name="pool3", kh=2, kw=2, dh=2, dw=2)
```

네 번째 네트워크 역시 3개의 컨벌루션 레이어와 하나의 최대 풀링 레이어가 있다. 이미 규칙을 발견했을 수 있으며, 현재까지 VGGNet-16의 각 컨벌루션 네트워크는 모두 이미지의 테두리 길이를 반으로 축소하였고, 컨벌루션 출력 채널 수를 배로 바꾸었다. 이렇게 하면 이미지의 면적이 1/4로 줄어들며, 출력 채널 수는 2배가 된다. 그래서 출력 텐서의 총 크기는 매번 반으로 축소된다. 이 레이어는 컨벌루션 출력 채널 수를 512까지 증가시키지만, 최대 풀링을 통해서 이미지를 14×14로 축소한다.

```
conv4_1 = conv_op(pool3, name="conv4_1", kh=3, kw=3, n_out=512, dh=1,
                  dw=1, p=p)
conv4_2 = conv_op(conv4_1, name="conv4_2", kh=3, kw=3, n_out=512, dh=1,
                  dw=1, p=p)
conv4_3 = conv_op(conv4_2, name="conv4_3", kh=3, kw=3, n_out=512, dh=1,
                  dw=1, p=p)
pool4 = mpool_op(conv4_3, name="pool4", kh=2, kw=2, dh=2, dw=2)
```

마지막 컨벌루션 네트워크는 변화가 있다. 여기에서는 컨벌루션 채널 수가 더 이상 증가하지 않고 512를 계속 유지한다. 마지막 컨벌루션 네트워크도 똑같이 3개의 컨벌루션 레이어에 하나의 최대 풀링 레이어를 더하며, 컨벌루션 커널 크기는 3×3, 스텝 길이는 1×1, 풀링 레이어의 크기는 2×2, 스텝 길이는 2×2가 된다. 그래서 여기에서의 출력 크기는 7×7×512가 된다.

```
conv5_1 = conv_op(pool4, name="conv5_1", kh=3, kw=3, n_out= 512, dh=1,
                  dw=1, p=p)
conv5_2 = conv_op(conv5_1, name="conv5_2", kh=3, kw=3, n_out= 512, dh=1,
                  dw=1, p=p)
conv5_3 = conv_op(conv5_2, name="conv5_3", kh=3, kw=3, n_out=512, dh=1,
                  dw=1, p=p)
pool5 = mpool_op(conv5_3, name="pool5", kh=2, kw=2, dw=2, dh=2)
```

5번째 컨벌루션 네트워크의 출력에 대해 평탄화를 진행한다. tf.reshape 함수를 사용해서 각 샘플을 길이가 7×7×512=25088의 1차 벡터가 되도록 한다.

```
shp = pool5.get_shape()
flattened_shape = shp[1].value * shp[2].value * shp[3].value
resh1 = tf.reshape(pool5, [-1, flattened_shape], name="resh1")
```

그런 다음 숨겨진 노드 수가 4,096개인 전체 연결 레이어를 연결하면, 활성함수는 ReLU가 된다. 이어서 Dropout 레이어를 연결하고 훈련하면, 노드 보유율은 0.5로, 예측 시간은 1.0이 된다.

```
fc6 = fc_op(resh1, name="fc6", n_out=4096, p=p)
fc6_drop = tf.nn.dropout(fc6, keep_prob, name="fc6_drop")
```

이어서 앞에서와 같이 전체 연결 레이어에 Dropout 레이어를 연결한다.

```
fc7 = fc_op(fc6_drop, name="fc7", n_out=4096, p=p)
fc7_drop = tf.nn.dropout(fc7, keep_prob, name="fc7_drop")
```

마지막으로 1,000개의 출력 노드를 가진 전체 연결 레이어를 연결하고 softmax를 사용해서 처리를 진행하여 분류 출력 확률을 얻는다. 여기에서는 tf.argmax를 사용하여 출력 확률의 최대 유형을 구한다. 마지막으로 fc8·softmax·predictions와 매개변수 리스트 p를 같이 반환한다. 이로써 VGGNet-16의 네트워크 구조가 전부 완료되었다.

```
fc8 = fc_op(fc7_drop, name="fc8", n_out=1000, p=p)
softmax = tf.nn.softmax(fc8)
predictions = tf.argmax(softmax, 1)
return predictions, softmax, fc8, p
```

평가 함수 time_tensorflow_run()은 앞의 AlexNet과 매우 유사하지만, 한 가지 차이가 있다. session.run() 방법에서 feed_dict를 끌어들여 뒤에 keep_prob를 쉽게 집어 넣어 Dropout 레이어의 보유 비율을 제어한다는 것이다.

```
def time_tensorflow_run(session, target, feed, info_string):
    num_steps_burn_in = 10
    total_duration = 0.0
    total_duration_squared = 0.0
    for i in range(num_batches + num_steps_burn_in):
        start_time = time.time()
        _ = session.run(target, feed_dict=feed)
        duration = time.time() - start_time
        if i >= num_steps_burn_in:
            if not i % 10:
                print ('%s: step %d, duration = %.3f' %
                       (datetime.now(), i - num_steps_burn_in, duration))
            total_duration += duration
            total_duration_squared += duration * duration
    mn = total_duration / num_batches
    vr = total_duration_squared / num_batches - mn * mn
    sd = math.sqrt(vr)
    print ('%s: %s across %d steps, %.3f +/- %.3f sec / batch' %
           (datetime.now(), info_string, num_batches, mn, sd))
```

아래에서 평가의 메인 함수인 run_benchmark를 정의해 보자. 목적은 forward와 backward 연산 기능을 평가하는 것으로 실제 훈련과 예측은 진행하지 않는다. 먼저 224 ×224 크기인 임의의 이미지를 생성하고 AlexNet에서 방법과 같이 tf.random_normal 함수를 통해서 표준편차가 0.1인 정규 분포의 난수(Random Number)를 생성한다.

```
def run_benchmark():
    with tf.Graph().as_default():
        image_size = 224
        images = tf.Variable(tf.random_normal([batch_size,
                                               image_size,
                                               image_size, 3],
                                               dtype=tf.float32,
                                               stddev=1e-1))
```

이어서, keep_prob의 placeholder를 만들고, inference_op 함수를 사용하여 VGGNet-16 네트워크 구조를 만들어서 predictions, softmax, fc8과 매개변수 리스트 p를 얻는다.

```
        keep_prob = tf.placeholder(tf.float32)
        predictions, softmax, fc8, p = inference_op(images, keep_prob)
```

이어서 Session을 만들고 전체 매개변수를 초기화한다.

```
        init = tf.global_variables_initializer()
        sess = tf.Session()
        sess.run(init)
```

keep_prob를 0.1로 설정하여 예측을 실행한다. time_tensorflow_run을 사용하여 forward 연산 시간을 평가한다. 다시 VGGNet-16 마지막 전체 연결 레이어의 출력 fc8의 l2_loss를 계산하고, tf.gradients를 사용하여 이 loss에 상응하는 모든 모델의 매개변수의 기울기를 구한다. 마지막으로 time_tensorflow_run을 사용하여 backward 연산 시간을 평가한다. 여기에서 목적은 기울기를 구하는 작업으로 grad, keep_prob는 0.5이다.

```
time_tensorflow_run(sess, predictions, {keep_prob:1.0}, "Forward")
objective = tf.nn.l2_loss(fc8)
grad = tf.gradients(objective, p)
time_tensorflow_run(sess, grad, {keep_prob:0.5}, "Forward-backward")
```

VGGNet-16의 모델이 비교적 크기 때문에 batch_size를 32로 설정한다. 만일 비교적 큰 batch_size를 사용한다면, GPU 메모리는 충분하지 않다. 마지막에 평가의 메인 함수인 run_benchmark()를 실행하고, VGGNet-16가 텐서플로우에서의 forward와 backward의 연산 시간을 테스트한다.

```
batch_size=32
num_batches=100
run_benchmark()
```

forward 계산할 때 각 batch의 평균 수행 시간은 0.152s로 한다. 같은 batch size의 AlexNet의 0.026s(만일 LRN 없이 0.007s라면)와 비교하면 6배가 느리다. 이것은 VGGNet-16의 계산의 복잡도가 AlexNet보다 확실히 매우 높다는 것을 설명하는 것이지만, 매우 큰 정확도의 상승을 가져오기도 한다.

```
2016-12-01 17:13:31.761549: step 0, duration = 0.151
2016-12-01 17:13:33.281319: step 10, duration = 0.151
2016-12-01 17:13:34.789695: step 20, duration = 0.151
2016-12-01 17:13:36.311346: step 30, duration = 0.158
2016-12-01 17:13:37.824452: step 40, duration = 0.153
2016-12-01 17:13:39.341594: step 50, duration = 0.152
```

```
2016-12-01 17:13:40.859964: step 60, duration = 0.152
2016-12-01 17:13:42.379664: step 70, duration = 0.153
2016-12-01 17:13:43.900802: step 80, duration = 0.153
2016-12-01 17:13:45.424529: step 90, duration = 0.151
2016-12-01 17:13:46.795223: Forward across 100 steps, 0.152 +/- 0.002 sec /
batch
```

Backward의 기울기를 구할 때 각 batch의 평균 수행 시간은 0.617s에 달하는데 이는 AlexNet의 0.078s와 비교하면 매우 높은 것이다.

```
2016-12-01 17:13:57.078991: step 0, duration = 0.613
2016-12-01 17:14:03.241287: step 10, duration = 0.621
2016-12-01 17:14:09.398178: step 20, duration = 0.616
2016-12-01 17:14:15.555161: step 30, duration = 0.617
2016-12-01 17:14:21.713196: step 40, duration = 0.614
2016-12-01 17:14:27.879734: step 50, duration = 0.614
2016-12-01 17:14:34.044447: step 60, duration = 0.614
2016-12-01 17:14:40.204176: step 70, duration = 0.619
2016-12-01 17:14:46.373392: step 80, duration = 0.615
2016-12-01 17:14:52.550798: step 90, duration = 0.620
2016-12-01 17:14:58.123548: Forward-backward across 100 steps, 0.617 +/- 0.002
sec / batch
```

여기까지 VGGNet-16의 구현과 평가가 완료되었다. VGG 시리즈의 컨벌루션 신경망은 ILSVRC 2014 대회에서 최종적으로 7.3%의 오차율에 도달하였다. 이는 AlexNet와 비교했을 때 매우 큰 진보를 이룬 것으로, ImageNet 데이터 세트를 사용하여 다시 그 결과를 구현할 수 있다. VGGNet의 모델 매개변수가 비록 AlexNet에 비해 많지만, 수렴에 필요한 반복 회수는 줄어든다. 주요 원인은 보다 깊은 네트워크와 보다 작은 컨벌루션 커널에 내재하는 정규화의 효과이다. VGGNet은 상대적으로 높은 복잡도와 최적화의 분류 기능을 계산하지 않기 때문에 전형적인 컨벌루션 신경망이 되었으며, 여전히 많은 곳에서 사용되고 있다.

6.3 텐서플로우에 의한 구글 인셉션 Net 구현

구글 인셉션 Net은 처음으로 ILSVRC 2014 대회(VGGNet과 같은 해)에 출현하여, 1위를 차지하였다. 이 대회에서 인셉션 Net은 통상 Inception V1으로 불렸으며, 최대 특징은 계산량과 매개변수량을 동시에 제어하여 매우 우수한 분류 기능을 달성하며, top-5의 오차율은 6.67%로 AlexNet의 절반에도 미치지 못하였다. Inception V1에는 AlexNet의 8레이어 혹은 VGGNet의 19레이어보다 더욱 깊은 22레이어를 가지고 있다. 계산량은 15억 부동소수점을 연산하지만, 매개변수량은 500만 개로서 AlexNet 매개변수량(6,000만 개)의 1/12밖에 안 되므로, 정확도에 있어서 AlexNet보다 훨씬 우수하므로 매우 실용적인 모델이라고 말할 수 있다. Inception V1은 매개변수량을 낮추는 목적에는 두 가지가 있다. 첫 번째는 매개변수가 많은 모델일수록 더욱 크고, 모델을 제공해야 하는 훈련 데이터 양도 더욱 커진다. 그뿐만 아니라 고품질의 앞 데이터 역시 매우 소중하다. 두 번째는 매개변수가 많을수록 수행되는 계산 자원 역시 더욱 커진다. Inception V1 매개변수가 작으면 효과가 좋은 원인은 모델 레이어 수가 더욱 깊어지고 표현 능력이 더욱 강해지는 것 외에도 두 가지가 더 있다. 하나는 마지막 전체 연결 레이어를 제거하고 전체 평균 풀링 레이어(즉 이미지 크기를 1×1이 되게 한다)에서 그것을 취한다. 전체 연결 레이어는 거의 AlexNet 혹은 VGGNet의 90%의 매개변수량을 차지할 뿐만 아니라, 오버피팅을 유발한다. 전체 연결 레이어 뒤의 모델을 제거하여 더욱 빠르게 훈련하면 오버피팅을 줄이게 된다. 전체 평균 풀링 레이어를 사용하여 전체 연결 레이어의 방법을 취해서 *Network In Network*(이하 NIN으로 약칭) 논문에서 참고하여 인용하였다. 또 하나는 Inception V1 안에서 정밀하게 설계된 인셉션 모듈은 매개변수의 이용 효율을 높이는데 그 구조는 [그림 6-10] 예시와 같다. 이 부분 역시 NIN의 생각을 빌려 인용하였으며 형상의 해석은 인셉션 모듈 자체가 동일한 크기의 네트워크 안에서의 작은 네트워크와 같고 그 구조는 반복적으로 함께 쌓여서 큰 네트워크를 형성했다. 그러나 인셉션 V1은 NIN에 비해 더욱 진일보한 것이 분기 네트워크를 추가하는 것으로 NIN은 주로 등급 연결의 컨벌루션 레이어와 MLPConv 레이어이다. 일반적으로 컨벌루션 레이어는 표현 능력을 올려야만 하는데 주로 출력 채널 수를 증가하는데 의존한다. 그러나 부작용은 계산량의 증대와 오버피팅이다. 각 출력 채널은 필터에 해당하며, 동일한 필터는 매개변수를 공유하는데 한 가지 특징만을 추출할 수 있다. 그러므로 하나의 출력 채널은 한 가지 특징만을 처리할 수 있다. NIN 안의 MLPConv는 더욱 강한 능력을 가지고 있는데 출력 채널 간에 정보를 결합할 수 있으므로 효과가 분명하다. 이는 MLPConv가 기본적으로 보통 컨벌루션 레이어 뒤에 연결된 1×1의 컨벌루션과 ReLU 활성함수와 동등한 효과가 있다고 말할 수 있다.

다시 인셉션 모듈의 기본 구조를 보면, 그 안에는 4가지 분기(branch)가 있다. 첫 번째 분기는 입력에 대해 1×1의 컨벌루션을 진행하는데 이 역시 NIN 안에 언급한 하나의 중요한 구조이다. 1×1의 컨벌루션은 매우 우수한 구조여서 그것은 채널 조직 정보를 뛰어넘고 네트워크의 표현 능력을 높일 수 있는 동시에 출력 채널에 대해 차원을 업그레이드하거나 축소할 수 있다. 이는 인셉션 모듈의 4가지 분기 모두 1×1 컨벌루션을 사용한다고 볼 수 있으며, 낮은 비용(계산량이 3x3보다 많이 적은)으로 교차 채널의 특징 변환을 수행한다는 것을 알 수 있다. 두 번째 분기는 먼저 1×1 컨벌루션을 사용한 후에 3×3 컨벌루션을 연결하고 두 차례 특징 교체를 진행한다. 세 번째 분기는 유사해서 먼저 먼저 1×1 컨벌루션이며, 뒤에 5×5 컨벌루션을 연결한다. 마지막 분기는 3×3의 최대 풀링 후에 직접 1×1 컨벌루션을 사용한다. 어느 분기는 단지 1×1 컨벌루션만을 사용하고 어떤 분기는 다른 크기의 컨벌루션을 사용할 때 다시 1×1 컨벌루션을 사용한다는 것을 발견할 수 있다. 이는 1×1 컨벌루션의 특가가 비교적 높기 때문에 적은 계산량을 사용하여 한 레이어 특징을 추가하여 교체와 비선형을 할 수 있다. 인셉션 모듈의 4가지 분기는 마지막에 취합[출력 채널 수의 이 크기에서 취합]을 통해 합병 작업을 한다. 인셉션 모듈 안에는 3가지의 서로 다른 크기의 컨벌루션과 하나의 최대 풀링을 포함하고, 네트워크가 서로다른 크기의 적응성을 추가한다. 이 부분은 Multi-Scale의 생각과 유사하다. 초기 컴퓨터 비전 연구에서 여러 신경 시각 시스템의 계발을 받아들이고, Serre는 서로 다른 크기의 Gabor 필터를 사용하여 서로 다른 크기의 이미지를 처리하였으며, 인셉션 V1은 이러한 생각을 인용하였다. 인셉션 V1의 논문에서는 인셉션 모듈이 네트워크의 깊이와 너비를 효율적으로 확장할 수 있으며 정확도를 높이고 오버피팅을 줄일 수 있다고 언급하였다.

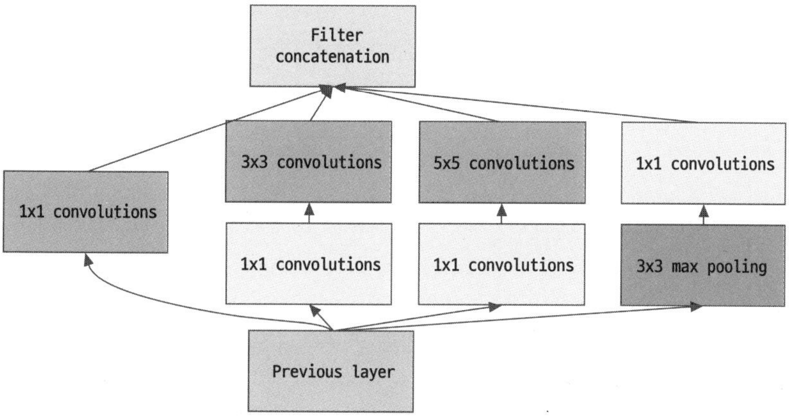

【그림 6-10】 인셉션 모듈 구조도

인간의 뇌 뉴런(신경세포)의 연결은 희소한 것으로 연구자들은 대형 신경망의 합리적인 연결 방식 역시 매우 희소한 것으로 여기고 있다. 희소 구조(Sparse Structure)는 신경망, 특히 매우 크고 깊은 신경망에 대해서 적합한 구조로, 컨벌루션 신경망이 희소의 연결인 것처럼 오버피팅을 줄이고 계산량을 낮출 수 있다. 인셉션 Net의 주요 목표는 최적의 희소 구조 단위(즉 인셉션 모듈)를 찾는 것으로 논문에서 그 희소 구조가 헵의 이론(Hebbian Theory)에 기반을 두고 있다. 여기에서는 간단하게 헵의 이론에 대해 설명해 보자. 신경 반사 활동의 지속과 중복은 뉴런이 안정적으로 연결되는 지속성을 높이며 두 개의 뉴런 세포 A와 B의 거리가 매우 가까워서 A는 B에 대해 중복, 지속적인 흥분에 참여하게 되고 그렇게 되면 불특정의 대사 변화가 A가 B의 흥분 세포가 되도록 야기시킨다. 결론적으로 "함께 firing 되는 뉴런은 함께 연결된다(Cells that fire together, wire together)."라고 할 수 있다. 훈련 과정 중의 자극은 뉴런 간의 시냅스(synapse) 강도를 높이게 된다. 헵의 이론에 영감을 얻은 또 다른 문장인 *Provable Bounds for Learning Some Deep Representations* 에서 만일 데이터 세트의 확률 분포가 매우 크고 매우 희소한 신경망으로 표현할 수 있다면, 이 네트워크를 가장 잘 구축하는 방법은 바로 점진적 네트워크 구축이라고 제시하였다. 상위 레이어의 높이와 관련된(correlated) 노드 클러스터를 [그림 6-11]과 같이 클러스터에서 나온 각각의 클러스터에 함께 연결한다. 이런 관련성이 높은 노드는 반드시 함께 연결되어 결합해야 한다. 즉 신경망의 관점에서 헵의 이론에 대해 유효한 증명이라는 것이다.

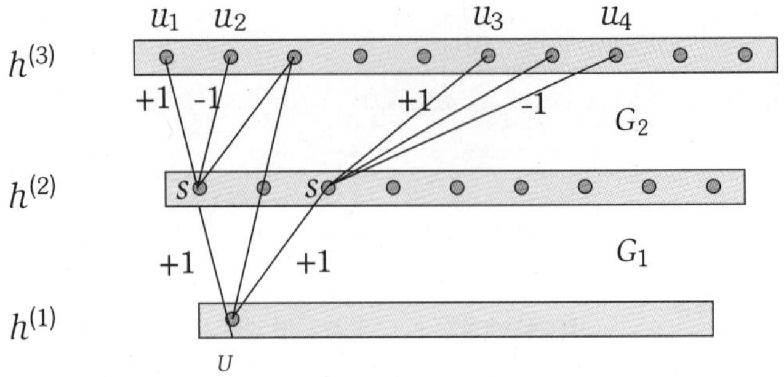

【그림 6-11】 높이와 관련된 노드를 함께 연결하여 희소 네트워크를 형성한다.

'좋은' 희소 구조이므로, 반드시 헵의 이론에 부합되어야 하며, 관련성이 높은 뉴런 노드를 함께 연결해야 한다. 보통의 데이터 세트에서 이는 뉴런 노드에 대한 클러스터가 필요하지만, 이미지 데이터에서는 천연적인 것이 근접한 영역의 데이터와 관련성이 높아서 근접한 픽셀 포인트가 컨벌루션 작업에 연결된다. 여러 컨벌루션 커널을 가질 수 있기 때문에 동일한 공간 위치에서 서로 다른 채널의 컨벌루션 커널의 출력 결과의 관련성이 매우 높게 된다. 그래서 1×1의 컨벌루션은 자연스럽게 이 관련성이 매우 높게 되고, 동일한 공간 위치에서 서로 다른 채널의 특징을 함께 연결하는 것이다. 이것이 바로 1×1 컨벌루션이 빈번하게 인셉션 Net에서 사용되는 이유이다. 1×1 컨벌루션에 연결된 모든 노드의 관련성이 가장 높은 것으로 3×3·5×5의 컨벌루션에 연결된 노드의 관련성이 매우 높아서 큰 크기의 컨벌루션을 적절하게 사용하고, 다양성(diversity)을 증가하는 것처럼 약간 큰 크기의 컨벌루션이다. 마지막으로 인셉션 모듈은 4개의 분기에서 서로 다른 크기의 1×1·3×3·5×5 등의 소형 컨벌루션을 통해서 관련성이 매우 높은 노드를 함께 연결하여 설계의 초심을 완성하고 매우 높은 효율로 헵의 이론에 부합하는 희소 구조를 만들어 낸다.

인셉션 모듈에서 1×1 컨벌루션의 비율(출력 채널 수 점유비)이 가장 높고, 3×3 컨벌루션과 5×5 컨벌루션이 약간 낮다. 전체 네트워크에서 여러 번 적층된 인셉션 모듈이 있을 수 있으며, 뒤의 인셉션 모듈이 더욱 높은 가치의 추상적 특징을 포착하여 뒤의 인셉션 모듈의 컨벌루션 공간의 집중도가 점차 낮아지기를 희망하게 되는데, 이렇게 하면 더욱 큰 면적의 특징을 포착할 수 있다. 그래서 뒤의 인셉션 모듈에서 3×3과 5×5 두 가지의 대용량 컨벌루션 커널의 점유비(출력 채널 수 점유비)는 더욱 많아야 한다.

인셉션 Net에는 22 레이어 깊이가 있다. 마지막 레이어의 출력을 제외하고 그 중간의 노드 분류 효과 역시 매우 좋다. 그래서 인셉션 Net에서 분류를 돕는 노드(auxiliary classifiers)를 사용하고, 중간의 불특정 레이어의 출력을 분류로 이용하여 비교적 작은 가중치(0.3)을 최종 분류 결과에 더한다. 이렇게 하면 모델 융합과 비슷하다. 동시에 네트워크에 역전파법의 기울기 신호를 추가하여 이외의 정규화를 제공하고 전체 인셉션 Net에 대한 훈련이 매우 효과적이게 된다.

그해의 인셉션 V1은 텐서플로우의 전신인 DistBelief에서 계속 실행 중이며, CPU에서만 실행된다. 당시 비동기의 SGD를 사용하여 훈련하였으며, 학습 속도는 매번 8개의 epoch 교체마다 4% 낮아졌다. 동시에 인셉션 V1 역시 Multi-Scale·Multi-Crop 등의 데이터 증강 방법을 사용하였고, 다른 샘플 데이터에서 7개의 모델을 훈련하여 융합을 진행함으로써 ILSVRC 2014 대회의 성적인 top-5 오차율 6.67%를 얻었다.

한편 구글 인셉션 Net은 아래의 내용을 포함한다.

- 2014년 9월 논문 *Going Deeper with Convolutions* 에서 제기한 인셉션 V1(top-5 오차율 6.67%)
- 2015년 2월 논문 *Batch Normalization : Accelerating Deep Network Training by Reducing Internal Covariate* 에서 제기한 인셉션 V2(top-5 오차율 4.8%)
- 2015년 12월 논문 *Rethinking the Inception Architecture for Computer Vision* 에서 제기한 인셉션 V3(top-5 오차율 3.5%)
- 2016년 2월 논문 Inception-v4, Inception-ResNet and the Impact of Residual Connections on Learning 에서 제기한 인셉션 V4(top-5 오차율 3.08%)

인셉션 V2는 VGGNet을 훈련하였고, 두 개의 3×3의 컨벌루션으로 5×5의 큰 컨벌루션으로 대체(매개변수량을 낮추고 오버피팅을 줄이는데 사용)하고, 유명한 Batch Normalization(이하 BN으로 약칭) 방법을 제시하였다. BN은 매우 유효한 정규화 방법으로 대형 컨벌루션 네트워크의 학습 속도를 몇 배 더 빠르게 할 수 있는 동시에 수렴 후의 분류 정확도 역시 대폭적인 상승을 얻을 수 있다. BN은 신경망의 불특정 레이어를 사용할 때 각 mini-batch 데이터 내부에 대해 표준화 처리를 진행하고, 정규화를 N(0,1)의 정규 분포까지 출력하여 Internal Covariate Shift(내부 뉴런 분포의 변화)를 줄였다. BN의 논문에서는 전통적인 심층 신경망이 훈련할 때 각 레이어의 입력 분포는 변화하고 훈련이 곤란한 변화를 일으키므로 단지 매우 작은 훈련 계수를 사용하여 이 문제를 해결할 수 있다. 각 레이어에 BN을 사용한 후에 이 문제를 효과적으로 해결할 수 있으며, 학습 속도도 몇 배를 증가할 수 있어서 이전의 정확도에 도달하기 위해 필요한 반복 횟수는 1/14만 있으면 되고, 훈련 시간은 크게 단축되었다. 이전의 정확도를 도달한 후에 계속해서 훈련을 할 수 있으며 최종적으로 인셉션 V1 모델을 뛰어넘는 성능 top-5 오차율 4.8%를 얻을 수 있다. 이미 사람의 눈보다 뛰어난 수준이다. BN의 불특정 의미에서 정규화 작용을 불러 일으키기 때문에 감소 혹은 Dropout을 취소하여 네트워크 구조를 간소화할 수 있다.

당연히 단순하게 BN을 사용하여 얻은 배수의 증폭은 명확하지 않고 상응하는 조정이 필요하다. 학습 속도를 증대하고 훈련 감퇴 속도를 빠르게 하는 것에 BN 정규화 후의 데이터를 적용한다. Dropout을 제고하여 L2 정규화를 줄인다(BN은 이미 정규화의 작용을 일으켰다). LRN을 제거하여 훈련 샘플에 대해 더욱 철저하게 shuffle을 진행하고 데이터 증강 과정 중의 데이터에 대해서 큰 변이를 줄인다(BN 훈련이 더욱 빠르기 때문에 매 샘플은 훈련 된 횟수가 더욱 적어서 더욱 진실된 샘플이 훈련에 대해 더욱 도움이 된다). 이런 조치를 사용한 후에 인셉션 V2는 인셉션 V1의 정확도에 도달할 때 14배 빨라질 뿐만 아니라, 모델이 수렴할 때 정확도의 상한선은 더욱 높아진다.

인셉션 V3 네트워크에는 두 가지의 구조가 있는 하나는 Factorization into small convolutions의 아이디어를 끌어들인 것으로 7×7 컨벌루션을 1×7 컨벌루션과 7×1 컨벌루션 혹은 3×3 컨벌루션을 1×3 컨벌루션과 3×1 컨벌루션으로 나누어지는 것과 같이 비교적 큰 2차원 컨벌루션을 두 개의 비교적 작은 1차원 컨벌루션으로 나눈다. [그림 6-12]의 예시와 같다.

하나의 측면은 대량의 매개변수를 줄였으며, 연산을 빠르게 하여 오버피팅을 줄이는(7×7 컨벌루션을 1×7 컨벌루션과 7×1 컨벌루션으로 해체한 것과 비교하고 3개의 3×3 컨벌루션보다 매개변수를 더욱 절약한다) 동시에 비선형 확장 모델을 추가하여 능력을 표현하였다. 논문에서 이런 비대칭의 컨벌루션 구조를 나누어 분석하여 그 결과가 비대칭으로 몇 가지 같은 작은 컨벌루션 커널로 나뉘어서 효과가 더욱 뚜렷하여 더욱 많고, 더욱 풍부한 공간 특징을 처리할 수 있어서 특징의 다양성을 추가한다고 나타내었다.

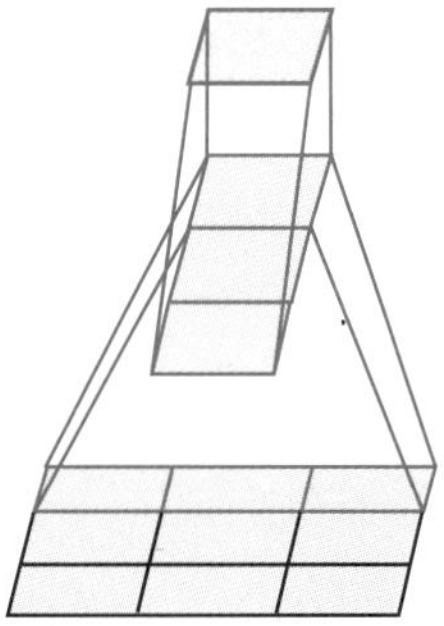

【그림 6-12】 3×3 컨벌루션을 1×3 컨벌루션과 3×1 컨벌루션으로 분리한다.

다른 측면에서 인셉션 V3는 인셉션 모듈의 구조를 최적화하였으며, 현재 인셉션 모듈은 35×35, 17×17과 8×8의 서로 다른 3가지 구조가 있다. [그림 6-13]의 예시와 같다.

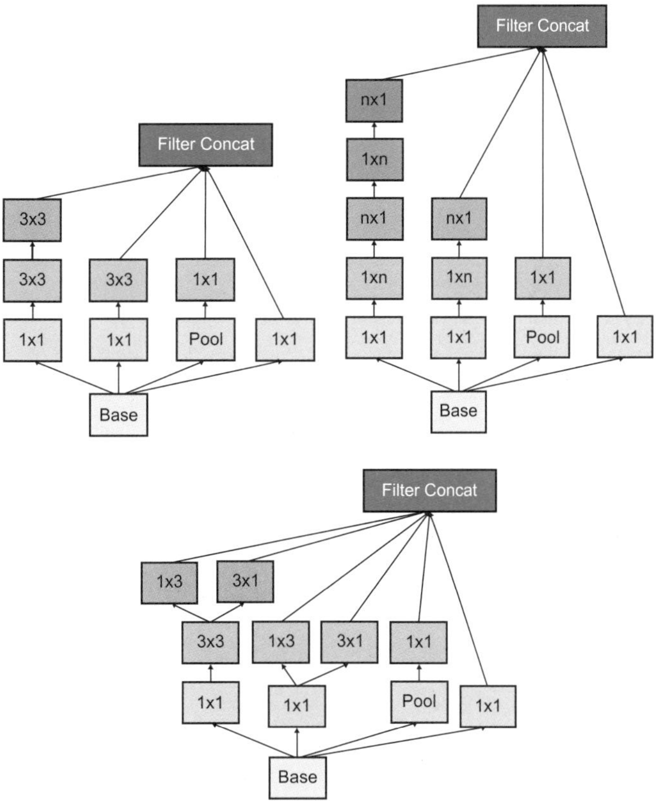

【그림 6-13】 인셉션 V3 안의 세 가지 구조의 인셉션 모듈

이런 인셉션 모듈은 네트워크의 뒤쪽에서만 출현하며 앞쪽에서는 여전히 보통의 컨벌루션 레이어이다. 그뿐만 아니라 인셉션 V3는 인셉션 모듈 안의 분기 사용을 제외하고 여전히 분기 안에서 분기(8×8의 구조 안)을 사용하여 Network In Network In Network라고 말할 수 있다.

인셉션 V4는 V3와 비교하면 주로 Microsoft의 ResNet과 결합한 것으로 ResNet는 6.4장에서 별도 설명하기로 한다. 본 장에서 구현하는 것은 인셉션 V3으로 전체 네트워크 구조는 [표 6-1]과 같다. 구글 인셉션 Net V3이 상대적으로 비교적 복잡해서 여기에서는 tf.contrib.slim를 사용하여 이 네트워크를 설계하는 것을 돕는다. contrib.slim안의 기능과 모듈은 크게 인셉션 Net의 코드 양을 줄일 수 있으며 단지 소량의 코드만 필요하게 된다. 즉 42 레이어 깊이의 인셉션 V3를 만들수 있다.

【표 6-1】 인셉션 V3 네트워크 구조

유형	커널 크기/스텝 길이 또는 주석	입력 크기
컨벌루션	3×3 / 2	299×299×3
컨벌루션	3×3 / 1	149×149×32
컨벌루션	3×3 / 1	147×147×32
풀링	3×3 / 2	147×147×64
컨벌루션	3×3 / 1	73×73×64
컨벌루션	3×3 / 2	71×71×80
컨벌루션	3×3 / 1	35×35×192
인셉션 모듈 그룹	3개 인셉션 모듈	35×35×288
인셉션 모듈 그룹	5개 인셉션 모듈	17×17×768
인셉션 모듈 그룹	3개 인셉션 모듈	8×8×1280
풀링	8×8	8×8×2048
비선형	logits	1×1×2048
Softmax	분류 출력	1×1×1000

먼저 간단한 함수 trunc_normal를 정의해서 절단한(truncated) 정규 분포를 만든다. 본 장에서의 코드는 주로 텐서플로우의 오픈소스 코드[53]에서 가져 왔다.

53) https://github.com/tensorflow/models/blob/master/slim/nets/inception_v3.py

```
import tensorflow as tf
slim = tf.contrib.slim
trunc_normal = lambda stddev: tf.truncated_normal_initializer(0.0, stddev)
```

다음은 함수 inception_v3_arg_scope를 정의해 보자. 컨벌루션의 활성함수, 가중치 초기화 방식, 노멀라이저(nomalizer) 등과 같은 네트워크에서 일반적으로 사용되는 함수의 기본 매개변수를 생성한다. L2 정규의 weight_decay 기본값을 0.004로 설정하고 표준편차 stddev 기본값은 0.1로 설정하고 매개변수 batch_norm_var_collection 기본값은 moving_vars가 된다. 이어서 batch normalization의 매개변수 사전을 정의하고, 감쇠 계수 decay는 0.9997로 하며. epsilon은 0.001이 되고, updates_collctions는 tf.GrpahKeys.UPDATE_OPS가 된 후 사전 variables_collections 안의 beta와 gamma는 None으로 설정하며 moving_mean과 moving_variance는 앞의 batch_norm_var_collection로 설정한다.

이어서 slim.arg_scope를 사용하는데 이것은 매우 유용한 도구로 함수의 매개변수에 자동으로 불특정 기본값을 부여한다. 예를 들어 with slim.arg_scope([slim.conv2d, slim.fully_connected], weights_regularizer=slim.l2_regularizer(weight_decay))는 [slim.conv2d, slim.fully_connected]의 두 가지 함수의 매개변수에 대해 자동으로 부여한 값으로, 매개변수 weights_regularizer의 값을 slim.l2_regularizer(weight_decay)로 설정한다. slim.arg_scope를 사용한 후에 매번 중복해서 매개변수를 설정할 필요가 없이 단지 수정할 때만 설정하면 된다. 이어서 slim.arg_scope를 설정하여 컨벌루션 레이어가 생성한 함수 slim.conv2d의 몇 가지 매개변수에 대해 기본값을 부여하고, 그 가중치 이니셜라이저(initializer) weights_initializer는 trunc_normal(stddev)로 설정하고, 활성함수는 ReLU로 설정하며, 노멀라이저의 매개변수는 앞에서 정의된 batch_norm_params가 된다. 마지막으로 정의된 scope를 반환한다.

사전에 활성함수와 이니셜라이저가 포함된 slim.conv2d 안의 각종 기본 매개변수를 정의하기 때문에 뒤에서는 컨벌루션 레이어를 매우 쉽게 바꿀 수 있도록 정의한다. 한 행의 코드를 사용하여 컨벌루션 레이어를 정의하면 전체 코드가 매우 간결하고 보기 좋게 될 것이며 네트워크의 설계 작업량 역시 크게 줄어든다.

```
def inception_v3_arg_scope(weight_decay=0.00004,
                           stddev=0.1,
                           batch_norm_var_collection='moving_vars'):

batch_norm_params = {
    'decay': 0.9997,
    'epsilon': 0.001,
    'updates_collections': tf.GraphKeys.UPDATE_OPS,
    'variables_collections': {
        'beta': None,
        'gamma': None,
        'moving_mean': [batch_norm_var_collection],
        'moving_variance': [batch_norm_var_collection],
    }
}

with slim.arg_scope([slim.conv2d, slim.fully_connected],
       weights_regularizer=slim.l2_regularizer(weight_decay)):
    with slim.arg_scope(
        [slim.conv2d],
        weights_initializer=tf.truncated_normal_initializer(stddev=stddev),
        activation_fn=tf.nn.relu,
        normalizer_fn=slim.batch_norm,
        normalizer_params=batch_norm_params) as sc:
    return sc
```

이어서 함수 inception_v3_base를 정의하면, 이 함수는 인셉션 V3 네트워크의 컨벌루션 부분을 생성할 수 있으며, 매개변수 inputs는 입력된 이미지 데이터의 매개변수 inputs가 되고 scope는 함수의 기본 매개변수 환경을 포함하게 된다. 딕셔너리 테이블(Dictionary Table) end_points를 정의하여 일부 핵심 노드를 보존한 후에 사용한다. 이어서 다시 slim.arg_scope를 사용하며, slim.conv2d, slim.max_pool2d와 slim_avg_pool2d 이 세 가지 함수의 매개변수에 대해 기본값을 설정하고 stride를 1로 설정하고 padding은 VALID로 설정한다. 다음은 인셉션 V3의 네트워크 구조를 공식적으로 정의해 보는데, 첫 번째는 non-Inception 모듈의 컨벌루션 레이어이다. 여기에서는 직접 인셉션 모듈을 사용하여 컨벌루션 레이어를 만들고 slim.conv2d의 첫 번째 매개변수가 입력의 텐서가 된다. 두 번째 매개변수는 출력의 채널 수이며, 세 번째 매개변수는 컨벌루션 커널의 크기가 되고, 네 번째 매개변수는 스텝 길이인 stride이며, 다섯 번째 매개변수는 padding 모드가 된다. 첫 번째 컨벌루션 레이어의 출력 채널 수는 32, 컨벌루션 커널의 크기는 3×3, 스텝 길이는 2, padding 모드는 기본 VALID이다. 뒤의 몇 가지 컨벌루션 레이어는 같은 형식을 적용하며 논문 안의 정의에 따라 점진적으로 네트워크 구조를 정의한다. Slim 및 slim.arg_scope를 사용하여 한 행의 코드가 컨벌루션 레이어를 정의할 수 있으며, 이전의 AlexNet의 구현과 비교하면 몇 행의 코드가 컨벌루션 레이어를 정의하는 데 사용되거나 또는 VGGNet 안에 전문적인 함수를 사용하여 컨벌루션 레이어를 사용하는 것이 더욱 편리하다.

처음 몇 가지 non-Inception 모델의 컨벌루션 레이어에서 VGGNet의 구조를 완전히 훈련하는 3×3 소형 컨벌루션 커널의 주요 용도를 관찰할 수 있다. 동시에 인셉션 V3 논문에서 역시 Factorization into small convolutions 사상을 제기하였으며, 두 개의 1차원 컨벌루션을 이용하여 큰 크기의 2차원 컨벌루션을 시뮬레이션하며, 매개변수량을 감소시키고 동시에 비선형성을 추가한다. 앞에서의 몇 레이어의 컨벌루션에서 one 레이어인 1×1 컨벌루션이 있으며 이는 또한 앞에서 언급한 인셉션 모듈에서 자주 사용되는 구조 중의 하나로, 원가가 낮아서 채널을 뛰어넘는 특징에 대해 조합을 진행한다. 그 외에 첫 번째 컨벌루션 레이어의 스텝 길이가 2인 것을 제외하고 나머지 컨벌루션 레이어의 스텝 길이는 1이 된다. 풀링 레이어는 크기가 3×3, 스텝 길이는 2인 중첩된 최대 풀링이 되는데 이는 AlexNet에서 사용되어진 구조이다. 네트워크의 입력 데이터 길이는 299×299×3이 되며, 3개의 스텝 길이가 2인 레이어를 통한 후에 크기는 마지막에 35×35×192가 되고 공간 크기는 크게 낮아진다. 그러나 출력 채널은 매우 많이 증가한다. 이 부분 코드 안에는 모두 5개의 컨벌루션 레이어와 2개의 풀링 레이어가 있으며 입력 이미지 데이터에 대한 크기 압축을 구현하여 이미지 특징에 대한 추론을 진행한다.

```
def inception_v3_base(inputs, scope=None):

    end_points = {}
    with tf.variable_scope(scope, 'InceptionV3', [inputs]):
```

```
    with slim.arg_scope([slim.conv2d, slim.max_pool2d, slim.avg_pool2d],
                        stride=1, padding='VALID'):
        net = slim.conv2d(inputs, 32, [3, 3], stride=2, scope='Conv2d_1a_3x3')
        net = slim.conv2d(net, 32, [3, 3], scope='Conv2d_2a_3x3')
        net = slim.conv2d(net, 64, [3, 3], padding='SAME',
                          scope='Conv2d_2b_3x3')
        net = slim.max_pool2d(net, [3, 3], stride=2, scope='MaxPool_3a_3x3')
        net = slim.conv2d(net, 80, [1, 1], scope='Conv2d_3b_1x1')
        net = slim.conv2d(net, 192, [3, 3], scope='Conv2d_4a_3x3')
        net = slim.max_pool2d(net, [3, 3], stride=2, scope='MaxPool_5a_3x3')
```

이어서 3개의 연속된 인셉션 모듈 그룹으로 이 3개의 인셉션 모듈 그룹 안에는 각자 스스로 많은 인셉션 모듈을 구별하며 이 부분의 네트워크 구조 역시 인셉션 V3의 뛰어난 부분이다. 각 인셉션 모듈 그룹 내부의 몇 개의 인셉션 모듈 구조는 매우 유사하지만 세밀한 차이가 존재한다.

첫 번째 인셉션 모듈 그룹은 3개의 구조가 유사한 인셉션 모듈을 포함하고 있는데 그것들의 구조는 [그림 6-13] 안의 첫번째 그림과 매우 유사하다. 그중 첫번째 인셉션 모듈의 이름을 Mixed_5b가 된다. 먼저 slim.arg_scope를 사용하여 모든 인셉션 모듈 그룹의 기본 매개변수를 설정하고 모든 컨벌루션 레이어, 최대 풀링, 평균 풀링 레이어의 스텝 길이를 1로 설정하며 padding 모드는 SAME으로 설정한다. 그런 후에 이 인셉션 모듈의 variable_scope를 Mixed_5b로 이름 붙인다. 이 인셉션 모듈 안에는 4가지 분기가 있는데 Branch_0부터 Branch_3까지로, 첫 번째 분기는 64 출력 채널이 있는 1×1 컨벌루션이 되며, 두 번째 분기는 48 출력 채널이 있는 1×1 컨벌루션이 되고, 64 출력 채널이 있는 5×5 컨벌루션를 연결한다. 세 번째 분기는 64 출력 채널이 있는 1×1 컨벌루션이 되며, 다시 2개의 96 출력 채널이 있는 3×3 컨벌루션을 연속으로 연결한다. 네 번째 분기는 3×3의 평균 풀링으로, 32 출력 채널이 있는 1×1 컨벌루션을 연결한다. 그런 후에 tf.concat를 사용하여 4개 분기의 출력을 함께 병합하여(세 번째 크기에 병합하는데, 즉 출력 채널에 병합한다) 이 인셉션 모듈의 최종 출력을 생성한다. 여기에서의 모든 레이어 스텝 길이는 1이 되고 padding 모드는 SAME이 되기 때문에 이미지 크기는 축소되지 않고 35

×35를 유지한다. 그러나 채널 수는 증가하여 4개 분기의 출력 채널 수는 64+64+96+32=256으로, 즉 최종 출력의 텐서 크기는 35×35×256이 된다. 여기에서 주의할 것은 첫 번째 인셉션 모듈 그룹 안의 모든 인셉션 모듈 출력의 이미지 크기는 균일하게 35×35가 되지만, 뒤의 두 개 인셉션 모듈의 채널 수는 변화가 발생하게 된다.

```
with slim.arg_scope([slim.conv2d, slim.max_pool2d, slim.avg_pool2d],
                    stride=1, padding='SAME'):
    with tf.variable_scope('Mixed_5b'):
        with tf.variable_scope('Branch_0'):
            branch_0 = slim.conv2d(net, 64, [1, 1], scope='Conv2d_0a_1x1')
        with tf.variable_scope('Branch_1'):
            branch_1 = slim.conv2d(net, 48, [1, 1], scope='Conv2d_0a_1x1')
            branch_1 = slim.conv2d(branch_1, 64, [5, 5],
                                   scope='Conv2d_0b_5x5')
        with tf.variable_scope('Branch_2'):
            branch_2 = slim.conv2d(net, 64, [1, 1], scope='Conv2d_0a_1x1')
            branch_2 = slim.conv2d(branch_2, 96, [3, 3],
                                   scope='Conv2d_0b_3x3')
            branch_2 = slim.conv2d(branch_2, 96, [3, 3],
                                   scope='Conv2d_0c_3x3')
        with tf.variable_scope('Branch_3'):
            branch_3 = slim.avg_pool2d(net, [3, 3], scope='AvgPool_0a_3x3')
            branch_3 = slim.conv2d(branch_3, 32, [1, 1],
                                   scope='Conv2d_0b_1x1')
        net = tf.concat([branch_0, branch_1, branch_2, branch_3], 3)
```

다음은 첫 번째 인셉션 모듈 그룹의 두 번째 인셉션 모듈 Mixed_5c로, 여기에서는 앞에서 설치한 기본 매개변수를 사용하고 스텝 길이는 1이 되며, padding 모드는 SAME이 된다. 이 인셉션 모듈은 똑같이 4개의 분기가 있는데 유일하게 다른 것은 네 번째 분기의 마지막 연결된 것이 64 출력 채널의 1×1 컨벌루션이고 그 앞은 32 출력 채널이라는 것이다. 따라서 텐서를 출력한 최종 크기가 35×35×288이 되며, 출력 채널 수는 이전과 비교하면 32가 증가한다.

```
with tf.variable_scope('Mixed_5c'):
    with tf.variable_scope('Branch_0'):
        branch_0 = slim.conv2d(net, 64, [1, 1], scope='Conv2d_0a_1x1')
    with tf.variable_scope('Branch_1'):
        branch_1 = slim.conv2d(net, 48, [1, 1], scope='Conv2d_0b_1x1')
        branch_1 = slim.conv2d(branch_1, 64, [5, 5],
                              scope='Conv_1_0c_5x5')
    with tf.variable_scope('Branch_2'):
        branch_2 = slim.conv2d(net, 64, [1, 1], scope='Conv2d_0a_1x1')
        branch_2 = slim.conv2d(branch_2, 96, [3, 3],
                              scope='Conv2d_0b_3x3')
        branch_2 = slim.conv2d(branch_2, 96, [3, 3],
                              scope='Conv2d_0c_3x3')
    with tf.variable_scope('Branch_3'):
        branch_3 = slim.avg_pool2d(net, [3, 3], scope='AvgPool_0a_3x3')
        branch_3 = slim.conv2d(branch_3, 64, [1, 1],
                              scope='Conv2d_0b_1x1')
    net = tf.concat([branch_0, branch_1, branch_2, branch_3], 3)
```

첫 번째 인셉션 모듈의 세 번째 인셉션 모듈 Mixed_5d와 상위 인셉션 모듈은 완전히 같고 4개의 분기된 구조, 매개변수도 같아서 출력 텐서의 크기는 35×35×288이 된다.

```
with tf.variable_scope('Mixed_5d'):
    with tf.variable_scope('Branch_0'):
        branch_0 = slim.conv2d(net, 64, [1, 1], scope='Conv2d_0a_1x1')
    with tf.variable_scope('Branch_1'):
        branch_1 = slim.conv2d(net, 48, [1, 1], scope='Conv2d_0a_1x1')
        branch_1 = slim.conv2d(branch_1, 64, [5, 5],
                              scope='Conv2d_0b_5x5')
    with tf.variable_scope('Branch_2'):
        branch_2 = slim.conv2d(net, 64, [1, 1], scope='Conv2d_0a_1x1')
        branch_2 = slim.conv2d(branch_2, 96, [3, 3],
                              scope='Conv2d_0b_3x3')
        branch_2 = slim.conv2d(branch_2, 96, [3, 3],
                              scope='Conv2d_0c_3x3')
```

```
    with tf.variable_scope('Branch_3'):
        branch_3 = slim.avg_pool2d(net, [3, 3], scope='AvgPool_0a_3x3')
        branch_3 = slim.conv2d(branch_3, 64, [1, 1],
                               scope='Conv2d_0b_1x1')
    net = tf.concat([branch_0, branch_1, branch_2, branch_3], 3)
```

두 번째 인셉션 모듈 그룹은 매우 큰 그룹으로 5개의 인셉션 모듈을 포함하고 있으며, 그 안에는 두 번째부터 다섯 번째 인셉션 모듈의 구조가 매우 유사하다. 그들의 구조는 [그림 6-13]의 두 번째 그림과 같다. 그중 첫 번째 인셉션 모듈은 Mixed_6a로 불리며 3개의 분기를 포함한다. 첫 번째 분기는 384 출력 채널의 3×3 컨벌루션이며, 이 분기의 채널 수는 이전의 채널 수를 초과하게 된다. 그러나 스텝 길이는 2로 이미지 크기가 압축되어있으므로 padding 모드는 VALID가 된다. 따라서 이미지의 크기는 17×17로 축소된다. 두 번째 분기는 3 레이어가 있고, 64 출력 채널의 1×1 컨벌루션과 두 개의 96 출력 채널의 4×4 컨벌루션으로 구분된다. 여기에서 주의할 것은 마지막 레이어의 스텝 길이가 2로 padding 모드는 VALID로 이미지 크기가 압축되므로 분기는 최종 출력의 텐서 크기가 17×17×96이 된다. 세 번째 분기는 3×3의 최대 풀링 레이어로 스텝 길이는 똑같이 2이고, padding 모드는 VALID가 되어서 출력의 텐서 크기는 17×17×256이다. 마지막은 tf.concat를 사용하여 3개의 분기를 출력 채널에서 합병하고 마지막 출력 크기는 17×17×(384+96+26) = 17×17×768이 된다. 두 번째 인셉션 모듈 그룹에서 5개의 인셉션 모듈 출력 텐서 크기는 전체 정격을 17×17×768로 한다. 즉 이미지 크기와 출력 채널 수 모두 변화가 발생하지 않는다.

```
with tf.variable_scope('Mixed_6a'):
    with tf.variable_scope('Branch_0'):
        branch_0 = slim.conv2d(net, 384, [3, 3], stride=2,
                               padding='VALID', scope='Conv2d_1a_1x1')
    with tf.variable_scope('Branch_1'):
        branch_1 = slim.conv2d(net, 64, [1, 1], scope='Conv2d_0a_1x1')
        branch_1 = slim.conv2d(branch_1, 96, [3, 3],
                               scope='Conv2d_0b_3x3')
```

```
            branch_1 = slim.conv2d(branch_1, 96, [3, 3], stride=2,
                                   padding='VALID', scope='Conv2d_1a_1x1')
        with tf.variable_scope('Branch_2'):
            branch_2 = slim.max_pool2d(net, [3, 3], stride=2, padding='VALID',
                                       scope='MaxPool_1a_3x3')
        net = tf.concat([branch_0, branch_1, branch_2], 3)
```

다음은 두 번째 인셉션 모듈 그룹의 두 번째 인셉션 모듈 Mixed_6b로, 4개의 분기가 있다. 첫 번째 분기는 간단한 192 출력 채널의 1×1 컨벌루션이며, 두 번째 분기는 3개의 컨벌루션 레이어로 구성된 것으로, 첫 번째 레이어는 128 출력 채널의 1×1 컨벌루션이고, 두 번째 레이어는 128 채널 수의 1×7 컨벌루션이고, 세 번째 레이어는 192 출력 채널 수의 7×1 컨벌루션이다. 여기에는 앞에서 언급한 'Factorization into small convolutions' 개념인데, 직렬 연결의 1×7 컨벌루션과 7×1 컨벌루션은 7×7 컨벌루션으로 합해지는 것에 해당된다. 그러나 매개변수량이 크게 감소하고(겨우 후자의 2/7), 오버피팅이 경감된다. 동시에 많은 활성함수가 증강하여 비선형 특징이 교체된다. 세 번째 분기는 5개의 컨벌루션 레이어를 가지고 있는데 분리는 128 출력 채널의 1×1 컨벌루션, 128 출력 채널의 7×1 컨벌루션, 128 출력 채널의 1×7 컨벌루션, 128 출력 채널의 7×1 컨벌루션과 192 출력 채널의 1×7 컨벌루션이다. 이 분기는 Factorization into small convolutions의 모델을 이용하여 반복적으로 7×7 컨벌루션을 분석을 진행한다고 할 수 있다. 마지막으로 네 번째 분기는 3×3의 평균 풀링 레이어로 다시 192 출력 채널의 1×1 컨벌루션을 연결한다. 마지막에 4개의 분기를 합병하면, 이 레이어의 출력 텐서 크기가 17×17×(192+192+192+192) = 17×17×768이 된다.

```
    with tf.variable_scope('Mixed_6b'):
        with tf.variable_scope('Branch_0'):
            branch_0 = slim.conv2d(net, 192, [1, 1], scope='Conv2d_0a_1x1')
        with tf.variable_scope('Branch_1'):
            branch_1 = slim.conv2d(net, 128, [1, 1], scope='Conv2d_0a_1x1')
            branch_1 = slim.conv2d(branch_1, 128, [1, 7],
                                   scope='Conv2d_0b_1x7')
```

```
            branch_1 = slim.conv2d(branch_1, 192, [7, 1],
                                   scope='Conv2d_0c_7x1')
        with tf.variable_scope('Branch_2'):
            branch_2 = slim.conv2d(net, 128, [1, 1], scope='Conv2d_0a_1x1')
            branch_2 = slim.conv2d(branch_2, 128, [7, 1],
                                   scope='Conv2d_0b_7x1')
            branch_2 = slim.conv2d(branch_2, 128, [1, 7],
                                   scope='Conv2d_0c_1x7')
            branch_2 = slim.conv2d(branch_2, 128, [7, 1],
                                   scope='Conv2d_0d_7x1')
            branch_2 = slim.conv2d(branch_2, 192, [1, 7],
                                   scope='Conv2d_0e_1x7')
        with tf.variable_scope('Branch_3'):
            branch_3 = slim.avg_pool2d(net, [3, 3], scope='AvgPool_0a_3x3')
            branch_3 = slim.conv2d(branch_3, 192, [1, 1],
                                   scope='Conv2d_0b_1x1')
        net = tf.concat([branch_0, branch_1, branch_2, branch_3], 3)
```

그다음은 두 번째 인셉션 모듈의 세 번째 인셉션 모듈 Mixed_6c이다. Mixed_6c는 앞의 인셉션 모듈과 매우 유사하고 단지 한 곳만 다르다. 즉 두 번째 분기와 세 번째 분기에서 앞의 몇 개의 컨벌루션 레이어의 출력 채널 수가 128에서 160으로 변하게 된다. 그러나 이 두 가지 분기의 최종 출력 채널 수는 변하지 않고 모두 192이다. 다른 곳은 모두 완전히 일치한다. 주의할 것은, 네트워크는 각각의 인셉션 모듈을 통과하여, 텐서를 출력하는 크기는 변하지 않지만 특징은 다시 한번 조정하는 것과 같아서 그 안의 풍부한 컨벌루션과 비선형이 네트워크 성능을 향상시키는 데 도움이 된다.

```
    with tf.variable_scope('Mixed_6c'):
        with tf.variable_scope('Branch_0'):
            branch_0 = slim.conv2d(net, 192, [1, 1], scope='Conv2d_0a_1x1')
        with tf.variable_scope('Branch_1'):
            branch_1 = slim.conv2d(net, 160, [1, 1], scope='Conv2d_0a_1x1')
            branch_1 = slim.conv2d(branch_1, 160, [1, 7],
                                   scope='Conv2d_0b_1x7')
```

```
        branch_1 = slim.conv2d(branch_1, 192, [7, 1],
                               scope='Conv2d_0c_7x1')
    with tf.variable_scope('Branch_2'):
        branch_2 = slim.conv2d(net, 160, [1, 1], scope='Conv2d_0a_1x1')
        branch_2 = slim.conv2d(branch_2, 160, [7, 1],
                               scope='Conv2d_0b_7x1')
        branch_2 = slim.conv2d(branch_2, 160, [1, 7],
                               scope='Conv2d_0c_1x7')
        branch_2 = slim.conv2d(branch_2, 160, [7, 1],
                               scope='Conv2d_0d_7x1')
        branch_2 = slim.conv2d(branch_2, 192, [1, 7],
                               scope='Conv2d_0e_1x7')
    with tf.variable_scope('Branch_3'):
        branch_3 = slim.avg_pool2d(net, [3, 3], scope='AvgPool_0a_3x3')
        branch_3 = slim.conv2d(branch_3, 192, [1, 1],
                               scope='Conv2d_0b_1x1')
    net = tf.concat([branch_0, branch_1, branch_2, branch_3], 3)
```

Mixed_6d는 앞의 Mixed_6c와 완전히 동일하며, 같은 목적으로 인셉션 모듈의 세밀한 설계 구조를 통해 컨벌루션과 비선형을 추가하여 특징을 조정한다.

```
with tf.variable_scope('Mixed_6d'):
    with tf.variable_scope('Branch_0'):
        branch_0 = slim.conv2d(net, 192, [1, 1], scope='Conv2d_0a_1x1')
    with tf.variable_scope('Branch_1'):
        branch_1 = slim.conv2d(net, 160, [1, 1], scope='Conv2d_0a_1x1')
        branch_1 = slim.conv2d(branch_1, 160, [1, 7],
                               scope='Conv2d_0b_1x7')
        branch_1 = slim.conv2d(branch_1, 192, [7, 1],
                               scope='Conv2d_0c_7x1')
    with tf.variable_scope('Branch_2'):
        branch_2 = slim.conv2d(net, 160, [1, 1], scope='Conv2d_0a_1x1')
        branch_2 = slim.conv2d(branch_2, 160, [7, 1],
                               scope='Conv2d_0b_7x1')
        branch_2 = slim.conv2d(branch_2, 160, [1, 7],
                               scope='Conv2d_0c_1x7')
```

```
            branch_2 = slim.conv2d(branch_2, 160, [7, 1],
                                   scope='Conv2d_0d_7x1')
            branch_2 = slim.conv2d(branch_2, 192, [1, 7],
                                   scope='Conv2d_0e_1x7')
        with tf.variable_scope('Branch_3'):
            branch_3 = slim.avg_pool2d(net, [3, 3], scope='AvgPool_0a_3x3')
            branch_3 = slim.conv2d(branch_3, 192, [1, 1],
                                   scope='Conv2d_0b_1x1')
        net = tf.concat([branch_0, branch_1, branch_2, branch_3], 3)
```

Mixed_6e도 앞의 두 개의 인셉션 모듈과 완전히 동일하다. 이것은 두 번째 인셉션 모듈 그룹의 마지막 인셉션 모듈이다. Mixed_6e을 end_points에 저장하고 Auxiliary Classifier로 보조 모델로 분류한다.

```
    with tf.variable_scope('Mixed_6e'):
        with tf.variable_scope('Branch_0'):
            branch_0 = slim.conv2d(net, 192, [1, 1], scope='Conv2d_0a_1x1')
        with tf.variable_scope('Branch_1'):
            branch_1 = slim.conv2d(net, 192, [1, 1], scope='Conv2d_0a_1x1')
            branch_1 = slim.conv2d(branch_1, 192, [1, 7],
                                   scope='Conv2d_0b_1x7')
            branch_1 = slim.conv2d(branch_1, 192, [7, 1],
                                   scope='Conv2d_0c_7x1')
        with tf.variable_scope('Branch_2'):
            branch_2 = slim.conv2d(net, 192, [1, 1], scope='Conv2d_0a_1x1')
            branch_2 = slim.conv2d(branch_2, 192, [7, 1],
                                   scope='Conv2d_0b_7x1')
            branch_2 = slim.conv2d(branch_2, 192, [1, 7],
                                   scope='Conv2d_0c_1x7')
            branch_2 = slim.conv2d(branch_2, 192, [7, 1],
                                   scope='Conv2d_0d_7x1')
            branch_2 = slim.conv2d(branch_2, 192, [1, 7],
                                   scope='Conv2d_0e_1x7')
        with tf.variable_scope('Branch_3'):
            branch_3 = slim.avg_pool2d(net, [3, 3], scope='AvgPool_0a_3x3')
```

```
            branch_3 = slim.conv2d(branch_3, 192, [1, 1],
                                   scope='Conv2d_0b_1x1')
        net = tf.concat([branch_0, branch_1, branch_2, branch_3], 3)
    end_points['Mixed_6e'] = net
```

세 번째 인셉션 모듈 그룹에는 3개의 인셉션 모듈이 포함되어 있으며, 그중 뒤의 두 개 인셉션 모듈의 구조는 매우 유사하다. 그들의 구조는 [그림 6-13]의 세 번째 그림 예시와 같다. 그중 첫 번째 인셉션 모듈의 명칭은 Mixed_7a로, 3개의 분기를 포함한다. 첫 번째 분기는 192 출력 채널의 1×1 컨벌루션으로 다시 320 출력 채널 수의 3×3 컨벌루션을 연결하지만 스텝 길이는 2이고, padding 모드는 VALID가 된다. 그래서 이미지의 크기가 8×8로 축소된다. 두 번째 분기에는 4개의 컨벌루션 레이어가 있는데 192 출력 채널의 1×1 컨벌루션, 192 출력 채널의 1×7 컨벌루션, 192 출력 채널의 7×1 컨벌루션 및 192 출력 채널의 3×3 컨벌루션으로 분별한다. 주의할 것은, 마지막 컨벌루션 레이어가 똑같이 스텝 길이가 2이며 padding은 VALID가 되어서 마지막 출력의 텐서 크기는 8×8×192가 된다는 것이다. 세 번째 분기는 3×3의 최대 풀링 레이어로 스텝 길이는 2이며 padding은 VALID로 풀링 레이어는 출력 채널에 대해 변화를 만들지 않아서 이 분기의 출력 크기는 8×8×768이 된다. 마지막으로 3개의 분기를 출력 채널에서 합병하는데 출력 텐서의 크기는 8×8(320+192+768)=8×8×1280이 된다. 이 인셉션 모듈에서 시작하여 출력 이미지의 크기는 또 축소되고, 동시에 채널 수는 증가하여 텐서의 전체 크기는 계속 줄어든다.

```
    with tf.variable_scope('Mixed_7a'):
        with tf.variable_scope('Branch_0'):
            branch_0 = slim.conv2d(net, 192, [1, 1], scope='Conv2d_0a_1x1')
            branch_0 = slim.conv2d(branch_0, 320, [3, 3], stride=2,
                                   padding='VALID', scope='Conv2d_1a_3x3')
        with tf.variable_scope('Branch_1'):
            branch_1 = slim.conv2d(net, 192, [1, 1], scope='Conv2d_0a_1x1')
            branch_1 = slim.conv2d(branch_1, 192, [1, 7],
                                   scope='Conv2d_0b_1x7')
            branch_1 = slim.conv2d(branch_1, 192, [7, 1],
                                   scope='Conv2d_0c_7x1')
```

```
        branch_1 = slim.conv2d(branch_1, 192, [3, 3], stride=2,
                               padding='VALID', scope='Conv2d_1a_3x3')
    with tf.variable_scope('Branch_2'):
        branch_2 = slim.max_pool2d(net, [3, 3], stride=2, padding='VALID',
                                   scope='MaxPool_1a_3x3')
    net = tf.concat([branch_0, branch_1, branch_2], 3)
```

다음은 세 번째 인셉션 모듈 그룹의 두 번째 인셉션 모듈로, 이 모듈에는 4개의 분기가 있다. 첫 번째 분기는 간단한 320 출력 채널의 1×1 컨벌루션이며, 두 번째 분기는 1개의 384 출력 채널의 1×3 컨벌루션과 384 출력 채널의 3×1 컨벌루션이며, 그런 후에 tf.concat를 사용하여 2개의 분기를 합병하고 얻어진 출력 텐서 크기는 8×8×(384+384)=8×8×768이 된다. 세 번째 분기는 더욱 복잡해서 먼저 448 출력 채널의 1×1 컨벌루션, 뒤의 것은 384 출력 채널의 3×3 컨벌루션이며, 그런 후에 똑같이 분기 내에서 두 개의 분기가 분리된다. 384 출력 채널의 1×3 컨벌루션과 383 출력 채널의 3×1 컨벌루션으로 분별되며 마지막으로 합병하여 8×8×768의 출력 텐서를 얻게 된다. 네 번째 분기는 3×3의 평균 풀링 레이어 뒤에서 192 출력 채널의 1×1 컨벌루션과 연결한다. 마지막으로 복잡한 인셉션 모듈의 4개 분기를 하나로 합해서 얻어진 출력 텐서 크기는 8×8×(320+768+768+192)=8×8×2048이 된다. 이 인셉션 모듈까지 출력 채널 수는 1280부터 2048까지 증가한다.

```
with tf.variable_scope('Mixed_7b'):
    with tf.variable_scope('Branch_0'):
        branch_0 = slim.conv2d(net, 320, [1, 1], scope='Conv2d_0a_1x1')
    with tf.variable_scope('Branch_1'):
        branch_1 = slim.conv2d(net, 384, [1, 1], scope='Conv2d_0a_1x1')
        branch_1 = tf.concat([
            slim.conv2d(branch_1, 384, [1, 3], scope='Conv2d_0b_1x3'),
            slim.conv2d(branch_1, 384, [3, 1], scope='Conv2d_0b_3x1')], 3)
    with tf.variable_scope('Branch_2'):
        branch_2 = slim.conv2d(net, 448, [1, 1], scope='Conv2d_0a_1x1')
        branch_2 = slim.conv2d(branch_2, 384, [3, 3],
                               scope='Conv2d_0b_3x3')
```

```
            branch_2 = tf.concat([
                slim.conv2d(branch_2, 384, [1, 3], scope='Conv2d_0c_1x3'),
                slim.conv2d(branch_2, 384, [3, 1], scope='Conv2d_0d_3x1')], 3)
        with tf.variable_scope('Branch_3'):
            branch_3 = slim.avg_pool2d(net, [3, 3], scope='AvgPool_0a_3x3')
            branch_3 = slim.conv2d(branch_3, 192, [1, 1],
                                   scope='Conv2d_0b_1x1')
        net = tf.concat([branch_0, branch_1, branch_2, branch_3], 3)
```

Mixed_7c는 세 번째 인셉션 모듈 그룹의 마지막 인셉션 모듈이지만, Mixed_7c와 Mixed_7b는 동일하며, 출력 텐서 역시 8×8×2048이다. 마지막으로 이 인셉션 모듈의 결과를 반환해 inceptio_v3_base 함수의 최종 출력으로 한다.

```
    with tf.variable_scope('Mixed_7c'):
        with tf.variable_scope('Branch_0'):
            branch_0 = slim.conv2d(net, 320, [1, 1], scope='Conv2d_0a_1x1')
        with tf.variable_scope('Branch_1'):
            branch_1 = slim.conv2d(net, 384, [1, 1], scope='Conv2d_0a_1x1')
            branch_1 = tf.concat([
                slim.conv2d(branch_1, 384, [1, 3], scope='Conv2d_0b_1x3'),
                slim.conv2d(branch_1, 384, [3, 1], scope='Conv2d_0c_3x1')], 3)
        with tf.variable_scope('Branch_2'):
            branch_2 = slim.conv2d(net, 448, [1, 1], scope='Conv2d_0a_1x1')
            branch_2 = slim.conv2d(branch_2, 384, [3, 3],
                                   scope='Conv2d_0b_3x3')
            branch_2 = tf.concat([
                slim.conv2d(branch_2, 384, [1, 3], scope='Conv2d_0c_1x3'),
                slim.conv2d(branch_2, 384, [3, 1], scope='Conv2d_0d_3x1')], 3)
        with tf.variable_scope('Branch_3'):
            branch_3 = slim.avg_pool2d(net, [3, 3], scope='AvgPool_0a_3x3')
            branch_3 = slim.conv2d(branch_3, 192, [1, 1],
                                   scope='Conv2d_0b_1x1')
        net = tf.concat([branch_0, branch_1, branch_2, branch_3], 3)
    return net, end_points
```

이렇게 해서, 인셉션 V3 네트워크의 핵심 부분인 컨벌루션 레이어 부분이 완료되었다. 인셉션 V3의 네크워크 구조를 기억해 보면, 첫째 5개의 컨벌루션 레이어와 2개의 풀링 레이어를 번갈아 나타나는 정상 구조이며, 다음은 3개의 인셉션 모듈 그룹으로, 각각의 모듈 그룹에는 여러 개의 유사한 인셉션 모듈이 있다. 인셉션 Net을 설계하는 중요 원칙은 이미지 크기가 끊임없이 축소되는 것으로, 299×299부터 5개의 스텝 길이가 2인 컨벌루션 레이어 혹은 풀링 레이어를 통한 후에 8×8로 축소된다. 동시에 출력 채널 수는 계속해서 증가해서 시작하는 3(RGB 3색)부터 2048까지이다. 여기에서 각 레이어의 컨벌루션, 풀링 혹은 인셉션 모듈 그룹의 목적은 모두 공간 구조를 간소화하는 동시에 공간 정보를 고가치의 추상적 특징 정보로 바꾸는 것이다. 즉 공간 크기를 채널 크기로 바꾸는 것이다. 이 과정은 동시에 각 레이어의 출력 텐서의 총 크기가 지속적으로 줄어들고 계산량이 떨어지게 된다. 인셉션 모듈의 규칙이 일반적인 상황에서는 4개의 분기가 있다는 것을 발견할 수 있다. 첫 번째 분기는 일반적으로 1×1 컨벌루션이며, 두 번째 분기는 일반적으로 1×1 컨벌루션이 다시 분해 후(factorized)의 1×n과 n×1 컨벌루션으로 연결되며, 세 번째 분기는 두 번째 분기와 유사하지만 일반적으로 더욱 깊다. 네 번째 분기는 일반적으로 최대 풀링 혹은 평균 풀링을 가지고 있다. 그래서 인셉션 모듈은 비교적 간단한 조합을 통한 특징의 추론(분기 1), 비교적 복잡한 특징 추론(분기 2와 분기 3)과 간소화 구조의 풀링 레이어(분기 4)로, 총 4가지의 서로 다른 정도의 특징 추론과 변환으로 다른 레이어 차수의 고가치 특징을 선택적으로 보유하며, 이렇게 하면 네트워크 표현 능력을 최대치로 풍부하게 할 수 있다.

이어서 인셉션 V3 네트워크의 마지막 부분인 전체 평균 풀링(Global Average Pooling), Softmax, Auxiliary Logits을 실현해 보자. 먼저 함수 인셉션 V3의 입력 매개변수를 보면, num_classs는 마지막에 분류해야 하는 수로 여기에서 기본값 1,000은 ILSVRC 대회 데이터 세트의 종류 수이다. is_training 표시는 훈련 과정 여부를 나타내며 Batch Normalization과 Dropout에 영향을 줌으로 Batch Normalization과 Dropout은 훈련할 때만 사용된다. Dropout_keep_prob은 훈련할 때 dropout이 보유해야 하는 노드의 비율이며 기본값은 0.8이다. Prediction_fn은 마지막에 분류를 진행하는 함수로서 여기에서 기본값은 slim.softmax를 사용한다, spatial_squeeze 매개변수 표시는 출력에 대한

squeeze 작업(즉 5×3×1을 5×3으로 전환하는 것처럼 1의 차원을 제거)의 진행 여부를 나타내며, Reuse 표시는 네트워크와 Variable에 대한 중복 사용 여부를 나타낸다. 마지막 scope는 함수의 기본 매개변수를 포함하는 환경으로 먼저 tf.variable_scope를 사용하여 네트워크 name과 resue 등 매개변수의 기본값을 정의한다. 그리고 앞에서 정의한 인셉션 V3 base를 사용하여 전체 네트워크의 컨벌루션 부분을 구성하고 마지막 레이어의 출력 net와 중요한 노드의 딕셔너리 end_points를 가져온다.

```
def inception_v3(inputs,
                num_classes=1000,
                is_training=True,
                dropout_keep_prob=0.8,
                prediction_fn=slim.softmax,
                spatial_squeeze=True,
                reuse=None,
                scope='InceptionV3'):

    with tf.variable_scope(scope, 'InceptionV3', [inputs, num_ classes],
                          reuse=reuse) as scope:
        with slim.arg_scope([slim.batch_norm, slim.dropout],
                           is_training=is_training):
            net, end_points = inception_v3_base(inputs, scope=scope)
```

이어서 Auxiliary Logits 부분의 로직을 처리하는데, Auxiliary Logits는 분류를 보조하는 노드로 삼으면, 분류 결과에 대해 예측하는데 매우 큰 도움이 된다. 먼저 slim.arg_scope를 사용하여 컨벌루션, 최대 풀링, 평균 풀링의 기본 스텝 길이를 1로 설정하고 padding의 기본 모드는 SAME으로 설정한다. 그런 후에 end_points를 통해서 Mixed_6e를 얻고, Mixed_6e 이후에는 다시 5×5의 평균 풀링을 연결하고 스텝의 길이는 3, padding은 VALID로 설정한다. 이렇게 하면 출력된 크기는 17×17×768에서 5×5×768로 바뀐다. 이어서 128 출력 채널의 1×1 컨벌루션과 768 출력 채널의 5×5 컨벌루션을 연결하는데, 여기에서는 가중치 초기화 방식으로 다시 표준편차를 0.01의 정규 분포로 설정하고 모드는 VALID로 설정하면 출력 크기가 1×1×768로 바뀐다. 그런 후에 다시 출력 채널 수를 num_classes의 1×1의 컨벌루션을 연결하고, 활성함수와 규범함수를 설정할 필요 없이 가중치 최기화 방식은 다시 표준편차 0.01의 정규 분포로 설정한다. 이렇게 하면, 출력은 1×1×1000으로 바뀐다. 이어서 tf.squeeze 함수를 사용하여 출력 텐서 안의 앞 두 개가 1인 크기를 제거한다. 마지막에는 분류 노드를 도운 출력 aux_logits가 딕셔너리 end_points 안에 저장된다.

```
with slim.arg_scope([slim.conv2d, slim.max_pool2d, slim.avg_ pool2d],
                    stride=1, padding='SAME'):
    aux_logits = end_points['Mixed_6e']
    with tf.variable_scope('AuxLogits'):
        aux_logits = slim.avg_pool2d(
            aux_logits, [5, 5], stride=3, padding='VALID',
            scope='AvgPool_1a_5x5')
        aux_logits = slim.conv2d(aux_logits, 128, [1, 1],
                                 scope='Conv2d_1b_1x1')

        aux_logits = slim.conv2d(
            aux_logits, 768, [5,5],
            weights_initializer=trunc_normal(0.01),
            padding='VALID', scope='Conv2d_2a_5x5')
        aux_logits = slim.conv2d(
            aux_logits, num_classes, [1, 1], activation_fn=None,
            normalizer_fn=None, weights_initializer=trunc_normal(0.001),
            scope='Conv2d_2b_1x1')
        if spatial_squeeze:
            aux_logits = tf.squeeze(aux_logits, [1, 2],
                                    name='SpatialSqueeze')
        end_points['AuxLogits'] = aux_logits
```

아래에서는 정상적인 분류 예측의 로직을 처리해 보자. Mixed_7e에 대해 마지막 컨벌루션 레이어의 출력이 8×8의 전체 평균 풀링을 진행하면 padding 모드는 VALID가 되어 이러한 출력 텐서의 크기가 1×1×2048로 변한다. 그런 후에 Dropout 레이어를 연결하고 노드 보유율은 dropout_keep_prob이 된다. 이어서 출력 채널 수가 1000의

1×1 컨벌루션을 연결하고 활성함수와 정규화 함수를 비어 있게 설정한다. 아래에서는 tf.squeeze를 사용하여 출력 텐서 안의 차수가 1인 크기를 제거하고, 다시 softmax를 연결하여 결과에 대해 분류 예측을 진행한다. 마지막에 출력 결과 logits와 노드를 보조한 end_ponits를 포함하여 반환한다.

```
        with tf.variable_scope('Logits'):
            net = slim.avg_pool2d(net, [8, 8], padding='VALID',
                                  scope='AvgPool_1a_8x8')
            net = slim.dropout(net, keep_prob=dropout_keep_prob,
                               scope='Dropout_1b')
            end_points['PreLogits'] = net
            logits = slim.conv2d(net, num_classes, [1, 1], activation_ fn=None,
                                 normalizer_fn=None, scope='Conv2d_1c_1x1')
            if spatial_squeeze:
                logits = tf.squeeze(logits, [1, 2], name='SpatialSqueeze')
        end_points['Logits'] = logits
        end_points['Predictions'] = prediction_fn(logits, scope='Predictions')
    return logits, end_points
```

이렇게 해서 전체 인셉션 V3 네트워크의 구조를 완료하였다. 인셉션 V3는 매우 복잡하고 정밀한 모델로, 그중에서 이전에 매우 많이 누적된 설계인 컨벌루션 네트워크의 경험과 기교를 사용하였다. 그러나 비록 인셉션 V3 논문에서 컨벌루션 네트워크 설계의 몇 가지 원칙을 제기하였지만 그 안에는 매우 많은 매개변수의 선택이 있으며, 레이어 수, 컨벌루션 커널의 크기, 풀링 위치, 스텝 길이의 크기, factorization 사용의 시기 및 분기를 포함하여 모두 매우 해석하기 어렵다. 현재, 딥러닝만을 생각하고 특히 대형 컨벌루션 네트워크의 설계는 매우 실험적인 학문이어서 그 안에는 대량의 탐색과 실천이 필요하다. 불특정 네트워크 구조를 반드시 잘 증명하는 것이 매우 어려우며, 더욱 많은 것은 실험으로 누적한 경험을 통해 결론을 종합하는 것이다. 딥러닝의 연구에서 이론 증명 부분은 매우 단편적이지만, 실험을 통해 얻은 결론은 통상 꽤 괜찮은 확대성을 가지고 있으며, 기타 데이터 세트에서의 확대성은 양호하다.

아래에서는 인셉션 V3에 대해 연산 기능 테스트를 진행하고자 한다. 여기에서 사용되는 time_tensorflow_run 함수와 AlexNet은 같아서 다시 정의하지는 않겠지만, 6.1장에서 코드를 찾아 로딩할 수 있다. 인셉션 V3 네트워크 구조는 매우 커서 batch_size가 32가 되므로 GPU의 메모리 부족을 피해야 한다. 이미지 크기가 299×299로 설정되어 tf.random_uniform를 사용하여 랜덤하게 이미지 데이터를 생성하여 input이 된다. 이어서 slim.arg_scope를 사용하여 앞에서 정의한 inception_v3_arg_scope()을 로딩하고, 이 scope에는 Batch Normalization의 기본 매개변수 및 활성함수와 매개변수 초기화 방식의 기본값이 포함되었다. 그런 후에 이 arg_scope에서 inception_v3 함수를 사용하여 inputs을 집어넣어 logits와 end_points를 얻는다. 아래에서는 Session을 만들고, 전체 모델 매개변수를 초기화한다. 마지막으로 테스트의 batch 수량을 100으로 설정하고, time_tensorflow_run을 사용하여 인셉션 V3 네트워크의 forward 기능을 테스트한다.

```
batch_size = 32
height, width = 299, 299
inputs = tf.random_uniform((batch_size, height, width, 3))
with slim.arg_scope(inception_v3_arg_scope()):
    logits, end_points = inception_v3(inputs, is_training=False)

init = tf.global_variables_initializer()
sess = tf.Session()
sess.run(init)
num_batches=100
time_tensorflow_run(sess, logits, "Forward")
```

결과를 보자면 인셉션 V3 네트워크의 forward 성능은 괜찮아서 GTX 1080, CUDA 8, cuDNN 5.1의 환경에서 각 batch(32장 이미지 포함)를 예측하는 수행 시간은 0.145s가 된다. 비록 입력 이미지의 영역이 VGGNet의 224×224보다 78% 크지만 forward 속도는 오히려 VGGNet의 0.152s보다 더 빠르다. 인셉션 V3 네트워크에는 단지 2,500만 개의 매개변수가 있어서, 비록 인셉션 V1의 700만 개보다 많지만 여전히 AlexNet의 6,000만 개 매개변수량에는 절반이며, VGGNet의 1.4억 매개변수량에 비하며 훨씬 적다. 이는 42 레이어 깊이의 대형 네트워크에 대해 말하자면 쉽지 않은 것으로, 동시에 전체 네트워크의 부동소수점 계산량에는 단지 50억 회가 된다. 비록 Inception V1의 15억 회보다는 훨씬 크지만, VGGNet과 비교하면 여전히 크다고 할 수 없다. 비교적 적은 계산량은 인셉션 V3 네트워크로 매우 실용적으로 바뀌었고, 가볍게 보통 서버에 이것을 이식하여 더욱 빠른 반응 속도를 제공할 수 있다. 심지어는 휴대전화에 이식하여 실시간 이미지 식별을 진행할 수 있다.

```
2016-12-10 21:07:09.535980: step 0, duration = 0.145
2016-12-10 21:07:10.982748: step 10, duration = 0.145
2016-12-10 21:07:12.430209: step 20, duration = 0.145
2016-12-10 21:07:13.877055: step 30, duration = 0.145
2016-12-10 21:07:15.324095: step 40, duration = 0.145
2016-12-10 21:07:16.770960: step 50, duration = 0.145
2016-12-10 21:07:18.218127: step 60, duration = 0.145
2016-12-10 21:07:19.665192: step 70, duration = 0.145
2016-12-10 21:07:21.113429: step 80, duration = 0.145
2016-12-10 21:07:22.563213: step 90, duration = 0.145
2016-12-10 21:07:23.867730: Forward across 100 steps, 0.145 +/- 0.000 sec / batch
```

편차의 요인 때문에 인셉션 V3의 backward 성능에 대해서 테스트를 진행하지 않았다. 이 부분의 코드는 비교적 중복되어서, 흥미가 있으면 전체 네트워크의 모든 매개변수를 매개변수 리스트에 추가하여 전체 매개변수에 대해 필요한 시간을 구하거나 혹은 직접 ImageNet 네트워크 세트를 다운로드한 다음 실제 샘플을 사용하여 훈련을 진행하고 필요한 시간을 측정하도록 한다.

인셉션 V3는 매우 깊은 컨벌루션 신경망이 되어, 매우 정밀한 설계와 구조를 가지고 있으며, 전체 네트워크 구조와 분기는 매우 복잡하다. 평상시 이렇게 복잡한 네트워크를 설계할 필요는 없지만, 인셉션 V3 안의 컨벌루션 신경망을 설계하기 위한 아이디어는 여전히 많이 있으며 Trick은 공부할 가치가 있다.

① Factorization into small convolutions은 매우 유용하여, 매개변수량을 낮추고 오버피팅을 경감할 수 있으며, 네트워크의 비선형 표현 능력을 증가할 수 있다.

② 컨벌루션 네트워크는 입력부터 출력까지 이미지의 크기를 점차 줄여야만 하며 출력 채널 수는 점차적으로 증가한다. 즉 공간 구조를 간소화하여 공간 정보를 높은 가치의 추상적 특징 정보로 바꾸는 것이다.

③ 인셉션 모듈은 여러 분기로 다른 추상적인 정도의 고차원 특징의 생각을 추출하는데 매우 효과적이며, 네트워크의 표현 능력을 풍부하게 할 수 있다.

6.4 텐서플로우에 의한 ResNet 구현

ResNet(Residual Neural Network)은 Microsoft 연구원의 카이밍 허(Kaiming He) 등 4명이 제기한 것으로 Residual 단위의 사용을 통해 152 레이어 깊이의 신경망을 훈련하는데 성공하여서 ILSVRC 2015 대회에서 우승을 차지하였고 3.57%의 top-5 오차율을 얻음과 동시에 매개변수량은 오히려 VGGNet보다 낮고 효과는 매우 뛰어났다. ResNet의 구조는 매우 빠르게 Ultra Deep 신경망의 훈련을 가속화할 수 있으며 모델의 정확도 역시 매우 크게 상승하였다. 6.3장에서 인셉션 V3를 구현하는 것을 설명하였고 인셉션 V4는 인셉션 모듈과 ResNet을 서로 결합함을 설명하였다. 이는 ResNet이 하나의 확장성이 매우 좋은 네트워크 구조이며 심지어 직접 인셉션 Net 안에 응용될 수 있음을 보여 준다. 본 장에서는 ResNet의 기본 원리와 어떻게 텐서플로우로 그것을 구현하는지를 설명하고자 한다.

ResNet 전에, 스위스 슈미트후버(Schmidhuber) 교수는 하이웨이 네트워크(Highway Network)를 제기하였는데 원리는 ResNet과 매우 유사하다. 이 슈미트후버 교수는 LSTM 네트워크의 발명자일 뿐 아니라 1997년에 일찍이 발명한 것으로 소위 신경망 영역의 저명한 학자라고 할 수 있다. 통상 신경망의 깊이는 그 성능에 대해 매우 중요하게 생각하지만, 네트워크가 그 훈련의 난이도가 깊을수록 더욱 커져서 Highway Network의 목표는 극도로 깊은 신경망 훈련의 어려운 문제를 해결하는 것이다. Highway Network는 각 레이어의 활성함수를 수정하는 것과 같아서 이전의 활성함수는 입력에 대해 단지 비선형을 만들어서 $y = H(x, W_H)$로 교체하고 Highway NetWork가 일정한 비율의 원시 입력 x를 보유하는 것을 승인한다. 즉 $y = H(x, W_H) \cdot T(x, W_T) + x \cdot C(x, W_C)$으로 그 안의 T는 변환 계수가 되고, C는 보류 계수가 된다. 논문에서 C=1−T가 된다. 이렇게 앞의 레이어 정보는 일정한 비례가 있어서 행렬 곱셈과 비선형 교환을 통하지 않고 직접 다음 레이어까지 전달할 수 있다. 이는 마치 정보의 고속도로와 같아서 하이웨이 네크워크라는 이름을 얻었다. 하이웨이 네크워크는 주로 gating 단위를 통해서 어떻게 네트워크 안의 정보 흐름을 제어하는지를 훈련하는데, 즉 원시 정보가 보류해야만 하는 비율을 훈련한다. 훈련할 수 있는 gating 메커니즘은 슈미트후버가 LSTM 순환 신경망 안의 gating에서 인용하였다. 몇백에서 천 개의 레이어 깊이의 하이웨이 네크워크는 직접 기울기를 떨어뜨리는 알고리즘을 사용하여 훈련할 수 있으며, 여러 개의 비선형 활성함수를 배합하여 매우 깊은 신경망을 훈련하여 현재 실행 가능하도록 바꿀 수 있다. 사실 하이웨이 네크워크의 설계는 이론상 임의의 깊이의 네트워크를 훈련하도록 승인하며, 그 최적화 방법은 기본적으로 네트워크의 깊이와 독립된 전통적인 신경망 구조는 깊이에 대해 매우 민감하므로 복잡도를 훈련하여 깊이에 따라 추가하여 급속하게 증가한다.

ResNet과 하이웨이 네크워크는 매우 유사하며, 원시 입력 신호에 직접 뒤에 레이어까지 전달하는 것을 승인한다. ResNet은 처음에 이런 문제로부터 민감하였다. 끊임없이 신경망의 깊이를 더할 때, Degradation의 문제가 나타날 수 있으며, 즉 정확도가 먼저 상승한 후에 포화에 도달하면 다시 깊이를 계속해서 증가시키게 되면 정확도가 떨어지는 것을 야기할 수 있다. 이는 테스트 세트에서의 오차가 증가되기 때문에 오버피팅의 문제가 아니라 훈련 세트 자체의 오차도 증가하게 된다. 비교적 얕은 네트워크가 포화상태의 정확도에 도달하게 된다고 가정하면 뒤에 다시 몇 개의 y=x의 전체 맵핑 레이어를 추가하게 되고 적어도 오차는 증가하지 않을 것이다. 즉 더욱 깊어진 네트워크가 훈련 세트의 오차 상승을 일으키지 않아야 한다. 여기에서 언급되어 사용된 전체 맵핑은 앞 레이어 출력을 뒤의 생각까지 직접 전달하는데 이것이 바로 ResNet의 영감에서 기원한다. 불특정 신경망의 입력이 x라고 가정한다면 출력은 $H(x)$ 이기를 기대하고 만일 직접 입력 x를 출력까지 전달하여 초기 결과로 삼는다면 이때 훈련이 필요한 목표가 $F(x) = H(x) - x$가 된다. [그림 6-1]의 예시와 같이 이것이 바로 ResNet의 잔여 훈련 단위(Residual

Unit)로 ResNet는 학습 목표를 바꾸는 것과 같아서, 더 이상 완전한 출력 H(x)를 훈련할 필요가 없으며, 단지 출력과 입력의 차이 H(x)−x, 즉 잔여가 된다.

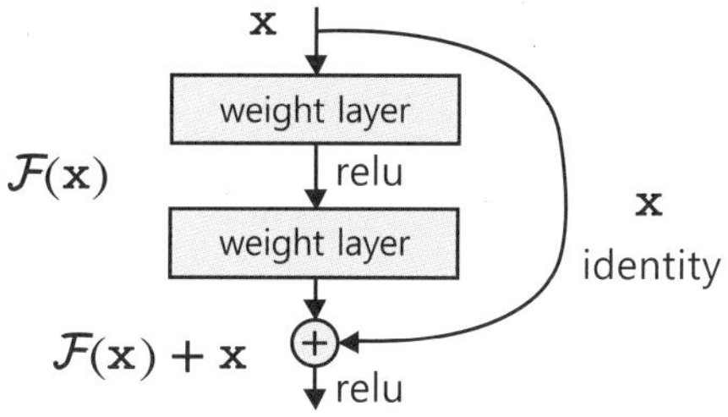

【그림 6-14】 ResNet의 잔여 훈련 모듈

[그림 6-15]의 예시는 VGGNet-19로, 34 레이어 깊이의 보통 컨벌루션 네트워크와 34 레이어 깊이의 ResNet 네트워크의 대비도가 된다. 이는 보통 직접 연결된 컨벌루션 신경망과 ResNet의 최대 구별이 된다고 볼 수 있으며 ResNet은 입력을 다음 레이어까지 직접 연결하는 많은 바이패스(bypass)가 있어서 다음 레이어로 하여금 직접 잔여 훈련을 할 수 있도록 하는데 이런 구조는 shortcut 혹은 skip connections이라고 불려진다.

전통적 컨벌루션 레이어 혹은 전체 연결 레이어는 정보 전달할 때에 많거나 적은 정보의 손실, 소모 등의 문제가 존재한다. ResNet은 불특정한 정도에서 이런 문제를 해결하며, 직접 입력 정보를 출력까지 우회하여 전달을 통해 정보의 완전성을 보호하고 전체 네트워크가 입력, 출력의 차이의 일부분을 훈련해야만 할 때 학습 목표와 난이도를 간략화한다.

ResNet의 논문에서 [그림 6-16]에서의 두 레이어 차이 훈련 단위를 제기한 것을 제외하고 3 레이어의 차이 훈련 단위가 또 있다. 두 레이어의 차이 훈련 단위에는 두 가지 같은 출력 채널 수(잔여는 목표 출력과 같아서 입력을 제하는데, 즉 H(x)−x이기 때문에 입력, 출력 크기가 일치되게 유지되어야 한다)의 3×3 컨벌루션을 포함하고 있으며, 3 레이어의 잔여 네트워크는 Network In Network와 인셉션 Net의 1×1 컨벌루션을 사용하고, 중간의 3×3 컨벌루션의 앞뒤에 1×1 컨벌루션을 사용하여 먼저 다운그레이드한 차원을 다시 차원의 업그레이드 작업을 한다. 그 외에 만일 입력, 출력 크기가 서로 다른 상황이라면 x에 대해 선형 맵핑을 하여 크기를 교체하고 다시 뒤의 레이어까지 연결할 수 있다.

[그림 6-17]은 레이어 수가 다른 경우 ResNet 네트워크 배치를 보여 준다. 기본 구조는 매우 유사하며, 앞에서 언급한 2 레이어 및 3 레이어의 잔여 학습(residual learning) 단위의 스택(stack)이다.

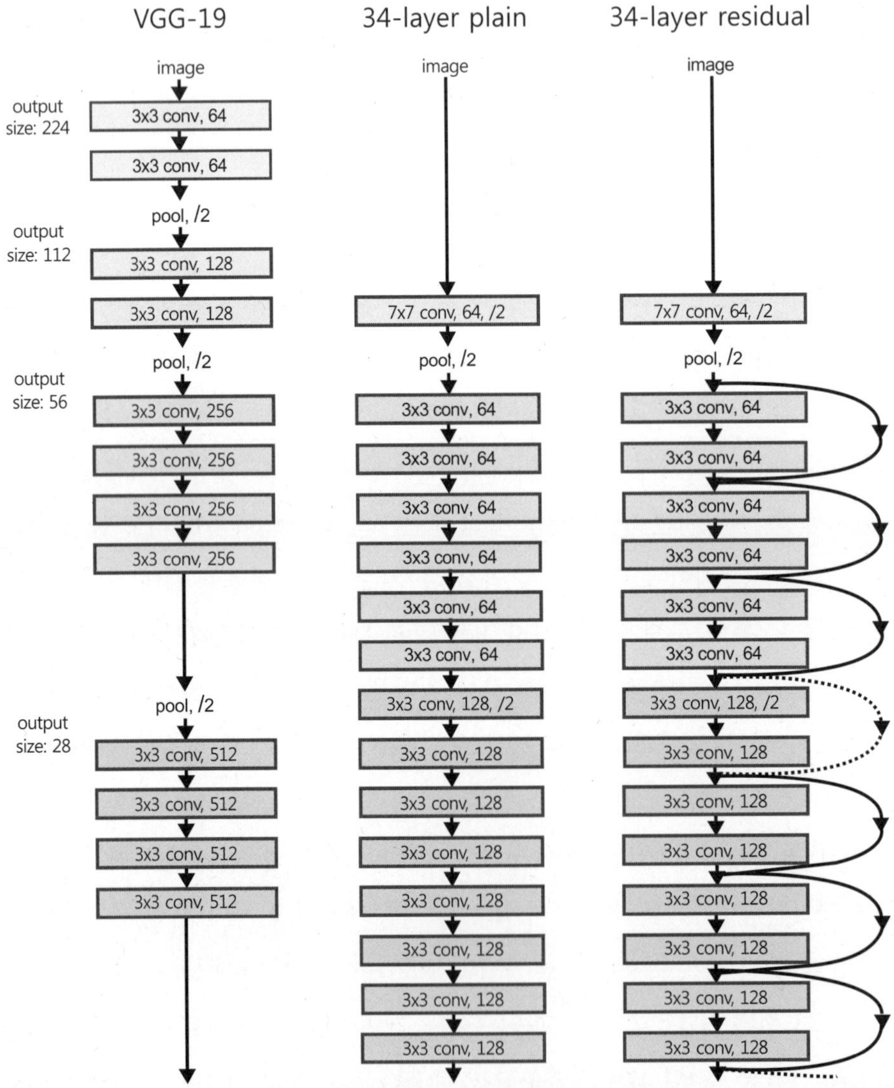

【그림 6-15】 VGG-19, 직접 연결된 34 레이어 네트워크, ResNet의 34 레이어 네트워크 구조 비교

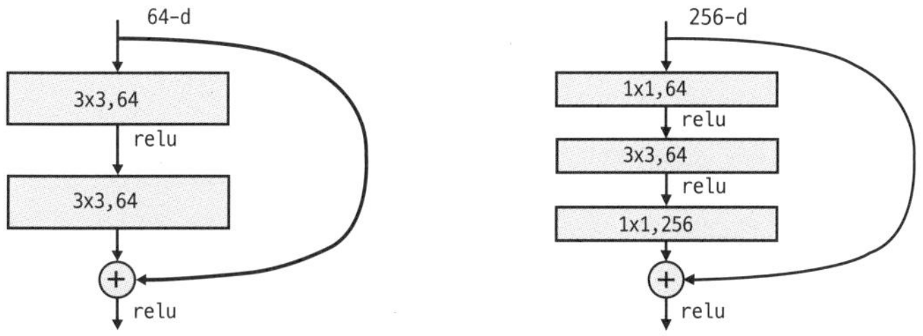

【그림 6-16】 2 레이어 및 3 레이어의 ResNet 잔여 학습 모듈

layer name	output size	18-layer	34-layer	50-layer	101-layer	152-layer
conv1	112×112	7×7, 64, stride 2				
conv2_x	56×56	3×3 max pool, stride 2				
		[3×3, 64 3×3, 64] ×2	[3×3, 64 3×3, 64] ×3	[1×1, 64 3×3, 64 1×1, 256] ×3	[1×1, 64 3×3, 64 1×1, 256] ×3	[1×1, 64 3×3, 64 1×1, 256] ×3
conv3_x	28×28	[3×3, 128 3×3, 128] ×2	[3×3, 128 3×3, 128] ×4	[1×1, 128 3×3, 128 1×1, 512] ×4	[1×1, 128 3×3, 128 1×1, 512] ×4	[1×1, 128 3×3, 128 1×1, 512] ×8
conv4_x	14×14	[3×3, 256 3×3, 256] ×2	[3×3, 256 3×3, 256] ×6	[1×1, 256 3×3, 256 1×1, 1024] ×6	[1×1, 256 3×3, 256 1×1, 1024] ×23	[1×1, 256 3×3, 256 1×1, 1024] ×36
conv5_x	7×7	[3×3, 512 3×3, 512] ×2	[3×3, 512 3×3, 512] ×3	[1×1, 512 3×3, 512 1×1, 2048] ×3	[1×1, 512 3×3, 512 1×1, 2048] ×3	[1×1, 512 3×3, 512 1×1, 2048] ×3
	1×1	average pool, 1000-d fc, softmax				
FLOPs		1.8×10^9	3.6×10^9	3.8×10^9	7.6×10^9	11.3×10^9

【그림 6-17】 ResNet의 서로 다른 레이어 수일 때의 네트워크 배치

ResNet의 구조를 사용한 후에, 레이어 수가 끊임없이 깊어지는 것이 발견되어 야기되는 훈련 세트의 오차가 증대되는 현상이 해소되었다. ResNet 네트워크의 훈련 오차는 레이어 수가 증대됨에 따라 점점 감소하고, 테스트 세트에서의 표현 역시 좋게 변하게 된다. ResNet을 추진한 후 멀지 않아서 구글은 ResNet의 수치를 참고하여 인셉션 V4와 Inception-ResNet-V2를 제시하였다. 이 두 가지 모델의 융합을 통해서 ILSVRC 데이터 세트에서 놀랄 만한 3.08%의 오차율을 얻게 되었다. ResNet 및 그 사상은 컨벌루션 신경망의 연구에 대한 공헌이 확실히 매우 현저하였으며 매우 강력한 확대성을 가지고 있는 것을 볼 수 있다. ResNet의 두 번째 관련 논문 〈Identity Mappings in Deep Residual Networks〉에서 ResNet V2를 제시하였다. ResNet V2와 ResNet V1의 주요 차이는 작가가 ResNet의 잔여 학습 단위의 전파 공식 연구를 통해서 피드 포워드와 피드백 신호

를 발견하여, 직접 전송할 수 있어서 ReLU와 같이 skip connection의 비선형 활성함수가 Identity Mappings(y=x)로 교체되는 것이다. 동시에 ResNet V2는 각 레이어 안에서 Batch Normalization을 사용한다. 이렇게 처리한 후에 새로운 잔여 학습 단위 이전에 비해 더욱 쉽게 훈련하고 확대성이 더욱 강해졌다.

슈미트후버 교수의 관점에 근거해서 ResNet은 gates가 없는 LSTM 네트워크와 유사하다. 즉 입력 x를 뒤 레이어에 전송하는 과정이 계속해서 발생되는 것으로 훈련되는 것이 아니다. 동시에 최근에도 두 편의 논문에서 ResNet의 기본적으로 순환 신경망과 ResNet의 효과가 멀티 레이어 네트워크 간의 세트 방법(ensemble)과 유사한 가치가 있음을 보여 준다. ResNet는 deepen network의 레이어 수에서 중대한 공헌을 하였는데 다른 논문 〈The Power of Depth for Feedforward Neural Networks〉에서는 이론상 deepen network가 Widening network보다 더 효과적이라는 것이 증명되었다. 이는 ResNet에 성원을 제공하는 것이자, 딥러닝이 왜 더욱 깊어져야 효과적이고 합리적으로 해석을 제공하는 이유이다.

아래에서 텐서플로우를 사용하여 ResNet V2 네트워크를 구현하고자 한다. 간편한 contrib.slimlibrary를 사용하여 ResNet을 만드는 것을 돕고, 나머지 기재하는 라이브러리는 원래의 collections이 된다. 본 장에서의 코드는 주로 텐서플로우의 오픈소스 코드[54]에서 가져왔다.

```
import collections
import tensorflow as tf
slim = tf.contrib.slim
```

collections.namedtuple을 사용하여 ResNet의 기본 Block모듈([그림 6-17] 안에 예시된 Block)의 named tuple을 설계하고 그것으로 Block 종류를 만들지만, 단지 데이터 구조를 포함할 뿐, 구체적 방법을 포함하지는 않는다. 하나의 전형적인 Block을 정의하려면, 3개의 매개변수를 입력해야 하는데 scope, unit_fn과 args로 구분한다. Block('block1', bottleneck, [(256,

54) https://github.com/tensorflow/models/blob/master/slim/nets/resnet_v2.py

64, 1)] × 2 + [(256, 64, 2)]) 이행의 코드를 예로 들면, 전형적인 Block을 정의할 수 있고 그 안의 block 1은 이 Block의 명칭(혹은 scope)이며, bottleneck은 ResNet V2의 잔여 학습 단위이다. 마지막의 매개변수[(256, 64, 1)] × 2 + [(256, 64, 2)]는 이 Block의 args로 args는 하나의 리스트이고 그 안에 각 요소마다 bottleneck 잔여 학습 단위를 대응한다. 앞에서의 2개의 원소 모두 (256, 64, 1)이고, 마지막 하나는 (256, 64, 2)이다. 각 요소는 3요소 튜플(tuple), 즉 (depth, depth_bottleneck, stride)이다. 구조를 대표하는 bottleneck 잔여 학습 단위(각 잔여 학습 단위는 3개의 컨벌루션 레이어를 포함한다) 중에서, 세 번째 레이어 출력 채널 수 depth는 256이 되고, 앞의 두 레이어 출력 채널 수 depth_bottleneck은 64가 된다. 중간 레이어의 스텝 길이 stride는 3이 된다. 이 잔여 학습 단위 구조는 즉 [(1×1/s1, 64), (3×3/s2, 64), (1×1/s1, 256)]이다. 이 Block에서 총 3개의 bottleneck의 잔여 학습 단위가 있는데, 마지막 하나를 스텝 길이가 2로 변한 것을 제외하고 나머지는 일치한다.

```
class Block(collections.namedtuple('Block', ['scope', 'unit_fn', 'args'])):
    'A named tuple describing a ResNet block.'
```

아래는 다운 샘플링 subsample 방법을 정의한다. 매개변수는 inputs(입력), factor(샘플 인자)와 scope를 포함한다. 이 함수 역시 매우 간단해서 만일 factor가 1이면 수정하지 않고 바로 inputs으로 돌아간다. 만일 1이 아니라면, slim.max_pool2d를 사용하여 최대 풀링을 사용하여 구현하고, 1×1의 풀링 크기를 통해서 stride를 스텝 길이, 즉 다운 샘플링을 구현할 수 있다.

```
def subsample(inputs, factor, scope=None):
    if factor == 1:
        return inputs
    else:
        return slim.max_pool2d(inputs, [1, 1], stride=factor, scope=scope)
```

다시 conv2d_same 함수를 정의하여 컨벌루션 레이어를 만들어 보자. 먼저 stride가

1인지 여부를 판단한다. 만일 1이라면, 직접 slim.conv2d을 사용하여 padding 모드를 SAME으로 하고, 만일 stride가 1이 아니라면, 현저하게 pad zero가 된다. Pad zero의 총수가 kernel_size-1이어야 하며, pad_beg은 pad//2, pad_end는 남은 부분이 된다. 이어서 tf.pad를 사용하여 출력 변수에 대해 보충 작업을 진행한다. 마지막으로 이미 zero padding을 진행하였기 때문에 padding 모드를 다시 사용하여 VALID의 slim.conv2d로 하여 이 컨벌루션 레이어를 만들기만 하면 된다.

```
def conv2d_same(inputs, num_outputs, kernel_size, stride, scope=None):
    if stride == 1:
        return slim.conv2d(inputs, num_outputs, kernel_size, stride=1,
                           padding='SAME', scope=scope)
    else:
        pad_total = kernel_size - 1
        pad_beg = pad_total // 2
        pad_end = pad_total - pad_beg
        inputs = tf.pad(inputs, [[0, 0], [pad_beg, pad_end],
                                 [pad_beg, pad_end], [0, 0]])
        return slim.conv2d(inputs, num_outputs, kernel_size, stride=stride,
                           padding='VALID', scope=scope)
```

이어서 스태킹 블록(stacking blacks) 함수를 정의하면, 매개변수 안의 net은 출력이 되고, blocks은 이전에 정의한 Block의 class 리스트가 되어서 outputs_collections이 바로 각 end_points를 수집하는데 사용되는 collections이다. 아래에서는 두 레이어 순환을 사용하여 block을 쫓고, 잔여 단위를 쫓아서 스택(stack)한다. 먼저 두 개의 tf.variable_scope를 사용하여 잔여 학습 단위를 block1/unit_1의 형식으로 이름 붙인다. 두 번째 레이어 순환 중에서, 각 Block 안의 각각의 잔여 단위의 args를 가져올 수 있으며, depth · depth_bottleneck와 stride로 전개한다. 그 함축적 의미는 앞에서 정의한 Block 종류일 때 이미 설명한 바 있다. 그런 후에 단위는 함수, 즉 잔여 학습 단위의 생성함수를 사용하여 순차적으로 만들고 모든 잔여 학습 단위를 연결한다. 마지막으로 slim.utils.collect_named_outputs 함수를 사용하여 출력 net을 collection 안에 추가한다. 마지막으로, 모든 Block 안의 모든 잔여 단위가 스택 된 후 다시 마지막의 net을 반환하여 stack_blocks_dense 함수 결과로 한다.

```
@slim.add_arg_scope
def stack_blocks_dense(net, blocks, outputs_collections=None):

    for block in blocks:
        with tf.variable_scope(block.scope, 'block', [net]) as sc:
            for i, unit in enumerate(block.args):
                with tf.variable_scope('unit_%d' % (i + 1), values=[net]):
                    unit_depth, unit_depth_bottleneck, unit_stride = unit
                    net = block.unit_fn(net,
                                        depth=unit_depth,
                                        depth_bottleneck=unit_depth_
                                        bottleneck,
                                        stride=unit_stride)
        net = slim.utils.collect_named_outputs(outputs_collections, sc.name,
                                               net)

    return net
```

여기에서 ResNet에 통용되는 arg_scope 만들어 보자. arg_scope에 관해서 앞장에서 이미 불특정 함수의 매개변수 기본값을 정의하는 데 사용한다고 그 기능을 소개하였다. 여기에서는 훈련 표기 is_training의 기본(default)을 True라고 정의하고 가중치 감쇠 속도 weight_decay은 0.001을 기본으로 한다. BN의 감쇠 속도는 0.997로 정의하고, BN의 epsilon은 1e-5로 정의하고 BN의 scale은 True로 정의한다. 인셉션 V3에서 정의한 arg_scope와 같아서 먼저 BN의 각 항의 매개변수를 설정한 후에 slim.arg_scope를 통해서 slim.conv2d의 몇 가지 기본 매개변수를 설정한다. 가중치 정규기는 L2의 정규로 설정하고 가중치 초기화기는 slim.variance_scaling_initializer()로 설정하며, 활성 함수는 ReLU로 설정하고 표준화기는 BN으로 설정한다. 최대 풀링의 padding 모드를 SAME(주의, ResNet의 원 논문에서 사용한 것은 VALID 모드이며, SAME으로 설정하면 특징을 더욱 간단하게 정렬할 수 있으므로 사용자는 VALID를 고쳐 테스트할 수 있다)으로 설정한다. 마지막으로 몇 개의 레이어 삽입 세트인 arg_scope를 결과로써 반환한다.

```
def resnet_arg_scope(is_training=True,
                     weight_decay=0.0001,
                     batch_norm_decay=0.997,
                     batch_norm_epsilon=1e-5,
                     batch_norm_scale=True):

    batch_norm_params = {
        'is_training': is_training,
        'decay': batch_norm_decay,
        'epsilon': batch_norm_epsilon,
        'scale': batch_norm_scale,
        'updates_collections': tf.GraphKeys.UPDATE_OPS,
    }

    with slim.arg_scope(
        [slim.conv2d],
        weights_regularizer=slim.l2_regularizer(weight_decay),
        weights_initializer=slim.variance_scaling_initializer(),
        activation_fn=tf.nn.relu,
        normalizer_fn=slim.batch_norm,
        normalizer_params=batch_norm_params):
    with slim.arg_scope([slim.batch_norm], **batch_norm_params):
        with slim.arg_scope([slim.max_pool2d], padding='SAME') as arg_sc:
            return arg_sc
```

이어서 핵심인 bottleneck 잔여 학습 단위를 정의해 보자. 그것은 ResNet V2의 논문에서 언급된 Full Preactivation Residual 유형 중의 하나이다. 그것은 ResNet V1 중의 잔여 학습 단위와 주로 두 가지 구별점이 있다. 하나는 각 레이어 앞마다 Batch Normalization을 사용하는 것이다. 두 번째는 출력에 대해 preactivation을 진행한다. 컨벌루션에서 활성함수 처리를 진행하지는 않는다. bottleneck 함수의 매개변수를 보면

inputs은 입력이며, depth·depth_bottleneck과 stride 3개의 매개변수 앞의 Blocks류 중의 args, outputs_collections는 end_points의 collection을 수집하고, scope는 이 단위의 명칭이다. 아래에서는 먼저 slim.utils.last_dimension 함수를 사용하여 입력된 마지막 크기를 얻는다. 즉 출력 채널 수는 그 안의 매개변수 min_rank=4가 최소 크기가 4개인 크기로 한정할 수 있다. 이어서 slim.batch_norm를 사용하여 입력에 대해 Batch Normalization을 진행한다. ReLU 함수를 사용하여 예비 함수 Preactivate를 진행한다. 그런 후에 shortcut(즉 직접 연결된 x)를 정의하면, 만일 잔여 단위의 입력 채널 수 depth_in가 출력 채널 수 depth와 일치한다면 subsample을 사용하여 스텝 길이가 stride에 따라 inputs에 대해 공간상의 샘플링(잔여 중간의 레이어의 컨벌루션 스텝 길이가 stride이기 때문에 공간 크기와 잔여가 일치함을 보증한다)을 진행한다. 만일 입력, 출력 채널 수가 일치하지 않는다면, 스텝 길이를 stride의 1×1 컨벌루션으로 채널 수를 바꾸고 출력 채널 수와 일치시킨다. 그런 후에 residual과 shorcut을 서로 더해서 마지막 결과인 output을 얻는다. 다시 slim.utils.collect_named_outputs을 사용하여 결과를 collection을 더해서 output이 함수 결과가 되도록 반환한다.

```
@slim.add_arg_scope
def bottleneck(inputs, depth, depth_bottleneck, stride,
               outputs_collections=None, scope=None):

    with tf.variable_scope(scope, 'bottleneck_v2', [inputs]) as sc:
        depth_in = slim.utils.last_dimension(inputs.get_shape(), min_rank=4)
        preact = slim.batch_norm(inputs, activation_fn=tf.nn.relu,
                                 scope='preact')
        if depth == depth_in:
            shortcut = subsample(inputs, stride, 'shortcut')
        else:
            shortcut = slim.conv2d(preact, depth, [1, 1], stride=stride,
                                   normalizer_fn=None, activation_fn=None,
                                   scope='shortcut')
```

```
        residual = slim.conv2d(preact, depth_bottleneck, [1, 1], stride=1,
                               scope='conv1')
        residual = conv2d_same(residual, depth_bottleneck, 3, stride,
                               scope='conv2')
        residual = slim.conv2d(residual, depth, [1, 1], stride=1,
                               normalizer_fn=None, activation_fn=None,
                               scope='conv3')

        output = shortcut + residual

        return slim.utils.collect_named_outputs(outputs_collections,
                                                sc.name, output)
```

아래에서는 ResNet V2의 main 함수 생성을 정의해 보자. 정의된 네트워크의 잔여 학습 모듈 blocks을 우선으로 하면, 대응하는 완전한 ResNet을 생성할 수 있다. 먼저 이 함수의 매개변수를 보면, inputs은 입력이며 blocks은 정의된 Block의 종류를 위한 리스트이고, num_classes은 마지막으로 출력한 분류의 수이며, global_pool은 마지막 레이어의 전체 평균 풀링을 더한 것인지 여부를 표시하며 include_root_block은 ResNet 네트워크 앞에 통상 사용되는 7×7 컨벌루션과 최대 풀링을 더한 것인지 여부를 표시하며, reuse는 중복 사용인지 여부를 표시하며, scope는 전체 네트워크의 명칭이다. 함수 내에서 먼저 variable_scope 및 end_points_collection을 정의하고 다시 slim.arg_scope를 통해서 이 3개의 함수(slim.con2d, bottleneck, stack_block_dense)의 매개변수 outputs_collections을 end_points_collection로 기본 설정한다. 그런 후에 include_root_block을 근거로 표기하고, ResNet의 가장 전면의 64 출력 채널의 스텝 길이를 2인 7×7 컨벌루션으로 만든다. 그런 후에 다시 스텝 길이가 2인 3×3의 최대 풀링으로 연결한다. 두 스텝의 길이가 2인 레이어를 통해 이미지의 크기는 이미 1/4로 축소되었다. 그런 후 앞에서 정의한 stack_blocks_dense를 사용하여 오차 학습 모듈을 생성하고 다시 표기를 근거로 전체 평균 풀링 레이어를 더한다. 여기에서는 tf.reduce_mean을 사용하여 전체 평균 풀링을 구현하면 효율은 직접 avg_pool을 사용하는 것보다 높다. 아래에서는 분류 수가 있는지 여부를 근거로 출력 채널을 num_classes의 1×1 컨벌루션(이 컨벌루션 레이어는 비활성함수와 정규

항)이 되고, 다시 softmax 레이어를 더해서 네트워크 결과를 출력한다. 동시에 slim.utils.convert_collection_to_dict을 사용하여 collection을 파이썬의 dict으로 전환한다. 마지막으로 net와 end_points를 반환한다.

```
def resnet_v2(inputs,
             blocks,
             num_classes=None,
             global_pool=True,
             include_root_block=True,
             reuse=None,
             scope=None):

    with tf.variable_scope(scope, 'resnet_v2', [inputs], reuse=reuse) as sc:
        end_points_collection = sc.original_name_scope + '_end_points'
        with slim.arg_scope([slim.conv2d, bottleneck,
                             stack_blocks_dense],
                             outputs_collections=end_points_collection):
            net = inputs
            if include_root_block:
                with slim.arg_scope([slim.conv2d], activation_fn=None,
                                    normalizer_fn=None):
                    net = conv2d_same(net, 64, 7, stride=2, scope='conv1')
                net = slim.max_pool2d(net, [3, 3], stride=2, scope='pool1')
            net = stack_blocks_dense(net, blocks)
            net = slim.batch_norm(net, activation_fn=tf.nn.relu, scope='postnorm')
            if global_pool:
                net = tf.reduce_mean(net, [1, 2], name='pool5', keep_dims=True)
            if num_classes is not None:
                net = slim.conv2d(net, num_classes, [1, 1], activation_fn=None,
                                  normalizer_fn=None, scope='logits')
            end_points = slim.utils.convert_collection_to_dict(
                             end_points_collection)
            if num_classes is not None:
                end_points['predictions'] = slim.softmax(net, scope='predictions')
            return net, end_points
```

이렇게 ResNet의 생성 함수를 정의하였다. 아래에서는 [그림 6-17]에서 추천한 몇 가지 다른 깊이의 ResNet 네트워크를 근거로 배치하고 레이어 수를 50·101·152과 200의 ResNet으로 구별하여 설계하였다. 먼저 50 레이어의 ResNet을 보면, [그림 6-17]에서 예시한 설치를 엄격하게 준수하여 4개의 잔여 학습 Blocks의 단위 수량을 3·4·6과 3으로 구별하여 총 레이어 수는 (3+4+6+3)×3+2=50이 된다. 주의해야 할 것은 잔여 학습 모듈 이전의 컨벌루션, 풀링이 이미 크기가 4배 가까이 축소되었으며, 앞 3개의 Block 역시 스텝 길이가 2인 레이어를 포함하고 있어서 총 크기는 4×8=32배 축소되었고, 입력된 그림의 크기는 마지막에 224/32=7로 변한다. 인셉션 V3과 매우 유사하여 ResNet은 끊임없이 스텝 수가 2인 레이어를 사용하여 크기를 줄였으나, 동시에 출력 채널 수도 지속적으로 증가하여 마지막에는 2048까지 달한다.

```
def resnet_v2_50(inputs,
                 num_classes=None,
                 global_pool=True,
                 reuse=None,
                 scope='resnet_v2_50'):

    blocks = [
        Block('block1', bottleneck, [(256, 64, 1)] * 2 + [(256, 64, 2)]),
        Block('block2', bottleneck, [(512, 128, 1)] * 3 + [(512, 128, 2)]),
        Block('block3', bottleneck, [(1024, 256, 1)] * 5 + [(1024, 256, 2)]),
        Block('block4', bottleneck, [(2048, 512, 1)] * 3)]
    return resnet_v2(inputs, blocks, num_classes, global_pool,
                     include_root_block=True, reuse=reuse, scope= scope)
```

101 레이어의 ResNet와 50 레이어를 비교하면 주요한 변화는 4개 Blocks의 단위 수량이 3·4·6·3에서 3·4·23·3까지 증가된 것이다. 즉 3번째 잔여 학습 Block의 단위 수를 4배 가까이 증가시켰다.

```
def resnet_v2_101(inputs,
                  num_classes=None,
                  global_pool=True,
                  reuse=None,
                  scope='resnet_v2_101'):
    blocks = [
        Block('block1', bottleneck, [(256, 64, 1)] * 2 + [(256, 64, 2)]),
        Block('block2', bottleneck, [(512, 128, 1)] * 3 + [(512, 128, 2)]),
        Block('block3', bottleneck, [(1024, 256, 1)] * 22 + [(1024, 256, 2)]),
        Block('block4', bottleneck, [(2048, 512, 1)] * 3)]
    return resnet_v2(inputs, blocks, num_classes, global_pool,
                     include_root_block=True, reuse=reuse, scope= scope)
```

그런 후에 152 레이어의 ResNet이 두 번째 Block의 단위 수를 8까지 올리고, 세 번째 Block의 단위 수를 36까지 올린다. 단위 수량이 상승하는 주요 장소는 세 번째 Block이다.

```
def resnet_v2_152(inputs,
                  num_classes=None,
                  global_pool=True,
                  reuse=None,
                  scope='resnet_v2_152'):
    blocks = [
        Block('block1', bottleneck, [(256, 64, 1)] * 2 + [(256, 64, 2)]),
        Block('block2', bottleneck, [(512, 128, 1)] * 7 + [(512, 128, 2)]),
        Block('block3', bottleneck, [(1024, 256, 1)] * 35 + [(1024, 256, 2)]),
        Block('block4', bottleneck, [(2048, 512, 1)] * 3)]
    return resnet_v2(inputs, blocks, num_classes, global_pool,
                     include_root_block=True, reuse=reuse, scope=scope)
```

그런 후에 200 레이어의 ResNet을 152 레이어의 ResNet과 비교하면 세 번째 Block의 단위 수가 계속해서 상승하지 않았으며, 두 번째 Block의 단위 수를 23까지 상승시켰다.

```
def resnet_v2_200(inputs,
                  num_classes=None,
                  global_pool=True,
                  reuse=None,
                  scope='resnet_v2_200'):
    blocks = [
        Block('block1', bottleneck, [(256, 64, 1)] * 2 + [(256, 64, 2)]),
        Block('block2', bottleneck, [(512, 128, 1)] * 23 + [(512, 128, 2)]),
        Block('block3', bottleneck, [(1024, 256, 1)] * 35 + [(1024, 256, 2)]),
        Block('block4', bottleneck, [(2048, 512, 1)] * 3)]
    return resnet_v2(inputs, blocks, num_classes, global_pool,
                     include_root_block=True, reuse=reuse, scope= scope)
```

마지막으로 줄곧 평가 함수 time_tensorflow_run를 사용하여 152 레이어 깊이의 ResNet(즉 ILSVRC 2015 우승을 획득한 버전)의 forward 성능을 테스트하였다. 이미지 크기가 AlexNet, VGGNet의 224×224로 회귀하고, batch size는 32가 된다. is_training이라는 이 FLAG를 False로 설정한 후에 resnet_v2_152를 사용하여 네트워크를 만든다. 다시 time_tensorflow_run 함수로 forward 성능을 평가한다. 문장의 길이 원인으로 훈련할 때의 성능에 대해서는 테스트를 진행하지 않았다. 흥미가 있으면 ResNet의 전체 매개변수를 구하는데 필요한 시간을 테스트할 수 있다.

```
batch_size = 32
height, width = 224, 224
inputs = tf.random_uniform((batch_size, height, width, 3))
with slim.arg_scope(resnet_arg_scope(is_training=False)):
    net, end_points = resnet_v2_152(inputs, 1000)

init = tf.global_variables_initializer()
sess = tf.Session()
sess.run(init)
num_batches=100
time_tensorflow_run(sess, net, "Forward")
```

여기에서는 비록 이 ResNet이 152 레이어의 깊이이지만, forward 계산하는데 수행 시간은 특별히 과장되지 않았다. VGGNet과 인셉션 V3를 비교하면 대개 50%만이 증가하였고 각 batch는 0.202초가 된다. 이것은 ResNet이 하나의 실용적인 컨벌루션 신경망 구조임을 말해 줄 뿐만 아니라 Ultra deep network의 훈련을 지원함과 동시에 실제 공학적으로 응용할 때 썩 괜찮은 forward 성능을 가지고 있다.

```
2016-12-10 21:23:43.676945: step 0, duration = 0.202
2016-12-10 21:23:45.699069: step 10, duration = 0.203
2016-12-10 21:23:47.722190: step 20, duration = 0.203
2016-12-10 21:23:49.745069: step 30, duration = 0.202
2016-12-10 21:23:51.770527: step 40, duration = 0.202
2016-12-10 21:23:53.797204: step 50, duration = 0.202
2016-12-10 21:23:55.822281: step 60, duration = 0.203
2016-12-10 21:23:57.848449: step 70, duration = 0.203
2016-12-10 21:23:59.877548: step 80, duration = 0.203
2016-12-10 21:24:01.906566: step 90, duration = 0.203
2016-12-10 21:24:03.734302: Forward across 100 steps, 0.203 +/- 0.000 sec / batch
```

본 장에서 ResNet의 기본 원리 및 그 텐서플로우 구현을 완벽하게 설명하였으며, 서로 다른 깊이의 ResNet 시리즈를 설계하였다. 만일 흥미가 있다면 스스로 서로 다른 깊이의 다른 잔여 단위 구조의 ResNet 분류 성능을 검색할 수 있다. 예를 들어 ResNet 원래 논문에서 주로 추가된 것은 두 번째와 세 번째 Block의 단위 수로 나머지 두 개의 Block 단위 수를 추가하여 테스트하거나 bottleneck 단위 안의 depth·depth_bottleneck 등의 매개변수를 수정하여 그 매개변수에 대해 설치된 의미로 더 깊은 이해를 할 수 있다. ResNet은 딥러닝에서의 하나의 이정표와 같은 진전이었다고 할 수 있는데, 진정한 의의는 극도의 깊은 신경망의 훈련을 지원하는 데 있다. 그 네트워크 구조는 구글 등이 이미 자체의 인셉션 Net 안에 융합한 것처럼 반복해서 생각해 볼 만한 가치가 있으며, 매우 우수한 효과를 얻었다. ResNet의 성공 역시 다른 딥러닝 영역의 연구에서 매우 활발하게 전개될 것임을 믿는다.

6.5 컨벌루션 신경망의 발전 추세

본 장에서 컨벌루션 신경망의 역사를 간단하게 되돌아보자. [그림 6-18]과 같이 대체적으로 최근 몇십 년에 컨벌루션 신경망의 발전 방향을 간단하게 설명하였다. 퍼셉트론(Perceptron)은 1957년에 Frank Resenblatt가 제시하였고 퍼셉트론은 컨벌루션 네트워크가 아니라 신경망의 시초이다. 신경인식기(Neocognition)는 일종의 멀티 레이어 수준의 신경망으로, 일본 과학자 후쿠시마 구니히코가 1980년대에 제시한 것으로, 일정한 정도의 시각 인지 기능을 가지고 있으며 후의 컨벌루션 신경망을 직접 개발하였다. LeNet-5는 컨벌루션 신경망의 아버지인 Yann LeCun이 1997년에 제시한 것으로, 처음 멀티 레이어 수준에 연결된 컨벌루션 구조로 제시되었다. 이는 필기 입력 숫자에 대해 효과적인 식별을 진행한다. 이는 앞의 3차례 컨벌루션 신경망에 관한 기술적 혁신이라고 볼 수 있으며 간격 시간이 매우 길어져서 십여 년 심지어 더욱 오래가 지나서야 한차례 이론적 혁신이 출현하였다. 2012년에 힌턴 교수의 제자 알렉스가 8 레이어 깊이의 컨벌루션 신경망으로 ILSVRC 2012 대회의 우승자가 되었고 순간적으로 컨벌루션 신경망 연구 붐에 불을 지폈다. AlexNet은 ReLU 활성함수, Dropout, 최대 Covering 풀링, LRN 레이어, GPU 가속 등의 신기술을 성공적으로 응용하였으며, 후속으로 더욱 많은 기술적 혁신을 개발하여 컨벌루션 신경망의 연구는 자동차 전용 도로(빠른 속도의 발전 단계)에 진입하였다.

AlexNet 후에 컨벌루션 신경망의 발전을 두 종류로 분류할 수 있는데, 한 가지는 네트워크 구조에서의 개선 조정([그림 6-18]에서의 좌측 분기)이며, 다른 하나는 네트워크 깊이의 증가([그림 6-18]에서의 우측 분기)이다. 2013년에 Yan shui cheng 교수의 Network in Network 작업이 처음 발표되어, 컨벌루션 신경망의 구조를 최적화하였으며 1×1의 컨벌루션 구조로 확장하였다. 컨벌루션 네트워크 구조의 개선을 하는 작업에서 후속은 2014년의 구글 인셉션 Net V1이 있으며, 인셉션 모듈을 제시하여 적층된 고효율의 컨벌루션 네트워크 구조를 반복할 수 있었으며, 이는 그해 ILSVRC 대회의 우승자가 되었다. 2015년 말의 인셉션 V3는 네트워크 구조를 계속해서 최적화하였으며, Factorization in Small Convolutions의 생각을 제기하여 큰 크기의 컨벌루션을 여러 작은 컨벌루션으로, 심지

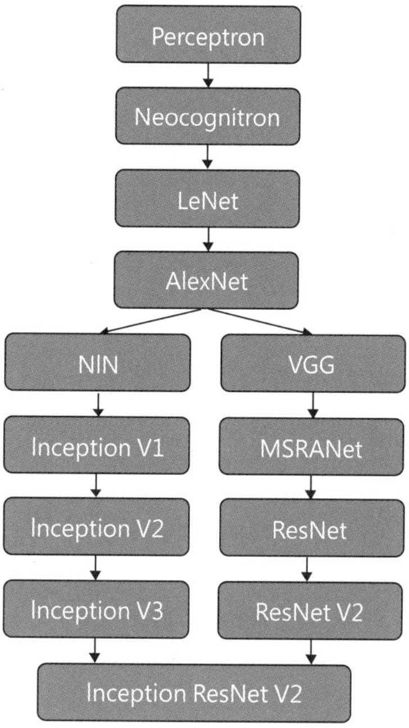

【그림 6-18】 컨벌루션 신경망 발전도

어 1차원의 컨벌루션으로까지 분해하였다. 그 외에 다른 분기에서 많은 연구 작업은 네트워크 레이어 수에 깊이를 더하는 데 주력하였다. 2014년에 ILSVRC 대회의 준우승을 차지한 VGGNet의 모든 과정은 3×3의 컨벌루션을 사용하여 19 레이어 깊이까지의 네트워크를 성공적으로 훈련하였다. 그해의 3등인 MSRA-Net 역시 매우 깊은 네트워크를 사용하였다. 2015년에 Microsoft의 ResNet은 152 레이어 깊이의 네트워크를 성공적으로 훈련하였으며, 그해 ILSVRC의 우승컵을 가져 갔고, top-5의 오차율은 3.46%까지 떨어트렸다. 그 후 또다시 ResNet V2를 갱신하였고, Batch Normalization을 추가하여 활성 레이어를 제거하여 Identity 맵핑 혹은 Preactivation를 사용함으로써, 네트워크 기능을 진일보 상승시켰다. 그 후에 인셉션 ResNet V2는 인셉션 Net의 우수한 네트워크 구조를 융합하였으며, ResNet과 매우 깊은 네트워크 잔여 학습 모듈을 훈련할 수 있으며 이 두 가지 방향의 길이를 모아 더욱 좋은 분류 효과를 얻었다.

AlexNet이 2012년에 제시한 후에 딥러닝 영역의 연구가 엄청난 속도로 발전했으며, 기본적으로 매년 심지어 몇 개월마다 새로운 세대의 기술이 출현하고 있다는 것을 볼 수 있다. 새로운 기술은 종종 더욱 깊은 네트워크의 훈련 방법 등과 같이 새로운 네트워크 구조를 수반하며 이미지 식별 등 영역에서 끊임없이 새로운 정확도 기록을 갱신하고 있다. 오늘날 ILSVRC 대회와 컨벌루션 신경망의 연구는 고속 발전기에 놓여 있으며, 컨벌루션 신경망의 기술은 하루가 다르게 새로워지고 있다. 당연하게 그 안의 무시할 수 없는 추진력은 더욱 빠른 GPU 계산 자원을 가지고 실험을 하고 매우 간단하게 소스를 개발하는 도구(텐서플로우와 같이)로 연구자로 하여금 매우 빠르게 탐색과 테스트를 진행할 수 있게 하였다. 이전에는 연구자가 만약 Alex와 같이 높은 프로그램 능력이 없이 혼자서 cuda-convnet를 구현하고자 했다면 컨벌루션 신경망을 설계할 수 없었거나 빠른 실험을 진행하지 못했을 것이다. 현재 텐서플로우가 있어서 연구자나 개발자는 간단하고 빠르게 신경망 구조를 설계하고 연구, 테스트, 부서에서 응용까지를 진행할 수 있다.

CHAPTER

7

텐서플로우에 의한 순환 신경망 및 Word2Vec 구현

텐서플로우에 의한 순환 신경망 및 Word2Vec 구현

본 장에서는 순환 신경망(RNN)과 Word2Vec[55]를 설명하고 텐서플로우에서 구현하고자 한다. 순환 신경망은 NLP(Nature Language Processing, 자연언어처리) 분야에서 일반적으로 사용되는 신경망 구조이며, 이미지 인식 분야에서 컨벌루션 신경망과 유사하다. Word2Vec은 언어 중의 단어를 컴퓨터가 인식할 수 있는 고밀도 벡터(Dense Vector)로 바꾸고, 텍스트 분류, 품사 지정 및 기계 번역과 같은 다른 자연언어처리 작업을 할 수 있다.

7.1 텐서플로우에 의한 Word2Vec 구현

Word2Vec는 Word Embeddings이라고도 불린다. Word2Vec은 언어의 단어를 벡터 형식의 표현(Vector Representations)으로 변환할 수 있는 모델이다. 먼저 단어를 벡터로 왜 변환해야 하는지 알아보자. 이미지, 오디오 등의 데이터를 자연스럽게 코딩하여 벡터 형식으로 저장할 수 있다. 예를 들면 영상은 고밀도 픽셀 행렬(matrix)로, 오디오는 오디오

55) **Efficient Estimation of Word Representations in Vector Space**, *https://arxiv.org/abs/1301.3781*, Authors: Tomas Mikolov, Kai Chen, Greg Corrado, Jeffrey Dean

신호의 스펙트럼 데이터로 변환할 수 있다. Word2Vec가 나오기 전, 자연어 처리는 통상 단어를 불연속적인 고유한 기호로 변환한다. 예를 들면 "한국"은 기능번호 5178의 특징(feature)으로, "서울"은 기능번호 3987의 특징으로 변환한다.

이것이 바로 One-Hot Encorder이며, 하나의 단어가 하나의 벡터에 대응하며 일반적으로 한 문장의 각 단어는 하나의 벡터로 바뀌며 전체 문장은 하나의 희소 행렬로 바뀐다. 텍스트 분류 모델에 대해서는 Bag of Words 모델을 사용하여 문장이 대응하는 희소 행렬을 하나의 벡터로 결합한다. 즉 각 단어에 대응하는 벡터가 함께 추가되어 각 단어의 출현만 계산하면 된다. 예를 들어 "한국"이 23회 출현하면 5178번째 특징은 23이 되고, "서울"이 2회 출현하면 3987번째 특징은 2가 된다.

One-Hot Encoder의 사용에는 한 가지 문제가 있는데 특징에 대한 코딩이 종종 임의적이고, 관련 정보를 제공하지 않으며, 단어 간의 가능한 관계를 고려하지 않는다는 것이다. 예를 들면 "한국"과 "서울"의 종속 관계, 지리적 위치 관계 등을 알 수 없으며, 5178과 3987의 값에서 어떠한 정보를 알아낼 수 없다. 동시에 희소 벡터로 단어를 저장하려면 더 많은 데이터 훈련이 필요하다. 희소 데이터 훈련의 효율이 비교적 낮기 때문에 계산이 매우 번거롭다. 벡터 표현(Vector Representation)을 사용하면 이 문제를 효과적으로 해결할 수 있다. 벡터 공간 모델(Vector Space Models)은 단어를 연속 값(One-Hot 코딩된 불연속 값과 관련됨)의 벡터로 변환할 수 있으며 유사한 의미를 갖는 단어가 벡터 공간의 유사한 위치에 매핑된다. 벡터 공간 모델은 NLP에서 주로 분포가설(Distributional Hypothesis)에 의존한다. 즉 동일한 문맥에 나타나는 단어는 비슷한 의미를 가진다. 벡터 공간 모델은 대략적으로 두 가지 범주로 나눌 수 있다. 하나는 잠재 의미 분석(Latent Semantic Analysis)과 같은 계산 모델이고 다른 하나는 신경 확률론적 언어 모델(Neural Probabilistic Language Models) 같은 예측 모델이다. 계산 모델은 코퍼스(corpus)에서 인접 단어의 빈도를 통계처리 다음, 이러한 통계 결과를 계산하여 작고 조밀한 행렬로 변환한다. 예측 모델은 단어 주변의 단어를 기반으로 단어와 단어의 공간 벡터를 추론한다.

Word2Vec는 원본 코퍼스에서 단어 공간 벡터를 훈련하는데 매우 효율적인 계산 모델이다. 주로 CBOW(Continuous Bag of Words)와 Skip-Gram 두 종류 모델로 구분되며, 그 중 CBOW는 예를 들면 '한국의 수도는 __'라는 코퍼스에서 '서울'이라는 목표 단어를 유추

하며, Skip-Gram은 반대로 코퍼스의 목표 단어로부터 코퍼스를 유추한다. 그중 CBOW는 작은 데이터에 적합하며, Skip-Gram은 큰 코퍼스에서 보다 우수한 성능을 발휘한다.

Word2Vec를 사용하여 코퍼스를 훈련하면 벡터 공간의 유사 단어와 같은 매우 흥미로운 결과를 얻을 수 있다. 구글의 초대형 코퍼스 훈련 결과를 보면, Beijing·London·New York 등 도시 이름은 벡터 공간에서 함께 모이게 될 것이며, Cat·Dog·Fish 등의 동물 단어 역시 함께 모이게 될 것이다. 또한, [그림 7-1]과 같이 Word2Vec는 고차원의 언어 개념을 훈련할 수 있다. 예를 들어 "man"에서 "woman"까지의 벡터를 계산하면(단어는 모두 벡터 공간의 점으로 두 점 사이의 벡터를 계산할 수 있다), "king"에서 "queen"까지의 벡터와 매우 비슷한 것을 발견할 수 있다. 즉 모델이 남녀 관계를 훈련한 것이다. 또한, "walking"에서 "walked"까지의 벡터와 "swimming"에서 "swam"까지의 벡터도 매우 비슷하여, 모델이 진행 시점과 과거 시점의 관계를 훈련한다.

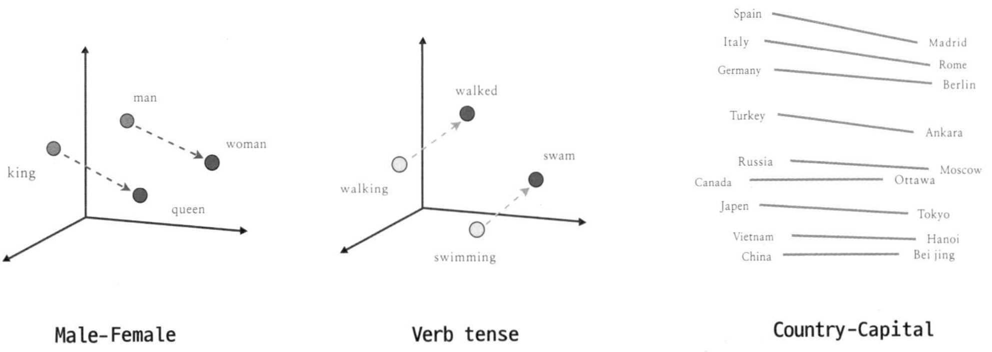

【그림 7-1】 Word2Vec 모델이 훈련할 수 있는 추상 개념

예측 모델인 Neural Probabilistic Language Models은 일반적으로 최대 우도법(maximum likelihood)을 사용하여 앞의 문장 h에 주어진 목표 어휘 w_t의 확률을 최대화한다. 그러나 이 방법의 가장 큰 문제점은 계산량이 매우 많고, 어휘표의 모든 단어가 출현할 가능성을 계산해야 한다는 것이다. Word2Vec의 CBOW 모델에서는 완전한 확률 모델을 계산할 필요가 없으며, [그림 7-2]와 같이 실제 목표 어휘와 작성된 단어(noise)를

구분하기 위해 이진법 분류 모델을 훈련해야 한다. 이런 소량의 노이즈 단어로 추정하는 방법은 몬테카를로(Monte Carlo) 시뮬레이션과 유사하다.

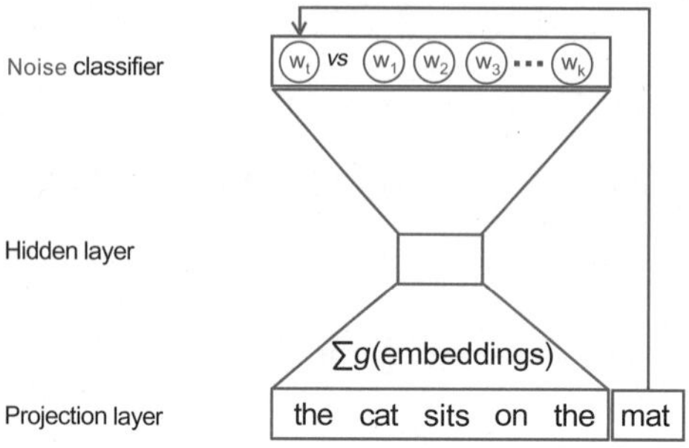

【그림 7-2】 CBOW 모델 구조 예시도

모델이 실제 목표 어휘를 높은 확률로 예측하고, 동시에 다른 노이즈 어휘를 낮은 확률로 예측될 때, 훈련의 학습 목표가 최적화가 된다. 작성된 노이즈 어휘를 훈련하는 방법을 Negative Sampling이라고 부른다. 이런 방법으로 loss function을 계산하면 매우 효율적이다. 전체 어휘가 무작위로 선택된 k개의 어휘를 계산하면 되므로 학습 속도가 매우 빠르다. 실제로 Noise-Contrastive Estimation(NCE) loss를 사용하며, 동시에 텐서플로우에서도 tf.nn.nce_loss()가 직접 이 loss를 구현한다.

본 장에서는 주로 Skip-Gram 모드의 Word2Vec를 사용하고자 한다. 먼저 "the quick brown fox jumped over the lazy dog" 이 구절을 예시로 하여 훈련 샘플 구조를 살펴보자. 언어 환경과 목표 단어의 맵핑 관계를 만들어야 하며, 언어 환경은 단어의 좌측과 우측의 단어를 포함한다. 슬라이드 윈도우의 크기가 1이라고 가정하면 만들수 있는 맵핑의 관계는 [the, brown] → quick, [quick, fox] → brown, [brown, jumped] → fox 등을 포함한다. Skip-Gram 모델은 목표 단어로부터 언어 환경을 예측할 수 있기 때문에 훈련 샘플은 더 이상 [the, brown] → quick이 아니라, quick → the과 quick → brown이다. 데이터 세트는 (quick, the)·(quick, brown)·(brown, quick)·(brown, fox) 등으로 바뀐다. 훈련할 때, 모델이 목표 단어 quick으로부터 언어 환경 the를 예측하기를 기대한다. 또한, 임의의 어휘를 네거티브 샘플(noise)로 생성한다. 예측된 확률 분포를 포지티브 샘플 the에서 가능한 크게, 임의로 생성된 네거티브 샘플에서는 최대한 작게 되기를 기대한다. 이 방법은 SGD와 같은 최적화 알고리즘을 통해 모델 중의 Word Embedding한 매개변수를 업데이트하여 확률분포의 손실함수(NCE loss)를 가능한 작게 하는 것이다. 이런 방식으로, 각 단어의 임베디드 벡터는 가장 적합한 언어 자료(corpus)의 공간적 위치에 도달할 때까지 훈련과정을 통해 지속적으로 조정된다. 이렇게 하면, 손실함수는 가장 작고, 언어 자료에 가장 부합하며, 또한 정확한 단어를 예측하는 확률도 가장 높다.

텐서플로우를 사용하여 Word2Vec의 훈련을 시작해 보자. 먼저 다양한 종속 라이브러리를 가져온다. 여기에서는 네트워크에서 필요한 종속 라이브러리를 비교적 많이 다운로드 해야 한다. 본 장의 코드는 주로 텐서플로우의 오픈소스 코드[56]를 기반으로 한다.

```
import collections
import math
import os
import random
import zipfile
import numpy as np
import urllib
import tensorflow as tf
```

먼저 텍스트 데이터를 다운로드하는 함수를 정의한다. 여기에서는 urllib.request.urlretrieve를 사용하여 데이터의 압축 파일을 다운로드하고, 파일의 크기를 확인한다. 이미 파일을 다운로드한 경우에는 건너뛴다.

```
url = 'http://mattmahoney.net/dc/'

def maybe_download(filename, expected_bytes):
```

56) https://github.com/tensorflow/tensorflow/blob/master/tensorflow/examples/tutorials/word2vec/word2vec_basic.py

```
    if not os.path.exists(filename):
        filename, _ = urllib.request.urlretrieve(url + filename, filename)
    statinfo = os.stat(filename)
    if statinfo.st_size == expected_bytes:
        print('Found and verified', filename)
    else:
        print(statinfo.st_size)
        raise Exception(
            'Failed to verify ' + filename + '. Can you get to it with a browser?')
    return filename

filename = maybe_download('text8.zip', 31344016)
```

이어서 다운로드한 파일의 압축을 풀고, tf.compat.as_str를 사용하여 데이터를 단어의 리스트로 변환한다. 프로그램 출력을 통해 데이터가 최종적으로 1,700만 5,207개의 단어를 포함한 리스트로 변환된 것을 알 수 있다.

```
def read_data(filename):
    with zipfile.ZipFile(filename) as f:
        data = tf.compat.as_str(f.read(f.namelist()[0])).split()
    return data

words = read_data(filename)
print('Data size', len(words))
```

이어서 vocabulary 어휘표를 만든다. collections.Counter를 사용하여 단어 리스트의 단어 빈도수를 계산한 다음 most_common 메소드를 사용하여 빈도수로 상위 5만 개 단어를 취해서 vocabulary를 만든다. 그런 다음 하나의 dict를 만들어서 빠른 검색을 위해 dictionary에 상위 5만 개 어휘의 vocabulary를 넣는다. 파이썬의 dict 검색 복잡도는 O(1)이며, 성능이 매우 좋다. 그런 다음 모든 단어를 번호(빈도수로 정렬된 번호)로 변환하고, 상위 5만 개 이외의 단어는 Unkown으로 간주하여 0으로 번호를 매긴 다음 이 단어의 수를 계산한다. 다음 단어 리스트 검색은 먼저 각 단어가 dictionary에 있는지를 확인한다. 만일 있다면 그 번호로 변환하고, 없다면 번호 0(unknown)으로 변환한다. 마지막으로 변환된 코드(data), 각 단어의 빈도수 계산(count), 단어표(dictionary) 및 그 역의 형식(reverse_dictionary)을 반환한다.

```
vocabulary_size = 50000

def build_dataset(words):
    count = [['UNK', -1]]
    count.extend(collections.Counter(words).most_common(vocabulary_size - 1))
    dictionary = dict()
    for word, _ in count:
        dictionary[word] = len(dictionary)
    data = list()
    unk_count = 0
    for word in words:
        if word in dictionary:
            index = dictionary[word]
        else:
            index = 0
            unk_count += 1
        data.append(index)
    count[0][1] = unk_count
    reverse_dictionary = dict(zip(dictionary.values(), dictionary.keys()))
    return data, count, dictionary, reverse_dictionary
data, count, dictionary, reverse_dictionary = build_dataset(words)
```

그런 다음 원래의 단어 리스트를 삭제하여 메모리를 절약한다. vocabulary 중 가장 빈번하게 출현한 어휘와 그 수량(Unknown 어휘 포함)을 인쇄하면 "UNK"는 모두 41만 8,391개, 가장 빈번하게 출현한 "the"는 106만 1,396개, 두 번째로 출현한 "of"는 59만 3,677개임을 알 수 있다. 데이터 중 처음 10개 단어는 ['anarchism', 'originated', 'as', 'a', 'term', 'of', 'abuse', 'first', 'used', 'against']이고, 대응하는 번호는 [5235, 3084, 12, 6, 195, 2, 3137, 46, 59, 156]이다.

```
del words
print('Most common words (+UNK)', count[:5])
print('Sample data', data[:10], [reverse_dictionary[i] for i in data[:10]])
```

다음은 Word2Vec 훈련 샘플을 만들어 보자. 앞에서 언급한 Skip-Gram 모델(목표 단어로부터 반대로 코퍼스를 유추하는 모델)을 근거하여 원래 데이터 "the quick brown fox jumped over the lazy dog"를 (quick, the)·(quick, brown)·(brown, quick)·(brown, fox) 등 샘플로 변환하고, 함수 generate_batch를 정의하여 훈련용 batch 데이터를 생성한다. 매개변수 중의 batch_size는 batch의 크기이며, skip_window는 단어가 접촉할 수 있는 가장 먼 거리를 나타낸다. 1로 설정하면 근접한 두 단어로 샘플을 생성할 수 있다. 예를 들면 quick은 앞뒤의 단어로 두 개의 샘플 (quick, the)와 (quick, brown)을 생성할 수 있다. num_skips은 각 단어에 대해 생성되는 샘플의 수이며, skip_window 값의 두 배보다 클 수 없으며, batch_size는 반드시 그것의 정수배(각 batch에 어휘의 모든 샘플이 포함되어 있는지 확인한다)가 되어야 한다. 단어의 번호 data_index를 전역변수로 정의한다. generate_batch를 반복적으로 사용하므로 data_index가 함수 generate_batch에서 수정될 수 있는지 확인한다. 또한, assert를 사용하여 num_skips과 batch_size가 앞에 언급한 조건을 만족하는지 확인한다. 그런 다음 np.ndarray를 사용하여 batch와 labels을 배열로 초기화한다. 여기에서 span은 목표 단어와 그 앞뒤의 단어에 대한 관련 샘플을 생성하는데 사용되는 단어가 주로 정의된다. 따라서 span=2*skip_window+1이 된다. 그리고 span의 최대 용량, 즉 양방향 큐(queue)를 사용하여 deque를 작성한다. append 메소드를 사용하여 변수를 추가하면 마지막으로 삽입된 span의 변수만 유지하게 된다.

```
data_index = 0

def generate_batch(batch_size, num_skips, skip_window):
    global data_index
    assert batch_size % num_skips == 0
    assert num_skips <= 2 * skip_window
```

```
    batch = np.ndarray(shape=(batch_size), dtype=np.int32)
    labels = np.ndarray(shape=(batch_size, 1), dtype=np.int32)
    span = 2 * skip_window + 1
    buffer = collections.deque(maxlen=span)
```

다음은 일련번호 data_index로부터 시작하여, span 길이의 단어를 buffer에서 순차적으로 판독하여 초깃값으로 한다. Buffer는 span 길이의 deque이므로 이때 buffer가 가득 채워지고 후속 데이터는 이전 데이터를 대체한다. 그런 후에 첫 번째 레이어 순환(차수는 batch_size // num_skips)에 진입하고, 매 순환 내 하나의 목표 단어에 대해 샘플을 생성한다. 현재 buffer 안은 목표 단어와 모든 관련된 단어로, target=skip_window, 즉 buffer 안의 skip_window번째의 변수가 목표 단어가 된다고 정의한 후에 샘플을 생성할 때 피해야 하는 단어 리스트 targets_to_avoid를 정의한다. 이 리스트는 skip_window번째의 단어(즉 목표 단어)를 포함하여 시작하고 예측해야 하는 것이 단어 환경의 단어이기 때문에 목표 단어 자체를 포함하지 않는다. 이어서 두 번째 레이어 순환(차수는 num_skips)에 진입하여 매 순환 중에 하나의 언어 환경 단어에 대해 샘플을 생성하고 먼저 임의의 숫자를 만들어서 targets_to_avoid 중에 있지 않으며 사용할 수 있는 언어 환경의 단어를 나타낸다. 그런 후에 하나의 샘플을 만드는데 feature, 즉 목표 단어 buffer[skip_window] label이 buffer[target]가 된다. 동시에 이 언어 환경 단어가 사용되므로, 그것을 targets_to_avoid까지 추가하여 필터링한다. 하나의 목표 단어에 대해 모든 샘플을 생성한 후(num_skips개 샘플), 다시 다음 단어를 판독한다(동시에 buffer 안의 첫 번째 단어를 버리다). 즉 슬라이드 윈도우를 다음 위치로 이동하고 이렇게 목표 단어 역시 뒤로 하나 이동하게 된다. 언어 환경 단어 역시 뒤로 전체가 이동하여 다음 목표 단어의 훈련 샘플을 생성하기 시작할 수 있다. 두 레이어 순환이 완료된 후에 이미 batch_size개의 훈련 샘플을 얻게 되고 batch와 labels을 함수 결과로 반환한다.

```
for _ in range(span):
    buffer.append(data[data_index])
    data_index = (data_index + 1) % len(data)
for i in range(batch_size // num_skips):
```

```
    target = skip_window
    targets_to_avoid = [ skip_window ]
    for j in range(num_skips):
        while target in targets_to_avoid:
            target = random.randint(0, span - 1)
        targets_to_avoid.append(target)
        batch[i * num_skips + j] = buffer[skip_window]
        labels[i * num_skips + j, 0] = buffer[target]
    buffer.append(data[data_index])
    data_index = (data_index + 1) % len(data)
    return batch, labels
```

여기에서는 generate_batch 함수를 사용하여 간단하게 그 기능을 테스트해 보자. 매개변수의 batch_size는 8로, num_skips은 2로, skip_window는 1로 설정한 후에 generate_batch를 실행하여 batch와 labels를 얻는다. 다시 batch와 labels의 데이터를 인쇄하면, 생성한 샘플이 "3084 originated -> 5235 anarchism", "3084 originated -> 12 as", "12 as -> 3084 originated" 등이라는 것을 볼 수 있다. 첫 번째 샘플을 예로 들어서 3084는 목표 단어의 originated 번호이며 이 단어가 대응하는 언어 환경 단어는 anarchism, 그 번호는 5235가 된다.

```
batch, labels = generate_batch(batch_size=8, num_skips=2, skip_window=1)
for i in range(8):
print(batch[i], reverse_dictionary[batch[i]], '->', labels[i, 0],
reverse_dictionary[labels[i, 0]])
```

훈련할 때 batch_size가 128, embedding_size가 128이 된다고 가정하면, 즉 embedding_size가 단어를 고밀도 벡터의 크기로 바꾸게 되고, 일반적인 것은 50~1000개의 범위 내의 값으로 여기에서는 128을 사용하여 벡터의 크기로 한다. skip_window는, 즉 앞에 언급한 단어 간의 가장 멀리에서 연결할 수 있는 거리로 1을 설정한다. num_skips은 매 목표 단어에 대해 얻게 되는 샘플 수로 2로 설정한다. 그런 후에 다시 검증 데이터 valid_examples을 생성한다. 여기에서는 임의로 빈도수가 가장 높은 단어를 추출하여 벡터 공간에서 그것들과 가장 가까운 단어가 관련성이 비교적 높은 것인지를 보게 된다. valid_size=16은 추출한 검증 단어 수를 나타내고, valid_window = 100은 검증 단어가 단지 빈도수가 가장 높은 100개의 단어 중에서 추출한 것이라는 것을 나타낸다. np.random.choice 함수를 사용하여 임의로 추출을 진행한다. num_sampled은 훈련 시에 네거티브 샘플링한 노이즈 단어의 수이다.

```
batch_size = 128
embedding_size = 128
skip_window = 1
num_skips = 2

valid_size = 16
valid_window = 100
valid_examples = np.random.choice(valid_window, valid_size, replace=False)
num_sampled = 64
```

아래에서 Skip-Gram Word2Vec 모델의 네트워크 구조를 정의해 보자. 먼저 tf.Graph를 만들어 기본 graph로 설정한다. 그런 다음 훈련 데이터 중 inputs와 labels의 placeholder를 만든다. 동시에 앞에서 임의로 생성한 valid_examples를 텐서플로우의 constant로 바꾼다. 이어서, 후속 계산의 일부가 아직 GPU에서 실현되지 않았을 수 있으므로, 먼저 with tf.device('/cpu:0')를 사용하여 모든 계산이 CPU에서 실행되도록 제한한다. 그런 다음 tf.random_uniform을 사용하여 모든 단어의 벡터 embeddings를 생성한다. 단어의 크기는 5만으로, 벡터 크기는 128로 하고, 다시 tf.nn.embedding_lookup를 사용하여 train_inputs에 대응되는 벡터 embed를 검색하여 입력한다. 아래에서는 이전에 언급한 NCE loss를 사용하여 훈련의 최적화 목표로 하고, tf.truncated_normal을 사용하여 NCE loss 안의 가중치 매개변수 nce_weights를 초기화하고, nce_biases를 0으로 초기화한다. 마지막으로 tf.nn.nce_loss를 사용하여 훈련 데이터의 loss에서 훈련 단어 벡터 embedding을 계산하고, tf.reduce_mean를 사용하여 요약한다.

```
graph = tf.Graph()
with graph.as_default():

    train_inputs = tf.placeholder(tf.int32, shape=[batch_size])
    train_labels = tf.placeholder(tf.int32, shape=[batch_size, 1])
    valid_dataset = tf.constant(valid_examples, dtype=tf.int32)

    with tf.device('/cpu:0'):
        embeddings = tf.Variable(
            tf.random_uniform([vocabulary_size, embedding_size], -1.0, 1.0))
        embed = tf.nn.embedding_lookup(embeddings, train_inputs)

        nce_weights = tf.Variable(
            tf.truncated_normal([vocabulary_size, embedding_size],
                                stddev=1.0 / math.sqrt(embedding_size)))
        nce_biases = tf.Variable(tf.zeros([vocabulary_size]))

    loss = tf.reduce_mean(tf.nn.nce_loss(weights=nce_weights,
                                         biases=nce_biases,
                                         labels=train_labels,
                                         inputs=embed,
                                         num_sampled=num_sampled,
                                         num_classes=vocabulary_size))
```

옵티마이저를 SGD로, 학습 속도를 1.0으로 정의한 다음, 임베디드 벡터 embeddings의 L2 norm을 계산한다. 다시 embeddings을 L2 norm으로 나누어 표준화된 normalized_embeddings를 얻는다. 다시 tf.nn.embedding_lookup을 사용하여 단어의 임베디드 벡터를 검색하여 검증하고, 검증한 단어의 임베디드 벡터와 단어표 안의 모든 단어의 유사성을 계산한다. 마지막으로 tf.global_variables_initializer을 사용하여 모든 모델의 매개변수를 초기화한다.

```
    optimizer = tf.train.GradientDescentOptimizer(1.0).minimize(loss)
```

```
norm = tf.sqrt(tf.reduce_sum(tf.square(embeddings), 1, keep_dims=True))
normalized_embeddings = embeddings / norm
valid_embeddings = tf.nn.embedding_lookup(
    normalized_embeddings, valid_dataset)
similarity = tf.matmul(
    valid_embeddings, normalized_embeddings, transpose_b=True)

init = tf.global_variables_initializer()
```

최대 반복 횟수를 10만 회로 정의한 다음 기본 session을 설정하여 만들고 매개변수 초기화를 실행한다. 각 스텝의 훈련 반복 중에 먼저 generate_batch를 사용하여 하나의 batch의 inputs과 labels 데이터를 생성하고 feed_dict을 만든다. 그런 후에 session.run()을 사용하여 1차 옵티마이저 연산(즉 1차 매개변수 갱신)과 손실 계산을 실행한다. 이 훈련의 loss를 average_loss로 누적한다.

```
num_steps = 100001

with tf.Session(graph=graph) as session:
    init.run()
    print("Initialized")

    average_loss = 0
    for step in range(num_steps):
        batch_inputs, batch_labels = generate_batch(
            batch_size, num_skips, skip_window)
        feed_dict = {train_inputs : batch_inputs, train_labels : batch_labels}

        _, loss_val = session.run([optimizer, loss], feed_dict=feed_dict)
        average_loss += loss_val
```

이후 2,000회 순환마다 평균 loss를 계산하여 표시한다.

```
        if step % 2000 == 0:
```

```
            if step > 0:
                average_loss /= 2000
            print("Average loss at step ", step, ": ", average_loss)
            average_loss = 0
```

1만 회 순환마다 1차 검증 단어와 전체 단어의 유사도가 계산되고, 각 검증 단어와 가장 유사한 8개의 단어가 표시된다.

```
        if step % 10000 == 0:
            sim = similarity.eval()
            for i in range(valid_size):
                valid_word = reverse_dictionary[valid_examples[i]]
                top_k = 8
                nearest = (-sim[i, :]).argsort()[1:top_k+1]
                log_str = "Nearest to %s:" % valid_word
                for k in range(top_k):
                    close_word = reverse_dictionary[nearest[k]]
                    log_str = "%s %s," % (log_str, close_word)
                print(log_str)
    final_embeddings = normalized_embeddings.eval()
```

다음은 평균 손실과 검증된 단어와의 유사도가 가장 높은 단어를 보여 준다. 훈련한 모델이 명사, 동사, 형용사 등의 유형의 단어와 유사한 단어를 식별하는데 매우 정확하다는 것을 알 수 있다. Skip-Gram Word2Vec에서 얻은 벡터 공간 표현이 매우 높은 품질이므로 벡터 공간에서 동의어 위치도 역시 매우 가까이 있다.

```
Average loss at step 92000 : 4.70622572589
Average loss at step 94000 : 4.61680726242
Average loss at step 96000 : 4.73945830989
Average loss at step 98000 : 4.63924189049
Average loss at step 100000 : 4.67957950294
Nearest to five: six, four, seven, eight, three, zero, two, nine,
```

```
Nearest to state: government, amalthea, habsburg, asparagales, cegep,
barracuda, dasyprocta, connecticut,
Nearest to over: three, reginae, from, replace, trapezohedron, around,
brine, iit,
Nearest to were: are, have, had, was, while, been, be, wct,
Nearest to at: in, on, mitral, agouti, triglycerides, excerpts, during,
within,
Nearest to called: agouti, akita, homeworld, layouts, dasyprocta, UNK,
cegep, referred,
Nearest to about: disclosed, antimatter, vec, advocated, surgeries,
defiance, disband, legionnaire,
Nearest to which: that, this, gollancz, but, what, also, it, and,
Nearest to three: four, five, six, two, seven, eight, iit, nine,
Nearest to that: which, however, what, this, when, gollancz, but, ramps,
Nearest to new: nonviolent, aquila, assyrian, gardening, local, charcot,
subsistence, ssbn,
Nearest to eight: seven, six, nine, four, five, zero, three, mitral,
Nearest to no: any, thaler, boiled, gyroscopic, pontificia, grist, occupies,
michelob,
Nearest to UNK: cebus, agouti, cegep, dasyprocta, mitral, reginae,
callithrix, microcebus,
Nearest to used: referred, known, written, found, dasyprocta, able, shown,
mitral,
Nearest to up: out, them, him, passes, eat, pianos, gaku, off,
```

다음은 Word2Vec 효과를 시각화하는 함수를 정의해 보자. 여기에서 low_dim_embs는 차원을 2차원 단어로 축소하는 공간 벡터로서 그래프에서 각 단어의 위치를 나타낸다. plt.scatter(일반적으로 matplotlib.pyplot 명명을 plt로 한다)를 사용하여 산점도(단어의 위치)를 표시하고, plt.annotate를 사용하여 단어 자체를 표시한다. 동시에 plt.savefig를 사용하여 영상을 로컬 파일에 저장한다.

```
def plot_with_labels(low_dim_embs, labels, filename='tsne.png'):
    assert low_dim_embs.shape[0] >= len(labels), "More labels than embeddings"
    plt.figure(figsize=(18, 18))
    for i, label in enumerate(labels):
```

```
        x, y = low_dim_embs[i,:]
        plt.scatter(x, y)
        plt.annotate(label,
                     xy=(x, y),
                     xytext=(5, 2),
                     textcoords='offset points',
                     ha='right',
                     va='bottom')

    plt.savefig(filename)
```

sklearn.manifold.TSNE를 사용하여 차원 축소를 실현하는데, 여기에서는 원래의 128차원의 임베디드 벡터를 2차원으로 직접 축소한 다음, 앞의 plot_with_labels 함수를 사용하여 표시를 진행한다. 여기에서는 단어의 빈도가 가장 높은 100개 단어의 시각화 결과를 보여 준다.

```
from sklearn.manifold import TSNE
import matplotlib.pyplot as plt
tsne = TSNE(perplexity=30, n_components=2, init='pca', n_iter=5000)
plot_only = 100
low_dim_embs = tsne.fit_transform(final_embeddings[:plot_only,:])
labels = [reverse_dictionary[i] for i in range(plot_only)]
plot_with_labels(low_dim_embs, labels)
```

[그림 7-3]의 예시는 시각화 효과로 거리가 가까운 단어가 어의상 매우 높은 유사성을 가지는 것을 볼 수 있다. 예를 들면 좌측 위 모서리가 단어 자모음의 집결지가 되고, 관사 the·an·a와 another가 좌측 가운데 집결되며, 약간 오른쪽에 치우진 지점에 him·himself·its·itself와 them이 집결되고, 좌측 아래쪽에는 will·could·would·then이 있게 된다. 여기에서 부분적인 화면 캡쳐를 볼 수 있는데 관심 있으면 프로그램에 의해 그려진 큰 그림을 관찰할 수 있다. Word2Vec 성능에 대한 평가는 시각적 관찰 외에도 일반적으로 사용되는 방법으로 의미론적, 문맥적 관계를 직접 예측하는 유추 추론(Analogical Reasoning)이 있다. 예를 들어 "king is queen as father is to __"와 같은 질문에

답변하도록 모델에 요청한다. Analogical Reasoning은 Word2Vec 모델의 정확성을 더 잘 평가할 수 있다. Word2Vec 모델을 훈련할 때 더 나은 결과를 얻으려면 대규모 코퍼스를 사용할 수 있으며, 매개변수를 디버그하고 가장 적합한 값을 선택해야 한다.

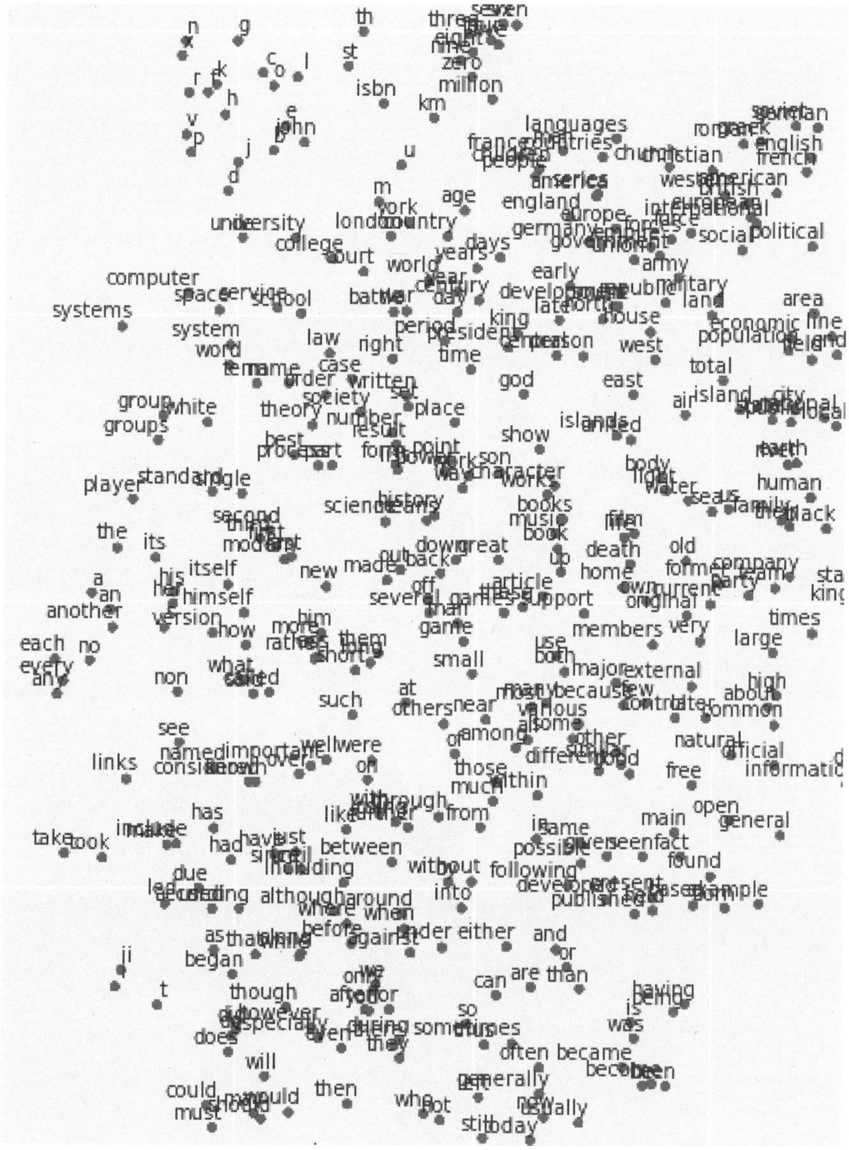

【그림 7-3】 TSNE 차원 축소 후, Word2Vec 임베디드 벡터의 시각화

7.2 텐서플로우에 의한 LSTM에 기초한 언어 모델을 구현

순환 신경망은 1980년대에 출현하였다. 초기 개발 단계에서는 응용 프로그램이 풍부하지 않았다. 최근 몇 년 동안 신경망 구조의 발전과 GPU에 대한 딥러닝 훈련의 효율성으로 인해, 순환 신경망은 점점 더 대중화되었다. 순환 신경망은 시계열 데이터에 매우 효과적이며, 각 뉴런은 내부 모듈을 통해 이전에 입력한 정보를 저장할 수 있다.

사람들은 매번 생각할 때마다 처음부터 다시 시작하지 않고, 이전에 생각한 결과로 현재의 결정을 뒷받침한다. 예를 들면 이야기할 때는 각 문장을 분석하는 것이 아니라 앞뒤 문장의 정보를 근거하여 문장의 의미를 이해한다. 과거의 전통적인 신경망은 이 기능을 구현할 수 없으며, 이것이 큰 결함이라고 할 수 있다. 예를 들면 컨벌루션 신경망은 이미지를 분류할 수 있지만, 각 이미지의 발생 상황에 대해서는 연관 분석을 할 수 없으며, 이전 이미지의 정보를 이용할 수 없다. 하지만 순환 신경망은 이런 문제를 해결할 수 있다. 순환 신경망(RNN)의 구조는 [그림 7-4]와 같다. 가장 큰 특징은 뉴런의 출력 중 일부를 뉴런의 입력으로 다시 전송할 수 있으므로 이전 정보를 이용할 수 있다는 것이다.

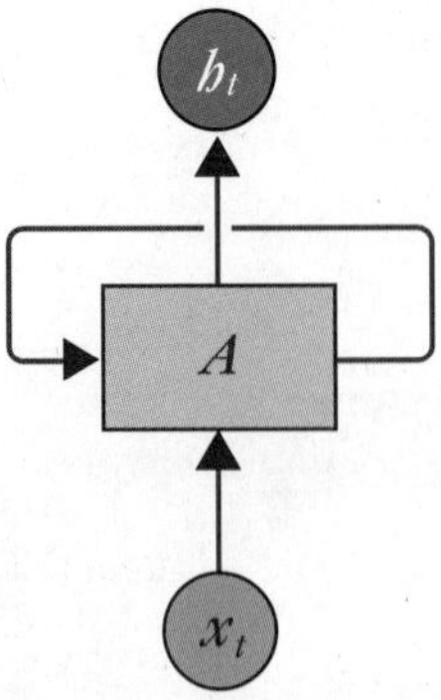

【그림 7-4】 순환 신경망 예시

[그림 7-4]의 예시와 같이 x_t는 순환 신경망의 입력이고, A는 순환 신경망의 노드이며, h_t는 출력이다. 이 순환 신경망에 대해 데이터 x_t를 입력한 후에 네트워크를 통해서 출력 결과 h_t를 계산하여 얻은 다음 일부 정보(state, 상태)를 네트워크 입력으로 보낸다. 출력 h_t와 label을 비교하여 오차를 얻을 수 있으며, 이 오차를 얻으면, 기울기 하강법(Gradient Descent)과 Back-Propagation Through Time(BPTT) 방법을 사용하여 네트워크에 대한 훈련을 할 수 있다. BPTT는 피드 포워드 신명망을 훈련하는 전통적인 BP 방법과 비슷하다. 역전파법을 사용하여 기울기를 구하고, 네트워크 매개변수 가중치를 업데이트한다. 그 밖에 Real-Time Recurrent Learning(RTRL)이라고 불리는 방법이 있는데, 이것은 순방향으로 기울기를 구할 수 있지만 계산이 비교적 복잡하다. 또한, BPTT와 RTRL 두 가지 방법의 혼합 방법이 있다. 이 방법은 시계열 간격이 길어져서 발생하는 기울기의 분산 문제를 완화하여 사용된다.

만일 순환 신경망의 루프를 [그림 7-5]의 예시와 같이 하나하나 직렬로 연결한 구조로 펴 놓으면 순환 신경망의 구조를 보다 잘 이해할 수 있다. 순환 신경망은 일련의 입력 x와 일련의 출력 h를 직렬 연결한 보통의 신경망과 유사하게 상위 레이어의 신경망은 정보를 하위 레이어에 전달한다. 이런 직렬 연결 구조는 시계열 데이터의 처리와 분석에 매우 적합하다. 주의할 점은, 전개한 후 각 레벨의 신경망과 매개변수는 모두 동일하므로 수백 개의 신경망 매개변수를 훈련할 필요가 없으며, 순환 신경망 한 계층만 훈련하면 된다. 여기에서 매개변수를 공유하는 아이디어와 컨벌루션 네트워크의 가중치를 공유하는 방법은 매우 비슷하다.

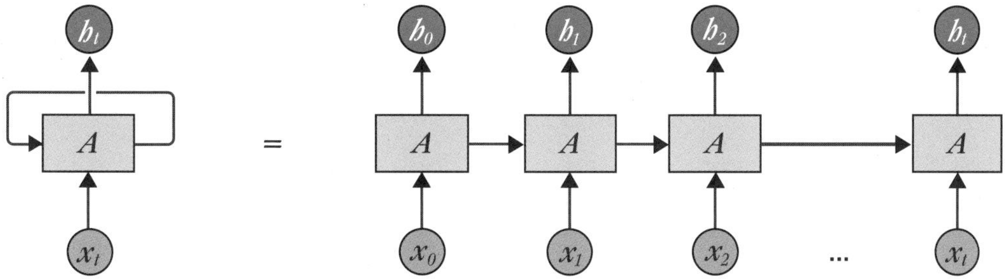

【그림 7-5】 순환 신경망 예시도

순환 신경망이 비록 전체 시계열 정보를 처리할 수 있도록 설계되었지만, 가장 깊은 메모리는 마지막 입력된 신호이다. 그 이전의 신호 강도는 점점 낮아져서 마지막에는 보조 역할을 할 뿐이다. 즉 순환 신경망 출력을 결정하는 것은 마지막 입력된 신호이다. 이런 결함으로 인해 순환 신경망이 초기 역할이 불분명하여 모두 사람의 시야에서 서서히 사라졌다. 그 후에 Long Short Term Memory(LSTM)[57)]의 발전에 따라 순환 신경망은 다시 사람들의 시야에 돌아왔으며, 음성 인식, 텍스트 분류, 언어 모델, 자동 대화, 기계 번역, 이미지 주석 등을 포함하여 점점 많은 영역에서 큰 성공과 혁신을 이루었다.

간단한 문제는 마지막 입력한 소량의 순차 정보만 있으면 해결할 수 있다. 그러나 복잡한 문제에 대해서는 더욱 많은 정보가 필요하며 심지어 시계열 초기 정보가 필요하다. 그러나 멀리 떨어져 있는 이력 정보는 순환 신경망이 기억하기 어렵기 때문에, 장기 의존성 문제(Long－term Dependencies)는 기존 순환 신경망의 주요한 결점이다. LSTM은 슈미트 후버(Schmidhuber) 교수가 1997년에 제기하였으며, 태생적으로 장기 의존성 문제를 해결하기 위해 설계되었다. 특별히 복잡하게 하이퍼 매개변수를 테스트할 필요가 없으며, 기본적으로 장기간의 정보를 기억할 수 있다. LSTM의 내부 구조는 [그림 7-6]과 같이 순환 신경망보다 더 복잡하다. 그 안에는 4 레이어의 신경망을 포함하고 있으며, 그 중 작은 원은 벡터 덧셈, 곱셈 등과 같은 point-wise 작업이며, 작은 사각형도 매개변수를 훈련할 수 있는 신경망 계층을 나타난다. LSTM 단위의 이런 직선은 LSTM의 상태(state)를 나타내며, 그것은 모든 직렬 연결된 LSTM 단위를 관통하고 있으며 첫 번째 LSTM 단위를 계속해서 마지막 LSTM 단위까지 흘러가게 하고 그중에는 단지 소량의 선형 간섭과 변화만이 있을 뿐이다. 상태(state)는 이 채널 안으로 전달될 때, 1은 정보 전체의 통과를 나타내며, 각 LSTM 단위 안에는 3개의 이러한 Gates가 포함되어 있어서 유지 보수와 제어 단위의 상태 정보를 가져온다. 상태 정보의 저장과 수리에 대해 LSTM 단위는 장거리 기억을 구현할 수 있다.

57) **Long short-term memory,** https://dx.doi.org/10.1162%2Fneco.1997.9.8.1735, Authors: Sepp Hochreiter, Jürgen Schmidhuber

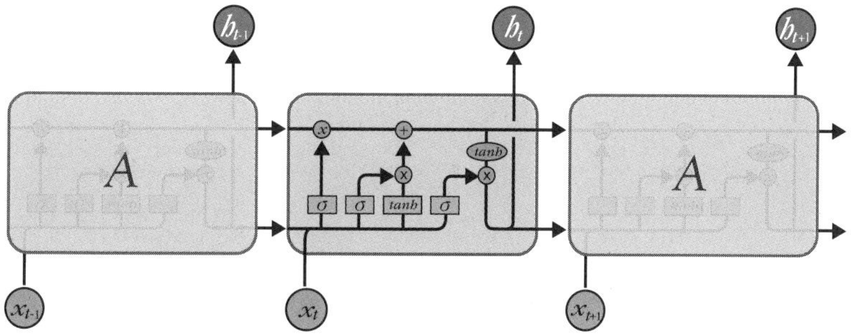

【그림 7-6】 LSTM 구조 예시도

순환 신경망의 다양한 변형 중 LSTM 외에도 널리 사용되고 있는 네트워크 구조는 Gated Recurrent Unit(GRU)이다. GRU의 구조는 [그림 7-7]과 같다. LSTM과 비교해 보면 그 구조는 더욱 간단하고, LSTM에 비해서는 gate 하나가 줄었다. 계산 효율이 더욱 높아지는 동시에(각 단위는 매번 계산할 때 몇 개의 행렬연산 작업을 줄일 수 있다.) 점용되는 메모리 역시 상대적으로 적다. 실제 사용할 때는 가운데, LSTM과 GRU의 차이는 크지 않아서, 일반적으로 마지막에 얻은 정확도 지표 등이 모두 비슷하다. 그러나 상대적으로 말하자면, GRU가 수렴 상태에 도달할 때 까지의 필요한 반복 횟수가 작고, 학습 속도는 더 빨라지게 된다.

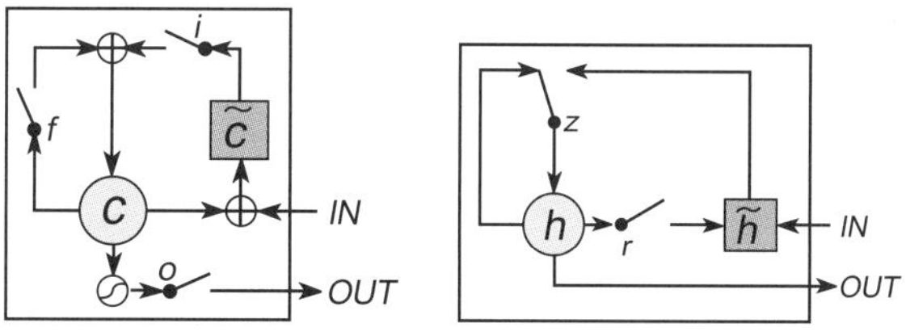

(a) Long Short-Term Memory　　(b) Gated Recurrent Unit

(a) i=입력게이트, f=망각게이트, o=출력게이트, c=메모리 내용, $\tilde{c}$=새로운 메모리 내용
(b) r=리셋 게이트, z=수정 게이트, h=활성화 메모리, $\tilde{h}$=활성화 후보 메모리

【그림 7-7】 LSTM과 GRU의 구조

순환 신경망의 응용은 매우 광범위하지만 가장 많이 사용되는 분야는 자연어 처리이다. 순환 신경망으로 언어 모델을 훈련하면 효과는 매우 놀랍다. 대량의 셰익스피어 극본의 문자 등의 정보를 순환 신경망에게 입력할 수 있으며, 훈련을 통해 얻은 언어 모

델은 셰익스피어의 문자를 모방하여 자동으로 유사한 시와 희곡을 생성할 수 있다. 아래의 영문은 언어 모델로 생성한 셰익스피어의 시인데, 매우 사실적이어서 구분하기 어려울 정도이다.

PANDARUS:

Alas, I think he shall be come approached and the day
When little srain would be attain'd into being never fed,
And who is but a chain and subjects of his death,
I should not sleep.

Second Senator:

They are away this miseries, produced upon my soul,
Breaking and strongly should be buried, when I perish
The earth and thoughts of many states.

DUKE VINCENTIO:

Well, your wit is in the care of side and that.

Second Lord:

They would be ruled after this chamber, and
my fair nues begun out of the fact, to be conveyed,
Whose noble souls I'll have the heart of the wars.

Clown:

Come, sir, I will make did behold your worship.

VIOLA:

I'll drink it.

언어 모델은 NLP의 매우 중요한 부분이며, 또한 언어 식별, 기계 번역과 영상에서 제목 생성 등과 같은 작업의 기초이자 핵심이다. 언어 모델은 문장을 예측할 수 있는 확률 모델이다. 위 문장에서 언어 환경을 정하고 출현한 이력이 있는 단어는 언어 모델이 하나의 단어의 출현 확률을 예측할 수 있다. Penn Tree Bank(PTB)는 언어 모델 훈련에 자주 사용되는 데이터 세트로 비교적 고품질이어서 언어 모델의 정확도를 평가하는 데 사용될 수 있다. 동시에 데이터 세트가 크지 않고 훈련도 비교적 빠르다. 아래에서는 LSTM을 사용하여 언어 모델을 구현하였으며, 그 네트워크 구조는 논문 〈Recurrent Neural Network Regularization〉에서 인용하였다.

먼저, PTB 데이터 세트를 다운로드하여 압축 해제하고, 압축 해제된 파일 경로가 이어지는 파이썬 실행 경로와 일치하는지 확인한다. 이 데이터 세트는 이미 전처리되어 있으며, 1만 개의 다른 단어를 포함하고, 문장 끝의 마크가 있으며, 또한 특수문자로 희귀한 단어를 처리한다. 본 장의 코드는 텐서플로우의 오픈소스 코드[58]를 기반으로 하였다.

```
wget http://www.fit.vutbr.cz/~imikolov/rnnlm/simple-examples.tgz
tar xvf simple-examples.tgz
```

텐서플로우 모델 라이브러리를 다운로드하고, models/tutorials/rnn/ptb 디렉터리로 이동한다. 그런 다음 일반적으로 사용되는 라이브러리와 텐서플로우 모델의 PTB reader를 로드하여 데이터의 내용을 읽는다. 데이터 내용을 읽는 작업은 비교적 번거로워서, 주로 단어를 신경망 처리를 위한 고유한 디지털 코드로 변환한다. 이 부분의 구현된 세부 내용은 설명하지는 않고, 관심 있으면 소스 코드를 확인하기 바란다.

58) https://github.com/tensorflow/models/blob/master/tutorials/rnn/ptb/ptb_word_lm.py

```
git clone https://github.com/tensorflow/models.git
cd models/tutorials/rnn/ptb
import time
import numpy as np
import tensorflow as tf
import reader
```

다음은 언어 모델 처리의 입력 데이터인 class, PTBInput을 정의해 보자. 그 안에는 단지 하나의 초기화 메소드 __init__()가 있으며, 매개변수 config의 batch_size 및 num_steps를 로컬 변수로 읽는다. 여기에서 num_steps는 LSTM의 전개 스텝 수(unrolled steps of LSTM)이다. 그런 epoch의 크기, 즉 각 epoch에서 필요한 반복 훈련의 횟수를 계산한다. 이는 데이터 길이를 batch_size 및 num_step으로 나누어서 얻을 수 있다. reader.ptb_producer를 사용하여 특징 데이터 input_data 및 label 데이터 targets를 얻는데, 여기에서 input_data와 targets는 이미 정의된 텐서이다. 실행할 때마다 하나의 batch 데이터를 얻을 수 있다.

```
class PTBInput(object):

    def __init__(self, config, data, name=None):
        self.batch_size = batch_size = config.batch_size
        self.num_steps = num_steps = config.num_steps
        self.epoch_size = ((len(data) // batch_size) - 1) // num_steps
        self.input_data, self.targets = reader.ptb_producer(
            data, batch_size, num_steps, name=name)
```

이어서 언어 모델의 class, PTBModel을 정의해 보자. 먼저 초기화 함수 __init__()이다. 그 안에는 3개의 매개변수가 있는데, 훈련 표기인 is_training, 배치 매개변수 config 및 PTBInput 유형의 실제 사례인 input_이다. input 안의 batch_size와 num_steps를 읽은 다음 config 안의 hidden_size·vocab_size를 로컬 변수로 읽는다. 여기에서 hidden_size는 LSTM의 노드 수이며 vocab_size는 단어표의 크기이다.

```
class PTBModel(object):

    def __init__(self, is_training, config, input_):
        self._input = input_

        batch_size = input_.batch_size
        num_steps = input_.num_steps
        size = config.hidden_size
        vocab_size = config.vocab_size
```

이어서 tf.contrib.rnn.BasicLSTMCell을 사용하여 기본 LSTM 단위를 설정한다. 그 안의 숨겨진 노드 수는 앞에서 추출한 hidden_size이며, forget_bias(즉 forget gate의 bias)는 0이고, state_is_tuple도 True가 된다. 이것은 받아들인 state와 반환된 state가 2-tuple 형식임을 나타낸다. 동시에 만일 훈련 상태에서 Dropout의 keep_prob가 1보다 작으면, 앞의 lstm_cell 후에 하나의 Dropout 레이어를 연결한다. 여기에서의 방법은 tf.contrib.rnn.DropoutWrapper 함수를 사용한다. 마지막으로 순환 신경망 스태킹 함수 tf.contrib.rnn.MultiRNNCell을 사용하여 앞에서 만든 lstm_cell 멀티 레이어를 셀에 스택한다. 스택 수는 config의 num_layers가 되며, 여기에서는 동일하게 state_is_tuple을 True로 설정하고, cell.zero_state를 사용하여 LSTM 단위의 초기 상태를 0으로 설정한다. 여기에서 LSTM 단위는 하나의 단어를 판독할 수 있고, 이전에 저장된 상태 state와 관련하여 다음 단어가 출현하는 확률 분포를 계산할 수 있으며, 매번 단어가 판독될 때마다 상태 state가 갱신될 수 있다는 점에 유의해야 한다.

```
        def lstm_cell():
            return tf.contrib.rnn.BasicLSTMCell(
                size, forget_bias=0.0, state_is_tuple=True)
        attn_cell = lstm_cell
        if is_training and config.keep_prob < 1:
            def attn_cell():
                return tf.contrib.rnn.DropoutWrapper(
                    lstm_cell(), output_keep_prob=config.keep_prob)
```

```
        cell = tf.contrib.rnn.MultiRNNCell(
                    [attn_cell() for _ in range(config.num_layers)],
                    state_is_tuple=True)

        self._initial_state = cell.zero_state(batch_size, tf.float32)
```

이어서 네트워크의 단어 삽입 embedding 부분을 만든다. embedding은 one-hot 인코딩 형식의 단어를 벡터 표현 양식으로 변환하는 것으로 7.1장의 Word2Vec에서 이미 설명한 바 있다. 이 부분은 GPU에서 잘 구현되지 않았으므로 with tf.device("/cpu:0")을 사용하여 CPU 안에 계산을 제한한다. 그런 다음 embedding 행렬을 초기화한다. 행렬 수는 어휘 번호 vocab_size로 설정하고, 리스트 수(즉 각 단어의 벡터가 표현한 차수)는 hidden_size로 설정하는데, LSTM 단위 안의 숨겨진 노드 수와 일치한다. 훈련 과정 중, embedding의 매개변수는 최적화되고 업데이트될 수 있다. 이어서 tf.nn.embedding_lookup를 사용하여 단어에 대응하는 벡터 표현을 처리하여 inputs을 얻는다. 동시에 훈련 중인 경우에는 Dropout 레이어를 추가한다.

```
        with tf.device("/cpu:0"):
            embedding = tf.get_variable(
                "embedding", [vocab_size, size], dtype=tf.float32)
            inputs = tf.nn.embedding_lookup(embedding, input_.input_data)

        if is_training and config.keep_prob < 1:
            inputs = tf.nn.dropout(inputs, config.keep_prob)
```

이어서 출력 outputs을 정의해 보자. 먼저 tf.variable_scope를 사용하여 다음 작업의 명칭을 순환 신경망으로 설정한다. 일반적으로 훈련 과정을 제어하기 위해, 기울기가 역방향으로 전파할 때 전개할 수 있는 스텝 수를 고정 값으로 제한하는데, 이 스텝 수가 바로 num_steps이다. 여기에서 루프(loop) 길이를 num_steps로 설정하여 기울기의 전파를 제한한다. 그리고 tf.get_varible_scope.reuse_variables를 사용하여 다중화 변수를 설정하고, 두 번째 루프를 시작한다. 각 루프에서 inputs과 state를 스택된 LSTM 단위(즉

cell)에 전달한다. 여기에서 주의할 것은 inputs는 3개의 차원이 있는데, 첫 번째 차원은 batch 안의 처음 몇 개 샘플을 나타내고, 두 번째 차원은 샘플 안의 처음 몇 개의 단어를 나타내며, 세 번째 차원은 단어의 벡터 표현 차원이고, inputs[:, time_step, :]은 모든 샘플의 time_step 번째의 단어를 나타낸다. 여기에서 출력 cell_output과 업데이트된 state를 얻는다. 마지막으로 결과 cell_output을 출력 리스트의 outputs에 추가한다.

```
outputs = []
state = self._initial_state
with tf.variable_scope("RNN"):
    for time_step in range(num_steps):
        if time_step > 0: tf.get_variable_scope().reuse_variables()
        (cell_output, state) = cell(inputs[:, time_step, :], state)
        outputs.append(cell_output)
```

output 내용을 tf.concat에 연결하고, tf.reshape을 사용하여 매우 긴 1차원 벡터로 변환한다. 이어서 softmax 레이어, 먼저 가중치 softmax_w와 biassoftmax_b를 정의한 다음 tf.matmul을 사용하여 출력 output에 가중치를 곱하고, 바이어스(bias)를 더하여 logits, 즉 네트워크의 최종 출력을 얻는다. 그런 다음 손실 loss를 정의한다. 여기에서는 tf.contrib.legacy_seq2seq.sequence_loss_by_example을 직접 사용하여 출력 logits와 targets의 편차를 계산한다. 여기에서의 sequence_loss, 즉 target words의 average negative log probability는 $loss = -\frac{1}{N}\sum_{i=1}^{N} \ln p_{target_i}$ 로 정의한다. 그런 다음 tf.reduce_sum을 사용하여 batch의 오차를 한데 모은 다음 각 샘플의 평균 오류 cost를 계산한다. 그리고 최종 상태를 final_state로 유지한다. 이때 훈련 상태가 아니면 직접 반환한다.

```
output = tf.reshape(tf.concat(outputs, 1), [-1, size])
softmax_w = tf.get_variable(
    "softmax_w", [size, vocab_size], dtype=tf.float32)
softmax_b = tf.get_variable("softmax_b", [vocab_size], dtype=tf.float32)
logits = tf.matmul(output, softmax_w) + softmax_b
loss = tf.contrib.legacy_seq2seq.sequence_loss_by_example(
```

```
        [logits],
        [tf.reshape(input_.targets, [-1])],
        [tf.ones([batch_size * num_steps], dtype=tf.float32)])
    self._cost = cost = tf.reduce_sum(loss) / batch_size
    self._final_state = state

    if not is_training:
        return
```

아래에서는 학습 속도의 변수 _lr을 정의하고 훈련이 아닌 것으로 설정한다. 그런 다음 tf.trainable_variables를 사용하여 전체 훈련을 할 수 있는 매개변수 tvars를 가져온다. 여기에서 앞에서 얻은 cost에 대한 tvars의 기울기를 계산하고, tf.clip_by_global_norm를 사용하여 기울기의 최대 표준(norm) max_grad_norm을 설정한다. 이것은 기울기 클리핑(gradient clipping) 방법으로 기울기의 최대 표준을 제어하여 어느 정도까지 정규화 효과를 낸다. 기울기 클리핑은 기울기 폭발 문제(Gradient Explosion)를 방지할 수 있다. 기울기를 제한하지 않으면 반복 중에 기울기가 과다하게 훈련을 유발하기 때문에 수렴을 어렵게 할 수 있다. 그런 다음 옵티마이저를 GradientDescent 옵티마이저로 정의한다. 훈련 작업 _train_op.를 작성하고, optimizer.apply_gradients를 사용하여 앞에서 클립한 기울기를 훈련 가능한 매개변수 tvars에 적용한 다음 tf.contrib.framework.get_or_create_global_step를 사용하여 전체적으로 통일된 훈련 스텝 수를 생성한다.

```
    self._lr = tf.Variable(0.0, trainable=False)
    tvars = tf.trainable_variables()
    grads, _ = tf.clip_by_global_norm(tf.gradients(cost, tvars),
                                      config.max_grad_norm)
    optimizer = tf.train.GradientDescentOptimizer(self._lr)
    self._train_op = optimizer.apply_gradients(zip(grads, tvars),
        global_step=tf.contrib.framework.get_or_create_global_step())
```

여기에 _new_lr (new learning rate)라는 placeholder를 설정하여 학습 속도를 제어하고, 동시에 tf.assign을 사용하여 _new_lr의 값을 현재 학습 속도 _lr에 부여하는 작업 _lr_upgrade를 정의한다. 그런 다음 assign_lr 함수를 정의하여 외부에서 모델의 학습 속도를 제어한다. 제어 방법은 학습 속도 값을 _new_lr의 placeholder로 전송하고 _update_lr 작업을 수행하여 학습 속도를 수정한다.

```
        self._new_lr = tf.placeholder(
            tf.float32, shape=[], name="new_learning_rate")
        self._lr_update = tf.assign(self._lr, self._new_lr)

    def assign_lr(self, session, lr_value):
        session.run(self._lr_update, feed_dict={self._new_lr: lr_value})
```

이렇게 하여 모델 정의 부분이 완료되었다. 다음은 PTBModel class의 일부 property를 정의한다. 파이썬의 @property 데코레이터는 반환 변수를 읽기 전용으로 설정하여 변수 수정 과정에서 발생하는 문제를 방지한다. 여기에서 input, initial_state, cost, final_state, lr 및 train_op은 외부 액세스를 용이하게 하는 등록 정보로 정의된다.

```
    @property
    def input(self):
        return self._input

    @property
    def initial_state(self):
        return self._initial_state

    @property
    def cost(self):
        return self._cost

    @property
```

```
    def final_state(self):
        return self._final_state

    @property
    def lr(self):
        return self._lr

    @property
    def train_op(self):
        return self._train_op
```

이어서 여러 다른 크기의 모델의 매개변수를 정의해 보자. 작은 모델의 설정에 있어, 먼저 각 매개변수의 의미를 설명하면 다음과 같다. init_scale은 네트워크의 가중치의 초기 크기이며, Learning_rate는 학습 속도의 초깃값, Max_grad_norm은 앞서 언급한 기울기의 최대 표준, Num_layer는 LSTM이 스택할 수 있는 레이어의 수, Num_steps는 LSTM 기울기 역전파의 스텝 수, Hidden_size는 LSTM의 숨겨진 노드 수, Max_epoch는 초기 학습 속도를 훈련할 수 있는 epoch 수로서 나중에 학습 속도를 조정해야 한다. Max_max_epoch는 모두 훈련할 수 있는 epoch의 수, keep_prob은 Dropout 레이어에서 예약된 노드의 비율, Lr_decay는 학습 속도의 감쇠율, Batch_size는 각 batch의 샘플 수이다. 각 매개변수의 특정 값은 다른 구성과 비교할 때 의미가 있는데, 다음 몇 가지 구성 중에서 특정 값에 대해 설명할 것이다.

```
class SmallConfig(object):
    init_scale = 0.1
    learning_rate = 1.0
    max_grad_norm = 5
    num_layers = 2
    num_steps = 20
    hidden_size = 200
    max_epoch = 4
    max_max_epoch = 13
```

```
    keep_prob = 1.0
    lr_decay = 0.5
    batch_size = 20
    vocab_size = 10000
```

MediumConfig 중형 모델에서는 init_scale을 축소해야 한다. 즉 가중치 초깃값이 너무 크면 안 되며, 작은 값이 원활한 훈련에 도움이 된다. 학습 속도와 최대 기울기 표준은 변하지 않으며, LSTMD의 수도 변하지 않는다. 여기에서 기울기 역전파의 전개 스텝 수, num_steps은 20에서 35로 증가하며, Hidden_size 및 max_max_epoch도 약 3배 증가한다. 동시에 Dropout의 keep_prob를 0.5로 설정하며, 그 전에 1로 설정하면 드롭아웃이 발생하지 않는다. 훈련 반복 횟수가 증가하므로 감소율 lr_decay도 감소하며, batch_size와 vocabulary vocab_size의 크기는 변경되지 않는다.

```
class MediumConfig(object):
    init_scale = 0.05
    learning_rate = 1.0
    max_grad_norm = 5
    num_layers = 2
    num_steps = 35
    hidden_size = 650
    max_epoch = 6
    max_max_epoch = 39
    keep_prob = 0.5
    lr_decay = 0.8
    batch_size = 20
    vocab_size = 10000
```

LargeConfig 대형 모델은 init_scale을 한 단계 더 축소한다. 기울기 최대 표준인 max_grad_norm을 10으로 크게 넓히고, hidden_size를 1,500으로 높이면, 그에 따라 max_epoch, max_max_epoch도 증가한다. keep_drop은 모델의 복잡성이 증가하기 때문에 지속적으로 하락하며, 학습 속도 lr_decay의 감쇠율은 더욱 감소한다.

```
class LargeConfig(object):
    init_scale = 0.04
    learning_rate = 1.0
    max_grad_norm = 10
    num_layers = 2
    num_steps = 35
    hidden_size = 1500
    max_epoch = 14
    max_max_epoch = 55
    keep_prob = 0.35
    lr_decay = 1 / 1.15
    batch_size = 20
    vocab_size = 10000
```

아래의 TestConfig는 테스트용이며, 테스트에서 모델을 완벽하게 실행하기 위해 매개변수는 가급적 최솟값을 사용한다.

```
class TestConfig(object):
    init_scale = 0.1
    learning_rate = 1.0
    max_grad_norm = 1
    num_layers = 1
    num_steps = 2
    hidden_size = 2
    max_epoch = 1
    max_max_epoch = 1
    keep_prob = 1.0
    lr_decay = 0.5
    batch_size = 20
    vocab_size = 10000
```

다음은 epoch 데이터를 훈련하는 함수 run_epoch를 정의해 보자. 먼저 현재 시간을 기록하고 손실 cost 및 반복 횟수를 초기화하고 model.initial_state를 실행하여 상태를 초기화한다. 이어서 cost와 final_state를 포함한 출력 결과의 사전표 fetchs를 만드는데, 평가 작업 eval_op이 있으면 fetches에 추가한다. 그런 다음 훈련 루프에 들어가며, 횟수는 epoch_size가 된다. 각 루프에서 훈련용 feed_dict를 생성하고 모든 LSTM 단위의 state를 feed_dict에 추가한 다음, feed_dict에 들어가 fetches를 실행하고 네트워크에 대해 1차 훈련을 진행하여 cost와 state를 얻는다. 여기서 cost를 cost에 누적하고 num_steps를 iters에 누적한다. epoch의 약 10%를 완성할 때마다 현재 epoch의 진도, perplexit(즉 평균 cost의 자연 상수 지수는 언어 모델 중 모델 성능을 비교하는 중요한 지표이며, 예측 샘플에서 모델 추출의 확률이 낮을수록 좋다) 및 학습 속도(매초 단어 수)를 보여 주는 결과를 표시한다. 마지막으로 perplexity를 함수 결과로 반환한다.

```
def run_epoch(session, model, eval_op=None, verbose=False):
    start_time = time.time()
    costs = 0.0
    iters = 0
    state = session.run(model.initial_state)

    fetches = {
        "cost": model.cost,
        "final_state": model.final_state,
    }
    if eval_op is not None:
        fetches["eval_op"] = eval_op

    for step in range(model.input.epoch_size):
        feed_dict = {}
        for i, (c, h) in enumerate(model.initial_state):
            feed_dict[c] = state[i].c
            feed_dict[h] = state[i].h

        vals = session.run(fetches, feed_dict)
        cost = vals["cost"]
        state = vals["final_state"]
```

```
        costs += cost
        iters += model.input.num_steps

        if verbose and step % (model.input.epoch_size // 10) == 10:
            print("%.3f perplexity: %.3f speed: %.0f wps" %
                  (step * 1.0 / model.input.epoch_size, np.exp(costs / iters),
                  iters * model.input.batch_size / (time.time() - start_time)))

    return np.exp(costs / iters)
```

reader.ptb_raw_data를 사용하여 압축 해제된 데이터를 직접 읽고 가져와 교육 데이터, 검증 데이터 및 테스트 데이터를 얻는다. 여기에서 교육 모델의 구성은 SmallConfig로 정의되며, 다른 크기의 모델을 자체적으로 테스트할 수 있다. 유의할 점은, 테스트 구성 eval_config는 훈련 구성과 일치해야 하므로 테스트 구성의 batch_size 및 num_steps를 1로 변경해야 한다.

```
raw_data = reader.ptb_raw_data('simple-examples/data/')
train_data, valid_data, test_data, _ = raw_data

config = SmallConfig()
eval_config = SmallConfig()
eval_config.batch_size = 1
eval_config.num_steps = 1
```

기본 Graph를 만들고 tf.random_uniform_initializer를 사용하여 [-init_scale, init_scale] 사이의 매개변수 범위가 되도록 매개변수의 초기화 프로그램을 설정한다. 그런 다음 PTBInput 및 PTBModel을 사용하여 훈련용 모델 m, 유효성 검사를 위한 모델 mvalid 및 테스트용 mtest 모델을 만든다. 훈련 및 검증 모델은 이전 구성을 직접 사용하고 테스트 모델은 이전 테스트 구성 eval_config를 사용한다.

```
with tf.Graph().as_default():
    initializer = tf.random_uniform_initializer(-config.init_scale,
                                                config.init_scale)

    with tf.name_scope("Train"):
        train_input = PTBInput(config=config,data=train_data,name="TrainInput")
        with tf.variable_scope("Model", reuse=None, initializer=initializer):
            m = PTBModel(is_training=True, config=config, input_=train_input)

    with tf.name_scope("Valid"):
        valid_input = PTBInput(config=config,data=valid_data,name="ValidInput")
        with tf.variable_scope("Model", reuse=True, initializer=initializer):
            mvalid = PTBModel(is_training=False,config=config,input_=valid_input)

    with tf.name_scope("Test"):
        test_input = PTBInput(config=eval_config, data=test_data,
                              name="TestInput")
        with tf.variable_scope("Model", reuse=True, initializer=initializer):
            mtest = PTBModel(is_training=False, config=eval_config,
                             input_=test_input)
```

tf.train.Supervisor()를 사용하여 훈련 관리자 sv를 만들고, sv.managed_session을 사용하여 기본 session을 만든 다음, 여러 개의 epoch 데이터 루프를 훈련한다. 각 epoch 루프에서 누적된 학습 속도 감쇠 값을 계산하고, 여기서 max_epoch를 초과하는 라운드 수를 계산한 다음, lr_decay가 라운드 수의 거듭제곱을 초과하는지 확인한다. 그런 다음 초기 학습 속도에 누적 감쇠를 곱하고 학습 속도를 업데이트한다. 그런 다음 루프에서 epoch의 훈련과 검증을 실행하고, 현재의 학습 속도와 훈련 검증 세트의 perplexity를 출력한다. 모든 훈련을 마친 후에는 테스트 세트에서 모델의 perplexity를 계산하고 출력한다.

```
    sv = tf.train.Supervisor()
    with sv.managed_session() as session:
```

```
    for i in range(config.max_max_epoch):
        lr_decay = config.lr_decay ** max(i + 1 - config.max_epoch, 0.0)
        m.assign_lr(session, config.learning_rate * lr_decay)

        print("Epoch: %d Learning rate: %.3f" % (i + 1, session.run(m.lr)))
        train_perplexity = run_epoch(session, m, eval_op=m.train_op,
                                     verbose=True)
        print("Epoch: %d Train Perplexity: %.3f" % (i + 1, train_perplexity))
        valid_perplexity = run_epoch(session, mvalid)
        print("Epoch: %d Valid Perplexity: %.3f" % (i + 1, valid_perplexity))

    test_perplexity = run_epoch(session, mtest)
    print("Test Perplexity: %.3f" % test_perplexity)
```

SmallConfig 소형 모델의 최종 결과를 살펴보자. i7 6900K 및 GTX 1080의 학습 속도는 초당 2만 1,000 단어에 도달할 수 있으며, 또한 마지막 epoch에 훈련 세트에서 36.9의 perplexity가 달성될 수 있고, 122.3 및 116.7의 perplexity가 각각 검증 세트 및 테스트 세트에서 달성될 수 있다.

```
Epoch: 13 Learnign rate: 0.004
0.004 perplexity: 56.003 speed: 13005 wps
0.104 perplexity: 41.096 speed: 21836 wps
0.204 perplexity: 45.000 speed: 21891 wps
0.304 perplexity: 43.224 speed: 21738 wps
0.404 perplexity: 42.508 speed: 21529 wps
0.504 perplexity: 41.803 speed: 21565 wps
0.604 perplexity: 40.425 speed: 21470 wps
0.703 perplexity: 39.768 speed: 21418 wps
0.803 perplexity: 39.088 speed: 21480 wps
0.903 perplexity: 37.753 speed: 21493 wps
Epoch: 13 Train Perplexity: 36.949
Epoch: 13 Valid Perplexity: 122.300
Test Perplexity: 116.763
```

자체적으로 중형 모델과 대형 모델을 테스트할 수 있다. 논문에 의하면, 중형 모델에서는 훈련 세트: 48.45, 유효성 검사 세트: 86.16, 테스트 세트: 82.07의 효과를 달성할 수 있으며, 대형 모델에서는 훈련 세트: 37.87, 검증 세트: 82.62, 테스트 세트: 78.29의 효과를 달성할 수 있다고 언급되어 있다. 본 장에서는 LSTM 기반 언어 모델을 구현했으므로 텍스트와 같은 시계열 데이터를 처리할 때 LSTM의 역할을 이해해야 한다. LSTM은 상태를 저장하고, 상태에 의거하여 현재 입력에 대한 처리 분석과 예측을 할 수 있다.

RNN과 LSTM은 신경망에 과거 정보를 기억하고 저장할 수 있는 능력을 부여하므로 인간의 단순한 기억과 추론 기능을 모방할 수 있다. 현재 주의력(attention) 메커니즘은 RNN과 NLP 연구에서 가장 중요한 분야이며, 이 메커니즘을 통해 기계는 인간의 두뇌 기능을 더욱 정교하게 모방할 수 있다. 이미지 제목 생성 작업에서 주의력 메커니즘을 포함하는 RNN은 특정 영역의 이미지를 분석하고 해당 텍스트 설명을 생성할 수 있다. 논문 〈Show, Attend and Tell: *Neural Image Caption Generation with Visual Attention*〉를 읽으면 이 부분의 관련 정보를 이해할 수 있을 것이다.

7.3 텐서플로우에 의한 Bidirectional LSTM Classifier 구현

양방향 순환 신경망(Bidirectional Recurrent Neural Networks[59], Bi-RNN)은 은 1997년 슈스터(Schuster)와 팔리월(Paliwal)에 의해 처음 제안되었으며, LSTM도 같은 해에 제안되었다. Bi-RNN의 주요 목표는 RNN에서 사용할 수 있는 정보를 늘리는 것이다. 예를 들면 일반 MLP는 데이터 길이 등에 제한이 있으며, RNN은 고정되지 않은 길이의 시계열 데이터를 처리할 수 있지만 historic하게 입력한 미래 정보를 사용할 수 없다. Bi-RNN은 정반대로 시계열 데이터에서 입력한 history 데이터와 미래 데이터를 동시에 사용할 수 있

59) **Bidirectional recurrent neural networks**, *IEEE Transactions on Signal Processing*, Authors: Mike Schuster and Kuldip K. Paliwal

다. 구현 원리는 매우 간단하다. 시계열 방향이 반대인 두 개의 순환 신경망이 같은 출력에 연결되어 출력 계층은 history 정보와 미래 정보를 동시에 얻을 수 있다.

위아래 문장의 환경이 필요한 상황에서 Bi-RNN은 매우 유용하다. 예를 들어 필기 문자를 인식할 때 인식할 단어의 앞뒤 단어에 대한 정보가 있으면 인식에 매우 도움이 된다. 마찬가지로 문장을 읽을 때, 때로는 다음 문장의 언어 환경을 통해 정확한 의미를 추론하는 경우도 있다. 언어 모델링과 같은 문제의 경우, Bi-RNN은 적절하지 않을 수 있다. Bi-RNN을 사용하면 필기 문자 인식, 기계 번역, 단백질 구조 예측 등과 같은 많은 분류 문제에 대해 모델 효과를 크게 높일 수 있다.

Bi-RNN 네트워크 구조의 핵심은 일반적인 단방향 RNN을 [그림 7-8]과 같이 시계열에 따른 순방향과 시계열의 반대인 역방향으로 분리하는 것이다. 이와 같이 현재 시간 노드의 출력은 순방향, 역방향 두 개의 정보를 동시에 사용할 수 있지만, 일반 RNN은 다음 시간 노드를 기다려야 미래 정보를 얻을 수 있다. 이 두 방향의 RNN은 상태를 공유하지 않는다. 즉 포워드 RNN의 출력 상태는 포워드 RNN으로만 전송되며, 역 RNN의 출력은 역 RNN으로만 전송된다. 그 사이에는 직접 연결이 없다. [그림 7-9]에서 볼 수 있듯이 각 시간 노드의 입력은 각각 순방향 및 역방향 RNN으로 전송되고 각각의 상태에 따라 출력을 생성한다. 이 두 출력은 Bi-RNN의 출력 노드에 함께 연결되며, 공동으로 최종 출력을 합성한다. Bi-RNN 네트워크에서 양방향의 RNN은 기본적으로 교차하지 않는다. 하지만 공동으로 출력을 합성하기 때문에 현재 시간 노드의 출력에 대한 기여(또는 조성된 loss)가 훈련 중에 계산될 수 있으며, 매개변수는 기울기에 따라 적절한 값으로 최적화된다.

Bi-RNN은 훈련할 때 보통 단방향 RNN과 매우 비슷하다. 두 방향에서 RNN 간에 교차점이 거의 없으므로 보통의 피드 포워드 네트워크로 각각 확장될 수 있지만, BPT(back-propagation through time) 알고리즘을 사용하여 훈련할 때는 동시에 상태와 출력을 업데이트할 수 없다. 동시에 순방향 state는 t=1에서 알 수 없으며, 역방향 state는 t=T에서 알 수 없다. 즉 각 방향의 시작에서 state를 알 수 없으므로 수동 설정이 필요하다.

또한, 순방향 state의 미분은 t=T에서 알 수 없으며, 역방향 state의 미분은 t=1에서 알 수 없다. 즉 state 미분은 최종적으로 알 수 없다. 매개변수를 업데이트하는 것이 중요하지 않음을 나타내기 위해 일반적으로 0으로 설정할 필요가 있다. 그런 다음 공식적으로 훈련 단계를 시작한다. 첫 번째 단계는 입력 데이터에 대한 forward pass 연산, 즉 inference 연산이다. 먼저 1→T 방향을 따라 포워드 RNN의 state를 계산한 다음 T→1 방향을 따라 역방향 RNN의 state를 계산하여 출력 output을 얻는다. 두 번째 단계는 backward pass 연산을 진행한다. 즉 목표 함수에 대한 미분 연산을 수행한다. 먼저 출력 output을 도출하고, T→1 방향에 따라 순방향 RNN state의 미분을 계산한 다음, 1→T 방향에 따라 역방향 RNN state의 미분을 계산한다. 세 번째 단계는 구한 기울기 값을 근거로 모델 매개변수를 업데이트하고 1차 훈련을 완료한다.

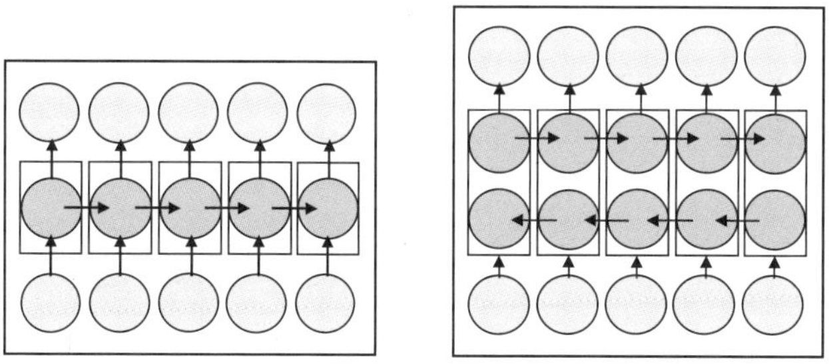

(a) (b)

Structure overview

(a)단방향 RNN

(b)양방향 RNN

【그림 7-8】 순환 신경망과 양방향 순환 신경망 구조 대비도

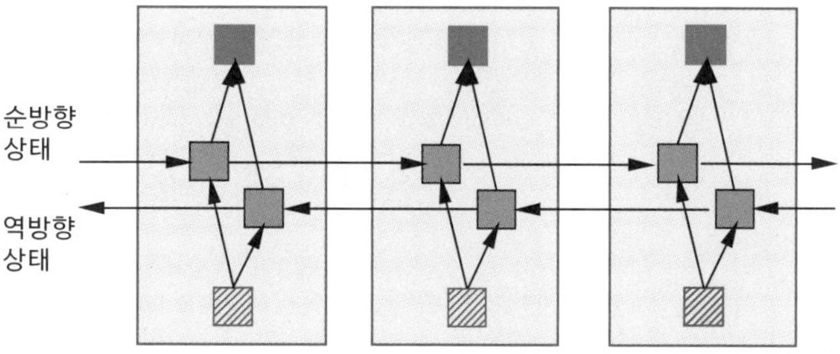

【그림 7-9】 양방향 순환 신경망 구조 예시도

Bi-RNN의 각 RNN 단위는 기존의 RNN, LSTM 단위 또는 GRU 단위라는 데 생각이 일치한다. 또한, Bi-RNN 레이어에 Bi-RNN 레이어를 추가할 수도 있다. 즉 이전 레이어의 Bi-RNN 출력을 Bi-RNN의 다음 레이어 입력으로 사용하면, 특징 추출을 더욱 추상화할 수 있다. Bi-RNN 출력 시퀀스를 완전히 연결된 레이어에 연결하거나 전역 평균 풀링(Global Average Pooling)에 연결한 다음, softmax 레이어에 연결할 수 있다. 이것은 컨벌루션 네트워크의 출력을 사용하여 분류하는 것과 같다.

아래에서는 텐서플로우를 사용하여 양방향 LSTM Classifier를 구현하고, MNIST 데이터 세트에서 테스트를 진행한다. 먼저 TensorFlow, NumPy 및 Tenor의 MNIST 데이터 판독기를 로드한다. 앞 장에서 실행했던 것처럼, input_data.read_data_sets를 사용하여 MNIST 데이터 세트를 직접 다운로드하고 읽는다. 이 장의 코드는 주로 TensorFlow-Examples[60]의 오픈소스 코드를 기반으로 한다.

```
import tensorflow as tf
import numpy as np
from tensorflow.examples.tutorials.mnist import input_data
mnist = input_data.read_data_sets("/tmp/data/", one_hot=True)
```

그런 다음 교육 매개변수를 설정한다. 학습 속도를 0.01(Optimizer가 Adam을 선택하므로 학습 속도가 낮기 때문)로 설정하면, 최대 훈련 샘플 수는 40만 개, batch_size는 128이 된다. 동시에 10회 훈련마다 1회 훈련 상황을 보여 주도록 설정한다.

```
learning_rate = 0.01
max_samples = 400000
batch_size = 128
display_step = 10
```

MNIST 이미지 크기가 28×28이므로 입력 n_input은 28(이미지 폭)이 되며, LSTM의 전개

60) https://github.com/aymericdamien/TensorFlow-Examples/blob/master/examples/3_NeuralNetworks/bidirectional_rnn.py

스텝 수(unrolled steps of LSTM)인 n_steps도 28(이미지 높이)로 설정하면, 이미지의 전체 정보가 사용된다. 앞 장에서 LSTM을 사용하여 텍스트 데이터를 처리할 때 한 번에 한 단어씩 읽는 것과 비슷하다. 한 번에 한 행의 픽셀(28 픽셀)을 읽은 후 다음 시점에 다음 픽셀 행으로 전달한다. 여기서 n_hidden(LSTM의 숨겨진 노드 수)은 256으로 설정하고, n_classes(MNIST 데이터 세트의 분류 수)는 10으로 설정한다.

```
n_input = 28
n_steps = 28
n_hidden = 256
n_classes = 10
```

다음은 입력 x와 학습 목표 y에 대한 place_holder를 만들어 보자. 컨벌루션 신경망을 사용하여 분류하는 경우와 유사하게, 입력 x의 각 샘플은 MLP와 같은 1차원 구조로 변환될 필요 없이 2차원 구조로 직접 사용될 수 있다. 그러나 샘플의 2차원 의미는 여기에서 컨벌루션 네트워크의 2차원 공간과 다르다. 샘플은 시계열로 이해된다. 첫 번째 차원은 시점 n_steps이고, 두 번째 차원은 각 시점 데이터 n_input이다. 그리고 최종 softmax 레이어의 weights와 biases를 만들고, tf.random_normal을 사용하여 이들 매개변수를 초기화한다. 양방향 LSTM이므로 forward backward, 2개의 LSTM cell이 있으며, weights 매개변수의 양도 배가 되어 2*n_hidden이 된다.

```
x = tf.placeholder("float", [None, n_steps, n_input])
y = tf.placeholder("float", [None, n_classes])

weights = tf.Variable(tf.random_normal([2*n_hidden, n_classes]))
biases = tf.Variable(tf.random_normal([n_classes]))
```

다음은 양방향 LSTM 네트워크의 생성 함수를 정의해 보자. 먼저 형상 (batch_size, n_steps, n_input)의 입력을 길이 n_steps 목록으로 변경한다. 이 중 요소 형상은 (batch_size, n_input)이다. 그런 다음 tf.transpose(x, [1, 0, 2])를 사용하여 첫 번째 차원인 batch_size와 두 번째 차원인 n_steps를 교환한다. 그리고 tf.reshape를 사용하여 입력 x를 (n_steps * batch_size, n_input)의 형상으로 변환한 다음 tf.split을 사용하여 x를 길이 n_steps의 목록으로 분할한다. 목록의 각 텐서는 모두 (batch_size, n_input)가 되며, 이렇게 하면 LSTM 단위의 입력 형식에 부합하게 된다. 아래의 tf.contrib.rnn.BasicLSTMCell을 사용하여 순방향 및 역방향 LSTM 단위를 만들고, 숨겨진 노드 수를 n_hidden으로. forget_bias를 1로 설정한다. 그런 다음 순방향 lstm_fw_cell 및 역방향 lstm_bw_cell을 Bi-RNN 인터페이스 tf.nn.bidirectional_rnn에 직접 전달하여 양방향 LSTM을 생성하고, 입력으로 x를 전달한다. 마지막으로 양방향 LSTM의 출력 결과 outputs에 행렬 곱셈을 하고 바이어스를 더한다. 여기에서 매개 변수는 앞에서 정의한 weights와 biases가 된다.

```
def BiRNN(x, weights, biases):

    x = tf.transpose(x, [1, 0, 2])
    x = tf.reshape(x, [-1, n_input])
    x = tf.split(x, n_steps)

    lstm_fw_cell = tf.contrib.rnn.BasicLSTMCell(n_hidden, forget_ bias=1.0)
    lstm_bw_cell = tf.contrib.rnn.BasicLSTMCell(n_hidden, forget_ bias=1.0)

    outputs, _, _ = tf.contrib.rnn.static_bidirectional_rnn(lstm_fw_cell,
    lstm_bw_ cell, x, dtype=tf.float32)
    return tf.matmul(outputs[-1], weights) + biases
```

방금 정의한 함수를 사용하여 양방향 LSTM 네트워크를 생성하고, 마지막 출력 결과에 대해 softtx.softmax_cross_entropy_with_logits를 사용하여 최종 출력을 처리하고 손실을 계산한 다음 tf.reduce_mean을 사용하여 평균 비용을 계산한다. Optimizer를 Adam으로 정의하고 학습 속도는 앞에서 정의한 learning_rate가 된다. 그리고 tf.argmax를 사용하여 모델 예측 카테고리를 얻은 다음, tf.equal을 사용하여 예측이 올바른지 확인하며, 마지막으로 tf.reduce_mean을 사용하여 평균 정확도를 구한다.

```
pred = BiRNN(x, weights, biases)

cost = tf.reduce_mean(tf.nn.softmax_cross_entropy_with_logits(logits=pred,
                                                              labels=y))
optimizer = tf.train.AdamOptimizer(learning_rate=learning_rate).minimize(cost)

correct_pred = tf.equal(tf.argmax(pred,1), tf.argmax(y,1))
accuracy = tf.reduce_mean(tf.cast(correct_pred, tf.float32))

init = tf.global_variables_initializer()
```

다음은 훈련과 테스트 작업을 실행해 보자. 첫 번째 단계는 매개변수를 초기화한 다음, 훈련 루프를 정의한다. 훈련 샘플 수(반복 횟수 * batch_size)를 이전에 설정한 값보다 작게 유지한다. 훈련 반복의 각 라운드에서 mnist.train.next_batch를 사용하여 batch 데이터를 가져오고, reshape를 사용하여 형상을 바꾼다. 이어서 입력 x와 학습 목표 y를 포함하는 feed_dict를 전달하고, 1차 훈련을 진행하여 모델 매개변수를 업데이트한다. 반복 횟수가 display_step의 정수 배가 될 때마다 현재 batch 데이터의 예측 정확도와 loss를 계산하여 표시한다.

```
with tf.Session() as sess:
    sess.run(init)
    step = 1
    while step * batch_size < max_samples:
        batch_x, batch_y = mnist.train.next_batch(batch_size)
        batch_x = batch_x.reshape((batch_size, n_steps, n_input))
        sess.run(optimizer, feed_dict={x: batch_x, y: batch_y})
        if step % display_step == 0:
            acc = sess.run(accuracy, feed_dict={x: batch_x, y: batch_y})
            loss = sess.run(cost, feed_dict={x: batch_x, y: batch_y})
            print("Iter " + str(step*batch_size) + ", Minibatch Loss= " + \
                  "{:.6f}".format(loss) + ", Training Accuracy= " + \
                  "{:.5f}".format(acc))
        step += 1
```

```
print("Optimization Finished!")
```

모든 훈련 반복을 마친 후에 훈련된 모델을 사용하여 mnist.test.images에서 모든 테스트 데이터를 예측하고 정확도를 표시한다.

```
test_len = 10000
test_data = mnist.test.images[:test_len].reshape((-1, n_steps, n_input))
test_label = mnist.test.labels[:test_len]
print("Testing Accuracy:",
      sess.run(accuracy, feed_dict={x: test_data, y: test_label}))
```

40만 개 샘플의 훈련 마친 후, 훈련 세트와 테스트 세트에서 모델의 성능을 살펴보자. 훈련 세트의 예측 정확도는 매우 높아서 기본적으로 1이 되며, 1만 개 샘플의 테스트 세트는 0.983의 정확도를 보여 준다.

```
Iter 394240, Minibatch Loss= 0.025686, Training Accuracy= 0.99219
Iter 395520, Minibatch Loss= 0.001847, Training Accuracy= 1.00000
Iter 396800, Minibatch Loss= 0.009049, Training Accuracy= 1.00000
Iter 398080, Minibatch Loss= 0.015611, Training Accuracy= 1.00000
Iter 399360, Minibatch Loss= 0.009190, Training Accuracy= 1.00000
Optimization Finished!
Testing Accuracy: 0.983
```

MNIST 데이터 세트에서의 양방향 LSTM Classifier의 성능은 컨벌루션 신경망의 성능만큼 좋지는 않지만 매우 우수한 수준에 이르고 있다. Bi-RNN 및 양방향 LSTM 네트워크조차도 시계열의 역사와 미래 정보를 동시에 사용할 수 있고, 결과 정보를 종합적으로 판단하기 위해 컨텍스트 정보를 결합할 수 있기 때문에 시계열 분류 작업에서 더 나은 성능을 얻을 수 있다. 이미지의 공간 구조가 컨벌루션 신경망과 같지는 않지만 Bi-RNN과 Bi-LSTM은 공간 구조가 없는 순수한 시계열에서 더 많은 장점을 갖게 될 것이다.

CHAPTER

8

텐서플로우에 의한 심층 강화학습 구현

텐서플로우에 의한 심층 강화학습 구현

8.1 심층 강화학습(Deep reinforcement learning, RL) 소개

강화학습(Reinforcement Learning)은 기계학습(Machine Learning)의 중요한 부분이며, 주로 의사결정 문제를 해결하는 데 사용된다. 강화학습은 복잡하고 불확실한 환경에서 목표를 달성하는 방법을 배울 수 있다. 강화학습의 응용 분야는 매우 광범위하며, 특정 작업을 수행하고 제품 가격을 책정하거나 재고 관리, 비디오 게임 또는 보드게임을 수행하기 위해 로봇의 모터 제어와 같은 일련의 결정을 필요로 하는 거의 모든 문제를 다룬다. 강화학습은 일련의 변화하는 환경 조건에 대해 일련의 대응 조치를 출력할 수 있으므로 시퀀스(sequence) 출력 문제에도 응용할 수 있다. 간단한 예를 들면, 바둑 및 모든 체스 게임도 강화학습 문제로 생각할 수 있으므로 다양한 상황에서 게임을 최대한 활용하는 방법을 훈련해야 한다.

강화학습 문제는 세 가지 주요 개념, 즉 환경 상태(Environment State), 행동(Action) 및 보상(Reward)을 포함하며, 강화학습의 목표는 가장 크게 누적된 보상을 얻는 데 있다. 강화학습 모델은 환경 상태, 행동, 장려를 기반으로 최상의 전략을 훈련하고 최종 결과를 목표로 삼아야 한다. 어떤 행동이 지금 가져오는 이익만을 보아서는 안 되며(예: 바둑에서 어떤 한 수로 실리를 얻을 것), 앞으로 가져올 수 있는 가치(예: 바둑에서 외세로 잠재적 가치를 얻는 것)를 봐야 한다.

AutoEncoder는 비지도 학습(자율 학습)이며, MLP, CNN 및 RNN은 지도 학습이지만, 강화학습은 두 가지 학습과는 다르다. 강화학습은 비지도 학습처럼 완전히 학습 목표가 없는 것이 아니며, 지도 학습처럼 명확한 학습 목표(즉 레이블)가 있는 것도 아니다. 강화학습의 목표는 일반적으로 변경 가능하고, 명확하지 않으며, 절대적으로 정확하지 않을 수도 있다.

강화학습은 이미 수십 년의 역사를 가지고 있지만, 최근 몇 년간 딥러닝(심층학습)의 기술 혁신으로 비약적인 발전을 이루었다. 구글 딥마인드(Google DeepMind)는 강화학습과 딥러닝을 결합하여 DQN[61](Deep Q－Network)을 제안하였는데, DQN은 Atari 2600 시리즈 게임을 자동으로 수행할 수 있으며 인간의 수준을 넘어서고 있다. 딥마인드의 알파고[62](AlphaGo)는 정책 네트워크(Policy Network)와, 평가 네트워크(Value Network, 즉 DQN) 및 몬테카를로 트리 서치(Monte Carlo Tree Search)를 결합하여 최고 수준의 바둑 프로그램을 구현하였으며, 세계 챔피언 이세돌과의 바둑 대결에서 이겼다. 딥마인드에서 사용하는 심층 강화학습 모델은 근본적으로 전략 네트워크와 평가 네트워크로 구분되는 신경 네트워크(신경망)이다. 심층 강화학습 모델은 특히 환경에 대한 강력한 제한이 없으며 다른 환경으로도 확장될 수 있으므로 강화학습의 연구 및 개발에 큰 의미가 있다. 아래에서 심층 강화학습의 실제 응용 사례를 살펴보고자 한다.

무인 자율주행은 매우 복잡하고 어려운 강화학습 과제이며 딥러닝이 출현하기 전에는 거의 구현할 수 없었다. [그림 8-1]과 같이 무인 자동차는 카메라, 레이더, 레이저 거리 측정기, 센서 등을 통해 환경을 관찰하고 풍부한 환경 정보를 얻은 다음 CNN, RNN 등의 심층 강화학습 모델을 통해 정보를 얻는다. 환경 정보는 처리, 추상화 및 변환되고 강화학습 알고리즘 프레임워크와 결합되어 자율주행을 실현하기 위한 가장 적절한 동작(가속, 감속, 변환 방향 등)을 예측한다. 무인 자동차가 수행하는 모든 행동은 목적지까지의 여

---

61) **Human-level control through Deep Reinforcement Learning**, *Nature*, Authors : Volodymyr Mnih, Koray Kavukcuoglu, David Silver, Andrei A. Rusu, Joel Veness, Marc G. Bellemare, Alex Graves, Martin Riedmiller, Andreas K. Fidjeland, Georg Ostrovski, Stig Petersen, Charles Beattie, Amir Sadik, Ioannis Antonoglou, Helen King, Dharshan Kumaran, Daan Wierstra, Shane Legg, Demis Hassabis

62) **Mastering the game of Go with deep neural networks and tree search**, *Nature*, Authors : David Silver, Aja Huang, Chris J. Maddison, Arthur Guez, Laurent Sifre, George van den Driessche, Julian Schrittwieser, Ioannis Antonoglou, Veda Panneershelvam, Marc Lanctot, Sander Dieleman, Dominik Grewe, John Nham, Nal Kalchbrenner,Ilya Sutskever,Timothy Lillicrap, Madeleine Leach, Koray Kavukcuoglu, Thore Graepel, Demis Hassabis

행을 더 짧게 만드는데, 이것이 매번 행동에 대한 보상이다. 물론 궁극적인 목표는 안전하고 원활하게 목적지에 도달하여 가장 많은 보상을 받을 수 있도록 하는 것이다.

【그림 8-1】 자율주행은 환경 물체의 식별과 차량 이동에 대한 연속 제어를 포함한다.

심층 강화학습의 또 다른 중요한 응용은 복잡한 기계 장치를 다루는 것이다. 일반적으로 기계 장치에 쓸 수 있는 논리적 제어 코드를 작성하여, 기계 팔을 제어하여 작은 부품을 줍는 것과 같은 구체적인 작업을 수행해야 한다. 특정 모양의 작은 부품을 집어 들기 위해서는 일련의 작업을 수행하도록 모터를 제어하는 별도의 로직을 설계해야 한다. 이 일련의 작업은 차례로 로봇의 여러 관절을 회전시켜 결국 개체를 집어 올린다. 그러나 이러한 방법은 물체는 집는 성공률이 높지 않으며, 부품의 모양이 변경되거나 부품의 위치가 크게 변경되는 경우 논리를 다시 설계해야 한다. 하지만 심층 강화학습 알고리즘을 사용하면 [그림 8-2]와 같이 기계 스스로 어떻게 물체를 집을 수 있는지 훈련할 수 있으므로 많은 프로그래밍 작업을 줄일 수 있다.

심층 강화학습 모델에서는 처음 몇 개의 레이어가 컨벌루션 네트워크를 사용할 수 있으며, 컨벌루션 네트워크를 사용하여 카메라에서 캡처한 이미지를 처리하고 분석함으로써 모델이 환경을 '인식'하고 물체의 위치를 식별한 다음, 강화학습 프레임워크에서 일련의 동작을 통해 가장 효율적으로 객체를 가져오는 훈련을 한다. 또한, 새 부품이 출현할 때에는 시스템이 일정 시간만 훈련하면 새 부품을 가져오는 방법을 파악할 수 있다. 이러한 훈련 과정은 인공적인 간섭 없이 자동으로 완성할 수 있다. 실제로 심층 강화학습을 통해 모델이 헬리콥터를 자동으로 조종하는 법을 배울 수도 있는데, 이것이 앤드류 응(Andrew Ng)이 강화학습을 설명할 때 언급한 사례이다.

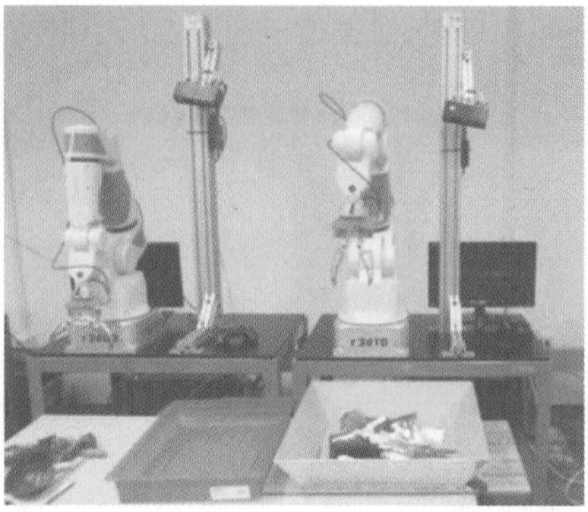

【그림 8-2】 심층 강화학습 모델을 사용하여 작은 부품을 집어 올리는 로봇 팔을 제어한다.

동시에 심층 강화학습을 사용하여 자동으로 게임을 하고, [그림 8-3]과 같이 DQN을 사용하여 자동으로 프라피 버드(Flappy Bird) 게임을 할 수 있는 방법을 훈련할 수 있다. DQN의 처음 몇 개의 레이어는 일반적으로 컨벌루션 레이어이므로 게임 이미지 픽셀에서 직접 훈련할 수 있는 기능을 가지고 있다. 처음 몇 개의 컨벌루션은 게임 이미지의 물체를 이해하고 식별할 수 있으며, 후자의 신경망은 예상되는 Action 값을 훈련한다. 이 두 부분을 합치면 게임 픽셀을 기반으로 프라피 버드 게임을 자동으로 할 수 있는 향상된 훈련 전략을 얻을 수 있다. 또한, 이러한 간단한 게임뿐만 아니라 많은 전술 전략을 포함하고 있는 매우 복잡한 스타크래프트 2 게임도 심층 강화학습 모델로 숙달할 수 있다. 현재 딥마인드(DeepMind)는 심층 강화학습을 통해 스타크래프트 2 게임의 세계 챔피언을 이길 수 있는 인공지능의 훈련 방법을 모색하고 있다.

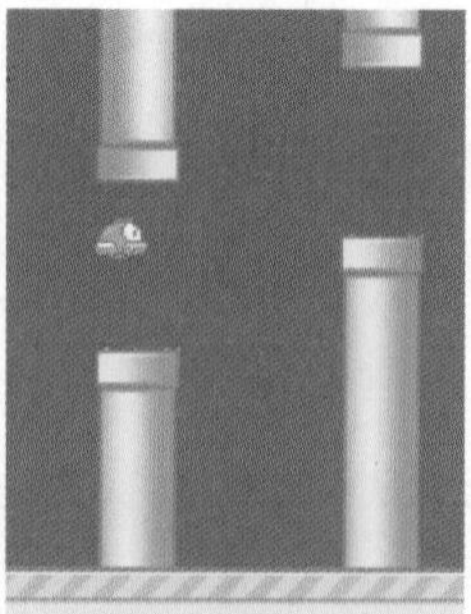

【그림 8-3】 심층 강화학습을 사용하여 Flappy Bird를 자동으로 게임을 한다.

심층 강화학습의 가장 대표적인 사건은 당연히 알파고(AlphaGo)이다. 2016년 구글 딥마인드의 알파고는 [그림 8-4]와 같이 인간 세계 챔피언 이세돌을 4대 1로 물리쳤다. 바둑은 보드 게임 중 가장 복잡한 게임이라고 할 수 있다. 19×19의 바둑판은 3^{361}종의 상태를 수반하므로 전체 우주의 원자 수를 훨씬 초과하는 상태 수를 가지고 있다. 따라서 컴퓨터는 딥블루(Deep Blue)처럼 무차별한 검색을 통해서는 인간을 이길 수 없다. 바둑 프로그램에서 인간을 이기려면 반드시 컴퓨터에 추상적 사고 능력을 부여해야 하는데, 알파고가 이를 실행했다.

【그림 8-4】 알파고는 심층 강화학습 기술의 절정을 보여 주었다.

알파고는 고속 시뮬레이션(Fast Rollout), 전략 네트워크, 평가 네트워크 및 몬테카를로 트리 검색과 같은 기술을 사용한다. [그림 8-5]는 여러 알파고 기술을 단독으로 사용했을 때의 성능을 보여 준다. 가로 좌표는 단계 수이고 세로 좌표는 예측 오류이다(오류가 낮을수록 모델이 더 좋다). 단순하고 빠른 전략 효과가 더 일반적이지만, 무작위 전략을 훨씬 능가한다. 평가 네트워크와 전략 네트워크 모두 매우 효과적이며, 전략 네트워크의 성능은 상대적으로 우수하다. 알파고는 이러한 모든 전략을 통합하여 단일 전략보다 우수한 성능을 달성하였으며, 실전에서 놀라운 수준을 보여 주었다.

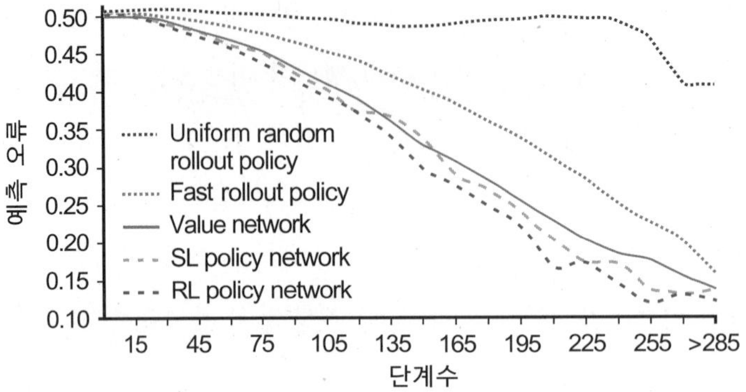

【그림 8-5】 무작위 전략, 고속 시뮬레이션, 평가 네트워크 및 전략 네트워크(SL 및 RL) 등 알파고의 성능 표현

Policy-Based(또는 Policy Gradients)와 Value-Based(또는 Q-Learning)은 강화학습의 가장 중요한 두 가지 방법이다. 주요 차이점은, Policy-Based 방법은 어떤 환경 상태에서 해야 할 Action을 직접 예측하며, Value-Based 방법은 어떤 환경 상태에서 모든 Action의 기대가치(Q값)를 예측한 다음 Q값을 가장 많이 선택하는 Action을 통해 전략을 실행할 수 있다. 이 두 가지 방법의 출발점과 훈련 방법도 다르다. 일반적으로 Value-Based 방법은 소수의 개별 Action 환경에 적합하지만, Policy-Based 방법은 좀 더 일반적이고 다양한 Action 유형 또는 연속적인 Action에 적합하다. 딥러닝과 결합한 후, Policy-Based 방법은 Policy Network가 되었고, Value-Based 방법은 Value Network가 되었다.

[그림 8-6]은 알파고에서 전략 네트워크에 의해 예측된 현재 상황에서 취해야 하는 Action을 보여 준다. 그림에서 표시된 값은 전략 네트워크 출력이 실행해야 하는 어떤 Action 확률, 즉 어딘가에 있어야 하는 확률이다.

[그림 8-7]은 알파고의 평가 네트워크에 의해 예측된 현재 상황의 각 Action의 예상 값을 보여 준다. 평가 네트워크는 전략을 직접 출력하지는 않지만 Action에 해당하는 Q값, 즉 특정 위치에서 얻을 수 있는 기댓값을 출력한다. 그런 다음 기댓값이 가장 큰 위치를 직접 선택하거나 다른 위치를 선택하여 탐색할 수 있다.

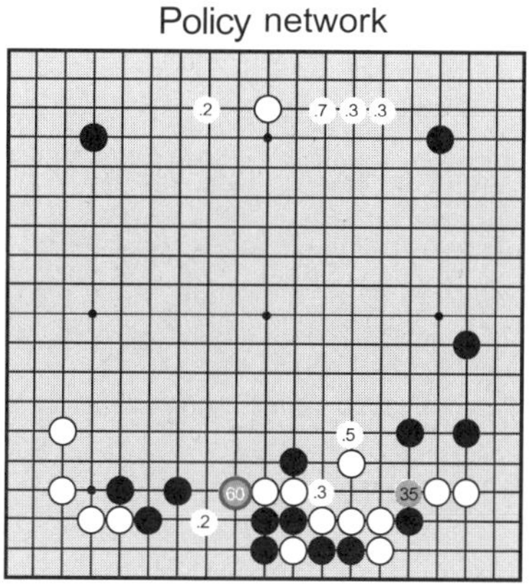

【그림 8-6】 알파고의 전략 네트워크, 특정 위치에 바둑돌을 놓을 확률을 출력한다.

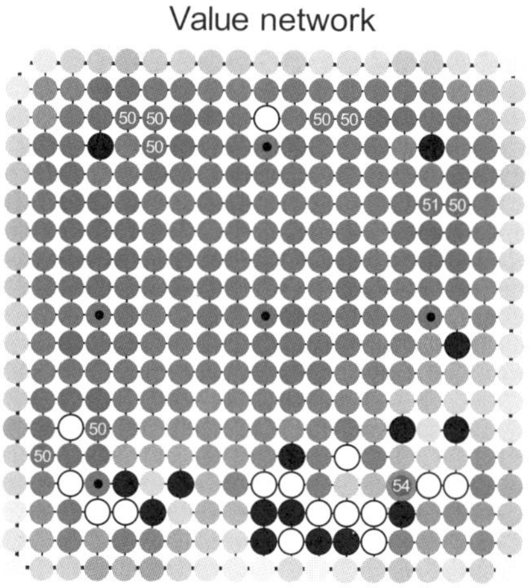

【그림 8-7】 알파고의 평가 네트워크, 특정 위치에 바둑돌을 놓을 기댓값을 출력한다.

강화학습 중에 환경 상태의 변화에 대해 추가 모델을 만들어 예측할 수도 있다. 보통의 강화학습은 환경 상태를 근거로 행동 전략 또는 행동의 기대 가치를 직접 예측한다. 환경 상태 및 취해진 조치에 따라 다음 환경 상태를 예측하고, 이 정보를 사용하여 강화학습 모델을 훈련하면 이것이 바로 model-based RL이다. 비디오 게임의 이미지 픽셀과 같은 복잡한 환경 조건에서는 복잡한 환경 정보를 예측하기가 매우 어렵다.

환경 상태가 작은 이산값(m)이고 취할 수 있는 동작이 작은 이산값(n)인 경우 환경 모델은 단순히 m×n 변환 행렬이다. 일반적인 비디오 게임 환경에서, 이미지 픽셀이 64×64 ×3이고 18가지의 선택적인 동작이 있다고 가정하면, 이 변환 매트릭스($256^{64\times64\times3}\times18$)의 광학 저장을 위해 상상할 수 없는 큰 메모리 공간이 필요하게 된다. 더욱 복잡한 환경에서는 다음 환경 상태를 예측하기 위해 Model을 사용하는 것이 더 어렵다. Model-free 유형의 강화학습은 환경 상태에 대한 어떠한 예측을 할 필요가 없으며, 행동이 환경에 어떻게 영향을 미칠지 고려하지 않아도 된다. Model-free RL은 전략 또는 Action의 기댓값을 직접 예측하므로 계산 효율이 매우 높다.

물론 효율적으로 정확하게 환경을 예측할 수 있는 좋은 모델이 있다면 RL 훈련에 이점을 가져오지만, 정확하지 않은 모델은 RL 훈련을 심각하게 방해할 수 있다. 따라서 대부분의 복잡한 환경에 대해서는 주로 Model-free RL을 사용하며, 모델이 환경 상태를 예측하지 못하는 문제를 보완하기 위해서는 더욱 많은 샘플을 RL 훈련에 제공하면 된다.

8.2 텐서플로우에 의한 전략 네트워크 구현

앞서 언급했듯이 강화학습의 세 가지 중요한 요소는 환경 상태(Environment State), 행동(Action) 및 보상(Reward)이다. 환경에서 강화학습 모델의 매개체(carrier)는 Agent로, 모델에서 제공한 작업을 수행한다. 환경은 Agent가 제어할 수 없지만 관찰할 수 있다. 관찰 결과에 따라 모델이 제공하는 행동을 Agent가 실행한다. 보상은 어떤 환경 상태에서 어떤 행동을 실행하여 얻어지며, 모델이 쟁취해야 할 목표이다. 많은 작업에서 보상은 지연된다(Delayed). 즉 어떤 행동은 즉시 보상을 얻을 수 있으며, 미래에 얻을 수 있는 보상과 밀접한 관련이 있다.

이른바 정책 네트워크, 즉 신경망 모델을 만드는 것은 환경 상태를 관찰하여 지금 실행해야 할 전략(Policy)을 직접 예측할 수 있으며, 이 전략을 실행하면 최대 기대 수익(현재 및 미래 보상을 포함)을 얻을 수 있다. 일반적인 지도 학습과는 달리, 강화학습에서는 절대적으로 정확한 학습 목표가 없을 수도 있으며, 샘플의 특성은 그 이상 레이블과 하나씩 대응하지 않는다. 특정 환경 상태에 대해, 그에 대응하는 최선의 행동이 무엇인지 알지 못하며, 다만 현재 행동으로 얻은 보상과 실험 후에 얻는 미래의 보상만을 알 수 있다. 정확한 답을 모르기 때문에(즉 샘플이 정확한 레이블이 아니며, 추정된 레이블이므로) 강화학습 모델이 테스트 샘플을 통해 어떤 환경 상태에서 무엇이 더 좋은 행동인지 스스로 훈련하게 해야 한다. 학습 목표는 기대 가치이며, 현재 보상과 미래의 잠재적 보상을 합한 것이다. 전략 네트워크의 미래 잠재적인 보상을 더 잘 이해하기 위해 정책 네트워크는 현재 보상을 레이블로 사용하지 않고 미래의 모든 보상에 감쇠계수 γ를 곱하는 Discounted Future Reward를 사용한다. 여기서 감쇠계수는 일반적으로 1에 근접한 작은 수로서 손실 없이 누적되는 것을 방지하고 보상 목표를 발산시키며 미래 보상에 대한 불확실한 추정치를 나타낸다.

$$r = r_1 + \gamma r_2 + \gamma^2 r_3 + \cdots + \gamma^{n-1} r_n$$

Policy Gradients라는 방법을 사용하여 전략 네트워크를 훈련한다. Policy Gradients는 모델이 환경에서 행동이 얻은 피드백을 훈련하고, Gradients를 사용하여 모델 매개변수를 업데이트하는 프로세스를 나타낸다. 훈련 과정에서 모델은 좋은 행동과 그에 따른 높은 기대 가치, 나쁜 행동과 그에 따른 낮은 기대 가치를 접하게 된다. 따라서 이 샘플을 훈련하면 모델이 점진적으로 좋은 행동을 선택하는 확률을 증가시킬 수 있다. 그리고 나쁜 행동을 선택하는 확률을 줄임으로써 전략에 대한 훈련을 점진적으로 완성할 수 있다.

Q-Learning 또는 평가 네트워크와 달리, 전략 네트워크는 어떤 행동에 대응하는 기대 가치 Q를 훈련하지 않으며, 현재 환경에서 채택해야 하는 전략을 직접 훈련한다. 예를 들면 각 행동을 선택할 확률(행동의 선택이 제한적이면 좋은 행동은 확률이 커야 하고, 나쁜 행동은 확률이 작아야 한다), 또는 어떤 행동의 특정 값(행동이 이산값이 아니라 연속값인 경우)의 출력 등의 전략을 훈련한다. 따라서 정책 네트워크는 일종의 End-to-End 방법으로서 최종 전략을 직접 생산한다.

Policy Based 방법은 Value Based 방법에 비해 수렴성이 더 좋으며(일반적으로 지역 최적으로 수렴을 보장하고 발산하지 않음), 고차원 또는 연속값 작업에 매우 효율적이며(훈련 및 출력 결과가 모두 효율적이다), 또한 임의성을 가진 전략을 훈련할 수 있다. 예를 들면 가위바위보 게임에서 일반 전략은 다른 사람이 훈련하고 목표로 삼을 수 있으므로 완전한 무작위 전략이 좋을 수 있다(적어도 다른 전략에는 해당되지 않음). 이 경우 전략 네트워크를 사용하여 가위, 바위, 보를 무작위로 내는 전략을 배울 수 있다. (세 가지 행동의 확률은 같다).

Gym[63]을 사용하면 전략 네트워크 훈련에 도움이 된다. Gym은 OpenAI가 출시한 오픈소스로서 강화학습 환경 생성 도구이다. OpenAI는 테슬라 CEO인 일론 머스크(Elon Musk)가 설립한 비영리 인공지능 연구기관이다. 주요 임무는 안전하고 개방된 인공지능 기술을 연구하고, 광범위하고 공정하게 보급하여 사회에 봉사하는 것이다. Gym은 OpenAI가 제공한 매우 중요한 오픈소스 프로젝트로, 연구원과 개발자에게 단어 게임, 보드게임, 비디오 이미지 게임 등과 같은 편리한 강화학습 작업 환경을 제공하고, 사용자가 다른 사람들의 강화학습 알고리즘의 효율성과 성능을 비교할 수 있다.

강화학습 연구에 있어, 예전에는 두 가지 요소에 제약을 받았다. 그중 하나는 고품질 벤치마크가 부족하여 이미지 인식, 지도 학습 등의 문제에 대해서는 ImageNet과 같은 주석 처리된 초대형 데이터 세트에서 각종 알고리즘을 테스트할 수 있었다. 강화학습에서는 크고 풍부한 작업 환경이 필요한데, 현재 작업 환경이 부족하고 또한 환경 설정 과정도 매우 번거롭다. 두 번째는, 공통된 환경 기준이 없기 때문에 강화학습 관련 논문을 수평적으로 비교하기 어렵고, 상이한 작업에서 사용되는 환경 정의, 보상 기능, 사용 가능한 행동이 모두 구별되며, 또한 상이한 작업의 난이도 차이가 매우 클 수 있다. 예를 들어 바둑은 체스보다 훨씬 어렵다. Gym은 이 두 가지 문제를 매우 잘 해결한다. 강화학습 모델의 성능을 공정하고 수평적으로 비교할 수 있는 대량의 표준화된 환경을 제공한다. Gym 사용자는 모델 효과와 훈련 일지를 OpenAI Gym Service 인터페이스에 업로드할 수 있으며, 그런 다음 작업의 순위 결정에 참여할 수 있고, 모델의 효과를 다른 연구자와 비교할 수 있으며, 또한 알고리즘에 대한 아이디어를 다른 연구자들과 공유할 수 있다.

OpenAI Gym은 사용자가 모델을 개발하는 방법에 대한 제한이 없으며 텐서플로우 및 Theano와 같은 다른 머신러닝 라이브러리와 완벽하게 호환된다. 사용자는 파이썬

---

63) **OpenAI Gym**, *http://arxiv.org/abs/1606.01540*, Greg Brockman and Vicki Cheung and Ludwig Pettersson and Jonas Schneider and John Schulman and Jie Tang and Wojciech Zaremba

언어와 파이썬 라이브러리를 사용하여 강화학습 모델의 에이전트(agent)를 작성할 수 있다. 예를 들면 간단한 규칙을 만들거나 State-Action 일대일 전략 테이블을 사용할 수 있으며, 당연히 심층 신경망 모델을 사용하여 모델을 훈련할 수도 있다.

Gym에는 두 가지 핵심 개념이 있다. 하나는 Environment로 작업 또는 문제를 가리키며, 다른 하나는 Agent로 작성한 전략 또는 알고리즘이다. Agent는 실행된 Action을 Environment로 전달하고, Environment은 Action을 접수한 후 결과 Observation(즉 환경 상태)과 Reward를 Agent로 반환한다. Gym은 완전한 환경 인터페이스를 제공하며, Agent는 완전히 사용자에 의해 작성된다. 현재 Gym에는 몇 가지 환경을 포함하고 있으며, 이는 Algorithmic(알고리즘), Atari 게임(Arcade Learning Environment 사용), 보드게임(9x9 및 19x19 규모를 포함한 바둑 게임, 현재 사용되는 대항 프로그램은 Pachi), Box2D(2차원 물리 엔진), Class Control(기본 제어 클래스 문제) MuJoCo(다른 고효율의 물리 엔진, 매우 상세한 물리적 시뮬레이션을 구현할 수 있으며 충돌을 포함하여 2D 또는 3D의 로봇을 제어하여 작업을 실행한다), Toy Text(텍스트 유형)로 구분된다. 이러한 작업 환경 중 일부는 의존 라이브러리 또는 프로그램을 설치해야 한다. Full install를 실행하면 전제 환경에 대한 의존 프로그램을 설치할 수 있다.

Gym의 환경 인터페이스는 Env 클래스이며, 그중에 몇 가지 중요한 메소드는 다음과 같다. env=gym.make('Copy-v0')를 사용하여 작업 환경을 생성하며, env.reset()을 사용하여 환경을 초기화하고 초기의 observation, 즉 state를 반환한다. env.step(action)을 사용하여 현재 상태에서 1단계 Action을 실행하고, observation, reward, done(완료 표시), info(디버그 정보, 다만 일반적으로 Agent가 이 정보를 사용해서는 안 된다)를 반환한다. env.render() 메소드는 프레임의 작업 이미지를 렌더링하는 데 사용할 수 있다. 많은 작업의 observation은 이미지 프레임이다. 이 시점에서 Agent는 이미지 픽셀에서 정보와 전략을 직접 훈련한다.

아래에서 구체적인 예로서 Gym의 CartPole 환경을 사용한다. CartPole 작업은 강화학습으로 해결할 수 있는 고전적인 제어 문제로서, 논문 〈*Neuronlike Adaptive Elements That Can Solve Difficult Learning Control Problem*〉에서 처음 제기되었다. [그림 8-8]에서 보듯이 CartPole 환경에는 1차원의 무저항 궤도를 운행하는 자동차가 있으며, 자동차에는 좌우로 흔들리는 막대가 부착되어 있다. 환경 정보 observation은 이미지 픽셀이 아니라 자동차 위치, 속도, 막대의 각도, 속도 등과 같은 환경의 다양한 정보를 포함하는 네

가지 값의 배열이다.

각 수치에 대응하는 구체적인 물리적 의미를 알 필요가 없다. 왜냐하면, 이러한 수치를 근거로 자동차를 제어하는 로직을 작성하는 것이 아니라, 전략 네트워크를 설계하여 이러한 수치에서 스스로 환경 정보를 훈련하여 최상의 전략을 만들기 때문이다. 취할 수 있는 행동은 매우 간단하다. 순방향 또는 역방향의 힘으로 자동차를 밀어준다. Action Space의 개념, 즉 Action의 이산 수치 공간을 가지고 있다. 예를 들면 CartPole의 Action Space는 Discrete(2)로서 단지 0 또는 1이다. 다른 복잡한 게임의 경우 더 많은 값이 있을 수 있다.

여기의 수치가 구체적으로 어느 Action에 대응하는지 알 필요가 없으며, 모델이 Action을 취한 후 이에 따른 영향을 훈련할 수 있으면 된다. Action은 모두 하나의 코딩이다. CartPole의 작업 목표는 매우 간단하며, 막대를 바로 세우고 가능한 한 기울어지지 않게 유지하는 것이다. 자동차가 중심에서 2.4 단위 이상 떨어져 있거나 막대의 기울기가 15도를 초과하면 작업은 실패하고 자동 종료된다. 각 단계가 끝나면 +1의 Reward를 받게 되며, 가능한 오랜 시간 작업을 실패하지 않고 유지하면 된다. 작업의 Reward는 항상 일정하다. 어떤 Action에 대해 작업이 종료되지 않는 한 +1의 Reward를 받을 수 있다. 그러나 모델에는 비전이 있어야 하며, 현재 Reward뿐만 아니라 장기적인 이익을 고려해야 한다.

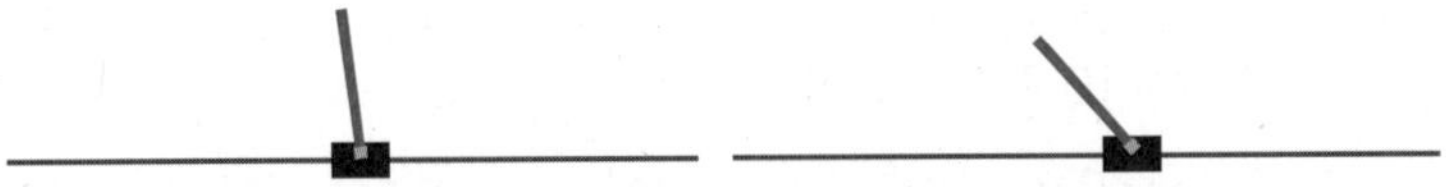

【그림 8-8】 CartPole 환경에는 이동 방향을 제어할 수 있는 자동차와 불안정한 막대가 포함되어 있다.

env.reset() 메소드를 사용하면 환경을 초기화하고, 환경의 첫 번째 Observation을 얻을 수 있다.

그 후 Observation에 따라 취해야 할 Action을 예측하고 env.step(action)을 사용하여 환경에 Action을 실행하면, Observation(CartPole의 4차원 추상적 특징 및 다른 작업의 이미지 픽셀), reward(현재 행동으로 얻은 보상), done(작업이 끝나는지의 표기, CartPole에서 막대가 기울어지거나 자동차가 중심에서 너무 멀리 떨어져 있는 경우, 다른 게임에서 적에게 타격을 입을 수 있다. 만약 True이면 작업을 reset 해야 한다) 및 info(추가 진단 정보, 예를 들면 게임에서 임의의 사건을 식별하는 확률로 Agent 훈련에 사용해서는 안 된다)를 반환할 수 있다. Action-Observation의 루프에 들어가서, Action을 실행하고 Observation을 얻으면 다시 Action을 실행한다. 이렇게 작업을 반복하여 실행하고, 작업이 끝날 때에는 가능한 한 높은 보상을 얻을 것을 기대한다. CartPole에서 실행할 수 있는 Action은 이산적 수치 공간으로 제한적이지만, 다른 작업에서는 연속적 수치가 될 수 있다. 예를 들면 자동차 경주 게임 작업에서 실행하는 동작은 특정 방향으로 이동하는 것이므로 0에서 360도 사이의 연속적인 수치 공간을 선택할 수 있다. 또한, 환경 명칭 뒤에는 모두 V0, V1 등과 같은 버전 번호가 있으며, 환경이 업데이트되거나 변경되면 이전 환경을 수정하지 않고 새 버전을 만들어 Agent 성능을 공정하게 비교할 수 있다. 동시에 env.monitor 메소드를 호출하여 모델의 훈련 과정을 모니터링하고 기록할 수 있으므로 gym.upload를 사용하여 훈련 일지를 gym service에 업로드하면 다른 사람들의 알고리즘과 쉽게 비교할 수 있다.

일반적으로 간단한 문제의 경우, 평가 기준은 몇 단계의 훈련을 하면 이상적인 점수에 안정적으로 도달할 수 있지만, 필요한 훈련 단계가 적으면 적을수록 좋을 것이다. 복잡한 문제의 경우에는 이상적인 점수가 얼마인지 알지 못하지만, 일반적으로 점수가 높을수록 좋다. 사용자는 gym에 알고리즘을 업로드하고 동료에게 심의를 받을 수 있다. 효과적인 새로운 알고리즘과 새로운 기술을 생각해 내고 다른 연구자가 이를 재현할 수 있으면 관련 분야의 연구가 매우 큰 가치를 가지게 될 것이다.

다음은 텐서플로우를 사용하여 전략 네트워크에 기반한 Agent를 만들어 CartPole 문제를 해결해 보자. 먼저 OpenAI Gym을 설치한다. 이 장의 코드는 DeepRL-Agents[64]의 오픈소스 코드를 기반으로 한다.

```
pip install gym
```

64) https://github.com/awjuliani/DeepRL-Agents/blob/master/Policy-Network.ipynb

이어서 NumPy, TensorFlow 및 gym을 로드한다. 여기서는 gym.make('CartPole-v0')를 사용하여 CartPole 문제에 대한 환경 env를 만든다.

```
import numpy as np
import tensorflow as tf
import gym
env = gym.make('CartPole-v0')
```

먼저 CartPole 환경에서 임의의 Action을 테스트한 결과를 다음 비교를 위한 baseline으로 한다. 그리고 env.reset()을 사용하여 환경을 초기화한 다음 임의의 실험을 10회 진행한다. 여기에서 env.render()를 호출하여 CartPole 문제의 이미지를 렌더링한다. np.random.randint(0,2)를 사용하여 임의의 Action을 생성한 다음, env.step()을 사용하여 임의의 Action을 실행하고 반환된 observation, reward 및 done를 얻는다. 만일 done가 True로 표기되면 테스트가 종료되었음을 의미하며, 경사각이 15도를 넘거나 중심에서 멀리 벗어나면 작업이 실패하게 된다. 1차 테스트가 끝나면, 이번 테스트의 누적된 보상 reward_sum을 표시하고 환경을 재부팅한다.

```
env.reset()
random_episodes = 0
reward_sum = 0
while random_episodes < 10:
    env.render()
    observation, reward, done, _ = env.step(np.random.randint(0,2))
    reward_sum += reward
    if done:
        random_episodes += 1
        print("Reward for this episode was:",reward_sum)
        reward_sum = 0
        env.reset()
```

무작위 전략으로 얻은 총 보상값은 10~40 사이이며, 평균값은 20~30 사이임을 볼 수 있으며, 이를 다음 테스트의 비교 기준으로 한다. 작업 완성의 목표를 200 reward로 설정하고, 가능하면 최소 횟수의 테스트를 통해 이 목표를 달성하도록 한다.

```
Reward for this episode was: 12.0
Reward for this episode was: 17.0
Reward for this episode was: 20.0
Reward for this episode was: 44.0
Reward for this episode was: 28.0
Reward for this episode was: 19.0
Reward for this episode was: 13.0
Reward for this episode was: 30.0
Reward for this episode was: 20.0
Reward for this episode was: 26.0
```

전략 네트워크는 숨겨진 레이어가 있는 간단한 MLP를 사용한다. 먼저, 네트워크의 각 하이퍼 매개변수를 설정하는데, 숨겨진 노드의 수 H는 50, batch_size는 25, 학습 속도 learning_rate는 0.1, 환경 정보 observation의 차원 D는 4, gamma 즉 reward의 discount 비율은 0.99로 설정한다. Action의 기대 가치를 산정할 때(즉 샘플의 학습 목표를 추정할 때), Delayed Reward를 고려할 수 있으며, 어떤 Action 후에 얻어진 모든 Reward를 discount하여 누적한다. 이렇게 하면 모델은 미래에 나타날 수 있는 잠재적 Reward를 훈련할 수 있다. 일반적으로 discount 비율이 1보다 작아야 Reward를 손실 없이 계속 누적되는 것을 방지하며, 현재 Reward와 미래 Reward의 가치를 구별할 수 있다. (현재 Action이 직접 가져오는 Reward는 discount가 필요하지 않으며, 미래 Reward는 불확정성이 존재하므로 discount가 필요하다)

```
H = 50
batch_size = 25
learning_rate = 1e-1
D = 4
gamma = 0.99
```

다음은 정책 네트워크의 구체적인 구조를 정의해 보자. 이 네트워크는 접수한 observation을 입력 정보로 하고, 최종 확률값을 출력하여 Action을 선택한다. (2개의 Action을 가지고 있으며, 왼쪽으로 힘을 가하거나 오른쪽으로 힘을 가함으로써 확률값을 결정할 수 있다) 입력 정보 observations의 placeholder를 만들고, 차원을 D로 한다.

그런 다음 tf.contrib.layers.xavier_initializer 초기화 알고리즘을 사용하여 숨겨진 레이어의 가중치 W1를 만들고, 차원을 [D, H]로 한다. 이어서 tf.matmul을 사용하여 환경 정보 observation에 W1를 곱한 다음 ReLU 활성화 함수를 사용하여 숨겨진 레이어의 출력 layer1을 가져온다. 여기에서 유의할 점은 바이어스를 추가할 필요가 없다. 마찬가지로 xavier_initializer 알고리즘을 사용하여 최종 sigmoid 출력 레이어의 가중치 W2를 만들고, 숨겨진 레이어의 출력 layer1에 W2를 곱한 후 sigmoid 활성화 함수를 사용하여 최종 출력 확률을 구한다.

```
observations = tf.placeholder(tf.float32, [None,D] , name="input _x")
W1 = tf.get_variable("W1", shape=[D, H],
                     initializer=tf.contrib.layers.xavier_initializer())
layer1 = tf.nn.relu(tf.matmul(observations,W1))
W2 = tf.get_variable("W2", shape=[H, 1],
                     initializer=tf.contrib.layers.xavier_initializer())
score = tf.matmul(layer1,W2)
probability = tf.nn.sigmoid(score)
```

여기에서 모델의 최적화 프로그램은 Adam 알고리즘을 사용한다. 신경망 매개변수의 기울기 placeholder -- W1Grad와 W2Grad를 각각 설정하고, adam.apply_gradients를 사용하여 모델 매개 변수를 업데이트하는 updateGrads를 정의한다. 그런 다음 매개변수의 기울기를 계산하여 일정한 샘플 양의 기울기에 누적하고 W1Grad 및 W2Grad에 전달하며, 아울러 updateGrads를 실행하여 모델 매개변수가 업데이트한다. 여기에서 유의할 점은, 심층 강화학습의 훈련은 다른 신경망과 같으며, batch training 방법을 사용한다. 샘플별로 매개변수를 업데이트하는 대신 각 batch_size 샘플의 기울기를 누계하여 매개변수를 업데이트함으로써 단일 샘플의 임의의 노이즈가 모델에 좋지 않은 영향을 주는 것을 방지한다.

```
adam = tf.train.AdamOptimizer(learning_rate=learning_rate)
W1Grad = tf.placeholder(tf.float32,name="batch_grad1")
W2Grad = tf.placeholder(tf.float32,name="batch_grad2")
batchGrad = [W1Grad,W2Grad]
updateGrads = adam.apply_gradients(zip(batchGrad,tvars))
```

다음은 discount_rewards 함수를 정의하여, 각 Action의 대응하는 잠재적 가치 discount_r을 추산해 보자. CartPole 문제에서 매번 얻은 Reward는 모두 이전 Action과 관련되어 있으므로 delayed reward에 속한다. 따라서 각 Action의 실제 가치를 정확하게 측정해야 하는 경우에는 현재 단계의 Reward를 살펴볼 수 없으므로 이후의 Delayed Reward를 고려해야 한다. Pole이 공중에서 장시간 수직으로 유지되는 Action은 비교적 큰 기댓값을 가져야 하고, Pole이 넘어지는 Action은 비교적 작은 기댓값을 가져야 한다. 뒤로 갈수록 Pole이 넘어지는 가능성이 크기 때문에 Action의 기댓값이 작아질 것으로 판단한다. 그리고 앞으로 갈수록 Pole이 장시간 수직을 유지할 수 있으므로 Action의 기댓값이 커질 것으로 판단한다. 전체 과정을 역추적하면, 마지막 Action부터 모든 Action이 대응해야 하는 기댓값을 계산하게 된다. 입력 데이터 r은 각 Action이 실제로 획득한 Reward이며, CartPole 문제에서 마지막 끝났을 때 Action이 0인 것을 제외하면 나머지 Action은 모두 1이 된다. 구체적인 계산 방법은 다음과 같다. 직접 획득한 Reward를 제외한 각 Action의 잠재적 가치를 running_add로 정의하며, running_add는 뒤에서 앞쪽으로 누계한 것으로 discount를 통해 감쇠해야 한다. 각 Action의 잠재적 가치는 뒤의 Action의 잠재적 가치에 감쇠계수 γ와 직접 획득한 Reward, 즉 running_add*gamma+r[t]를 곱한 값이다. 이렇게 하면 마지막 Action부터 앞으로 누적 계산을 하여 전체 Action의 잠재적 가치를 얻을 수 있다. 잠재적 가치를 추산하는 이러한 방법은 기대와 일치하며, 앞의 Action일수록 잠재적 가치가 크다.

```
def discount_rewards(r):
    discounted_r = np.zeros_like(r)
    running_add = 0
    for t in reversed(range(r.size)):
        running_add = running_add * gamma + r[t]
        discounted_r[t] = running_add
    return discounted_r
```

다음은 인위적으로 설정된 가상 레이블(0 또는 1 값을 가지며, 아래에서 생성 원리를 설명한다)의 placeholder ── input_y 및 각 Action의 잠재적 가치의 placeholder ── advangtages를 정의해 보자. 여기에서 loglik의 정의는 매우 복잡하다. loglik이 무엇을 나타내는지 알아보자. Action의 값이 1이 될 확률은 probability(즉 전략 네트워크 출력 확률), Action의 값이 0이 될 확률은 1-probability이며, lable의 값은 Action과 상반되며 label = 1-Action이 된다. Action이 1일 때 label은 0이 된다. 이때 loglik = tf.log(probability), 즉 Action 값이 1이 될 확률의 대수(logarithm)이다. Action이 0일 때 label은 1이 된다. 이때 loglik = tf.log(1-probability), 즉 Action 값이 0이 될 확률의 대수이다. 따라서 loglik은 실제로 현재 Action에 해당하는 확률의 대수이다. loglik에 잠재적 advantage를 곱하고 음수를 손실로 하여 목표를 최적화한다. 최적화 프로그램(optimizer)를 사용하여 최적화를 하면, 많은 advantages를 얻을 수 있는 Action의 확률이 커지며, 적은 advantages를 얻을 수 있는 Action의 확률은 적어지므로 손실을 줄일 수 있다. 꾸준히 훈련하면 보다 많은 advantages를 얻을 수 있는 Action 확률을 지속적으로 높일 수 있다. 즉 잠재적 가치를 더 많이 창출할 수 있는 전략을 배우는 것이다. 마지막으로 tf.trainable_variables()를 사용하여 전략 네트워크에서 훈련할 수 있는 매개변수 tvars를 모두 가져오고, tf.gradients를 사용하여 손실의 기울기에 대한 모델 매개변수를 구한다.

```
input_y = tf.placeholder(tf.float32,[None,1], name="input_y")
advantages = tf.placeholder(tf.float32,name="reward_signal")
loglik = tf.log(input_y*(input_y - probability) + \
            (1 - input_y)*(input_y + probability))
```

```
loss = -tf.reduce_mean(loglik * advantages)

tvars = tf.trainable_variables()
newGrads = tf.gradients(loss,tvars)
```

정식으로 훈련 과정에 들어가기 전에 먼저 매개변수를 정의한다. xs는 환경 정보 observation의 목록, ys는 정의한 레이블의 목록, drs는 기록한 각 Action의 Reward, 누적 Reward는 reward_sum, 테스트 총 횟수 total_episodes는 10000로 정의하며, 200 Reward를 달성하면 훈련을 마친다.

```
xs,ys,drs = [],[],[]
reward_sum = 0
episode_number = 1
total_episodes = 10000
```

기본 Session을 만들고, 모든 매개변수를 초기화하고, render 표지를 닫는다. Render는 많은 지연을 가져오므로 처음에는 성숙하지 않은 모델을 관찰할 필요가 없다. 먼저 CartPole의 환경을 초기화하고 초기 상태를 얻는다. 그런 다음 sess.run을 사용하여 tvars를 실행하고 모든 모델 매개변수를 가져온다. 그리고 매개변수 기울기를 저장하는 버퍼 gradBuffer를 만들고 모든 gardBuffer를 0으로 초기화한다. 이어서 테스트마다 수집된 매개변수 기울기를 gradBuffer에 저장하면 batch_size 테스트가 완료되며, 요약된 기울기가 모델 매개변수로 업데이트된다.

```
with tf.Session() as sess:
    rendering = False
    init = tf.global_variables_initializer()
    sess.run(init)
    observation = env.reset()

    gradBuffer = sess.run(tvars)
    for ix,grad in enumerate(gradBuffer):
```

```
        gradBuffer[ix] = grad * 0
```

아래의 테스트 루프에서 최대 루프 수는 total_episodes이다. 각 batch의 평균 Reward가 100 이상에 도달하면, 즉 Agent의 성능이 좋으면 env.render()를 호출하여 테스트 환경에 표시한다. 먼저 tf.reshape를 사용하여 observation을 전략 네트워크 입력 형식으로 변환한 다음 네트워크로 전달하고, sess.run을 사용하여 probability를 실행하고 네트워크 출력 확률 tfprob, 즉 Action 값이 1이 될 확률을 얻는다. 이어서 (0, 1)의 랜덤 샘플링에서 랜덤 값이 tfprob보다 작으면 Action의 값은 1이고, 그렇지 않은 경우 Action의 값은 0이다. 즉 Action의 값이 1이 될 확률은 tfprob이다.

```
    while episode_number <= total_episodes:

        if reward_sum/batch_size > 100 or rendering == True :
            env.render()
            rendering = True

        x = np.reshape(observation,[1,D])

        tfprob = sess.run(probability,feed_dict={observations: x})
        action = 1 if np.random.uniform() < tfprob else 0
```

그런 다음 입력 환경 정보 observation을 목록 xs에 추가한다. 여기에서 가상 label y를 생성하고 label 값을 목록 ys에 추가한다. 이때 label 값은 Action과 상반되며, 즉 y = 1-action이 된다. 그런 다음 env.step을 사용하여 1차 Action을 실행하고 observation, reward, done과 info를 얻으며, Reward를 reward_sum에 누적하고 동시에 reward를 drs 목록에 추가한다.

```
        xs.append(x)
        y = 1 - action
```

```
ys.append(y)

observation, reward, done, info = env.step(action)
reward_sum += reward

drs.append(reward)
```

done이 True이면, 즉 1차 테스트가 끝나면 episode_nume에 1을 더한다. 동시에 np.vstack을 사용하여 xs, ys, drs 목록의 요소를 세로로 쌓고 epx, epy, epr을 얻는다. 그리고 xs, ys dr를 깨끗이 비워서 다음 테스트에 사용한다. 여기서 유의할 점은, epx, epy, drs는 1차 테스트에서 얻은 모든 observation, label, reward의 목록이다. 앞에서 정의한 discount_rewards 함수를 사용하여 각 단계별 Action의 잠재적 가치를 계산하고 표준화(평균값을 빼고 표준편차로 나눈다)를 하여 평균값이 0, 표준편차가 1인 분포를 얻는다. 이렇게 하면 discount_reward가 모델 손실 계산에 참여할 수 있으며, 안정적인 discount_reward 배포는 훈련에 안정성에 도움을 준다.

```
if done:
    episode_number += 1
    epx = np.vstack(xs)
    epy = np.vstack(ys)
    epr = np.vstack(drs)
    xs,ys,drs = [],[],[]

    discounted_epr = discount_rewards(epr)
    discounted_epr -= np.mean(discounted_epr)
    discounted_epr /= np.std(discounted_epr)
```

이어서 epx, epy 및 discounted_epr을 신경망에 입력하고, newGrads 작업으로 기울기를 구한 다음 gradBuffer에 누적한다.

```
        tGrad = sess.run(newGrads,feed_dict={observations: epx,
                    input_y: epy, advantages: discounted_epr})
        for ix,grad in enumerate(tGrad):
            gradBuffer[ix] += grad
```

테스트 진행 횟수가 batch_size의 정수 배가 되면 gradBuffer에 충분한 기울기가 누적되므로, updateGrads 연산을 사용하여 gradBuffer의 기울기를 전략 네트워크의 모델 매개변수에 업데이트한다. 그리고 gradBuffer를 깨끗이 비우고 다음 batch의 기울기 계산을 준비한다. 여기서 주의할 점은, 1개의 batch 기울기를 사용하여 매개변수를 업데이트하지만, 각 기울기는 1차 테스트에서 모든 샘플(1개의 Action에 대응하는 1개의 샘플)을 사용하여 계산한 것이다. 따라서 1개 barch의 샘플 수는 실제로 25회(batch_size) 테스트 샘플 수의 합계이다. 또한, 현재 테스트 횟수 episode_number와 batch의 매회 테스트에서 얻은 평균 reward를 보여 준다, batch의 매회 테스트 평균 reward가 200을 초과하면 전략 네트워크는 성공적으로 작업을 완료하고 루프를 종료한다. 목표에 도달하지 못하면 reward_sum을 비우고 다음 batch의 총 reward를 누계한다. 그리고 매회 테스트를 마친 후, 작업 환경 env를 재설정하면 다음 테스트를 편리하게 할 수 있다.

```
        if episode_number % batch_size == 0:
            sess.run(updateGrads,feed_dict={W1Grad: gradBuffer[0],
                                    W2Grad:gradBuffer[1]})
            for ix,grad in enumerate(gradBuffer):
                gradBuffer[ix] = grad * 0

            print('Average reward for episode %d : %f.' % \
                  (episode_ number,reward_sum/batch_size))

            if reward_sum/batch_size > 200:
                print("Task solved in",episode_number, 'episodes!')
                break

            reward_sum = 0
```

```
            observation = env.reset()
```

아래는 모델의 훈련 일지로서, 전략 네트워크는 200회 테스트를 실행한 것을 볼 수 있다. 즉 8개 batch의 훈련과 매개변수를 업데이트한 후 목표를 구현하였으며, Batch에서 평균 230 rewards를 달성하여 사전에 설정한 목표를 성공적으로 완료하였다. 전략 네트워크의 구조, 숨겨진 노드의 수, batch_size, 학습 속도 등 매개변수를 수정하여 전략 네트워크의 최적화 훈련을 실행하면 전략 학습 속도를 높일 수도 있다.

```
Average reward for episode 25 : 19.200000.
Average reward for episode 50 : 30.680000.
Average reward for episode 75 : 41.360000.
Average reward for episode 100 : 52.160000.
Average reward for episode 125 : 70.680000.
Average reward for episode 150 : 84.520000.
Average reward for episode 175 : 153.320000.
Average reward for episode 200 : 230.400000.
Task solved in 200 episodes!
```

8.3 텐서플로우에 의한 평가 네트워크 구현

강화학습에는 Policy Based 이외에도 Action을 직접 선택하는 방법과 Action에 대응하는 기대 가치(Expected Utility)를 훈련하는 방법, 즉 Q-Learning[65]이라 불리는 방법이 있다. Q-Learning은 1989년 왓킨스(Chris Watkins)에 의해 처음 제안되었으며 1992년 왓킨스와 다얀(Dayan)에 의해 Q-Learning의 수렴성이 입증되었다. Q-Learning 훈련 중의 기대 가치는 현재 단계에서 모든 후속 단계까지 획득할 수 있는 최대 가치(즉 Value라고 하는 Q 값)를

65) **Learning from Delayed Rewards**, *Ph.D. thesis*, Cambridge University, Authors: Watkins, C.J.C.H.

나타낸다. 이 Action→Q 함수를 사용하여, 각 상태에서 가장 높은 Q 값을 가진 Action을 선택한다. Policy Based 방법과 마찬가지로 Q-Learning도 환경 모델에 의존하지 않는다. 마르코프 결정 프로세스(Markov Decision Process)에서 Q-Learning은 최종적으로 최적의 전략을 찾을 수 있다는 것이 증명되었다,

Q-Learning의 목표는 기대 가치를 추산하는 함수 $Q(s_t,a_t)$를 구하는 것이다. 즉 현재 환경 상태에 근거하여 Action의 기대 가치를 추산한다. Q-Learning 훈련 모델의 기본 아이디어는 매우 간단하다. (상태, 행위, 장려, 다음 상태)로 구성된 튜플$(s_t,a_t,r_{t+1},s_{t+1})$을 샘플로 훈련한다. 여기서 s_t는 현재 상태, a는 현재 상태에서 실행된 Action, r_{t+1}은 Action 실행 후 얻은 보상, s_{t+1}은 다음 상태를 나타낸다. 특성은 (s_t,a_t)이며, 학습 목표(즉 기대 가치)는 $r_{t+1}+\gamma \cdot \max_a Q(s_{t+1},a)$이며, 학습 목표는 현재 Action이 획득한 Reward에 다음 단계에서 획득할 수 있는 최대 기대 가치를 더한 것이다. 학습 목표에는 Q-Learning 함수가 포함되어 있으며, 그중 재귀적 해결이라는 아이디어를 사용한다. 다음 단계에서 얻을 수 있는 최대 기대 가치에 감쇠계수(discount factor) γ를 곱한다. 감쇠계수는 훈련 중 미래 보상을 결정하는 중요한 매개변수이다.

만약 discount factor가 0이면, 모델은 미래의 보상 정보를 훈련할 수 없어 멀리 보지 못하고 현재의 이익에만 초점을 맞추게 될 것이다. discount factor가 1보다 크거나 같으면, 알고리즘이 수렴할 방법이 없고 기대 가치가 계속 누적되고 감쇠되지 않아(즉 할인되지 않음) 기대 가치가 발산될 가능성이 매우 높다. 따라서 discount factor는 일반적으로 1보다 약간 작은 값으로 설정되며, 다음과 같이 전체 Q-Learning 훈련 과정을 작성할 수 있다.

$$Q_{new}(s_t,a_t) \leftarrow (1-\alpha)\cdot Q_{old}(s_t,a_t)+\alpha\cdot(r_{t+1}+\gamma\cdot\max_a Q(s_{t+1},a))$$

이 공식에 대해 간략하게 설명하면, 학습 목표(현재 얻은 보상과 다음에 얻을 수 있는 최대 기대 가치)를 달성하기 위해 이전의 Q-Learning 함수 $Q_{old}(s_t,a_t)$를 작은 학습 속도 α로 훈련하여 새로운 Q-Learning 함수 $Q_{new}(s_t,a_t)$를 구하는 것이다. 그중에서 학습 속도는 새로 획득한 샘플 정보를 사용하여 이전에 수집한 정보를 덮는 비율을 결정한다. 일반적으로 비교적 작은 값으로 설정되어 훈련 과정의 안정성과 최종 수렴성을 보장한다. 또한,

Q-Learning은 초깃값 Q_0이 필요하며, 초깃값이 높으면 모델이 더 많은 탐색을 할 수 있다.

Q-Learning을 훈련하기 위해 사용하는 모델은 신경망이며, 이렇게 하여 얻은 모델은 평가 네트워크이다. 그 중에서 신경망이 깊으면, 그것이 바로 DQN이다.

DQN은 구글 딥마인드가 과학학술지 《네이처》에 발표한 논문 〈Human-level control through deep reinforcement learning〉에서 제안한 것으로, 이 논문에서 딥마인드는 DQN을 사용하여 Atari 2600 시리즈 게임을 할 수 있는 전문가 수준의 Agent를 만들었다. 초기 Q-Learning에서 사용된 간단한 모델과 비교하면 딥마인드의 DQN은 다방면으로 개선되었다, 아래에서는 현재 최첨단 기술을 이용한 DQN의 몇 가지 Trick을 소개한다.

첫 번째 Trick은 DQN에 컨벌루션 레이어를 도입하는 것이다. 일부 숫자 클래스의 특징을 입력하여 모델을 훈련시키는 대신, 모델이 직접 Atari와 같은 게임의 비디오 이미지를 통해 환경 정보를 이해하고 전략을 훈련하게 한다. 이렇게 하면 DQN이 수신한 이미지를 이해할 수 있다. 즉 특정 이미지 인식 기능을 가지게 되므로 이전 장에서 언급한 컨벌루션 신경망을 사용해야 한다.

컨벌루션 신경망의 구체적인 원리는 앞 장에서 설명하였는데, 컨벌루션 신경망은 공간 구조 정보를 추출할 수 있는 컨벌루션 레이어를 사용하여 특징을 추출한다. 컨벌루션 레이어는 이미지에서 중요한 목표의 특징을 추출할 수 있으며, 6장의 VGG Net 및 Inception Net처럼 뒤 레이어 전달하여 분류 또는 반환 할 수 있다.

그러나 DQN은 컨벌루션 레이어를 사용하여 이미지를 분류하지 않고 강화학습에서 훈련하며, 목표는 환경 이미지를 기반으로 결정을 출력하는 것이다. 일반적으로 DQN을 설계할 때, 입력이 이미지인 경우 처음 몇 개의 레이어는 일반적으로 [그림 8-9]와 같이 컨벌루션 레이어로 설정된다. 본 장에서는 구현하게 될 DQN의 처음 4개의 레이어는 모두 컨벌루션 레이어이다.

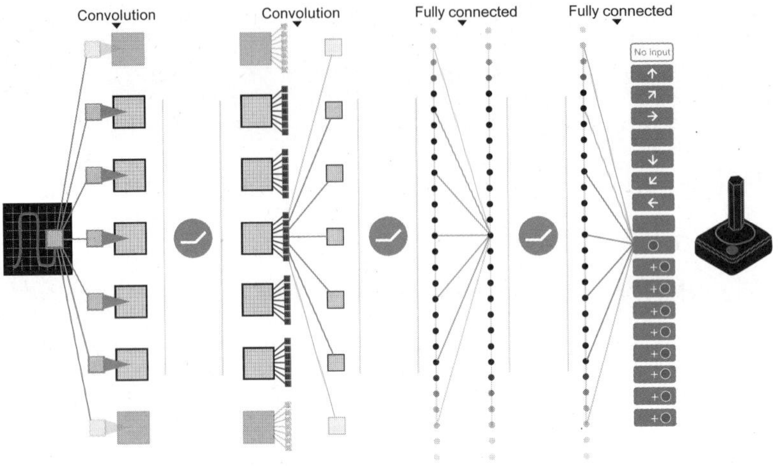

【그림 8-9】 Deep Q-Network의 멀티 레이어 컨벌루션 구조

두 번째 Trick은 Experience Replay이다. 딥러닝은 대량의 샘플이 필요하므로 전통적인 Q-Learning의 온라인 업데이트 방법(새로운 샘플을 하나씩 훈련하는 방법)은 DQN에 적합하지 않을 수 있다. 따라서 샘플 양을 늘리고, VGGNet 또는 Inception Net과 같은 다양한 eopch 훈련을 실행하며, 이미지를 반복적으로 사용한다. Experience Replay라는 기술을 도입하는데, 이 기술의 주요 아이디어는 Explorer의 Experience(샘플)를 저장하고 매번 네트워크 훈련을 위해 샘플의 일부를 무작위로 샘플링하는 것이다. 이렇게 하면 비교적 안정적으로 훈련 과제를 완료할 수 있으며, 최신 샘플만을 접하는 근시안적인 훈련을 피하고 과거의 대량 샘플을 종합적으로, 반복적으로 사용하여 훈련할 수 있다. Experience를 저장하는 cache buffer를 생성하여 일정량의 새로운 샘플을 저장할 수 있다. 용량이 가득 차면 가장 오래된 샘플이 새로운 샘플로 교체되며, 대부분의 샘플이 유사한 확률을 갖게 된다. 만약 오래된 샘플이 교체되지 않으면 처음부터 얻은 오래된 샘플이 전체 훈련 과정에서 사용되며, 여기에서 추출된 확률은 새로운 샘플에 비해 훨씬 높다. 매번 훈련 샘플이 필요할 때에는 직접 buffer에서 임의로 일정량의 샘플을 추출하여 DQN 훈련에 사용한다. 이렇게 하면 샘플의 높은 이용률을 유지할 수 있으며, 동시에 모델이 비교적 새로운 샘플을 훈련할 수 있다.

세 번째 Trick은 두 번째 DQN 네트워크를 사용하여 훈련을 보조할 수 있다. 이 보조 네트워크를 일반적으로 target DQN이라고 하며, 학습 목표 공식의 $\max_a Q(s_{t+1},a)$를 제공하여 목표 Q값을 계산하는 것을 돕는다. 네트워크를 두 개로 분리하여, 하나는 학습 목표를 만드는 데 사용하고, 다른 하나는 실제로 훈련하는 데 사용한다. 이렇게 하는 이유는 간단하다. Q-Learning 훈련의 목표를 안정적으로 유지하는 것이다. 강화학습과 Q-Learning은 일반적인 지도 학습과는 다르며 학습 목표의 일부가 모델 자체에서 산출되기 때문에 학습 목표는 매번 바뀌게 된다.

모델 매개변수를 업데이트할 때마다 학습 목표가 변경될 수 있으며, 업데이트가 자주 발생하면 훈련 과정이 매우 불안정하고 통제 불능 상태가 된다.

이렇게 하면 DQN의 훈련은 목표 Q값과 예측 Q값 (충격 및 발산에 빠지므로 수렴하기 어렵다)의 피드백 루프에 빠지게 된다. 이런 영향을 줄이기 위해서는 목표 Q값이 안정되어야 하며, 비교적 안정된 target DQN 보조 네트워크로 목표 Q값을 계산해야 한다. Target DQN이 낮은 주파수 또는 느린 학습을 수행하면 출력된 Q값의 변동이 작아지므로 훈련 프로세스에 대한 영향을 줄일 수 있다.

네 번째 Trick은, target DQN의 분석 방법이 더 발전하면, 이것이 바로 double DQN이다. 딥마인드의 연구원이 논문 〈Deep Reinforcement Learning with Double Q-Learning Double Q-Learning〉에서 전통적인 DQN이 일반적으로 Action의 Q값을 높이 평가한다는 것을 발견했다. 이러한 과대평가가 일정하지 않으면, 원래 차선의 Action이 항상 높게 평가되어 최적화 Action을 초과하게 된다. 이렇게 되면 훈련과 Action 선택에 큰 어려움이 따르며, 결국 최적의 Action을 찾을 수 없게 된다.

이에 따라 딥마인드의 논문에서는 DQN에서 Double Q-Learning을 사용할 수 있는 방법을 제안하였다. 앞에서 target DQN에 목표 Q값의 생성을 전적으로 책임지게 했다. 즉 먼저 $Q(s_{t+1},a)$를 생성한 다음 $\max_a$를 통해 최대 Q값을 선택했다. Double DQN은 두 번째 단계를 수정한다. 대상 DQN에서 최대 Q값을 직접 선택하는 대신, 주 DQN에서 최대 Q값으로 Action을 선택한 다음 대상 DQN에서 이 Action의 Q값을 가져온다. 이렇게 하면 주 네트워크가 Action 선택에 책임을 지고, 선택된 Action의 Q값은 target DQN에 의해 생성된다. 선택된 Q값은 항상 최대 Q값이 아니므로 항상 최적의 Action을 초과하는 과대 평가된 차선의 Action을 피하게 되고, 진정한 최고의 Action을 찾을 수 있다. 따라서 학습 목표를 아래의 공식으로 작성할 수 있다.

$$Target = r_{t+1} + \gamma \cdot Q_{target}(s_{t+1}, argmax_a(Q_{main}(s_{t+1}, a)))$$

다섯 번째 Trick은 Dueling DQN이다. DQN을 크게 개선한 것으로, 구글의 논문 〈*Dueling Network Architectures for Deep Reinforcement Learning*〉에 처음 소개되었다. Dueling DQN은 Q값의 함수 $Q(s_t,a_t)$를 두 부분으로 나눈다. 하나는 정태적 환경 상태의 가치 $V(s_t)$로서 Value라고 한다. 다른 하나는 어떤 Action을 선택에 따른 동태적 가치 $A(a_t)$로서 Advantage라고 한다.

Q값은 이 두 부분으로 구성되며, 아래의 공식으로 작성할 수 있다.

$$Q(s_t,a_t) = V(s_t) + A(a_t)$$

Dueling의 목표는 네트워크가 환경 자체의 Value와 Action 선택에 따른 Advantage를 구분하여 계산할 수 있게 하는 것이다. 여기에서 Advantage는 어떤 Action과 다른 Action을 비교하므로, Advantage를 평균 0의 값으로 설계한다. [그림 8-10]에서 볼 수 있듯이, 위의 부분은 전통적인 DQN 네트워크이며, 다음은 Dueling DQN이다. 네트워크의 마지막 부분에서 Action 수량(n으로 가정)의 Q값을 직접 출력하지 않고, 하나의 Value 값과 n개의 Advantage 값을 출력한다. 그런 다음 V값을 구분하여 각 Advantage 값에 더하면 최종 결과를 얻을 수 있다.

이렇게 하는 목적은 DQN의 학습 목표를 보다 명확하게 하는 것이다. 현재 기대 가치가 주로 환경 상태에 의해 결정되는 경우에는 Value 값이 크고, 모든 Advantage의 변동은 크지 않다. 기대 가치가 주로 Action에 의해 결정되는 경우에는 Value의 값이 작고, Advantage의 변동이 크다. 이 두 부분을 분해하면 학습 목표가 보다 안정적이고 명확해지며, 환경 상태에 대한 DQN의 추산 능력을 더욱 높일 수 있다.

다음은 처음 몇 가지 Trick으로 DQN을 구현해 보자. 사용된 작업 환경은 [그림 8-11]과 같이 GridWorld라는 탐색 게임이다. GridWorld에는 1개의 hero(실제로는 남색이지만 여기서는 흰색으로 표시), 4개의 goal(실제로는 녹색이지만 여기에서는 밝은 회색으로 표시)과 2개의 fire(실제로는 빨간색이지만 여기서는 어두운 회색으로 표시)가 포함되어 있다. 목표는 hero 이동을 제어하는 것이다. 상, 하, 좌,

우 방향으로 한 단계 이동할 때마다 가능한 한 goal(보상값은 1)을 많이 접촉하고, fire(보상값은 −1)는 피한다. 이 게임의 목표는 제한된 수의 단계에서 가장 많은 점수를 얻는 것이다. Agent는 GridWorld의 이미지 훈련을 통해 hero 이동의 최적화 전략을 직접 제어한다.

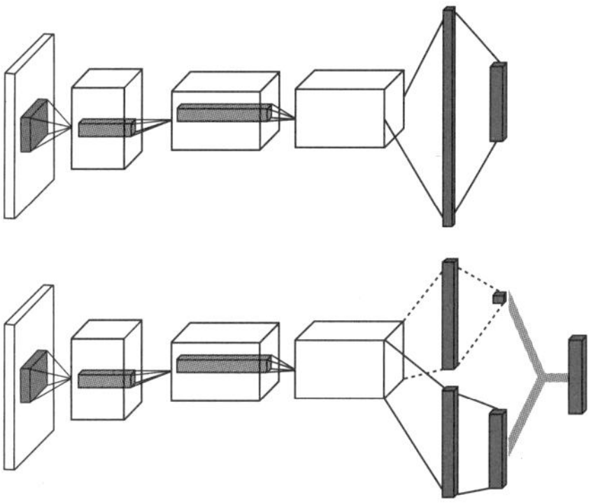

【그림 8-10】 Dueling DQN은 value 함수와 advantage 함수를 분석한다

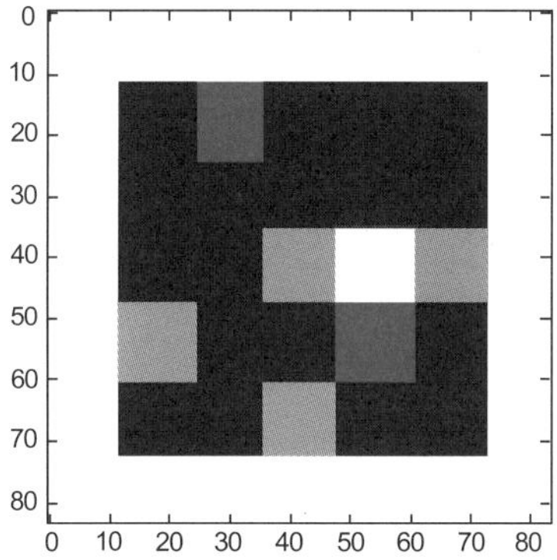

【그림 8-11】 GridWorld 게임 환경 예시

아래에서 GridWorld 작업을 위한 환경을 만들어 보자. 먼저 다양한 종속성 라이브러리를 로드해야 한다. 이번에 로드해야 하는 라이브러리가 비교적 많은데, 그중 itertools는 반복 연산을 쉽게 실행할 수 있으며, scipy.misc 및 matplotlib.pyplot은 그릴 수 있다. 또한, 훈련 시간이 많이 소요되므로, os를 로드하여 모델 파일을 정기적으로

저장한다. 이 장의 코드는 DeepRL-Agents의 오픈소스 코드[66)]를 기반으로 한다.

```
import numpy as np
import random
import itertools
import scipy.misc
import matplotlib.pyplot as plt
import tensorflow as tf
import os
%matplotlib inline
```

먼저 환경에서 객체의 class를 만든다. 환경 객체에는 coordinates(x, y 좌표), size(크기), intensity(휘도값), channel(RGB 색상 채널), reward(보상값) 및 name(명칭) 등의 속성이 포함된다.

```
class gameOb():
    def __init__(self,coordinates,size,intensity,channel,reward,name):
        self.x = coordinates[0]
        self.y = coordinates[1]
        self.size = size
        self.intensity = intensity
        self.channel = channel
        self.reward = reward
        self.name = name
```

그런 다음 GridWorld 환경의 클래스를 만든다. 초기화 메소드는 1개의 매개변수, 즉 환경 size만 전달하면 된다. 환경의 길이와 너비를 입력 size로 설정하고, 환경의 Action Space를 4로 설정하며, 환경의 객체 목록을 초기화한다. self.reset() 메소드를 호출하여 전체 환경을 재설정하고, 초기 observation(즉 GridWorld의 이미지)을 얻은 다음 plt.imshow를 사용하여 observation를 표시한다.

66) https://github.com/awjuliani/DeepRL-Agents/blob/master/Double-Dueling-DQN.ipynb

```
class gameEnv():
    def __init__(self, size):
        self.sizeX = size
        self.sizeY = size
        self.actions = 4
        self.objects = []
        a = self.reset()
        plt.imshow(a,interpolation="nearest")
```

다음은 환경의 reset 메소드를 정의해 보자. 1개의 hero(사용자가 제어하는 대상), 4개의 goal(reward는 1), 2개의 fire(reward는 −1)를 포함한 GridWorld의 모든 객체를 만들고, 객체 대상 목록 self.objects에 추가한다. 객체의 위치를 만들 때는 self.newPosition()을 사용하여 점유되지 않은 새 위치를 임의로 선택한다. 모든 객체의 size와 intensity는 1이며, 그 중 hero의 channel은 2(남색), goal의 channel은 1(녹색), fire의 channel은 1(붉은색)이다. 마지막으로 self.renderEnv()를 사용하여 GridWorld의 이미지, 즉 state를 그린다.

```
    def reset(self):
        self.objects = []
        hero = gameOb(self.newPosition(),1,1,2,None,'hero')
        self.objects.append(hero)
        goal = gameOb(self.newPosition(),1,1,1,1,'goal')
        self.objects.append(goal)
        hole = gameOb(self.newPosition(),1,1,0,-1,'fire')
        self.objects.append(hole)
        goal2 = gameOb(self.newPosition(),1,1,1,1,'goal')
        self.objects.append(goal2)
        hole2 = gameOb(self.newPosition(),1,1,0,-1,'fire')
        self.objects.append(hole2)
        goal3 = gameOb(self.newPosition(),1,1,1,1,'goal')
        self.objects.append(goal3)
        goal4 = gameOb(self.newPosition(),1,1,1,1,'goal')
        self.objects.append(goal4)
        state = self.renderEnv()
        self.state = state
```

```
        return state
```

여기에서는 hero 캐릭터를 움직이는 메소드를 구현한다. 전달하는 값은 위, 아래, 왼쪽, 오른쪽을 나타내는 4개의 숫자, 즉 0, 1, 2, 3이다. 이 함수는 입력에 따라 hero의 이동을 조작하지만, 이동의 방향이 hero의 범위를 벗어나면 어떠한 이동도 진행할 수 없다.

```
    def moveChar(self,direction):
        hero = self.objects[0]
        heroX = hero.x
        heroY = hero.y
        if direction == 0 and hero.y >= 1:
            hero.y -= 1
        if direction == 1 and hero.y <= self.sizeY-2:
            hero.y += 1
        if direction == 2 and hero.x >= 1:
            hero.x -= 1
        if direction == 3 and hero.x <= self.sizeX-2:
            hero.x += 1
        self.objects[0] = hero
```

방금 언급한 newPosition 메소드를 정의하면, 이 메소드는 기존 객체와 충돌하지 않는 위치를 선택할 수 있다. itertools.product 메소드는 여러 변수의 모든 조합을 얻을 수 있으며, 이 메소드를 사용하여 환경 size가 허용하는 모든 위치에 대한 집합 points를 만들고, 현재 모든 객체의 위치 집합 currentPositions를 얻는다. 그리고 points에서 currentPositions를 제거하면 사용 가능한 위치가 남는다. 마지막으로, np.random.choice를 사용하여 사용 가능한 위치를 무작위로 추출하여 반환한다.

```
    def newPosition(self):
        iterables = [ range(self.sizeX), range(self.sizeY)]
```

```
        points = []
        for t in itertools.product(*iterables):
            points.append(t)
        currentPositions = []
        for objectA in self.objects:
            if (objectA.x,objectA.y) not in currentPositions:
                currentPositions.append((objectA.x,objectA.y))
        for pos in currentPositions:
            points.remove(pos)
        location = np.random.choice(range(len(points)),replace=False)
        return points[location]
```

다음은 checkGoal 함수를 정의하여, hero가 goal 또는 fire를 접촉했는지 확인한다. 먼저 objects에서 hero를 얻고, 다른 객체 대상을 others 목록에 넣는다. 그런 다음 others 목록을 반복한다. 객체와 좌표가 hero와 완전히 일치하면 접촉한 것으로 판단할 수 있다. 그런 다음 어떤 객체를 접촉했는지에 따라 객체를 폐기하고, self.newPosition() 메소드를 호출하여 임의의 위치에서 객체를 다시 생성하고 객체의 reward 값(goal은 1, fire는 −1)을 반환한다.

```
    def checkGoal(self):
        others = []
        for obj in self.objects:
            if obj.name == 'hero':
                hero = obj
            else:
                others.append(obj)
        for other in others:
            if hero.x == other.x and hero.y == other.y:
                self.objects.remove(other)
                if other.reward == 1:
                    self.objects.append(gameOb(self.newPosition(),1,1,1,1,
                                        'goal'))
                else:
```

```
                    self.objects.append(gameOb(self.newPosition(),1,1,0,-1,
                                               'fire'))
                return other.reward,False
        return 0.0,False
```

먼저 길이와 너비가 size+2이고, 색상 채널 수가 3인 이미지를 만든다. 초깃값은 모두 1이며 모두 흰색을 나타낸다. 그런 다음 가장 바깥쪽 원 안에 있는 픽셀의 색상 값을 검정을 나타내는 0으로 지정한다. 객체 대상 목록 self.objects의 목록을 반복하고, 이 객체의 밝기값을 설정한다. 동시에 scipy.misc.imresize를 사용하여 이미지를 원래 크기에서 84×84×3 크기, 즉 정상적인 게임 이미지의 크기로 resize 한다.

```
    def renderEnv(self):
        a = np.ones([self.sizeY+2,self.sizeX+2,3])
        a[1:-1,1:-1,:] = 0
        hero = None
        for item in self.objects:
            a[item.y+1:item.y+item.size+1,item.x+1:item.x+item.size+1,
                item.channel] = item.intensity
        b = scipy.misc.imresize(a[:,:,0],[84,84,1],interp='nearest')
        c = scipy.misc.imresize(a[:,:,1],[84,84,1],interp='nearest')
        d = scipy.misc.imresize(a[:,:,2],[84,84,1],interp='nearest')
        a = np.stack([b,c,d],axis=2)
        return a
```

마지막으로, GridWorld 환경에서 단계 액션을 실행하는 방법을 정의해 보자. 입력 매개변수는 Action이므로 먼저 self.moveChar(action)를 사용하여 hero의 위치를 이동한 다음, self.checkGoal()을 사용하여 hero가 객체를 접촉했는지 확인하고, reward와 done 표기를 얻는다. 그리고 self.renderEnv를 사용하여 환경의 이미지 state를 얻은 다음, 마지막으로 state, reward, done를 반환한다.

```
    def step(self,action):
        self.moveChar(action)
        reward,done = self.checkGoal()
        state = self.renderEnv()
        return state,reward,done
```

이어서 방금 작성한 gameEnv 클래스의 초기화 메소드를 호출하여, size를 5로 설정하고 5×5 크기의 GridWorld 환경을 만든다. 매번 만들어진 GridWorld 환경은 모두 무작위로 생성된다. 또한 다양한 크기의 GridWorld를 테스트할 수 있다. 작은 크기의 환경은 훈련이 용이하며, 큰 크기의 환경은 비교적 훈련이 어렵고 훈련 시간도 더욱 길어진다.

```
env = gameEnv(size=5)
```

[그림 8-12]는 5×5 GridWorld 환경의 이미지를 보여 준다. 흑백 인쇄로 인해 흰색은 hero, 밝은 회색은 goal(reward는 1), 짙은 회색은 fire(reward는 −1)를 나타낸다. 작업 목표는 지정된 단계 수에서 가능한 한 많은 점수를 얻는 것이다. 각 단계는 위, 아래, 왼쪽 및 오른쪽으로 이동하도록 선택할 수 있다. 객체를 접촉할 때마다 객체를 폐기하고 다른 위치에서 다시 만든다. 따라서 Agent의 목표는 fire를 피하고, goal을 많이 접촉하는 것이다. 최적의 경로를 계획하고, 제한된 단계의 수에서 최대한 많은 goal을 수집해야 한다. 물론 이러한 전략은 모두 DQN이 스스로 테스트를 통해 배워야 하는 것이다.

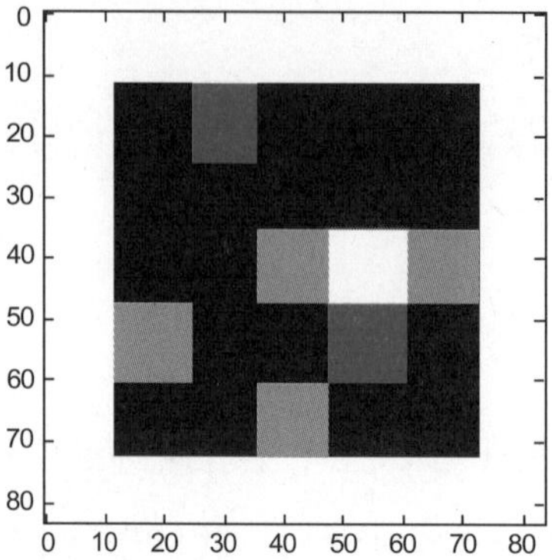

【그림 8-12】 5×5의 GridWorld 환경, 흰색은 hero, 옅은 회색은 goal, 짙은 회색은 fire

다음은 DQN(Deep Q−Network)의 설계를 시작해 보자. 앞 장의 간단한 예제와 비교하여 이 장의 네트워크는 훨씬 더 복잡하며, 컨벌루션 레이어를 사용하여 환경의 원래 픽셀에서 직접 전략을 훈련할 수 있다. scalarInput 입력은 길이가 84×84×3 = 21,168인 평탄화된 벡터이며, [-1, 84, 84, 3] 크기의 이미지 ImageIn으로 먼저 복원해야 한다. tf.contrib.layers.convolution2d를 사용하여 첫 번째 컨벌루션 레이어를 만든다. 컨벌루션 커널의 크기는 8×8, 스텝 크기는 4×4, 출력 채널 수(필터 수)는 32, padding 모드는 VALID(이하 모든 레이어의 padding 모드는 VALID), bias 초기화 프로그램은 비어 있다. 4×4 스텝 크기와 VALID 모드의 padding이 사용되므로 첫 번째 레이어 컨벌루션의 출력 크기는 20×20×32이다. 두 번째 컨벌루션 레이어의 크기는 4×4, 스텝 크기는 2×2, 출력 채널 수는 64이며, 이 레이어의 출력 크기는 9×9×64이다. 세 번째 컨벌루션 레이어의 크기는 3×3, 스텝 크기는 1×1, 출력 채널 수는 64이며, 이 레이어의 출력 크기는 7×7×64이다. 네 번째 컨벌루션 레이어의 크기는 7×7, 스텝 크기는 1×1, 출력 채널 수는 512로 증가한다. 이 레이어의 공간 크기는 한 위치에서만 컨벌루션이 허용되므로 최종 출력 크기는 1×1×512가 된다.

```
class Qnetwork():
    def __init__(self,h_size):
        self.scalarInput = tf.placeholder(shape=[None,21168],
                                          dtype=tf.float32)
```

```
self.imageIn = tf.reshape(self.scalarInput,shape=[-1,84,84,3])
self.conv1 = tf.contrib.layers.convolution2d(
    inputs=self.imageIn,num_outputs=32,
    kernel_size=[8,8],stride=[4,4],
    padding='VALID', biases_initializer=None)
self.conv2 = tf.contrib.layers.convolution2d(
    inputs=self.conv1,num_outputs=64,kernel_size=[4,4],stride=[2,2],
    padding='VALID', biases_initializer=None)
self.conv3 = tf.contrib.layers.convolution2d(
    inputs=self.conv2,num_outputs=64,kernel_size=[3,3],stride=[1,1],
    padding='VALID', biases_initializer=None)
self.conv4 = tf.contrib.layers.convolution2d(
inputs=self.conv3,num_outputs=512,
kernel_size=[7,7],stride=[1,1],
padding='VALID', biases_initializer=None)
```

이어서 tf.split()를 사용하여 네 번째 컨벌루션 레이어의 출력 conv4를 2개의 세그멘트, streamAC 및 streamVC로 분할한다. 즉 Dueling DQN의 Advantage Function(Action이 가져오는 가치)과 Value Function(환경 자체의 가치)로 분할한다. 여기에서 tf.split 함수의 두 번째 매개변수는 몇 개의 세그멘트로 분할해야 하는지를 나타내며, 세 번째 매개변수는 몇 번째 크기를 처음 분할해야 하는지를 나타낸다. 그런 다음 tf.contrib.layers.flatten을 사용하여 streamAC 및 streamVC를 각각 평탄한 streamA 및 streamV로 변환한다. 다음은 streamA와 streamV의 완전 연결 선형 레이어 매개변수 AW와 VW를 만든다. tf.random_normal을 사용하여 직접 가중치를 초기화한 다음, tf.matmul을 사용하여 완전 연결 레이어의 행렬 곱셈을 실행하여 self.Advantage와 self.Value를 얻는다. Advantage는 Action에 대한 것이므로 출력 수는 Actions의 수이고, Value는 환경의 통일에 대한 것이므로 출력 수는 1이다. Q값은 Value와 Advantage의 조합이다. 즉 Value에 평균값을 차감한 Advantage를 더한다. Advantage에서 평균값을 차감하는 연산은 tf.subtract를 사용하고, 평균값 계산은 tf.reduce_mean 함수를 사용한다.(reduce_indices는 1이며, Action 수의 크기를 나타낸다) 마지막으로 출력된 Action은 가장 큰 Q값을 가진 Action이며, 여기서는 tf.argmax를 사용하여 이 Action을 구한다.

```
        self.streamAC,self.streamVC = tf.split(self.conv4,2,3)
        self.streamA = tf.contrib.layers.flatten(self.streamAC)
        self.streamV = tf.contrib.layers.flatten(self.streamVC)
        self.AW = tf.Variable(tf.random_normal([h_size//2,env.actions]))
        self.VW = tf.Variable(tf.random_normal([h_size//2,1]))
        self.Advantage = tf.matmul(self.streamA,self.AW)
        self.Value = tf.matmul(self.streamV,self.VW)

        self.Qout = self.Value + tf.subtract(self.Advantage,tf.reduce_mean(
            self.Advantage,reduction_indices=1,keep_dims=True))
        self.predict = tf.argmax(self.Qout,1)
```

다음은 Double DQN의 목표 Q값 target Q의 입력 placeholder와 Agent의 행동 actions의 입력 placeholder를 정의해 보자. 목표 Q값을 계산할 때 action은 메인 DQN에 의해 선택되고, Q값은 보조 target DQN에 의해 생성된다. 예측된 Q값을 계산할 때 scalar 형식의 actions을 onehot 코딩 형식으로 변환한 다음, 메인 DQN에 의해 생성된 Qout을 actions_onehot으로 곱하여 예측된 Q값을 얻는다(Qout과 actions은 모두 메인 DQN에서 온다).

```
        self.targetQ = tf.placeholder(shape=[None],dtype=tf.float32)
        self.actions = tf.placeholder(shape=[None],dtype=tf.int32)
        self.actions_onehot = tf.one_hot(self.actions,env.actions,
                                         dtype=tf.float32)
        self.Q = tf.reduce_sum(tf.multiply(self.Qout, self.actions_onehot),
                               reduction_indices=1)
```

이어서 loss를 정의해 보자. tf.square와 tf.reduce_mean을 사용하여 target Q 및 Q의 평균 제곱 오차를 계산하고, 학습 속도가 $1e^{-4}$인 Adam 최적화 프로그램을 사용하여 예측된 Q값과 목표 Q값의 편차를 최적화한다.

```
        self.td_error = tf.square(self.targetQ - self.Q)
        self.loss = tf.reduce_mean(self.td_error)
        self.trainer = tf.train.AdamOptimizer(learning_rate= 0.0001)
        self.updateModel = self.trainer.minimize(self.loss)
```

이어서 앞에서 언급한 Experience Replay 전략을 구현해 보자. experience_buffer의 class를 정의하고, buffer_size, 즉 샘플 저장 최대 용량을 정의하여 초기화를 하고, buffer 목록을 작성한다. 그런 다음 buffer에 요소를 추가하는 메소드를 정의한다. buffer의 최대 용량을 초과하면 가장 오래된 샘플이 지워지고 목록의 끝에 새 요소가 추가된다. 그런 다음 샘플 샘플링 방법을 정의한다. 여기서는 random.sample() 함수를 사용하여 일정 수량의 샘플을 무작위로 추출한다.

```
class experience_buffer():
    def __init__(self, buffer_size = 50000):
        self.buffer = []
        self.buffer_size = buffer_size

    def add(self,experience):
        if len(self.buffer) + len(experience) >= self.buffer_size:
            self.buffer[0:(len(experience)+len(self.buffer)) - \
                self.buffer_size] = []
        self.buffer.extend(experience)

    def sample(self,size):
        return np.reshape(np.array(random.sample(self.buffer,size)),
                          [size,5])
```

다음은 84×84×3의 states를 1차원 벡터로 평탄하게 하는 함수 processState를 정의한다. 이렇게 하는 주요 목적은 나중에 샘플을 쉽게 쌓을 수 있게 하는 것이다.

```
def processState(states):
    return np.reshape(states,[21168])
```

여기서 updateTargetGraph 함수는 target DQN 모델 매개변수를 업데이트하는 메소드이다(메인 DQN은 DQN class의 self.updateModel 메소드를 사용하여 모델 매개변수를 직접 업데이트한다). 입력 변수 tfVars는 텐서플로우 그래프의 모든 매개변수이며, tau는 메인 DQN을 향한 target DQN의 학습 속도이다.

updateTargetGraph 함수는 tfVars의 매개변수 절반 중 앞 부분, 즉 메인 DQN의 모델 매개변수를 취한 다음, 보조 target DQN의 매개변수가 메인 DQN를 향하여 작은 비율(즉 tau, 일반적으로 0.001로 설정)로 전진하게 한다. 이렇게 하면 Target DQN이 메인 DQN을 천천히 훈련할 수 있다.

훈련할 때, 목표 Q값은 여러 차례의 반복 사이에 파동이 너무 커서는 안 된다. 그렇지 않으면 훈련이 매우 불안정하고 제어할 수 없어 목표 Q값과 예측된 Q값 사이의 피드백 루프에 빠지게 된다. 따라서 안정적인 목표 Q값으로 메인 네트워크를 훈련해야 하므로 느린 학습 target DQN 네트워크를 사용하여 목표 Q값을 출력하고, 메인 네트워크로 목표 Q값과 예측된 Q값 사이의 손실을 최적화하고, target DQN으로 메인 DQN을 따라 천천히 훈련한다. updateTargetGraph 함수는 target DQN 모델 매개변수를 업데이트하는 작업을 생성하고, updateTarget 함수는 이러한 작업을 직접 실행한다.

```
def updateTargetGraph(tfVars,tau):
    total_vars = len(tfVars)
    op_holder = []
    for idx,var in enumerate(tfVars[0:total_vars//2]):
        op_holder.append(tfVars[idx+total_vars//2].assign((var.value() * \
            tau) + ((1-tau)*tfVars[idx+total_vars//2].value())))
    return op_holder

def updateTarget(op_holder,sess):
    for op in op_holder:
```

```
        sess.run(op)
```

DQN 네트워크의 매개변수와 훈련 과정은 다음과 같다. Batch_size는 매번 experience buffer에서 가져온 샘플의 수로서, 32로 설정한다. 업데이트 빈도 update_freq는 몇 단계마다 1차 모델 매개변수를 업데이트할 것인지를 나타내며, 4로 설정한다. Q값의 감쇠 계수(discount factor) y는 0.99로 설정하고, startE는 무작위 Action의 초기 실행 확률이다. endE는 무작위 Action의 최종 실행 확률이다(훈련 중에는 탐색할 무작위 Action이 필요하며, 실제로 예측할 때는 필요하지 않다). Anneling_steps은 초기 무작위 확률에서 최종 무작위 확률까지 떨어지는데 필요한 단계 수이다. Num_episodes는 GridWorld 환경을 테스트한 횟수를 나타낸다. Pre_train_steps은 공식적으로 DQN을 사용하여 Action을 선택하기 전에 테스트하는 무작위 작업의 단계 수를 나타낸다. max_epLength는 각 episode가 실행하는 단계의 수이며, load_model은 이전에 훈련된 모델을 읽을 것인지를 나타낸다. path는 모델이 저장된 경로이다. h_size는 DQN 네트워크의 마지막 완전 연결 레이어의 숨겨진 노드의 수이며, tau는 target DQN이 메인 DQN을 향해 훈련하는 속도이다.

```
batch_size = 32
update_freq = 4
y = .99
startE = 1
endE = 0.1
anneling_steps = 10000.
num_episodes = 10000
pre_train_steps = 10000
max_epLength = 50
load_model = False
path = "./dqn"
h_size = 512
tau = 0.001
```

앞에서 작성한 Qnetwork 클래스를 사용하여 mainQN 및 보조 targetQN을 초기화하고, 모든 모델 매개변수를 초기화한다. 또한, rainable을 사용하여 훈련 가능한 모든 매개변수를 가져오고, updateTargetGraph를 사용하여 target DQN 모델 매개변수를 업데이트하는 작업을 만든다.

```
mainQN = Qnetwork(h_size)
targetQN = Qnetwork(h_size)
init = tf.global_variables_initializer()

trainables = tf.trainable_variables()
targetOps = updateTargetGraph(trainables,tau)
```

앞에서 정의한 experience_buffer를 사용하여 experience replay의 class를 만든 다음, 현재 무작위 Action의 확률 e를 설정하고, 각 단계에서 e가 감쇠해야 하는 값 stepDrop을 계산한다. 이어서 각 episode의 reward를 저장하는 목록 rList를 초기화하며, 총 단계 수는 total_steps이다. 그런 다음 모델 훈련용 세이버(Saver)를 만들고 저장 목록이 존재하는지 확인한다.

```
myBuffer = experience_buffer()

e = startE
stepDrop = (startE - endE)/anneling_steps

rList = []
total_steps = 0

saver = tf.train.Saver()
if not os.path.exists(path):
    os.makedirs(path)
```

다음은 기본 Session을 만들어 보자. load_model 표기가 True이면 모델 파일 경로의 checkpoint를 확인하고, 이전에 저장된 모델을 읽고 로드한다. 이어서 매개변수 초기화 작업을 실행하고, targetQN 모델 매개변수를 업데이트하는 작업을 실행한다. 그런 다음 GridWorld 테스트를 위한 루프를 만들고, 각 episode 내부의 experience_buffer를 만든다. 이 내부의 buffer는 현재 반복 훈련에 참여하지 않으며, 훈련에는 이전 episode의 샘플만을 사용한다. 동시에 환경을 초기화하여 첫 번째 환경 정보 s를 얻고, processState() 함수를 사용하여 첫 번째 환경 정보를 평탄화한다. 그리고 기본 done 표기 d, episode의 총 reward 값 rAll 및 episode의 단계 수 j를 초기화한다.

```
with tf.Session() as sess:
    if load_model == True:
        print('Loading Model...')
        ckpt = tf.train.get_checkpoint_state(path)
        saver.restore(sess,ckpt.model_checkpoint_path)
    sess.run(init)
    updateTarget(targetOps,sess)
    for i in range(num_episodes+1):
        episodeBuffer = experience_buffer()
        s = env.reset()
        s = processState(s)
        d = False
        rAll = 0
        j = 0
```

이어서 내부 레이어 루프를 만들어 1회 반복마다 1회 Action을 실행한다. 총 단계 수가 pre_train_steps보다 작으면 강제로 무작위 Action을 사용한다. 이는 무작위 Action만으로 훈련하는 것과 동일하지만 프로세스를 강화하지는 않는다. pre_train_steps에 도달하면 무작위로 Action을 선택하는 확률이 낮아진다. 무작위로 Action을 선택하지 않으면 현재 상태 s가 메인 DQN으로 전달되고 실행해야 할 Action이 예측된다. 그런 다음 env.step()을 사용하여 한 단계 Action을 실행하여, 다음 상태의 s1, reward 및 done 표기를 얻는다. 그리고 processState를 사용하여 s1을 평탄화 처리를 한 다음, s, a, r, s1, d 등의 결과를 episodeBuffer에 전달하여 저장한다.

```
        while j < max_epLength:
            j+=1
            if np.random.rand(1) < e or total_steps < pre_train_steps:
                a = np.random.randint(0,4)
            else:
                a = sess.run(mainQN.predict,
                            feed_dict={mainQN.scalarInput:[s]})[0]
            s1,r,d = env.step(a)
            s1 = processState(s1)
            total_steps += 1
            episodeBuffer.add(np.reshape(np.array([s,a,r,s1,d]),[1,5]))
```

총 단계 수가 pre_train_steps를 초과하면 가장 낮은 값 endE에 도달할 때까지 무작위로 Actions를 선택하는 확률 e를 계속 줄인다. 또한, 전체 단계 수가 update_freq의 정수 배가 될 때마다 모델 매개변수를 업데이트하는 훈련을 실행한다. 먼저 myBuffer의 sample에서 batch_size 샘플을 추출한 다음, 훈련 샘플의 세 번째 열 정보, 즉 다음 상태 s1을 mainQN에 전달하고 main.predict를 실행하여 메인 모델이 선택하는 Action을 얻는다. 그리고 s1을 보조 targetQN에 전달하고 s1 상태의 모든 Action의 Q값을 얻는다. 이어서 mainQN의 출력 Action을 사용하여 targetQN에 의해 출력된 Q를 선택하고 doubleQ를 얻는다. 여기에서 두 개의 DQN 네트워크를 사용하여 Action과 출력 Q값을 선택하는 두 개의 작업을 분리하는데, 이것이 바로 Double DQN 메소드이다. 그런 다음 훈련 샘플의 두 번째 열 정보, 즉 현재 reward에 doubleQ를 더하고 감쇠계수 y를 곱하여 학습 목표 targetQ를 얻는다. 이어서 현재 상태 s, 학습 목표 targetQ 및 이 단계에서 실제로 얻은 Action을 전달하고, updateModel 작업을 실행하여 메인 모델 mainQN의 매개변수를 업데이트한다(즉 1차 훈련 작업을 실행한다). 또한, updateTarget 함수를 호출하여 1차 targetQN 모델 매개변수의 업데이트를 실행한다(mainQN을 향해 천천히 훈련한다). 이렇게 하면 1차 훈련 과정이 완벽하게 완성된다. 그리고 각 step이 끝날 때 현재 단계에서 얻은 reward가 누적되고, 현재 상태가 다음 테스트를 준비하기 위해 업데이트된다.

done 표기가 True이면 이 episode의 테스트를 중단한다.

```
        if total_steps > pre_train_steps:
            if e > endE:
                e -= stepDrop
            if total_steps % (update_freq) == 0:
                trainBatch = myBuffer.sample(batch_size)
                A = sess.run(mainQN.predict,feed_dict={
                    mainQN.scalarInput:np.vstack(trainBatch[:,3])})
                Q = sess.run(targetQN.Qout,feed_dict={
                    targetQN.scalarInput:np.vstack(trainBatch[:,3])})
                doubleQ = Q[range(batch_size),A]
                targetQ = trainBatch[:,2] + y*doubleQ
                _ = sess.run(mainQN.updateModel,feed_dict={
                        mainQN.scalarInput:np.vstack(trainBatch[:,0]),
                        mainQN.targetQ:targetQ,
                        mainQN.actions:trainBatch[:,1]})

                updateTarget(targetOps,sess)
        rAll += r
        s = s1

        if d == True:
            break
```

episode 내부의 episodeBuffer를 myBuffer에 추가하여 향후 훈련 샘플의 데이터 세트로 사용하고, 현재 episode의 reward를 rList에 추가한다. 그런 다음 25개의 episode마다 1차 평균 reward 값을 표시하고, 동시에 100개의 episode마다 또는 전체 훈련이 완료된 후에 현재 모델을 저장한다.

```
    myBuffer.add(episodeBuffer.buffer)
    rList.append(rAll)
    if i>0 and i % 25 == 0:
```

```
            print('episode',i,', average reward of last 25 episode',
                  np.mean(rList[-25:]))
        if i>0 and i % 1000 == 0:
            saver.save(sess,path+'/model-'+str(i)+'.cptk')
            print("Saved Model")
    saver.save(sess,path+'/model-'+str(i)+'.cptk')
```

처음 200개의 episode 내에서, 즉 완전한 무작위 Action의 처음 10,000단계 내에서 평균은 기본 baseline인 2 근처에서 reward를 얻을 수 있다.

```
episode 25 , average reward of last 25 episode 2.52
episode 50 , average reward of last 25 episode 2.32
episode 75 , average reward of last 25 episode 1.68
episode 100 , average reward of last 25 episode 1.92
episode 125 , average reward of last 25 episode 2.16
episode 150 , average reward of last 25 episode 2.28
episode 175 , average reward of last 25 episode 1.6
episode 200 , average reward of last 25 episode 2.36
```

아래는 마지막 episode에 도달한 훈련의 결과로서 reward는 22 정도로 증가하였으며, 이전 baseline에 비교하면 매우 크게 상승하였다.

```
episode 9750 , average reward of last 25 episode 23.36
episode 9775 , average reward of last 25 episode 22.8
episode 9800 , average reward of last 25 episode 22.36
episode 9825 , average reward of last 25 episode 22.68
episode 9850 , average reward of last 25 episode 22.0
episode 9875 , average reward of last 25 episode 22.96
episode 9900 , average reward of last 25 episode 22.08
episode 9925 , average reward of last 25 episode 21.88
episode 9950 , average reward of last 25 episode 22.08
episode 9975 , average reward of last 25 episode 22.2
```

100개의 episode마다 평균 reward를 계산하고, plt.plot을 사용하여 reward 변화의 추세를 표시한다.

```
rMat = np.resize(np.array(rList),[len(rList)//100,100])
rMean = np.average(rMat,1)
plt.plot(rMean)
```

[그림 8-13]을 보면, 1,000번째 episode에서 reward가 급격하게 상승하고, 4,000번째 episode에 도달하면 최고에 달하며, 이후 정체기에 들어가면 큰 상승이 없는 것을 알 수 있다.

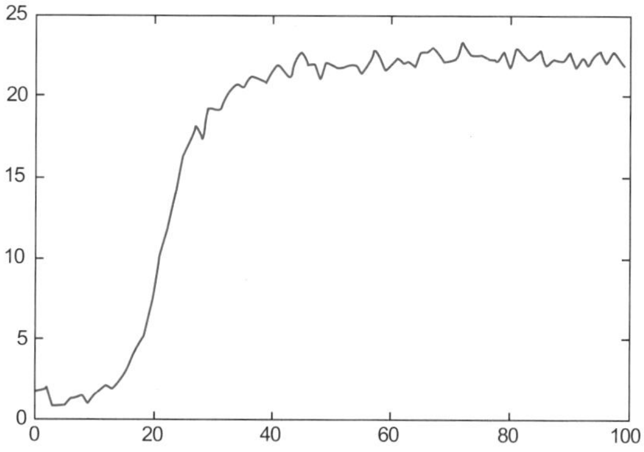

【그림 8-13】 훈련 과정 중의 reward 변화 추세

이 장에서는 DQN의 기본 원칙과 DQN을 사용하는 몇 가지 중요한 Trick을 설명하였다. 현재 DQN 연구는 여전히 빠르게 발전하고 있으며 점점 더 많은 새로운 기술이 DQN에 응용되고 있다. DQN은 처음 제안되어 Atari 2600 게임에서 놀라운 성능을 보여주었으며, 심층 강화학습의 열풍을 일으켰다. 미래에는 DQN 또는 Value Network가 계속해서 더 많은 장소에서 강력한 역할을 수행할 것으로 믿는다.

CHAPTER

9

텐서보드, 멀티 GPU 병렬성 및 분산 병렬성

텐서보드, 멀티 GPU 병렬성 및 분산 병렬성

9.1 텐서보드(TensorBoard)

텐서보드는 텐서플로우의 공식 시각화 도구이며, [그림 9-1]과 같이 모델 훈련 중에 스칼라(Scalars), 이미지, 오디오 및 계산 그래프, 데이터 분산, 히스토그램 및 삽입 벡터(Embedding) 등 여러 요약 데이터를 표시할 수 있다. 텐서플로우를 사용하여 대규모 딥러닝 신경망을 훈련할 경우 중간 계산 과정이 매우 복잡해질 수 있으므로, 설계한 신경망을 이해하고, 디버그(debug), 최적화를 하기 위해 텐서보드를 사용하여 훈련 과정의 다양한 시각화 데이터를 관찰할 수 있다. 텐서보드를 사용하여 데이터를 표시하려면 텐서플로우 계산 그래프를 실행하는 동안 다양한 유형의 데이터를 요약하고, 로그 파일로 기록해야 한다. 그런 다음 텐서보드를 사용하여 이러한 로그 파일을 읽고, 데이터를 해석하고, 데이터 시각화를 위한 웹 페이지를 생성하여 브라우저에서 다양한 요약 데이터를 볼 수 있다. 다음은 MNIST 필기 숫자 인식의 간단한 예제를 통해 다양한 유형의 데이터를 요약하고 표시하는 방법을 설명하고자 한다.

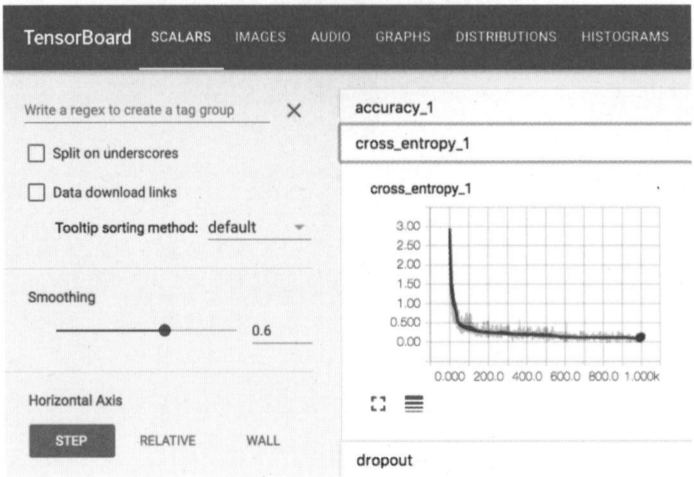

【그림 9-1】 텐서보드 — 웹 기반 텐서플로우 데이터 시각화 도구

먼저 텐서플로우를 로드하고, 훈련 최대 단계 수를 1000, 학습 속도를 0.001, 드롭아웃 보존 비율을 0.9로 설정한다. 그리고 MNIST 데이터를 읽어올 경로 data_dir 및 요약 데이터의 로그 저장 경로 log_dir를 설정한다. 여기서 log_dir 로그 경로는 매우 중요하며, 텐서보드 디스플레이에 대한 모든 요약 데이터를 저장한다. 이 장의 주로 텐서플로우 오픈소스 코드[67]를 기반으로 한다.

```
import tensorflow as tf
from tensorflow.examples.tutorials.mnist import input_data
max_steps=1000
learning_rate=0.001
dropout=0.9
data_dir='/tmp/tensorflow/mnist/input_data'
log_dir='/tmp/tensorflow/mnist/logs/mnist_with_summaries'
```

input_data.read_data_sets를 사용하여 MNIST 데이터를 읽어와서 텐서플로우의 기본 Session을 만든다.

67) https://github.com/tensorflow/tensorflow/blob/master/tensorflow/examples/tutorials/mnist/mnist_with_summaries.py

```
mnist = input_data.read_data_sets(data_dir,one_hot=True)
sess = tf.InteractiveSession()
```

텐서보드에 노드 이름을 표시하기 위해, 네트워크를 설계할 때는 일반적으로 with tf.name_scope를 사용하여 이름 공간(namespace)을 정의한다. 이 with 아래의 모든 노드는 input_xxx 형식에 따라 자동으로 이름이 명명된다. 아래에서 입력 x와 y의 placeholder를 정의하고, 입력 1차원 데이터를 28×28 이미지로 변환하여 다른 텐서에 저장한다. 이렇게 하면 tf.summary.image를 사용하여 이미지 데이터를 요약하여 텐서플로우에 표시할 수 있다.

```
with tf.name_scope('input'):
    x = tf.placeholder(tf.float32, [None, 784], name='x-input')
    y_ = tf.placeholder(tf.float32, [None, 10], name='y-input')

with tf.name_scope('input_reshape'):
    image_shaped_input = tf.reshape(x, [-1, 28, 28, 1])
    tf.summary.image('input', image_shaped_input, 10)
```

신경망 모델 매개변수의 초기화 메소드를 정의해 보자. 자주 사용되는 truncated_normal을 사용하여 가중치를 초기화하고, 바이어스는 0.1로 한다.

```
def weight_variable(shape):
    initial = tf.truncated_normal(shape, stddev=0.1)
    return tf.Variable(initial)

def bias_variable(shape):
    initial = tf.constant(0.1, shape=shape)
    return tf.Variable(initial)
```

다음으로 Variable 변수에 대한 데이터 요약 함수를 정의해 보자. Variable의 mean, stddev, max 및 min을 계산하고, tf.summary.scalar를 사용하여 이러한 스칼라 데이터를 기록하고 요약한다. 그리고 tf.summary.histogram을 사용하여 변수 var의 히스토그램 데이터를 직접 기록한다.

```
def variable_summaries(var):
    with tf.name_scope('summaries'):
        mean = tf.reduce_mean(var)
        tf.summary.scalar('mean', mean)
        with tf.name_scope('stddev'):
            stddev = tf.sqrt(tf.reduce_mean(tf.square(var - mean)))
        tf.summary.scalar('stddev', stddev)
        tf.summary.scalar('max', tf.reduce_max(var))
        tf.summary.scalar('min', tf.reduce_min(var))
        tf.summary.histogram('histogram', var)
```

그런 다음 MLP 멀티 레이어 신경망을 설계하여 데이터로 훈련시킨다. 각 레이어에서 모델 매개변수의 데이터를 요약할 수 있으므로, 신경망 레이어를 만들고 데이터를 요약하는 nn_layer 함수를 정의한다. 이 함수의 입력 매개변수는 입력 데이터 input_tensor, 입력 차원 input_dim, 출력 차원 output_dim 및 레이어 이름 layer_name이며, 활성화 함수 act는 기본적으로 ReLU를 사용한다. 함수 내에서 먼저 이 레이어 신경망의 가중치와 무게를 초기화하고, 앞에서 정의한 variable_summaries를 사용하여 variable의 데이터를 요약한다. 그런 다음 입력에 대해 행렬 곱셈을 실행하고 바이어스를 더하고, 활성화되지 않은 결과에 대해 tf.summary.histogram을 사용하여 히스토그램을 계산한다. 또한, 활성화 함수를 사용한 후, 다시 tf.summary.histogram을 사용하여 1회 계산한다.

```
def nn_layer(input_tensor, input_dim, output_dim, layer_name,
             act=tf.nn.relu):
    with tf.name_scope(layer_name):
        with tf.name_scope('weights'):
            weights = weight_variable([input_dim, output_dim])
            variable_summaries(weights)
        with tf.name_scope('biases'):
```

```
        biases = bias_variable([output_dim])
        variable_summaries(biases)
    with tf.name_scope('Wx_plus_b'):
        preactivate = tf.matmul(input_tensor, weights) + biases
        tf.summary.histogram('pre_activations', preactivate)
    activations = act(preactivate, name='activation')
    tf.summary.histogram('activations', activations)
    return activations
```

이어서 방금 정의한 nn_layer를 사용하여 신경망 레이어 1개를 만든다 입력 차원은 이미지 크기(784 = 28×28)이며, 출력 차원은 숨겨진 노드 수 500으로 한다. 다시 Dropout 레이어를 만들고 tf.summary.scalar를 사용하여 keep_prob를 기록한다. 그런 다음 nn_layer를 사용하여 신경망의 출력 레이어를 정의한다. 입력 차원은 상위 레이어의 숨겨진 노드 수 500, 출력 차원은 범주 수 10이며, 활성화 함수 act는 identity로 맵핑한다. 즉 softmax는 당분간 사용하지 않고 나중에 처리한다.

```
hidden1 = nn_layer(x, 784, 500, 'layer1')

with tf.name_scope('dropout'):
    keep_prob = tf.placeholder(tf.float32)
    tf.summary.scalar('dropout_keep_probability', keep_prob)
    dropped = tf.nn.dropout(hidden1, keep_prob)

y = nn_layer(dropped, 500, 10, 'layer2', act=tf.identity)
```

여기서 tf.nn.softmax_cross_entropy_with_logits()를 사용하여 이전 출력 레이어의 결과에 대해 softmax 처리를 실행하고, 교차 엔트로피 손실 cross_entropy를 계산한다. 이어서 평균 손실을 계산하고 tf.summary.scalar를 사용하여 계산을 요약한다.

```
with tf.name_scope('cross_entropy'):
    diff = tf.nn.softmax_cross_entropy_with_logits(logits=y, labels=y_)
```

```
    with tf.name_scope('total'):
        cross_entropy = tf.reduce_mean(diff)
tf.summary.scalar('cross_entropy', cross_entropy)
```

다음은 Adam 최적화 프로그램을 사용하여 손실을 최적화하고, 동시에 정확한 샘플 수를 예측하고, 정확도 accuray를 계산한다. 그리고 tf.summary.scalar를 사용하여 accuray에 대한 계산을 요약한다.

```
with tf.name_scope('train'):
    train_step = tf.train.AdamOptimizer(learning_rate).minimize(cross_entropy)
with tf.name_scope('accuracy'):
    with tf.name_scope('correct_prediction'):
        correct_prediction = tf.equal(tf.argmax(y, 1), tf.argmax(y_, 1))
    with tf.name_scope('accuracy'):
        accuracy = tf.reduce_mean(tf.cast(correct_prediction, tf.float32))
tf.summary.scalar('accuracy', accuracy)
```

앞에서 tf.summary에 대한 많은 요약 작업을 정의하였으므로 이러한 작업을 하나씩 실행하는 것은 너무 번거롭다. 따라서 여기서는 tf.summary.merger_all()을 사용하여 모든 요약 작업을 직접 가져와서 이후에 실행한다. 서로 다른 하위 목록에 두 개의 tf.summary.FileWriter(파일 기록 프로그램)를 정의하고, 훈련 및 테스트의 로그 데이터를 구분하여 저장한다. 동시에 Session의 계산 그래프 sess.graph가 train_writer에 추가한다. 이렇게 하면 텐서보드의 GRAPHS 창에 전체 그래프의 시각화 결과를 표시할 수 있다. 마지막으로 tf.global_variables_initializer().run()을 사용하여 모든 변수를 초기화한다.

```
merged = tf.summary.merge_all()
train_writer = tf.summary.FileWriter(log_dir + '/train', sess.graph)
test_writer = tf.summary.FileWriter(log_dir + '/test')
tf.global_variables_initializer().run()
```

이어서 feed_dict의 손실 함수를 정의해 보자. 이 함수는 train을 판단한다. train이 True이면 mnist.train에서 batch 샘플을 얻게 되며, dropout 값을 설정한다. train이 False이면 테스트 데이터를 얻게 되며, keep_prob는 1로 설정한다. 즉 dropout 효과는 없는 것과 같다.

```
def feed_dict(train):
    if train:
        xs, ys = mnist.train.next_batch(100)
        k = dropout
    else:
        xs, ys = mnist.test.images, mnist.test.labels
        k = 1.0
    return {x: xs, y_: ys, keep_prob: k}
```

마지막 단계는 구체적인 훈련, 테스트 및 로그 기록 작업을 실제로 실행하는 것이다. 먼저 tf.train.Saver()를 사용하여 모델의 저장 프로그램을 만든다. 그런 다음 훈련 루프에 들어가서 10단계마다 merged(데이터 요약), accuracy(테스트 세트에서 예측 정확도를 구한다) 작업을 1회 실행하고, test_writer.add_sumamry를 사용하여 요약 결과 summary와 루프 단계 i를 로그 파일에 작성한다. 동시에 100단계마다 tf.RunOptions를 사용하여 텐서플로우 실행 옵션을 정의하고, trace_level을 FULL_TRACE로 설정하며, tf.RunMetadata()를 사용하여 텐서플로우로 실행하는 메타 정보를 정의한다. 이렇게 하면 훈련 중 연산 시간 및 메모리 사용과 같은 정보를 기록할 수 있다. 그런 다음 merged 데이터 요약 작업과 train_step 훈련 작업을 실행하고, 요약 결과 summary와 훈련 메타 정보 run_metadata를 train_writer에 추가한다. 평상시에는 merged 작업과 train_step 작업만을 실행하여 summary를 train_writer에 추가한다. 모든 훈련이 끝나면 train_writer 및 test_writer를 닫는다.

```
saver = tf.train.Saver()
for i in range(max_steps):
```

```
    if i % 10 == 0:
        summary, acc = sess.run([merged, accuracy], feed_dict=feed_dict(False))
        test_writer.add_summary(summary, i)
        print('Accuracy at step %s: %s' % (i, acc))
    else:
        if i % 100 == 99:
            run_options = tf.RunOptions(trace_level=tf.RunOptions.FULL_TRACE)
            run_metadata = tf.RunMetadata()
            summary, _ = sess.run([merged, train_step], feed_dict=feed_dict(True),
                                  options=run_options, run_metadata=run_metadata)
            train_writer.add_run_metadata(run_metadata, 'step%03d' % i)
            train_writer.add_summary(summary, i)
            saver.save(sess, log_dir+"/model.ckpt", i)
            print('Adding run metadata for', i)
        else:
            summary, _ = sess.run([merged, train_step], feed_dict=feed_dict(True))
            train_writer.add_summary(summary, i)
train_writer.close()
test_writer.close()
```

그런 다음 Linux 터미널에서 --logdir로 텐서플로우 로그 경로를 지정하여 텐서보드 프로그램을 실행하면 텐서보드가 모든 요약 데이터의 시각화 결과를 자동으로 생성할 수 있다.

```
tensorboard --logdir=/tmp/tensorflow/mnist/logs/mnist_with_summaries
```

위의 명령을 실행하면 프롬프트 메시지가 나타나면 브라우저에 URL을 복사해서 접속하면 데이터 시각화 차트를 볼 수 있다.

```
Starting TensorBoard b'39' on port 6006
(You can navigate to http://192.168.233.101:6006)
```

먼저 [그림 9-2]와 같이 SCALARS 창을 열고, accuracy 도표를 클릭하여 연다. 도표에서 두 개의 곡선은 볼 수 있는데, train과 test 중의 accuracy이 훈련 단계 수에 따라 변화하는 추세를 나타낸다. 평활화(smoothing) 매개변수를 조정하여 곡선의 평활화를 제어할 수 있으며, 값이 작을수록 실제값에 가까워지고 변동폭은 더 커지며, 값이 클수록 곡선이 평활화 처리된다. 도표의 왼쪽 하단에 있는 버튼을 클릭하여 이미지를 확대할 수 있으며, 오른쪽에 있는 버튼을 클릭하면 좌표 축의 범위를 조정하여 더욱 명확하게 표시할 수 있다.

[그림 9-3]과 같이 IMAGES 창으로 바꾸면 MNIST 데이터 세트의 이미지를 볼 수 있다. 원시 데이터뿐만 아니라 다양한 광학 왜곡이 있는 이미지 또는 신경망의 중간 노드 출력 등 tf.sumamry.image()에 요약된 모든 이미지 데이터를 볼 수 있다.

【그림 9-2】 텐서보드 SCALARS 변수의 표시

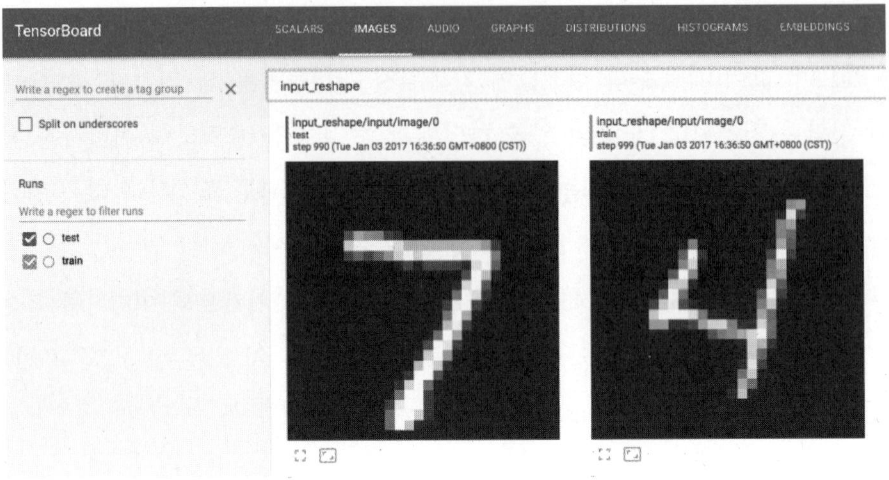

【그림 9-3】 텐서보드 IMAGES의 표시

계산 그래프 GRAPHS 창에 들어가면, [그림 9-4]와 같이 전체 텐서플로우의 계산 그래프의 구조를 볼 수 있다. 여기서는 네트워크 forward의 inference 과정과 매개변수를 업데이트하는 backward 훈련 과정을 나타낸다. 코드에서 input → layer 1 → dropout → layer 2 → cross_entropy, accuracy으로 이어지는 forward(순방향) 과정을 만들며, 훈련 중 backward의 기울기 구하기 및 매개변수 업데이트는 텐서플로우에 의해 자동 생성된다. 그림에서 실선은 데이터에 대한 종속성을 나타내고, 점선은 제어 조건에 대한 종속성을 나타낸다. 그림에서 노드를 클릭하면 노드의 속성, 입력과 출력, 그리고 출력 텐서의 크기를 볼 수 있다. 또한, 노드의 오른쪽 위 모서리에 있는 "+" 버튼을 클릭하여 이 노드 내부의 세부 정보를 확장할 수 있다. 예를 들어 layer 2를 클릭하면 내부 가중치, 바이어스, 행렬 곱셈 연산, 벡터 덧셈 연산 및 함수화 함수 작업 계산을 활성화하는 연산을 볼 수 있으며, 이런 작업은 모두 tf.name_scope('layer2')의 이름 공간(name space)에 속한다. 이름 공간의 모든 노드는 함께 축소되므로, 네트워크를 디자인할 때는 가능한 한 세밀하게 이름 공간을 사용하여 노드 명칭을 표준화해야 한다. 이렇게 하면 더욱 명확한 구조를 볼 수 있다. 또한, 텐서보드에서 노드를 마우스 오른쪽 버튼으로 클릭하면 삭제를 선택할 수 있다. 이렇게 하면 계산 그래프에서 실제로 제거되지 않지만 보기가 단순해져서 네트워크 구조를 더 잘 볼 수 있다. 또한 색상 매칭 스타일을 바꿀 수 있는데, 하나는 구조를 기반으로 하여 같은 구조의 노드는 같은 색상으로 표현되며, 다른 하나는 컴퓨팅 하드웨어를 기반으로 하며 동일한 컴퓨팅 하드웨어의 노드는 같은 색상으로 표현된다. 동시에 왼쪽 패널의 Session runs을 클릭하면 이전에 기록한 run_metadata의 훈련 정보를 선택할 수 있다. 이렇게 하면 특정 반복 계산의 시간 소비와 메모리 사용량 등의 상황을 볼 수 있다.

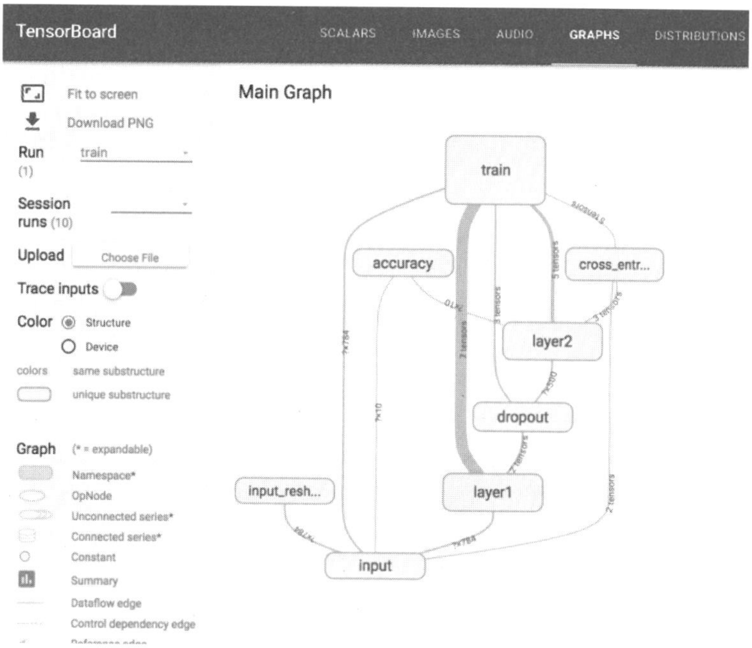

【그림 9-4】 텐서보드 GRAPHS 계산 그래프의 표시

[그림 9-5]와 같이 DISTRIBUTIONS 창으로 화면을 바꾸면, 활성화 함수 이전의 결과와 활성화 함수 이후의 결과 등 이전에 기록한 각종 신경망 레이어 출력의 분산을 볼 수 있다. 이렇게 하면 신경망 노드의 출력이 유효한지, 차단된 노드(dead neurons)가 과다한지 여부를 관찰할 수 있다.

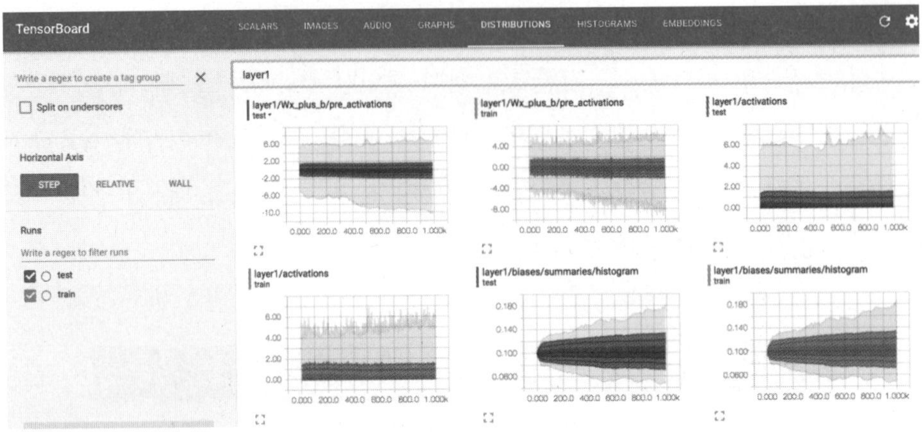

【그림 9-5】 텐서보드 DISTRIBUTIONS 변수 분산의 표시

또한, DISTRIBUTIONS 창의 그래프 구조를 히스토그램 형식으로 변환할 수도 있다. HISTOGRAMS 창을 클릭하면, [그림 9-6]과 같이 각 훈련 단계 후 신경망 레이어의 출력 분포를 히스토그램 형식으로 표시할 수 있다.

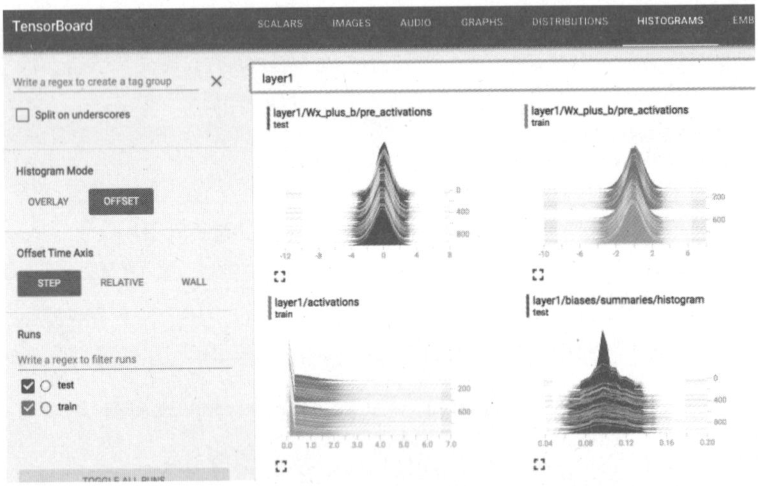

【그림 9-6】 텐서보드 HISTOGRAMS의 표시

[그림 9-7]과 같이 EMBEDDINGS 창을 클릭하여 차원을 줄인 후 임베디드 벡터의 시각화를 볼 수 있는데, 이것이 텐서보드의 Embedding Projector 기능이다.

MNIST 데이터의 훈련 중, 임베디드 벡터가 없어 tf.save.Saver를 사용하여 전체 모델을 저장하는 경우 텐서보드는 모델의 모든 2D Variable을 자동으로 시각화할 수 있다(텐서플로우에는 Variable만 저장할 수 있으며, Tensor는 저장할 수 없다. 따라서 시각화하려는 Tensor는 Variable로 전환해야 한다). T-SNE 또는 PCA와 같은 알고리즘을 선택하여 데이터의 열(특징)의 차원을 줄여서 3D 또는 2D 좌표로 시각화를 할 수 있다. 텐서보드의 EDINGDINGS 시각화 기능은 Word2Vec 계산 또는 Language Model에 매우 유용하다.

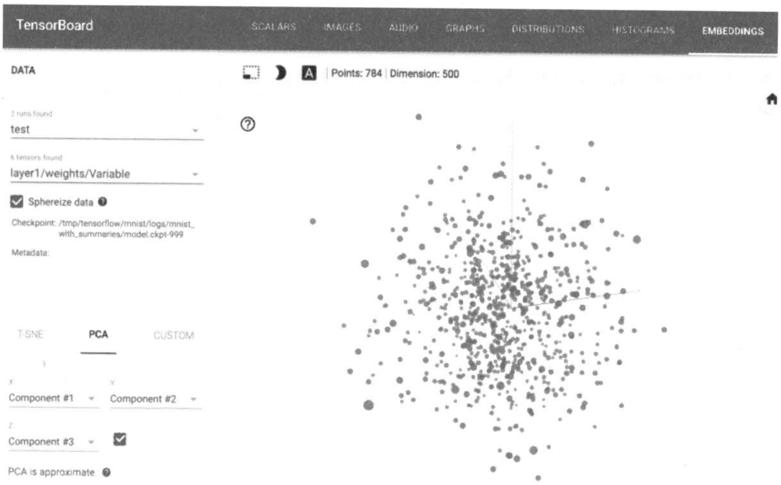

【그림 9-7】 텐서보드 EMBEDDINGS 벡터의 임베이딩 표시

9.2 멀티 GPU 병렬성(또는 다중 GPU 병렬성)

텐서플로우의 병렬성은 모델 병렬성과 데이터 병렬성으로 구분된다. 모델 병렬성은 여러 모델에 따라 서로 다른 병렬 방법을 설계해야 하며, 주요 원칙은 모델 중의 다른 계산 노드를 서로 다른 하드웨어 리소스에 배치하여 연산한다. 대규모 병렬 처리를 구현하기 위해 일반적으로 사용하는 간단한 방법은 데이터 병렬성이다. 1장에서 설명했듯

이 여러 하드웨어 리소스를 동시에 사용하여 여러 batch의 데이터 기울기를 계산한 다음, 기울기를 요약하여 전역 매개변수를 업데이트하는 방법이다.

데이터 병렬성은 모든 딥러닝 모델에 적용할 수 있다. 여러 GPU를 사용하여 여러 batch 데이터를 동시에 훈련할 수 있으며, 각 GPU에서 실행되는 모델은 동일한 신경망을 기반으로 네트워크 구조는 완전히 동일하며 모델 매개변수를 공유하게 된다. 이 장에서는 주로 동기 데이터 병렬성에 대해 설명한다. 즉 모든 GPU가 데이터 배치의 기울기를 계산한 다음, 여러 기울기를 하나로 통합하고, 공유 모델 매개변수를 업데이트한다. 이런 방법은 더욱 큰 batch를 사용하는 방법과 비슷하다. 데이터 병렬성을 사용하면 GPU 모델과 속도가 가장 일관되며, 이 경우에 효율이 가장 높다. 비동기 데이터 병렬성은 모든 GPU가 훈련을 마칠 때까지 기다리지 않고, 어느 GPU이든지 훈련을 완료하면 즉시 기울기를 공유 모델 매개변수로 업데이트한다. 일반적으로 동기식 데이터 병렬성은 비동기식 모드보다 빠르게 수렴되며 모델이 더 정확하다.

다음은 다중 GPU의 동기 데이터 병렬성을 사용하여 컨벌루션 신경망(CNN)을 훈련하는 사례를 설명한다. 여기서 사용된 데이터 세트는 CIFAR-10이다. 먼저 텐서플로우 모델의 cifar10 클래스를 포함한 다양한 종속 라이브러리를 로드한다. (5장에서 이미 cifar10 클래스 라이브러리를 다운로드했으므로, 여기서는 models/tutorials/image/cifar10에서 파이썬 실행 경로를 확인하면 된다.) cifar10 클래스는 CIFAR-10 데이터를 다운로드하여 데이터 전처리를 진행할 수 있다. 이 장에서는 더 이상 CNN을 설계하지 않고 사전 준비된 CNN을 직접 사용하며, 데이터 사용 방법의 설명에 중점을 두고 CNN 훈련을 진행한다. 이 장의 코드는 주로 텐서플로우 오픈소스 코드[68]를 기반으로 한다.

```
import os.path
import re
import time
import numpy as np
import tensorflow as tf
import cifar10
```

68) https://github.com/tensorflow/models/blob/master/tutorials/image/cifar10/cifar10_multi_gpu_train.py

batch 크기를 128, 최대 단계 수를 100만 단계(도중에 언제든지 중지할 수 있고 모델은 주기적으로 저장됨), 사용되는 GPU 수는 4개(현재 시스템에서 사용 가능한 그래픽 카드 수에 따라 다름)로 설정한다.

```
batch_size=128
max_steps=1000000
num_gpus=4
```

이어서 손실을 계산하는 tower_loss 함수를 정의해 보자. 먼저 cifar10.distorted_inputs를 사용하여 데이터가 왜곡된 이미지 및 레이블을 생성하고, cifar10.inference를 호출하여 컨벌루션 신경망을 생성한다. (주의: 각 GPU에 대해 별도의 네트워크를 생성해야 한다. 이 네트워크의 구조는 완전히 일치하며 모델 매개변수를 공유한다) cifar10.inference에 의해 생성된 컨벌루션 네트워크는 5.3절의 컨벌루션 네트워크와 일치한다. 네트워크 구조의 세부 사항을 이해하려면 5.3절을 참조하기 바란다. 그런 다음 컨벌루션 네트워크 및 lables에 근거하여 cifar10.loss를 호출하여 손실함수를 계산하고(여기서는 loss를 직접 반환하지는 않고 collection에 저장한다), tf.get_collection('losses', scope)을 사용하여 현재 이 GPU의 loss(scope를 통해 범위를 한정한다)를 얻은 다음, 다시 tf.add_n을 사용하여 모든 손실을 합하여 total_loss를 얻는다. 마지막으로 total_loss를 함수 결과로 반환한다.

```
def tower_loss(scope):
    images, labels = cifar10.distorted_inputs()
    logits = cifar10.inference(images)
    _ = cifar10.loss(logits, labels)
    losses = tf.get_collection('losses', scope)
    total_loss = tf.add_n(losses, name='total_loss')
    return total_loss
```

다음은 average_gradients 함수를 정의해 보자. 이 함수는 서로 다른 GPU로 계산된 기울기를 합성하는 역할을 한다. 함수의 입력 매개변수 tower_grads는 기울기의 한 쌍의 레이어 목록이다. 외부 레이어 목록은 다른 GPU에서 계산된 기울기이며, 내부 레이어 목록은 특정 GPU에서 계산된 다른 Variable에 해당하는 기울기이다. 가장 안쪽 레이어 요소는 (grads, variable)이다. 즉 tower_grads의 기본 요소는 2-튜플(기울기, 변수)이다. 2-튜플의 구체적인 형식은 [[(grad0_gpu0, var0_gpu0), (grad1_gpu0, var1_gpu0), ...], [(grad0_gpu1, var0_gpu1), (grad1_gpu1, var1_gpu1), ...], ...]이다. 먼저 평균 기울기 목록 average_grads를 작성한다. 이 목록은 서로 다른 GPU의 기울기를 평균화한다. 이어서 zip(*tower_grads)을 사용하여 이 한 쌍의 레이어 목록을 바꾸어 [[(grad0_gpu0, var0_gpu0), (grad0_gpu1, var0_gpu1), ...], [(grad1_gpu0, var1_gpu0), (grad1_gpu1, var1_gpu1), ...], ...]의 형식으로 만든 다음, 루프를 사용하여 그 요소를 순차적으로 탐색한다. 각 루프에서 얻은 요소 grad_and_vars는 서로 다른 GPU에서 동일한 Variable의 기울기를 계산한 결과로서, [(grad0_gpu0, var0_gpu0), (grad0_gpu1, var0_gpu1), ...]이다. 동일한 Variable의 기울기가 서로 다른 GPU에서 계산된 사본인 경우 기울기의 평균을 계산해야 하며, 이 기울기가 N 차원 벡터인 경우에는 각 차원에서 평균을 계산해야 한다. 먼저 tf.expand_dims를 사용하여 이러한 기울기에 중복된 차원 0을 추가한 다음 이 기울기를 목록 grad에 넣는다. 이어서 tf.concat을 사용하여 차원 0에 병합하고, 마지막으로 tf.reduce_mean을 사용하여 차원 0의 평균을 구한다. 즉 다른 차원의 모든 평균을 구한다. 마지막으로 평균 기울기를 Variable와 결합하여 원래의 2-튜플(그라데이션, 변수) 형식을 얻은 다음 average_grads 목록에 추가한다. 모든 기울기가 평균에 도달하면 average_grads를 반환한다.

```
def average_gradients(tower_grads):
    average_grads = []
    for grad_and_vars in zip(*tower_grads):
        grads = []
        for g, _ in grad_and_vars:
            expanded_g = tf.expand_dims(g, 0)
            grads.append(expanded_g)

        grad = tf.concat(grads, 0)
        grad = tf.reduce_mean(grad, 0)
```

```
        v = grad_and_vars[0][1]
        grad_and_var = (grad, v)
        average_grads.append(grad_and_var)
    return average_grads
```

다음은 훈련 함수를 정의해 보자. 먼저 간단한 계산을 위해 기본 계산 장치를 CPU로 설정한다. 그런 다음 global_step을 사용하여 전역 훈련의 단계 수를 기록하고, epoch에 대응하는 batch 수 및 학습 속도의 감쇠에 필요한 단계 수 decay_steps을 계산한다. tf.train.exponential_decay를 사용하여 훈련 단계에 따라 학습 속도가 줄어들게(감쇠하게) 한다. 여기에서 첫 번째 매개변수는 초기 학습 속도, 두 번째 매개변수는 전역 훈련의 단계 수, 세 번째 매개변수는 각 감쇠에 필요한 단계 수, 네 번째 매개변수는 감쇠율이며, staircase는 True로 설정되어 단계적 감쇠를 나타낸다. 그런 다음 최적화 알고리즘을 GradientDescent로 설정하고, 단계 수에 따라 감쇠하는 학습 속도를 전달한다.

```
def train():
    with tf.Graph().as_default(), tf.device('/cpu:0'):
        global_step = tf.get_variable('global_step', [],
                                      initializer=tf.constant_initializer(0),
                                      trainable=False)

        num_batches_per_epoch = cifar10.NUM_EXAMPLES_PER_EPOCH_FOR_TRAIN / \
                                batch_size

        decay_steps = int(num_batches_per_epoch * cifar10.NUM_EPOCHS_PER_DECAY)

        lr = tf.train.exponential_decay(cifar10.INITIAL_LEARNING_RATE,
                                        global_step,
                                        decay_steps,
                                        cifar10.LEARNING_RATE_DECAY_FACTOR,
                                        staircase=True)

        opt = tf.train.GradientDescentOptimizer(lr)
```

이어서 각 GPU 계산 결과를 저장하는 목록 tower_grads를 정의해 보자.

먼저 하나의 루프를 만든다. 루프 수는 GPU 수이며, 각 루프에서 tf.device를 사용하여 gpu0, gpu1과 같이 몇 번째 GPU를 사용할 것인지 정한 다음, tf.name_scope을 사용하여 이름 공간을 tower_0, tower_1로 정의한다. 각 GPU에 대해 앞에서 정의한 함수 tower_loss를 사용하여 loss를 얻은 다음, tf.get_variable_scope().reuse_variables()를 호출하여 매개변수를 다시 사용하여 모든 GPU가 하나의 모델 및 동일한 매개변수를 공유하도록 한다. 그리고 opt.compute_gradients(loss)를 사용하여 단일 GPU의 기울기를 계산하고, 여기에서 얻은 기울기를 기울기 목록 tower_grads에 추가한다. 마지막으로 앞에서 작성된 함수 average_gradients를 사용하여 평균 기울기를 계산하고, opt.apply_gradients를 사용하여 모델 매개변수를 업데이트하면 다중 GPU의 동기식 훈련과 매개변수 업데이트가 완성된다.

```
tower_grads = []
for i in range(num_gpus):
    with tf.device('/gpu:%d' % i):
        with tf.name_scope('%s_%d' % (cifar10.TOWER_NAME, i)) as scope:
            loss = tower_loss(scope)
            tf.get_variable_scope().reuse_variables()
            grads = opt.compute_gradients(loss)
            tower_grads.append(grads)

grads = average_gradients(tower_grads)
apply_gradient_op = opt.apply_gradients(grads, global_step=global_step)
```

모델의 저장 프로그램 saver를 만들고, Session의 allow_soft_placement 매개변수를 True로 설정한다(일부 작업은 CPU에서만 실행할 수 있으며, soft_placement를 사용하지 않으면 실행 오류가 발생할 수 있음). 모든 매개변수를 초기화하고 tf.train.start_queue_runners()를 호출하여 데이터가 증강된 훈련 샘플을 준비한다. 이렇게 하면 생성된 샘플에서 후속 훈련이 차단되는 것을 방지할 수 있다.

```
saver = tf.train.Saver(tf.all_variables())
init = tf.global_variables_initializer()
sess = tf.Session(config=tf.ConfigProto(allow_soft_placement=True))
sess.run(init)
tf.train.start_queue_runners(sess=sess)
```

다음은 훈련 루프에 들어가며, 최대 반복 횟수는 max_steps이다. 각 단계에서 1차 기울기 업데이트 작업 apply_gradient_op (즉 1차 훈련 작업) 및 손실 계산 작업 loss를 실행하고, 소요 시간을 기록한다. 10단계마다 현재 batch의 loss 및 매초 훈련할 수 있는 샘플 수와 각 batch 훈련의 소요 시간을 표시하며, 1,000단계마다 Saver를 사용하여 모든 모델의 파일을 저장한다.

```
for step in range(max_steps):
    start_time = time.time()
    _, loss_value = sess.run([apply_gradient_op, loss])
    duration = time.time() - start_time

    if step % 10 == 0:
        num_examples_per_step = batch_size * num_gpus
        examples_per_sec = num_examples_per_step / duration
        sec_per_batch = duration / num_gpus

        format_str = ('step %d, loss = %.2f (%.1f examples/sec; %.3f '
                      'sec/batch)')
        print (format_str % (step, loss_value, examples_per_sec,
                             sec_per_batch))

    if step % 1000 == 0 or (step + 1) == max_steps:
        saver.save(sess, '/tmp/cifar10_train/model.ckpt', global_step=step)
```

모든 주요 함수를 정의한 후, cifar10.maybe_download_and_extract()를 사용하여 전체 CIFAR-10 데이터를 다운로드하고, train() 함수를 호출하여 훈련을 시작한다.

```
cifar10.maybe_download_and_extract()
train()
```

아래의 결과는 훈련 과정 중 나타난 로그이다. loss는 처음 4에서 시작하여 70만 번째 단계에서 대략 0.07로 감소한다. 학습 속도는 매우 빠르며, batch당 평균 소요 시간은 0.021초이며, 단일 GPU의 거의 4배인 초당 6,000개의 샘플을 훈련할 수 있다. 따라서 스탠드 얼론의 다중 GPU의 경우 텐서플로우를 사용하여 구현한 데이터 병렬성의 효율은 매우 높다.

```
step 729470, loss = 0.07 (6043.4 examples/sec; 0.021 sec/batch)
step 729480, loss = 0.07 (6200.1 examples/sec; 0.021 sec/batch)
step 729490, loss = 0.08 (6055.5 examples/sec; 0.021 sec/batch)
step 729500, loss = 0.09 (5986.7 examples/sec; 0.021 sec/batch)
step 729510, loss = 0.07 (6075.3 examples/sec; 0.021 sec/batch)
step 729520, loss = 0.06 (6630.1 examples/sec; 0.019 sec/batch)
step 729530, loss = 0.09 (6788.4 examples/sec; 0.019 sec/batch)
step 729540, loss = 0.08 (6464.4 examples/sec; 0.020 sec/batch)
step 729550, loss = 0.06 (6548.5 examples/sec; 0.020 sec/batch)
step 729560, loss = 0.08 (6900.3 examples/sec; 0.019 sec/batch)
step 729570, loss = 0.08 (6381.3 examples/sec; 0.020 sec/batch)
step 729580, loss = 0.07 (6101.0 examples/sec; 0.021 sec/batch)
```

9.3 분산 병렬성(또는 분산식 병렬성 / 분산 병렬 처리)

텐서플로우의 분산 병렬성은 gRPC 통신 프레임워크를 기반으로 하며, 그중에는 Session을 만드는 1개의 master와 계산 그래프에서 작업을 실행하는 여러 개의 worker가 포함되어 있다. 먼저 텐서플로우의 계산 그래프를 분산식으로 실행하는 task 세트(일반적으로 각 task는 단독 기기)를 포함하는 텐서플로우 클러스터 대상을 만든다. Cluster는 여러 개의 job으로 나눌 수 있으며, job은 parameter server(ps), worker와 같은 특정 유형의 작업을 말하며, 각 job에는 여러 개의 task가 포함될 수 있다. 각 task에 대한 server를 만든 다음 Cluster에 연결해야 한다. 일반적으로 각 task는 서로 다른 기기에서 실행된다. 물론 하나의 기기에서 여러 작업을 실행할 수 있다(서로 다른 GPU를 제어한다). Cluster 대상은 tf.train.ClusterSpec에 의해 초기화되며, 초기화 정보는 파이썬의 딕셔너리(dict)이다. 예를 들면 tf.train.ClusterSpec({"ps": ["192.168.233.201:2222"], "worker": ["192.168.233.202:2222", "192.168.233.203:2222"]})은 1개의 parameter server와 2개의 worker가 서로 다른 3대의 기기에 설정되었음을 의미한다. 각 task에 대해 ID(identity.)을 정의해야 한다. 예를 들면 이 ps에 대해 server = tf.train.Server(cluster, job_name = "ps", task_index = 0)을 설정하면, 이 기기의 job은 ps로 정의되고 ps의 0번째 기기가 된다. 또한, 프로그램에서 예컨대 with tf.device("/job:worker/task:7")를 사용하면, Variable이 저장되는 task 또는 기기를 정의할 수 있다.

텐서플로우의 분산식에는 In-graph replication 모델 병렬성과 같은 몇 가지 모델이 있으며, 모델의 계산 그래프의 서로 다른 부분을 서로 다른 기기에서 실행한다. Between-graph replication은 데이터 병렬성으로, 각 기기는 완전히 동일한 계산 그래프를 사용하지만 다른 batch 데이터를 계산한다. 또한, 비동기 병렬성과 동기 병렬성이 있다. 비동기 병렬성은 각 기기가 독립적으로 기울기를 계산하는 것을 의미한다. 일단 계산되면 parameter server로 업데이트되고 다른 기기를 기다리지 않는다. 동기식 병렬성은 모든 기기가 기울기 계산을 완료한 후, 여러 개의 기울기를 합성하여 모델 매개변수가 업데이트되는 것을 의미한다. 일반적으로 동기식 병렬성 훈련은 loss의 감쇠 속도가 더 빠르며, 달성할 수 있는 최대 정밀도가 높다. 하지만 동기식 병렬성은 버킷 효과(bucket effect)가 있으며, 속도는 가장 느린 기기에 맞춰지므로 장치 속도가 같으면 효율성이 높아진다.

아래에서는 텐서플로우를 사용하여 1개의 parameter server와 2개의 worker를 포함하는 분산식 병렬성 훈련 프로그램을 구현하고, MNIST 필기 데이터 인식 작업을 예로 들어 설명한다. 여기서는 완벽한 파이썬 파일을 작성하고, 서로 다른 기기에서 서로 다른 task를 실행해야 한다. 먼저 텐서플로우 및 모든 종속 라이브러리를 로드한다. 이 장의 코드는 주로 텐서플로우 오픈 소스 코드[69]에서 가져 왔다.

```
import math
import tempfile
import time
import tensorflow as tf
from tensorflow.examples.tutorials.mnist import input_data
```

여기서는 tf.app.flags를 사용하여 표기를 정의하고, 명령어로 텐서플로우 프로그램을 실행할 때 매개변수를 설정한다. 명령어에서 지정된 매개변수를 텐서플로우에서 읽은 다음 직접 flags로 변환한다. 데이터 저장 목록 data_dir의 기본값은 /tmp/mnist-data, 숨겨진 노드의 수는 100, 훈련 최대 단계 수 train_steps의 기본값은 1000000, batch size의 기본값은 100, 학습 속도의 기본값은 0.01이다.

```
flags = tf.app.flags
flags.DEFINE_string("data_dir", "/tmp/mnist-data",
                    "Directory for storing mnist data")
flags.DEFINE_integer("hidden_units", 100,
                     "Number of units in the hidden layer of the NN")
flags.DEFINE_integer("train_steps", 1000000,
                     "Number of (global) training steps to perform")
flags.DEFINE_integer("batch_size", 100, "Training batch size")
flags.DEFINE_float("learning_rate", 0.01, "Learning rate")
```

이어서 동기식 병렬성 표기 sync_replicas의 기본값을 False로 사용할지 여부를 설정한다. 명령어를 실행할 때 True로 설정하여 동기식 병렬성을 시작할 수 있다. 또한, 모델을 업데이트하기 위해 누적해야 하는 기울기 기본값을 None으로 설정한다. 이 매개

69) https://github.com/tensorflow/tensorflow/blob/master/tensorflow/tools/dist_test/python/mnist_replica.py

변수는 동기식 병렬성을 실행할 때 매개변수를 1회 업데이트하는데 몇 개의 batch 기울기를 누적해야 하는지를 나타내며, None으로 설정하면 worker를 사용한다. 즉 모든 worker가 1개의 batch 훈련을 마친 후 모델 매개변수를 업데이트한다.

```
flags.DEFINE_boolean("sync_replicas", False,
                     "Use the sync_replicas (synchronized replicas) mode, "
                     "wherein the parameter updates from workers are "
                     "aggregated before applied to avoid stale gradients")
flags.DEFINE_integer("replicas_to_aggregate", None,
                     "Number of replicas to aggregate before parameter "
                     "update is applied (For sync_replicas mode only; "
                     "default: num_workers)")
```

다시 ps의 주소를 정의해 보자. 여기서 기본값은 192.168.233.201:2222이며, 클러스터의 실제 상황에 따라 아래와 같이 구성해야 한다. Worker의 주소를 192.168.233.202:2222 및 192.168.233.203:2222로 설정한다. 또한, job_name 및 task_index의 FLAG를 설정한다. 이렇게 하면 명령어로 실행할 때 이 두 매개변수를 입력할 수 있다.

```
flags.DEFINE_string("ps_hosts","192.168.233.201:2222",
                    "Comma-separated list of hostname:port pairs")
flags.DEFINE_string("worker_hosts",
                    "192.168.233.202:2222,192.168.233.203:2222",
                    "Comma-separated list of hostname:port pairs")
flags.DEFINE_string("job_name", None,"job name: worker or ps")
flags.DEFINE_integer("task_index", None,
                     "Worker task index, should be >= 0. task_index=0 is "
                     "the master worker task the performs the variable "
                     "initialization ")
```

Flags.FLAGS를 FLAGS로 직접 명명하여 사용을 간소화한다. 동시에 이미지 크기 IMAGE_PIXELS를 28로 설정한다.

```
FLAGS = flags.FLAGS
IMAGE_PIXELS = 28
```

이어서 프로그램의 메인 함수 main을 작성해 보자. 먼저 input_data.read_data_sets를 사용하여 MNIST 데이터 세트를 다운로드해서 읽은 다음, one_hot 인코딩 형식으로 설정한다. 동시에 명령 줄에 입력된 매개 변수를 점검하여 job_name 및 task_index라는 두 개의 필수 매개 변수가 있는지 확인한다. 그리고 job_name 및 task_index를 표시하고, ps 및 worker의 모든 주소를 ps_spec 및 worker_spec 목록으로 해석한다.

```
def main(unused_argv):
    mnist = input_data.read_data_sets(FLAGS.data_dir, one_hot=True)

    if FLAGS.job_name is None or FLAGS.job_name == "":
        raise ValueError("Must specify an explicit `job_name`")
    if FLAGS.task_index is None or FLAGS.task_index =="":
        raise ValueError("Must specify an explicit `task_index`")

    print("job name = %s" % FLAGS.job_name)
    print("task index = %d" % FLAGS.task_index)

    ps_spec = FLAGS.ps_hosts.split(",")
    worker_spec = FLAGS.worker_hosts.split(",")
```

먼저 전체 worker 수를 계산한 다음, tf.train.ClusterSpec을 사용하여 텐서플로우 클러스터 대상을 생성한다, 기입된 매개변수는 ps의 주소 정보와 worker의 주소 정보이다. 다시 tf.train.Server를 사용하여 현재 기기의 server를 만들어 Cluster에 연결한다. 만약 현재 노드가 parameter server이면 후속 작업을 진행하지 않고, server.join을 사용하여 worker의 작업을 기다린다.

```
num_workers = len(worker_spec)
cluster = tf.train.ClusterSpec({"ps": ps_spec, "worker": worker_spec})
server = tf.train.Server(
    cluster, job_name=FLAGS.job_name, task_index=FLAGS.task_index)
if FLAGS.job_name == "ps":
    server.join()
```

여기서 현재 기기가 메인 노드인지 여부, 즉 task_index가 0인지의 여부를 판정한다. 그런 다음 현재 기기의 형식을 "job:worker/task:0/gpu:0"으로 worker_device를 정의한다. 두 대의 기기가 있다고 가정하면, 각 기기는 1개의 GPU를 가지고 있으므로 총 2개의 worker가 필요하게 된다. 1대의 기기에 여러 개의 GPU가 있는 경우, 1개의 task를 통해 여러 개의 GPU를 관리하거나 여러 개의 task를 사용하여 관리할 수 있다. 아래에서는 tf.train.replica_device_setter()를 사용하여 worker의 리소스를 설정한다. 여기서 worker_device는 계산 리소스이고 ps_device는 모델 매개변수를 저장하는 리소스이다. replica_device_setter를 통해 모델 매개변수를 독립 실행형 ps 서버 "/job:ps/cpu:0"에 배치하고, 훈련 작업을 "/job:worker/task:0/gpu:0", 즉 본체의 GPU에 배치한다. 마지막으로 전역 훈련 단계 수를 기록하는 변수 global_step을 만든다.

```
is_chief = (FLAGS.task_index == 0)
worker_device = "/job:worker/task:%d/gpu:0" % FLAGS.task_index
with tf.device(
    tf.train.replica_device_setter(
        worker_device=worker_device,
        ps_device="/job:ps/cpu:0",
        cluster=cluster)):
global_step = tf.Variable(0, name="global_step", trainable= False)
```

이어서 신경망 모델을 정의해 보자. 이 장의 신경망과 4.4절의 MLP 완전 연결 네트워크는 기본적으로 같다. 아래에서는 tf.truncated_normal를 사용하여 가중치를 초기화하고, tf.zeros를 사용하여 바이어스를 초기화한다. 입력 placeholder를 만들고 tf.nn.xw_ plus_b를 사용하여 입력 x에 대해 행렬 곱셈 및 바이어스 작업을 실행한 다음, ReLU 활성화 함수를 사용하여 첫 번째 숨긴층의 출력 hid를 얻는다. 그리고 tf.nn.xw_plus_b 및 tf.nn.softmax를 사용하여 첫 번째 레이어의 출력 hid를 처리하고, 네트워크의 최종 출력 y를 얻는다. 마지막으로 손실 cross_entropy를 계산하고, opt를 AdamOptimizer로 정의한다.

```
hid_w = tf.Variable(
    tf.truncated_normal([IMAGE_PIXELS*IMAGE_PIXELS, FLAGS.hidden_units],
                        stddev=1.0 / IMAGE_PIXELS), name="hid_w")
hid_b = tf.Variable(tf.zeros([FLAGS.hidden_units]), name= "hid_b")

sm_w = tf.Variable(
    tf.truncated_normal([FLAGS.hidden_units, 10],
        stddev=1.0 / math.sqrt(FLAGS.hidden_units)), name="sm_w")
sm_b = tf.Variable(tf.zeros([10]), name="sm_b")

x = tf.placeholder(tf.float32, [None, IMAGE_PIXELS * IMAGE_PIXELS])
y_ = tf.placeholder(tf.float32, [None, 10])

hid_lin = tf.nn.xw_plus_b(x, hid_w, hid_b)
hid = tf.nn.relu(hid_lin)

y = tf.nn.softmax(tf.nn.xw_plus_b(hid, sm_w, sm_b))
cross_entropy = -tf.reduce_sum(y_ * tf.log(tf.clip_by_value(y, 1e-10,
                                                             1.0)))

opt = tf.train.AdamOptimizer(FLAGS.learning_rate)
```

동기식 훈련 모드 sync_replicas가 설정되었는지를 확인한다. 동기식 모드인 경우, 먼저 모델 매개변수를 동기식으로 업데이트하는 데 필요한 사본 수 replicas_to_aggregate를 얻는다. 단독으로 설정되지 않은 경우에는 worker 수를 기본값으로 사용한다. 그런 다음 tf.train.SyncReplicasOptimizer를 사용하여 동기식 훈련의 최적화 프로그램을 만든다. 이 최적화 프로그램은 실질적으로 원래의 최적화 프로그램이 확장된 것으로, 원래의 최적화 프로그램과 기타 매개변수(replicas_to_aggregate, total_num_replicas, replica_id 등)를 전달하면 원래의 최적화 프로그램을 동기식 분산 훈련 버전으로 변환할 수 있다. 마지막으로, 보통의(즉 비동기식) 또는 동기식 최적화 프로그램을 사용하여 손실 cross_entropy에 대해 최적화를 진행한다.

```
if FLAGS.sync_replicas:
    if FLAGS.replicas_to_aggregate is None:
        replicas_to_aggregate = num_workers
    else:
        replicas_to_aggregate = FLAGS.replicas_to_aggregate

    opt = tf.train.SyncReplicasOptimizer(
        opt,
        replicas_to_aggregate=replicas_to_aggregate,
        total_num_replicas=num_workers,
        replica_id=FLAGS.task_index,
        name="mnist_sync_replicas")

train_step = opt.minimize(cross_entropy, global_step=global_step)
```

동기식 훈련 모드이며 또한 메인 노드인 경우, opt.get_chief_queue_runner를 사용하여 대기열 실행 프로그램을 만들고, opt.get_init_tokens_op을 사용하여 전역 매개변수 초기화 프로그램을 만든다.

```
if FLAGS.sync_replicas and is_chief:
    chief_queue_runner = opt.get_chief_queue_runner()
    init_tokens_op = opt.get_init_tokens_op()
```

아래에서는 로컬 매개변수 초기화 작업 init_op을 생성하고, 임시 훈련 목록을 만든다. tf.train_Supervisor를 사용하여 분산 훈련 수퍼바이저를 만든다. 전달된 매개변수에는 is_chief, train_dir, init_op 등이 포함되며, 이 Supervisor는 task를 관리하고 분산식 훈련에 참여하게 된다.

```
init_op = tf.global_variables_initializer()
train_dir = tempfile.mkdtemp()
sv = tf.train.Supervisor(is_chief=is_chief,
                         logdir=train_dir,
                         init_op=init_op,
                         recovery_wait_secs=1,
                         global_step=global_step)
```

그런 다음 Session의 매개변수를 설정한다. 그중 allow_soft_placement는 True로 설정되며, 지정된 기기에서 작업을 실행할 수 없는 경우 다른 기기로 전송되어 실행할 수 있음을 나타낸다.

```
sess_config = tf.ConfigProto(
    allow_soft_placement=True,
    log_device_placement=False,
    device_filters=["/job:ps",
                   "/job:worker/task:%d" % FLAGS.task_index])
```

메인 노드인 경우 초기화 Session이 표시되고, 다른 노드는 메인 노드의 초기화 작업을 기다리는 표시가 나타난다. 이어서 sv.prepate_or_wait_for_session()을 실행한다. 메인 노드인 경우 Session을 만들고, 분기 노드인 경우에는 대기한다.

```
if is_chief:
    print("Worker %d: Initializing session..." % FLAGS.task_index)
else:
    print("Worker %d: Waiting for session to be initialized..." %
          FLAGS.task_index)

sess = sv.prepare_or_wait_for_session(server.target, config=sess_config)

print("Worker %d: Session initialization complete." % FLAGS.task_index)
```

이어서 동기식 모드이고 메인 노드인 경우 sv.start_queue_runners를 호출하여 대기열 실행 프로그램 dairy_queue_runner를 실행하고, 전역 매개변수 초기화 프로그램 init_tokens_op를 실행한다.

```
if FLAGS.sync_replicas and is_chief:
    print("Starting chief queue runner and running init_tokens_op")
    sv.start_queue_runners(sess, [chief_queue_runner])
    sess.run(init_tokens_op)
```

아래는 공식적인 훈련 과정이다. Worker가 훈련을 실행하는 시작 시간을 기록하고, 로컬 훈련의 단계 수 local_step을 초기화한 다음 훈련 루프에 들어간다. 훈련의 각 단계에서 mnist.train.next_batch에서 1개의 batch 데이터를 읽고, feed_dict를 생성한 다음, train_step을 호출하여 1차 훈련을 실행한다. 전역 훈련 단계 수가 설정된 최댓값에 도달하면 훈련을 중지한다.

```
time_begin = time.time()
print("Training begins @ %f" % time_begin)

local_step = 0
while True:
    batch_xs, batch_ys = mnist.train.next_batch(FLAGS.batch_size)
    train_feed = {x: batch_xs, y_: batch_ys}

    _, step = sess.run([train_step, global_step], feed_dict=train_feed)
    local_step += 1

    now = time.time()
    print("%f: Worker %d: training step %d done (global step: %d)" %
          (now, FLAGS.task_index, local_step, step))

    if step >= FLAGS.train_steps:
        break
```

훈련을 마치면 총 훈련 시간을 표시하고, 검증 데이터에서 예측 결과의 손실 cross_entropy를 계산하여 표시한다. 이로써 메인 함수 main은 모두 종료된다.

```
    time_end = time.time()
    print("Training ends @ %f" % time_end)
    training_time = time_end - time_begin
    print("Training elapsed time: %f s" % training_time)

    val_feed = {x: mnist.validation.images, y_: mnist.validation.labels}
    val_xent = sess.run(cross_entropy, feed_dict=val_feed)
    print("After %d training step(s), validation cross entropy = %g" %
          (FLAGS.train_steps, val_xent))
```

이제 코드의 마지막 부분으로, 메인 프로그램에서 tf.app.run()을 실행하여 main() 함수를 시작한다. 그리고 모든 코드를 distributed.py 파일로 저장한다. 3대의 다른 기기에서 distributed.py를 실행해야 3개의 task를 시작하려면 distributed.py를 실행할 때마다 job_name과 task_index를 전달하여 worker의 ID를 지정해야 한다.

```
if __name__ == "__main__":
    tf.app.run()
```

3대의 기기, 192.168.233.201, 192.168.233.202 및 192.168.233.203에서 다음 3행의 코드를 나누어 실행한다. 아래와 같이 첫 번째 기기는 첫 번째 코드 행을 실행하고, 두 번째 기기는 두 번째 코드 행을 실행한다. 이렇게 3대의 기기에서 1개의 parameter server와 2개의 worker로 나누어 시작한다.

```
python distributed.py --job_name=ps --task_index=0
python distributed.py --job_name=worker --task_index=0
python distributed.py --job_name=worker --task_index=1
```

동기식 모드를 사용하고자 하면, 위 코드에 --sync_replicas=True를 추가하면 자동으로 동기식 훈련을 시작할 수 있다. 주의할 점은, 이때 global_step이 비동기식과 다르다는 것이다. 비동기식인 경우 전역 단계 수는 모든 worker의 훈련 단계 수의 합계이며, 동기식인 경우에는 병렬성 훈련의 라운드 수를 나타낸다.

```
python distributed.py --job_name=ps --task_index=0 --sync_replicas=True
python distributed.py --job_name=worker --task_index=0 --sync_replicas=True
python distributed.py --job_name=worker --task_index=1 --sync_replicas=True
```

아래는 parameter server에 표시한 로그이다. 192.168.233.201:2222에 ps 서비스를 성공적으로 개설하였다.

```
I tensorflow/core/distributed_runtime/rpc/grpc_channel.cc:197] Initialize
GrpcChannelCache for job ps -> {0 -> localhost:2222}
I tensorflow/core/distributed_runtime/rpc/grpc_channel.cc:197] Initialize
GrpcChannelCache for job worker -> {0 -> 192.168.233.202:2223, 1 ->
192.168.233.203:2224}
I tensorflow/core/distributed_runtime/rpc/grpc_server_lib.cc:206] Started
server with target: grpc://localhost:2222
```

아래는 192.168.233.202에서 worker 0의 훈련 로그이다.

```
1484195706.167773: Worker 0: training step 5657 done (global step: 10285)
1484195706.178822: Worker 0: training step 5658 done (global step: 10287)
1484195706.189648: Worker 0: training step 5659 done (global step: 10289)
1484195706.200894: Worker 0: training step 5660 done (global step: 10291)
1484195706.212560: Worker 0: training step 5661 done (global step: 10293)
1484195706.224736: Worker 0: training step 5662 done (global step: 10295)
1484195706.237565: Worker 0: training step 5663 done (global step: 10297)
1484195706.252718: Worker 0: training step 5664 done (global step: 10299)
```

아래는 192.168.233.203에서 worker 1의 훈련 로그이다.

```
1484195714.332566: Worker 1: training step 5269 done (global step: 11569)
1484195714.345961: Worker 1: training step 5270 done (global step: 11571)
1484195714.359124: Worker 1: training step 5271 done (global step: 11573)
1484195714.372848: Worker 1: training step 5272 done (global step: 11575)
1484195714.386048: Worker 1: training step 5273 done (global step: 11577)
1484195714.398567: Worker 1: training step 5274 done (global step: 11579)
1484195714.411631: Worker 1: training step 5275 done (global step: 11581)
1484195714.424619: Worker 1: training step 5276 done (global step: 11583)
```

이로써 3대의 기기에서 데이터 병렬 모드의 분산식 훈련의 예시를 마쳤다. 텐서플로우를 사용한 분산식 훈련이 매우 간단하다는 것을 알 수 있을 것이다. 네트워크 구조의 독립형 버전을 재사용하고, 다른 기기의 다른 batch 데이터를 훈련하고, parameter server를 사용하여 모델 매개변수를 통합 관리할 수 있다. 또한, 분산형 텐서플로우는 매우 효율적이어서 16대의 기기에서 단일 기기 속도의 15배를 달성할 수 있으므로 대규모 신경망 훈련에 매우 적합하다.

CHAPTER

10

TF.Learn 입문부터 숙달까지

TF.Learn 입문부터 숙달까지

TF.Learn은 텐서플로우의 매우 중요한 모듈로서 다양한 유형의 딥러닝과 널리 사용되고 있는 머신러닝 알고리즘을 포함하고 있다. 이 모듈은 이전부터 인기 있는 텐서플로우 공식 Scikit Flow 프로젝트에서 이전해 왔으며, 구글의 일리아 폴로스킨(Illia Polosukhin)과 이 책의 저자 중 한 사람인 탕위앤(唐源)에 의해 개발되었다. 이 코드의 유형은 데이터 과학 분야의 유명한 Scikit-learn 유형을 기반으로 하며, 데이터 과학 실무자가 텐서플로우의 코드를 더욱 빠르게 잘 적응할 수 있도록 도와준다. 여기에는 많은 텐서플로우 코드와 디자인 패턴이 포함되어 있어, 사용자가 더욱 빨리 자신의 머신러닝 모델을 구축하여 서로 다른 응용 프로그램을 구현할 수 있다. 또한, 사용자는 코드 중복을 피하고, 보다 정확한 모델을 만드는 데 더욱 집중할 수 있다. TensorFlow v0.9 버전이 출시된 후, TF.Learn은 contrib.losses, contrib.layer, contrib.metrics 등과 같은 다른 contrib 모듈과 완벽하게 결합할 수 있다(11장에서 contrib 모듈을 체계적으로 소개한다). 10장과 11장은 TensorFlow 0.11.0-rc0 버전을 예로써 사용하므로 다른 버전의 코드는 호환되지 않을 수 있다.

10.1 분산식 에스티메이터(Estimator)

이 장에서는 에스티메이터의 분산식 특징, 사용자 정의 모델의 사용법, 에스메이터의 구조를 소개하고, 분산식 머신러닝 에스티메이터의 작성 방법을 설명한다.

10.1.1 분산식 에스티메이터 사용자 정의 모델 소개

에스티메이터에는 다양한 머신러닝 및 딥러닝 클래스가 포함되어 있다. 사용자는 이러한 고급 클래스를 직접 사용할 수 있으며, 실제 응용 요구에 따라 자체 하위 클래스를 신속하게 만들 수 있다. graph_actions 모듈을 사용하면, 에스티메이터의 상당 부분이 모델을 훈련하고 평가할 때 필요한 복잡한 분산 로직이 구현되고 압축되므로, 사용자는 더 이상 복잡한 Supervisor 및 Coordinator 분산식 훈련에 집중하지 않아도 세부 사항 및 로직을 구체적으로 구현할 수 있다.

에스티메이트는 사용자 정의 모델을 수용하며, 현재 아래와 같은 함수 시그니처(signature) 세트를 수용한다.

① (features, targets) -> (predictions, loss, train_op)

② (features, targets, mode) -> (predictions, loss, train_op)

③ (features, targets, mode, params) -> (predictions, loss, train_op)

첫 번째 함수 시그니처 세트를 예로 들어 설명해 보자. 아래는 간단한 사용자 정의 모델이다.

```
import tensorflow as tf
from tensorflow.contrib import layers
from tensorflow.contrib import learn
```

```
def my_model(features, target):
    target = tf.one_hot(target, 3, 1, 0)
    features = layers.stack(features, layers.fully_connected, [10, 20, 10])
    prediction, loss =
        tf.contrib.learn.models.logistic_regression_zero_init(features,
                                                                target)
    train_op = tf.contrib.layers.optimize_loss(
        loss, tf.contrib.framework.get_global_step(), optimizer='Adagrad',
        learning_rate=0.1)
    return {'class': tf.argmax(prediction, 1), 'prob': prediction}, loss,
            train_op
```

이 사용자 정의 모델은 2개의 매개변수, 즉 features 및 targets을 수용한다. Features는 데이터의 특징이며, targets은 데이터 특징의 각 행의 목표 또는 분류 식별, tf.one_hot를 사용하여 targets에 대해 원 핫 인코딩(One−Hot Encoding)을 진행하여 다음 손실 함수의 계산을 편리하게 한다. 이어서 layer.stack을 사용하여 멀티 레이어의 layers.full_connected 완전 연결 심층 신경망을 누적한다. 각 레이어에는 10, 20 및 10개의 숨겨진 노드가 있으며, 서로 다른 레이어 변환 및 훈련을 통해 새로운 데이터의 특징을 얻는다. TF.Learn의 models 모듈에는 자주 사용되는 모델(예: 로지스틱 회귀)이 많이 있는데, 여기에서는 models.logistic_regression_zero_init을 사용하여 레이어를 추가하고, 0을 초기 매개변수 값으로 하는 로지스틱 회귀 모델을 사용한다. 이러한 방법은 최종 예측값과 손실 값을 얻기 위해 딥러닝에서 일반적으로 사용되고 있는 방법이다. 마지막으로 contrib.layers.optimize_loss 함수를 사용하여 손실 값을 최적화한다. 필요에 따라 다양한 최적화 함수 및 학습 속도를 선택할 수 있으며, optimize_loss는 훈련을 반복할 때마다 모델의 매개변수를 최적화하고 모델의 발전 방향을 결정하는 데 사용되는 훈련 연산자(Training Operator)를 얻을 수 있다. 이 사용자 정의 모델 함수는 예측값, 예측 확률, 손실 값, 훈련 연산자와 같은 필수 값을 반환해야 한다. 파이썬 딕셔너리를 사용하여 예측값과 예측 확률을 보다 유연하게 반환하거나 예측값과 예상 확률 중 하나만 반환할 수 있다. 이렇게 하는 주요 목적은 나중에 estimator predict 함수를 더욱 편리하게 사용하기 위해서이다.

이어서 정의된 모델을 일반적으로 사용되는 iris 데이터에 적용하여 분류해 보자.

```
from sklearn import datasets, cross_validation

iris = datasets.load_iris()
x_train, x_test, y_train, y_test = cross_validation.train_ test_split(
    iris.data, iris.target, test_size=0.2, random_state=35)

classifier = learn.Estimator(model_fn=my_model)
classifier.fit(x_train, y_train, steps=700)

predictions = classifier.predict(x_test)
```

먼저 Scikit-learn의 datasets를 사용하여 데이터를 불러온 다음, cross_validation을 사용하여 데이터를 훈련과 평가로 나눈다. 이어서 my_model을 learn.Estimator에 직접 놓으면 Scikit-learn 형식의 fit 및 predict 함수를 사용할 수 있다. 사용자 모델 함수를 빠르고 간단하게 정의함으로써 Estimator의 다양한 기능을 직접 사용할 수 있으며, 또한 모델 훈련을 직접 진행할 수 있으므로 구현할 때 많은 세부 사항들을 고려하지 않아도 된다[예를 들면 서로 다른 스레드 간의 교류 및 마스터 수퍼바이저의 설정].

여기서는 그중 사용자 정의 함수의 인수를 소개한다. 다른 함수의 인수와 비슷하다. 간단히 말하면, 모드(Mode)는 training, evaluation, prediction 등과 같은 함수의 사용 단계를 정의하는 데 사용된다. 이러한 일반적으로 사용되는 모드는 ModeKeys에서 찾을 수 있다. 좀 더 복잡한 딥러닝 학습 모델에는 몇 가지 특수 레이어를 포함할 수 있다. 예를 들면 batch normalization 레이어는 훈련 기간 중에만 계산이 필요하며, 평가 중에는 이 계산을 건너뛸 필요가 있으므로, 사용자 정의 함수에 조건문을 추가하여 이러한 복잡한 로직을 실행할 수 있다. params는 사용자 지정 모델에 의해 조정될 수 있는 매개변수이며, fit 함수를 사용하면 더 많은 매개변수를 제공할 수 있다. 자세한 내용은 TF.Learn의 공식 문서를 참조하기 바란다.

10.1.2 자신의 러닝머신 에스티메이터 구축

10.1.1 절에서는 사용자 정의 모델로 에스티메이터 사용법을 간략하게 소개하였다. 이어서 에스메이터의 기본 구조와 자신의 에스티메이터 하위 클래스를 구현하여 자신의 머신러닝 분산 에스티메이터를 구축하는 방법을 살펴보자.

베이스 에스티메이터(BaseEstimator)는 텐서플로우 모델의 훈련 및 평가를 구현하는 가장 기본적이고 추상적인 클래스로서 간단하고 사용하기 쉬운 다양한 기능을 제공한다. 예를 들면 fit()을 사용한 모델 훈련, partial_fit()을 사용한 부분 모델 훈련, evaluate()을 사용한 모델 평가, predict()로 모델 사용 및 새로운 데이터 예측 등과 같은 기능을 제공하며, graph_actions에 포함된 복잡한 로직을 많이 사용하여 모델의 훈련과 예측을 실행한다. 앞 장에서 언급했듯이 Supervisor, Coordinator 및 QueueRunner와 같은 많은 클래스의 사용을 포함한 분산식 훈련과 예측을 할 수 있다. 또한, learn.DataFeeder 또는 learn.DataFrame의 다양한 클래스를 사용하여 필요 없는 유형의 데이터를 자동으로 식별, 처리, 반복한다. estimators.tensor_signature의 도움을 추가하여 데이터의 호환성을 판단하면(예: Sparse Tensor), 데이터 읽기가 보다 편리하고 안정적으로 이루어진다. 또한, 베이스 에스티메이터는 learn.monitors 및 모델의 저장 등에 대해 초기화를 설정한다. Learn.monitors는 모델 훈련의 모니터링에 사용되는데 다음 장에서 간략하게 소개하고자 한다.

베이스 에스티메이터는 이미 모델 구축 및 평가에 필요한 대부분의 로직을 제공하였지만, _get_train_ops(), _get_eval_ops() 및 _get_predict_ops() 등을 구현하여 종속 클래스에 남겨두므로, 종속 클래스는 사용자 정의의 로직 처리를 자유롭게 구현할 수 있다. 10.1.1 절에서 사용한 에스티메이터는 베이스 에스티메이터의 구현되지 않은 메서드 샘플을 구현하는 방법을 제공한다.

에스티메이터를 예로 들면, 에스티메이터의 _get_train_ops()는 feature 및 targets을 매개변수로 수용하고, 사용자 정의 모델 함수를 사용하여 Operation 및 Tensor 손실의

Tuple을 반환한다. 이 함수는 훈련을 반복할 때마다 모델의 매개변수를 최적화하는 데 사용된다. 자신의 에스티메이터를 구현하려면 훈련의 논리를 자유롭게 결정해야 한다. 예를 들면 비지도 학습 모델의 에스티메이터를 구현하는 경우 이 함수 내의 targets을 무시할 수 있다.

_get_train_ops()와 마찬가지로, _get_eval_ops()를 사용하면 베이스 에스티메이터의 종속 클래스에서 사용자 정의 metrics를 사용하여 각 모델 훈련의 반복을 평가할 수 있다. contrib.metrics와 같은 텐서플로우의 고급 모듈에서 직접 사용되는 많은 metrics을 찾을 수 있다. 11장에서 이 모듈에 대해 간략하게 소개하고자 한다. 사용자 정의 metrics 함수는 각 반복에 사용될 Operation의 평가를 나타내기 위해 텐서 대상의 파이썬 딕셔너리를 반환해야 한다. 아래는 에스티메이터의 _get_train_ops() 구현을 보여준다.

```
predictions, loss, _ = self._call_model_fn(features, targets, ModeKeys.EVAL)
result = {'loss': contrib.metrics.streaming_mean(loss)}
```

먼저 사용자 정의 모델을 사용하여 새 데이터의 손실 값을 예측하고 계산한다. ModeKeys 중의 EVAL로 이 함수가 평가할 때만 사용된다는 것을 표시한 다음, contrib.metrics 모듈의 streaming_mean을 사용하여 loss의 평균 흐름을 계산한다. 즉 이전에 계산된 평균값에 이번 반복의 손실 값을 더하고 다시 평균값을 계산한다.

_get_predict_ops()는 사용자 정의 예측을 구현하는 데 사용된다. 예를 들면 이 함수에서 예측 결과를 추가 처리할 수 있으며, 예측 확률을 단순한 예측 결과로 변환하고 확률을 평활화(Smoothing) 할 수 있다. 이 함수는 예측 Operation을 나타내기 위해 텐서 대상의 파이썬 딕셔너리를 반환해야 한다. 이 함수가 구현되면 에스티메이트의 predict() 함수를 쉽게 사용하고, 에스티메이트의 분산 기능을 충분히 활용할 수 있으므로, 복잡한 내부의 로직 구현에 대해 전혀 걱정할 필요가 없다. 비지도 모델을 구축하는 경우, 이 기초 위에 Scikit-learn의 transform() 함수 등을 신속하게 구현할 수 있다.

TF.Learn의 모듈에서는 로직 회귀(LogisticRegressor)와 같은 사용자 정의 머신러닝 에스티메이터의 예를 많이 찾을 수 있다.

에스티메이터가 이미 필요한 구현의 대부분을 제공하고 있으므로 LogisticRegressor는 자체 metrics만 제공하면 된다(예를 들면 AUC, accuracy、precision, 및 recall은 두 분류 문제를 처리할 때만 사용된다). 따라서 LogisticRegressor를 기반으로 종속 클래스를 신속하게 작성하면 더욱 개성 있는 두 분류의 에스티메이터를 구현할 수 있으며, 다른 로직의 구현에 대해서는 걱정할 필요 없다.

TF.Learn의 임의의 포레스트 모델 TensorForestEstimator는 많은 매우 세부적인 구현을 contrib.tensor_forest에 놓으며, TensorForestEstimator에서 사용해야 하는 고차원 구성 요소 중 일부만 사용하고 노출한다. 이렇게 하면 사용자가 고급 머신러닝 모듈을 더욱 쉽게 사용할 수 있다. 다음 코드에서 모든 하이퍼 매개변수는 contrib.tensor_forest.ForestHParams를 통해 구조 함수의 params로 전달된 다음, 구조 함수에서 params.fill()를 사용하여 임의의 포레스트 텐서플로우 그래프를 작성한다. 이것이 tensor_forest.RandomForestGraphs이다.

```
class TensorForestEstimator(estimator.BaseEstimator):
"""An estimator that can train and evaluate a random forest."""

def __init__(self, params, device_assigner=None, model_dir=None,
             graph_builder_class=tensor_forest.RandomForestGraphs,
             master='', accuracy_metric=None,
             tf_random_seed=None, config=None):
    self.params = params.fill()
    self.accuracy_metric = (accuracy_metric or
        ('r2' if self.params.regression else 'accuracy'))
    self.data_feeder = None
    self.device_assigner = (
        device_assigner or tensor_forest.RandomForestDeviceAssigner())
    self.graph_builder_class = graph_builder_class
    self.training_args = {}
```

```
    self.construction_args = {}

    super(TensorForestEstimator, self).__init__(model_dir=model_dir,
                                                config=config)
```

많은 코드가 복잡하기 때문에 효율성이 요구되며 세부적으로는 C++를 사용하여 단독 kernel을 구현한다. 단독 커널의 _get_predict_ops() 함수는 먼저 tensor_forest 내부의 C++ 코드의 data_ops.ParseDataTensorOrDict() 함수를 사용하여 읽은 데이터를 식별해서 지원되는 데이터 유형으로 변환한 다음, RandomForestGraphs의 inference_graph 함수를 사용하여 예측된 Operation을 얻는다.

```
def _get_predict_ops(self, features):
    graph_builder = self.graph_builder_class(
        self.params, device_assigner=self.device_assigner, training=False,
        **self.construction_args)
    features, spec = data_ops.ParseDataTensorOrDict(features)
    _assert_float32(features)
    return graph_builder.inference_graph(features, data_spec= spec)
```

마찬가지로, 단독 커널의 _get_train_ops() 및 _get_eval_ops() 함수는 RandomForestGraphs.training_loss() 및 RandomForestGraphs.inference_graph() 함수를 각각 호출한 다음, data_ops.ParseDataTensorOrDict 및 data_ops.ParseLabelTensorOrDict를 사용하여 feature와 targets을 각각 감별해서 호환 가능한 데이터 유형으로 변환한다.

위에서 설명한 에스티메이터 구조 및 몇 가지 예시를 통해 에스티메이터를 충분히 이해할 수 있기를 바란다. 자신의 머신러닝 에스티메이터를 구축하거나 에스티메이터를 사용할 준비가 되어 있으면 여러 대의 컴퓨터와 여러 서버에서 분산 모델 훈련을 쉽게 실행할 수 있다. 10.1.3절에서는 RunConfig를 소개하고, 프로그램을 실행할 때 매개변수를 더욱 잘 조절할 수 있도록 돕고자 한다.

10.1.3 RunConfig 런타임 매개변수 조정

RunConfig는 TF.Learn의 클래스 중 하나로서 사용자가 프로그램 실행 시 매개변수 조절에 사용된다. 예를 들면 num_cores를 사용하여 사용된 코어 수를 선택하고, num_ps_replicas를 사용하여 매개변수 서버의 수를 조정하고, gpu_memory_fraction을 사용하여 사용된 GPU 저장 공간의 비율 등을 제어한다.

여기서 주의할 점은, RunConfig의 master 매개변수는 훈련 모델의 주 서버 주소를 지정하는 데 사용되며, task는 작업 ID를 설정하는 데 사용되고, 각 작업 ID는 훈련 모델 매개변수 서버의 replica를 제어하는 데 사용된다. 아래는 하나의 예시로서 먼저 RunConfig 대상을 초기화한 다음, 이 대상을 Estimator에 전달할 수 있다.

```
config = tf.contrib.learn.RunConfig(task=0, master="",
                                    gpu_memory_fraction=0.8)
est = tf.contrib.learn.Estimator(model_fn=custom_model, config= config)
```

위의 예시에서는 RunConfig 매개변수의 기본값을 사용하여 간단한 모델을 로컬에서 실행하며, 1개의 작업 ID와 80%의 GPU 저장 공간을 사용하여 매개변수를 에스티메이터에 전달한다. 이러한 런타임 매개변수는 자동으로 실행되므로 ConfigProto 및 GPUOptions 클래스의 세부 사용을 걱정할 필요가 없다. 이 매개변수를 빠르게 변경하여 분산 모델 훈련 및 매개변수 서버 사용을 구현할 수 있으며, 10.1.4절에서 간단히 소개하고자 한다. 유의할 점은, 이 API는 앞으로 변경될 예정이므로 최신 사용 방법은 TF.Learn 공식 문서를 참조하기 바란다.

10.1.4 Experiment와 LearnRunner

Experiment는 간단하고 쉽게 모델 실험을 구현하는 클래스로서 에스티메이터, 훈련 데이터, 평가 데이터, 평가 지표, 수퍼바이저, 평가 빈도 등과 같이 모델링에 필요한 모든 정보를 포함하고 있다. 로컬에서 실행을 선택할 수 있으며, RunConfig와 함께 분산식 테스트를 진행할 수 있다. LearnRunner는 실험을 쉽게 하기 위한 모듈이다. 이어서 간단한 예시를 들어 설명하고자 한다.

먼저 tf.app.flags를 사용하여 명령 줄에서 전달할 수 있는 데이터, 모델, 출력 파일 경로, 훈련 및 평가 단계 수 등의 매개변수를 정의한다. 주목할 만한 몇 가지 매개변수는 다음과 같다. Schedule은 실행하려는 실험 유형을 나타낸다. 예를 들면 local_run()을 사용하여 로컬에서 실험하며, 일부 가능한 옵션은 Experiment의 일부 함수 이름으로 run_std_server()는 표준 서버에서 실험할 수 있다. Master_grpc_url은 기본 GRPTensorFlow 서버이며, Num_parameter_servers는 매개변수 서버의 수이다.

```
flags = tf.app.flags
flags.DEFINE_string("data_dir", "/tmp/census-data",
                    "Directory for storing the cesnsus data data")
flags.DEFINE_string("model_dir", "/tmp/census_wide_and_deep_model",
                    "Directory for storing the model")
flags.DEFINE_string("output_dir", "", "Base output directory.")
flags.DEFINE_string("schedule", "local_run",
                    "Schedule to run for this experiment.")
flags.DEFINE_string("master_grpc_url", "",
                    "URL to master GRPC tensorflow server, e.g.,"
                    "grpc://127.0.0.1:2222")
flags.DEFINE_integer("num_parameter_servers", 0,
                     "Number of parameter servers")
                     flags.DEFINE_integer("worker_index", 0, "Worker index (>=0)")
flags.DEFINE_integer("train_steps", 1000, "Number of training steps")
flags.DEFINE_integer("eval_steps", 1, "Number of evaluation steps")
FLAGS = flags.FLAGS
```

이어서 Experiment 대상을 생성하는 함수를 작성해 보자. 이 함수에서는 먼저 앞에서 설정한 일부 FLAGS를 사용하여 RunConfig와 필요한 머신러닝 모델 에스티메이터를 구축하며, 여기에서 와이드 & 딥 모델의 결합 분류기(DNNLinearCombinedClassifier)를 구축한다. 주의할 점은, input_train_fn과 input_test_fn의 정의를 생략하였는데, 이 두 개의 방정식은 데이터 소스를 정의하고, 훈련을 제공하며, 사용된 데이터를 평가할 수 있다. 이어지는 머신러닝 에스티메이터에서 이것을 모두 사용할 것이다. 서로 다른 데이터는 도입 방법이 다르므로 여기서는 자세히 설명하지 않는다.

```
def create_experiment_fn(output_dir):
    config = run_config.RunConfig(master=FLAGS.master_grpc_url,
                num_ps_replicas=FLAGS.num_parameter_servers,
                task=FLAGS.worker_index)

    estimator = tf.contrib.learn.DNNLinearCombinedClassifier(
                    model_dir=FLAGS.model_dir,
                    linear_feature_columns=wide_columns,
                    dnn_feature_columns=deep_columns,
                    dnn_hidden_units=[5],
                    config=config)
    return tf.contrib.learn.Experiment(
                estimator=estimator,
                train_input_fn=data_source.input_train_fn,
                eval_input_fn=data_source.input_test_fn,
                train_steps=FLAGS.train_steps,
                eval_steps=FLAGS.eval_steps)
```

그런 다음 create_experiment_fn() 함수를 LearnRunner에 전달하여 로컬 실험이나 서버 테스트와 같은 다양한 유형의 테스트를 실행하고, 실험 결과를 다른 경로에 저장할 수 있다. 코드는 아래와 같다.

```
learn_runner.run(experiment_fn=create_experiment_fn,
output_dir=FLAGS.output_dir,
schedule=FLAGS.schedule)
```

10.2 딥러닝 에스티메이터(Deep Learning Estimator)

TF.Learn에는 딥러닝 에스티메이터의 많은 구현이 포함되어 있으며, 사용자는 고급 API를 통해 쉽게 사용할 수 있다. 이 절에서는 기본적인 고급 딥러닝 API를 소개하고, 다른 텐서플로우 모듈과 결합하여 사용하는 사례를 설명한다.

10.2.1 심층 신경망(DNN)

TF.Learn에는 간단하고 사용하기 쉬운 심층 심경망 에스티메이터가 포함되어 있다. 예를 들면 분류 문제는 DNNClassifier를 사용할 수 있으며, 아래에서 간단한 예시를 소개하고자 한다. 먼저 _input_fn()에서 데이터를 생성한다. 여기에서는 레이어 모듈을 사용하여 나이와 언어의 두 가지 특징 열(feature columns)을 만든다(사용 방법은 나중에 자세히 설명한다).

```
def _input_fn(num_epochs=None):
    features = {'age': tf.train.limit_epochs(tf.constant([[.8],[.2],[.1]]),
                                             num_epochs=num_epochs),
                'language': tf.SparseTensor(values=['en', 'fr', 'zh'],
                                            indices=[[0, 0],[0, 1],[2, 0]],
                                            shape=[3, 2])}
    return features, tf.constant([[1], [0], [0]], dtype=tf.int32)

language_column = tf.contrib.layers.sparse_column_with_hash_bucket(
                        'language', hash_bucket_size=20)
feature_columns = [
    tf.contrib.layers.embedding_column(language_column, dimension=1),
    tf.contrib.layers.real_valued_column('age')
]
```

먼저 특징 열, 각 레이어의 숨겨진 신경 유닛 수, 식별 범주 수 등을 DNNClassifier에 전달하여 심층 신경망 모델을 신속하게 구축한다.

```
classifier = tf.contrib.learn.DNNClassifier(
    n_classes=2,
    feature_columns=feature_columns,
    hidden_units=[3, 3],
    config=tf.contrib.learn.RunConfig(tf_random_seed=1))
```

그런 다음 fit(), evaluate() 등의 메소드를 사용하여 모델을 훈련하고 평가한다.

```
classifier.fit(input_fn=_input_fn, steps=100)
scores = classifier.evaluate(input_fn=_input_fn, steps=1)
```

많은 실제 응용에서 각 행의 데이터는 모두 가중치를 가지고 있다. 예를 들면 이미지 분류 응용에서 각 이미지의 식별은 다른 식별자로부터 나오며, 신뢰도는 다르기 때문에 각 이미지의 식별 가중치도 다르다. DNNClassfier에서는 열을 가중치 열로 지정할 수 있으며, 그런 다음 자동으로 훈련 과정에 할당한다. 아래의 예제에서 서로 다른 가중치를 가지고 있는 4행의 가중치를 구축해 보자. 이를 위해 먼저 가중치 열과 특징 열을 feature에 배치한다.

```
def _input_fn_train():
    target = tf.constant([[1], [0], [0], [0]])
    features = {
        'x': tf.ones(shape=[4, 1], dtype=tf.float32),
        'w': tf.constant([[100.], [3.], [2.], [2.]])
    }
    return features, target
```

이어서 DNNClassifier에서 가중치 열의 명칭을 표시하는데, 여기서는 w로 표시한다. 그런 다음 특징 열의 명칭을 x로 표시한다. (주의: x를 특징 열로 변환해야 한다.)

```
classifier = tf.contrib.learn.DNNClassifier(
    weight_column_name='w',
    feature_columns=[tf.contrib.layers.real_valued_column('x')],
    hidden_units=[3, 3],
    config=tf.contrib.learn.RunConfig(tf_random_seed=3))

classifier.fit(input_fn=_input_fn_train, steps=100)
```

또한, 사용자 정의 metrics 방정식, my_metric_op()을 전달할 수 있다. predictions와 targets를 조작하여 생각하는 metrics를 계산한다. 여기서는 두 가지 분류의 문제만 고려하고, tf.slice()를 사용하여 predictions의 두 번째 열을 잘라내어 최종 예측 값으로 한다.

```
def _input_fn_train():
    target = tf.constant([[1], [0], [0], [0]])
    features = {'x': tf.ones(shape=[4, 1], dtype=tf.float32),}
    return features, target

def _my_metric_op(predictions, targets):
    predictions = tf.slice(predictions, [0, 1], [-1, 1])
    return tf.reduce_sum(tf.mul(predictions, targets))
```

여기서는 예시를 들어 tf.slice()의 이해를 돕고자 한다. 아래와 같은 행렬(mertrics)이 있다고 가정해 보자.

```
input = [[[1, 1, 1], [2, 2, 2]],
         [[3, 3, 3], [4, 4, 4]],
         [[5, 5, 5], [6, 6, 6]]]
```

Tf.slice()는 입력 행렬 input, 시작 요소 begin 및 잘라낸 텐서의 구조(shape) size를 전달해야 하며, size[i]는 i번째 차원이 잘라낸 행렬의 구조(shape) 나타낸다. 예를 들면 tf.slice(input, [1,0,0], [1,1,3])는 [[[3, 3. 3]]]를 얻을 수 있으며, tf.slice(input, [1, 0, 0], [1, 2, 3])는 [[[3, 3, 3], [4, 4, 4]]]를 얻을 수 있다.

predictions과 targets을 임의로 조작하여 원하는 metrics 계산을 구현한 다음, evaluate() 시에 metrics 함수를 전달할 수 있다. TF.Learn은 지정된 metrics에 근거하여 모델을 평가한다.

```
classifier = tf.contrib.learn.DNNClassifier(
    feature_columns=[tf.contrib.layers.real_valued_column('x')],
    hidden_units=[3, 3],
    config=tf.contrib.learn.RunConfig(tf_random_seed=1))

classifier.fit(input_fn=_input_fn_train, steps=100)

scores = classifier.evaluate(
    input_fn=_input_fn_train,
    steps=100,
    metrics={
        'my_accuracy': tf.contrib.metrics.streaming_accuracy,
        ('my_precision', 'classes'): tf.contrib.metrics.streaming_precision,
        ('my_metric', 'probabilities'): _my_metric_op})
```

evaluate() 시에 여러 개의 metrics을 제공할 수 있다는 것에 주목해야 한다. 그중 하나인 _my_metric_op는 앞에서 정의한 것이며, 나머지 두 개는 tf.contrib에 내장되어 있다. 내장된 metrics의 사용법에 대해서는 다음 장에서 간략하게 설명하고자 한다.

optimizer를 제공할 때 자신이 정의한 함수를 제공할 수 있다. 예를 들면 기하급수적으로 감속하는 학습 속도를 포함하여 자신의 최적화 함수를 정의할 수 있다.

```
def optimizer_exp_decay():
    global_step = tf.contrib.framework.get_or_create_global_step()
    learning_rate = tf.train.exponential_decay(
        learning_rate=0.1, global_step=global_step,
        decay_steps=100, decay_rate=0.001)
    return tf.train.AdagradOptimizer(learning_rate=learning_rate)
```

여기서는 tf.contrib.framework.get_or_create_global_step()을 사용하여 현재 모델 훈련에서 도달한 전체 단계 수를 얻는다. 그런 다음 tf.train.exponential_decay()를 사용하여 학습 속도에 대해 기하급수적으로 감소하게 한다. 이 방법은 많은 응용 중에서 특별히 자주 사용되고 있으며, 특히 기울기 폭발 같은 문제를 방지할 수 있다.

이어서 이 사용자 정의 최적화 함수를 DNNClassifier에 넣고 숙달된 방법을 사용하여 심층 신경망 분류기와 훈련을 구축할 수 있다. iris 데이터를 사용하여 예시를 들어보자.

```
iris = datasets.load_iris()
x_train, x_test, y_train, y_test = train_test_split(iris.data, iris.target,
                                             test_size=0.2, random_state=42)

feature_columns = tf.contrib.learn.infer_real_valued_columns_from_input(
                      x_train)
classifier = tf.contrib.learn.DNNClassifier(feature_columns=feature_columns,
                                            hidden_units=[10, 20, 10],
                                            n_classes=3,
                                            optimizer=optimizer_exp_decay)


classifier.fit(x_train, y_train, steps=800)
```

10.2.2 와이드 & 딥 모델 (Wide & Deep Model)

와이드 & 딥 모델의 DNNLinearCombinedClassifier는 구글의 최신 연구 결과이다. 연구팀은 TF.Learn에서 이 모델을 구현한 다음 오픈소스로 공개하였는데, 다른 연구자들이 실험 결과와 훈련을 반복하는 데 많이 활용하고 있다. 이 모델은 심층 신경망과 로지스텍의 결합으로, 구글에서는 다양한 응용 프로그램 중 이 모델을 널리 사용하고 있다. Google의 연구 결과, 서로 다른 두 가지 특징을 서로 다른 두 가지의 방법으로 결합하면 응용의 의미와 효과적인 추천 결과가 더욱 잘 반영될 수 있다는 사실이 밝혀졌는데, 이것은 실제로 캐글(Kaggle) 대회에서 자주 사용되는 앙상블(Ensemble) 방식과 비슷하다.

DNNLinearCombinedClassifier 메서드는 앞에서 소개한 DNNClassifier 메서드와 다음에 설명할 LinearClassfier 메서드와 비슷하지만, 더 많은 매개변수가 있고, DNNClassifier 또는 LinearClassfier에서 사용되는 서로 다른 특징 열을 선택할 수 있다는 점이 다르다.

```
gender = tf.contrib.layers.sparse_column_with_keys(
    "gender", keys=["female", "male"])
education = tf.contrib.layers.sparse_column_with_hash_bucket(
    "education", hash_bucket_size=1000)
relationship = tf.contrib.layers.sparse_column_with_hash_bucket(
    "relationship", hash_bucket_size=100)
workclass = tf.contrib.layers.sparse_column_with_hash_bucket(
    "workclass", hash_bucket_size=100)

wide_columns = [gender, education]
deep_columns = [relationship, workclass]

m = tf.contrib.learn.DNNLinearCombinedClassifier(
        model_dir=model_dir,
        linear_feature_columns=wide_columns,
```

```
        dnn_feature_columns=deep_columns,
        dnn_hidden_units=[100, 50])
```

먼저 gender, education, relationship, workclass를 모두 FeatureColumn으로 변환한다. 이 과정은 특징(feature)을 생성하거나 선택할때 특히 중요한 단계이다. 그리고 변환된 FeatureColumn을 wide_columns와 deep_columns로 나눈다. 그중 wide_columns은 LinearClassifier에서 사용되고, deep_columns은 DNNClassifier에서 사용된다. 그런 다음 DNNLinearCombinedClassifier에 각각 전달하여 와이드 & 딥 모델을 구축한다. 이렇게 구축된 모델은 선형 특징과 심층 신경망 특징을 가지게 된다. 튜토리얼(Tutorials)의 공식 웹사이트(https://www.tensorflow.org/tutorials/)에는 매우 흥미로운 예제가 있으므로, 튜토리얼 웹사이트에 들어가 학습하고 자신의 프로젝트에 응용하기 바란다.

10.3 머신러닝 에스티메이터(Machine Learning Estimator)

TF.Learn에는 널리 사용되고 있는 딥러닝 에스티메이터뿐만 아니라 랜덤 포레스트(Random Forest), 서포트 벡터 머신(Support Vector Machine) 등과 같은 다양한 머신러닝 알고리즘이 포함되어 있다. 따라서 TF.Learn과 텐서플로우는 기존의 다른 소프트웨어 패키지에 비해 경계와 특징이 명확하다. 구글 내부의 강력한 지원과 외부 오픈소스 커뮤니티의 코드 기여에 따라 TF.Learn은 미래의 분산식 Scikit-Learn이 될 것으로 믿는다. 다음은 TF.Learn에서 비교적 널리 사용되고 있는 머신러닝의 고급 API를 소개하고자 한다.

10.3.1 선형(Linear) / 로지스틱 회귀(Logistic Regression)

TF.Learn을 사용하여 모두에게 익숙한 선형 또는 로지스틱 회귀를 구축하는 것은 매우 간단하며, 앞에서 언급한 심층 신경망의 사용 방법과 비슷하다. 간단한 예를 들어, input_fn()에 간단한 두 개의 특징 열 데이터를 작성한다고 가정해 보자. 분류(classification)는 나이(age)와 언어(language) 그리고 나이·언어의 식별(ID)이다. 여기에서는 단순한 상수를 사용하여 자세한 설명을 대신하며, 다음 장에서 설명하는 특징 열의 API를 사용하여 희소 언어 특징 열과 실제값의 특징 열을 만든다.

```
def input_fn():
    return {
        'age': tf.constant([1]),
        'language': tf.SparseTensor(values=['english'],
                                    indices=[[0, 0]],
                                    shape=[1, 1])
    }, tf.constant([[1]])

language = tf.contrib.layers.sparse_column_with_hash_bucket('language', 100)
age = tf.contrib.layers.real_valued_column('age')
```

그런 다음 이러한 특징 열을 LinearClassifier에 전달하고 fit() 및 evaluate() 등과 같은 친숙한 함수를 사용하여 로지스틱 회귀 분류기를 만들 수 있다. 여기서는 get_variable_names()를 사용하여 모든 모델에 포함된 변수의 명칭을 얻을 수 있다는 것을 유의해야 한다.

```
classifier = tf.contrib.learn.LinearClassifier(
    feature_columns=[age, language])
classifier.fit(input_fn=input_fn, steps=100)
classifier.evaluate(input_fn=input_fn, steps=1)['loss']
classifier.get_variable_names()
```

비슷한 방법으로, 앞에서 소개한 것처럼 사용자 정의 최적화 함수를 사용할 수 있다. 여기서는 tf.train.FtrlOptimizer()를 사용하여 최적화를 진행하며, 임의로 변경하여 LinearClassifier에 전달할 수도 있다.

```
classifier = tf.contrib.learn.LinearClassifier(
    n_classes=3,
    optimizer=tf.train.FtrlOptimizer(learning_rate=0.1),
    feature_columns=[feature_column])
```

10.3.2 랜덤 포레스트(Random Forest)

랜덤 포레스트는 널리 사용되는 머신러닝 알고리즘으로 여러 개의 의사결정 트리(decision tree)의 분류기 및 회귀 알고리즘를 포함하고 있다. 많은 실제 응용 중에서 그 효과는 매우 좋으며, 특히 불균형 데이터 세트를 처리할 때 오류의 균형을 잘 맞춘다. 캐글 데이터 과학 경연대회에서 많은 참가자들이 랜덤 포레스트의 확장 버전인 XGBoost를 사용하여 뛰어난 성적을 거두었다.

TF.Learn은 랜덤 포레스트 에스티메이터를 포함하고 있다. 이어서 iris 데이터와 랜덤 포레스트 에스티메이터를 사용하여 분류를 진행한다.

```
hparams = tf.contrib.tensor_forest.python.tensor_forest. ForestHParams(
                num_trees=3, max_nodes=1000, num_classes=3, num_features=4)
classifier = tf.contrib.learn.TensorForestEstimator(hparams)
```

앞 장에서는 TensorForestEstimator 코드의 내부 구조에 대해 설명했다. 여기서는 먼저 tensor_forest.ForestHParams를 사용하여 트리 수, 최대 노드 수, 특징과 유형별 수량 등과 같은 랜덤 포레스트의 매개변수를 설정한다.

```
iris = tf.contrib.learn.datasets.load_iris()
data = iris.data.astype(np.float32)
target = iris.target.astype(np.float32)
```

```
classifier.fit(x=data, y=target, steps=100)
```

그런 다음 TensorForestEstimator에 직접 입력하여 랜덤 포레스트 에스티메이터를 초기화한 다음, 데이터 특징 열과 범주 열을 float32 형식으로 변환한다. 이렇게 하면 TensorForestEstimator 훈련을 더욱 빠르게 실행할 수 있다.

이어서 Scikit-learn-style의 fit() 등의 메서드를 직접 사용할 수 있다. 비슷한 방법으로, 이 초기화된 classifier를 MNIST 이미지 데이터에 적용할 수 있다. 여기서는 공식 tutorials 모듈에서 MNIST 데이터를 가져온다:

```
from tensorflow.examples.tutorials.mnist import input_data
mnist = input_data.read_data_sets(FLAGS.data_dir, one_hot=False)
```

일반적으로 실제 적용에서는 랜덤 포레스트는 오버피팅 되기 쉽다. 오버피팅을 방지하기 위한 일반적인 방법은 손실 감소 속도가 느리거나 완전히 정지된 경우 모델 훈련을 앞당겨 끝내는 것이다.

TF.Learn에서 Monitor 모듈을 사용하면 이 목적을 달성할 수 있다. 다음 내용에서 다양한 용법을 자세하게 설명하겠지만, 아래에서는 일반적으로 사용되는 random_forest 모듈의 RandomMonidor를 사용하여 목표를 빨리 달성하려고 한다. 100단계마다 손실 감소를 점검하는 Monitor를 설정한다. 만약 연속으로 100회 반복 손실이 없는 경우, Monitor는 전체 모델 훈련을 중지한다. 이렇게 하면 실제 응용에서 매우 효과적이다.

```
from tensorflow.contrib.learn.python.learn.estimators import random_forest

early_stopping_rounds = 100
check_every_n_steps = 100
```

```
monitor = random_forest.LossMonitor(early_stopping_rounds,
                                    check_every_n_steps)
classifier.fit(x=mnist.train.images, y=mnist.train.labels, batch_size=1000,
               monitors=[monitor])
results = estimator.evaluate(x=mnist.test.images, y=mnist.test.labels,
                             batch_size=1000)
```

10.3.3 K-평균 군집화(K-means clustering)

K-평균 군집화는 매우 일반적인 군집화 방법으로, 다차원 공간의 각 점을 K개의 클러스터로 나누어 가장 가까운 평균에 해당하는 클러스터에 속하도록 하는 것이 핵심이다. TF.Learn에는 K-평균 군집화의 에스티메이터도 포함되어 있다. 아래에서 간단한 예를 살펴보도록 하자.

```
import numpy as np

def make_random_centers(num_centers, num_dims):
    return np.round(np.random.rand(num_centers,
                                   num_dims).astype(np.float32) * 500)

def make_random_points(centers, num_points, max_offset=20):
    num_centers, num_dims = centers.shape
    assignments = np.random.choice(num_centers, num_points)
    offsets = np.round(np.random.randn(num_points,
                   num_dims).astype(np.float32) * max_offset)
    return (centers[assignments] + offsets,
            assignments,
            np.add.reduce(offsets * offsets, 1))
```

위의 두 함수는 NumPy를 사용하여 군집화에 적합한 데이터 세트를 만든다. make_random_centers 함수는 num_dims 차원의 데이터 세트 클러스터의 num_centers 센터를 임의로 생성하고, make_random_points 함수는 생성된 클러스터 중심에 따라 num_points를 임의로 생성한다. 2차원의 10,000개 포인트 및 6개의 무작위 클러스터 중심을 생성한다.

```
num_centers = 6
num_dims = 2
num_points = 10000
true_centers = make_random_centers(num_centers, num_dims)
points, _, scores = make_random_points(true_centers, num_points)
```

이어서 factorization 모듈에서 KMeans의 클러스터를 초기화하는 메서드를 호출할 수 있다. 예를 들면 RANDOM_INIT를 임의로 초기화한 다음, RunConfig와 클러스터 중심 수를 전달하여 KMeans의 에스터메이터 대상을 초기화하고, 마지막으로 다른 에스티메이터처럼 Scikit-learn-style fit() 및 predict()를 사용할 수 있다. KMeans의 clusters() 함수를 통해 훈련 데이터 세트의 각 포인트의 클러스터 분포를 볼 수 있다.

```
from tensorflow.contrib.factorization.python.ops import kmeans as kmeans_ops
from tensorflow.contrib.factorization.python.ops.kmeans import \
    KMeansClustering as KMeans
kmeans = KMeans(num_centers=num_centers,
                initial_clusters=kmeans_ops.RANDOM_INIT,
                use_mini_batch=False,
                config=RunConfig(tf_random_seed=14),
                random_seed=12)
kmeans.fit(x=points, steps=10, batch_size=8)
clusters = kmeans.clusters()

kmeans.predict(points, batch_size=128)
kmeans.score(points, batch_size=128)
kmeans.transform(points, batch_size=128)
```

KMeans의 에스티메이터에는 자주 사용되는 몇 가지 중요한 방법이 있다. predict()를 사용하여 새로운 데이터 포인트의 군집화를 예측하고, score()를 사용하여 각 포인트와 가장 가까운 클러스터의 거리의 합을 예측하고, transform()을 사용하여 각 포인트와 모델이 판단한 클러스터 중심 간의 거리를 계산한다.

10.3.4 서포트 벡터 머신(Support Vector Machine)

서포트 벡터 머신은 머신러닝 응용에서 자주 사용되는 알고리즘으로, 다양한 커널 또는 서로 다른 거리 방정식을 사용하여 서로 다른 특징에 대해 선형 및 비선형 모델을 작성한다. 경험적 오차를 최소화할 수 있으며, 기하학적인 엣지 영역을 극대화할 수 있는 공통된 특성을 가지고 있어 최대 엣지 영역 분류기라고도 한다. 텍스트 및 이미지 분류와 같은 분야에서 널리 사용된다. TF.Learn의 SVM 에스티메이터는 서포트 벡터 머신 모델의 작성에 매우 사용하기 쉬운 API를 제공한다.

먼저 input_fn()을 정의하여 데이터 특징 열 2개, ID 열 1개, ID 열의 모의 데이터 1개를 작성한 다음, contrib.layers의 featureColumn API를 사용하여 feature1 및 feature2를 에스티메이터와 함께 사용하기 편리한 FeatureColumn으로 변환한다. (이 기능에 대해서는 11장에서 자세히 설명한다.)

```
def input_fn():
    return {
        'example_id': tf.constant(['1', '2', '3']),
        'feature1': tf.constant([[0.0], [1.0], [3.0]]),
        'feature2': tf.constant([[1.0], [-1.2], [1.0]]),
    }, tf.constant([[1], [0], [1]])

feature1 = tf.contrib.layers.real_valued_column('feature1')
feature2 = tf.contrib.layers.real_valued_column('feature2')
```

그런 다음 이러한 특징 열과 ID 열을 SVM에 전달하여 서포트 벡터 머신을 초기화할 수 있으며, 많은 매개변수가 조정된다. 예를 들면 l1_regularization과 l2_regularization에 정규화를 추가하면 과적합(overfitting)과 같은 문제를 방지할 수 있다. 이것은 앞의 랜덤 포레스트 절에서 간략히 언급한 것과 같이 많은 머신러닝 알고리즘은 특징 열이 많고 예시가 적은 경우에 이런 상황이 자주 발생한다.

```
svm_classifier = tf.contrib.learn.SVM(feature_columns=[feature1, feature2],
                                      example_id_column='example_id',
                                      l1_regularization=0.0,
                                      l2_regularization=0.0)
```

이어서 익숙한 fit(), evaluate(), predict() 등과 기타 에스티메이터의 메서드를 사용할 수 있다.

```
svm_classifier.fit(input_fn=input_fn, steps=30)
metrics = svm_classifier.evaluate(input_fn=input_fn, steps=1)
loss = metrics['loss']
accuracy = metrics['accuracy']
```

10.4 데이터 프레임(DataFrame)

TF.Learn에는 또한 판다스(Pandas), 스파크(Spark) 또는 R 프로그래밍 언어의 데이터 프레임과 유사한 별도의 데이터프레임 모듈이 포함되어 있다. 이 데이터프레임 모듈은 pandas.DataFrame, tensorflow.Example, NumPy 등과 같은 다양한 데이터 유형을 읽는 것을 포함하여 TF.Learn에 필요한 데이터의 읽기 반복(iteration)을 제공한다. FeedingQueueRunner와 같은 기능이 포함되어 있어 데이터를 분할하여 읽을 수 있으며, Queue 안에 있으므로 에스티메이터를 쉽게 가져가 모델 훈련에 사용할 수 있다. 간단히 말하면, FeedingQueueRunner는 에스티메이터 훈련 중에 큰 데이터를 분할하여 읽을 수 있다. 이러한 멀티 스레드 접근 방식을 사용하면 에스티메이터 훈련을 더욱 효율적으로 할 수 있으며, TF.Learn의 확장성을 높일 수 있다.

NumPy를 예로 들면 NumPy의 eye()를 사용하여 간단한 대각선 행렬을 만든 다음, TensorFlowDataFrame.from_numpy()를 직접 사용하여 이 NumPy 행렬을 텐서플로우의 데이터프레임으로 변환할 수 있다.

```
import tensorflow.contrib.learn.python.learn.dataframe.tensorflow_dataframe
as df
x = np.eye(20)
tensorflow_df = df.TensorFlowDataFrame.from_numpy(x, batch_size =10)
```

마찬가지로, Pandas와 같은 다양한 파일 유형을 직접 읽을 수도 있다. 여기서는 csv 파일을 예로 들어 설명한다.

```
pandas_df = pd.read_csv(data_path)
tensorflow_df = df.TensorFlowDataFrame.from_csv([data_path],enqueue_size=20,
                    batch_size=10,shuffle=False,
                    default_values=default_values)
```

TensorFlowDataFrame을 사용하여 사용된 파일 또는 데이터 유형을 읽은 다음, run()을 사용하여 데이터 배치(batch) 제네레이터를 만들 수 있다. 이 제네레이터는 파이썬에서 일상적으로 yield를 사용하여 생성되며, 데이터 열 명칭과 데이터값의 딕셔너리 맵핑(dictionary mapping)을 유지 관리한다. number_batches를 조절하여 생성된 batch 수를 선택할 수 있으며, 또한 선택적으로 자신의 graph와 session을 사용할 수 있다. 이러한 데이터 batch는 해당 session의 코디네이터(coordinator)에 저장되므로 나중에 간편하게 얻을 수 있다.

```
tensorflow_df.run(num_batches=10, graph=graph, session=sess)
```

또한, batch()를 사용하여 각 batch의 크기를 변경하거나 데이터를 섞어서 순서를 바꿀 수 있다. 많은 응용 프로그램이 이러한 방식으로 데이터의 무작위성을 높이고 있다.

```
tensorflow_df.batch(batch_size=10, shuffle=true, num_threads=3)
```

이 외에도 실용적인 함수가 많이 있다. 예를 들면 split()을 사용하여 DataFrame을 여러 DataFrames로 분할하고, select_rows()을 사용하여 구체적인 특정 열의 데이터를 선택한다. 여기서는 더 자세히 설명하지 않는다. 데이터프레임은 주로 에스티메이터에서 사용되므로 사용자는 데이터 유형 및 데이터 파일 유형에 대한 걱정 없이 데이터 공급에 집중할 수 있다. 이 모듈은 앞으로 더 많은 변화가 있을 것으로 여겨지기 때문에 자세한 것은 최신 공식 문서와 코드를 참조하기 바란다.

10.5 수퍼바이저 모니터(Supervisor Monitors)

모델을 훈련할 때 프로그램 로그가 없으면 전체 과정이 마치 블랙박스 같아서 모델의 진행 및 개발 방향을 알기가 어렵다. 예를 들면 모델이 여러 가지 최적화를 진행하고, SGD를 사용하여 최적화를 할 때 모델이 적합한지, 적합한 속도인지 알 수 없다.

물론 사용자는 훈련 과정을 여러 부분으로 나눌 수 있으며, fit() 반복 중에 항상 유용한 정보를 출력할 수 있지만 이러한 프로그램은 종종 매우 느리게 실행되기도 한다. 이때 TF.Learn과 함께 제공되는 Monitor가 다양한 logging 및 지도 제어 훈련 과정을 제공하는 등 유용하게 사용되므로, 사용자는 모델이 효과적으로 훈련되고 있는지를 보다 명확하게 알 수 있다. 이에 관해서는 앞 장에서 간단하게 언급하였으며, 이어서 자세한 예시를 들어 Monitor 사용 방법을 분석하고자 한다 텐서플로우는 5가지 등급의 log가 있다. 중요도에 따라 최소에서 최대 순으로 배열하면 DEBUG, INFO, WARN, ERROR 및 FATAL이다. 사용자가 log의 등급을 선택하면 해당 등급과 그보다 중요한 등급의 log를 출력할 수 있다. 예를 들면 등급이 ERROR로 설정된 경우 ERROR 및 FATAL 등급의 log를 볼 수 있으며, 등급이 DEBUG로 설정되면 모든 등급의 log를 모두 출력할 수 있다. 텐서플로우의 기본 로그 등급은 WARN이므로 모델 훈련 중에 log를 보려면 아래의 코드를 사용하여 등급을 INFO로 변경해야 한다.

```
tf.logging.set_verbosity(tf.logging.INFO)
```

등급을 변경하면 아래와 비슷한 log를 볼 수 있다. 이것은 기본 Monitor가 제공한 것으로 100단계마다 손실 값 정보를 출력할 수 있다.

```
INFO:tensorflow:Training steps [0,200)
INFO:tensorflow:global_step/sec: 0
INFO:tensorflow:Step 1: loss_1:0 = 2.34635
INFO:tensorflow:training step 100, loss = 0.18227 (0.001 sec/batch).
INFO:tensorflow:Step 101: loss_1:0 = 0.191003
INFO:tensorflow:Step 200: loss_1:0 = 0.0835024
INFO:tensorflow:training step 200, loss = 0.080932 (0.002 sec/batch).
```

TF.Learn은 사용하기 쉬운 몇 가지 고급 Monitor 클래스를 제공한다. 예를 들면 CaptureVariable을 사용하여 지정된 변숫값을 Collection에 저장하고, PrintTensor를 사용하여 Tensor 값을 출력하고, SummarySaver를 사용하여 Summary에 필요한 프로토콜 버퍼(Protocol Buffer)를 저장한다. ValidationMonitor는 훈련 중에 여러 가지 평가 Metrics를 출력하고, 모델 훈련을 모니터하여 모델의 과적합(overfitting)을 방지하기 위해 딕셔너리의 훈련을 중지한다. 이러한 서로 다른 Monitor는 모두 N 단계마다 실행된다.

이어서 ValidationMonitor를 예로 들어 Monitor 사용 방법을 자세히 설명하고자 한다. 먼저 iris 데이터가 CSV 형식이라고 가정하면, TF.Learn과 함께 제공되는 learn.datasets.base.load_ csv()를 사용하여 이러한 CSV 데이터 파일을 읽을 수 있다.

```
import numpy as np
import tensorflow as tf

iris_train = tf.contrib.learn.datasets.base.load_csv(
    filename="iris_training.csv", target_dtype=np.int)
iris_test = tf.contrib.learn.datasets.base.load_csv(
    filename="iris_test.csv", target_dtype=np.int)
```

다음은 평가 모델의 metrics 딕셔너리를 정의해 보자. 여기서는 contrib.metrics 모듈의 streaming_accuracy, streaming_precision 및 streaming_recall을 사용하여 모델의 정확도(accuracy), 정밀도(precision) 및 회수율(recall)을 평가한다.

```
validation_metrics = {"accuracy": tf.contrib.metrics.streaming_ accuracy,
                      "precision": tf.contrib.metrics.streaming_precision,
                      "recall": tf.contrib.metrics.streaming_recall}
```

그런 다음 정의된 validation_metrics를 사용하여 validation_monitor를 작성한다.

여기서는 평가를 위한 데이터와 목표를 제공하고, 50단계마다 1회 ValidationMonitor를 실행하기 위한 every_n_steps를 제공하고, 이전에 정의된 validation_metrics를 metrics에 전달하며, early_stopping_metric을 사용하여 딕셔너리에 모니터링을 중단하는 metric을 선택한다. early_stopping_metric_minimize = True는 이전에 제공된 early_stopping_metric를 최소화해야 한다는 것을 나타낸다. 마지막으로, early_stopping_rounds 사용하여, 200단계 이상의 훈련 손실이 여전히 감소되지 않으면 ValidationMonitor가 에스티메이터 훈련을 중지한다는 것을 나타낸다.

```
validation_monitor = tf.contrib.learn.monitors.ValidationMonitor(
                            iris_test.data,
                            iris_test.target,
                            every_n_steps=50,
                            metrics=validation_metrics,
                            early_stopping_metric="loss",
                            early_stopping_metric_minimize=True,
                            early_stopping_rounds=200)
```

이어서 심층 신경망 분류기 DNNClassifier를 작성해 보자. DNNClassifier는 3개의 레이블 신경망을 가지고 있으며, 각 레이블은 10, 15 및 10개의 숨겨진 유닛을 가지고 있다. 분류기가 fit()를 실행할 때 정의된 수퍼바이저 validation_monitor를 지정한다. 주의할 점은, 여러 개의 수퍼바이저를 지정하여 [validation_monitor, debug_monitor, print_monitor]와 같은 서로 다른 기능의 모니터를 구현할 수도 있다.

```
classifier = tf.contrib.learn.DNNClassifier(feature_columns=feature_columns,
                  hidden_units=[10, 15, 10],
                  n_classes=3,
                  model_dir="/iris_model_dir",
                  config=tf.contrib.learn.RunConfig(save_checkpoints_secs=2))

classifier.fit(x=iris_train.data,y=iris_train.target,steps=1000,
               monitors=[validation_monitor])
```

이어서 익숙한 evaluation() 또는 predict()를 사용하여 새로운 데이터로 모델의 정확도를 평가할 수 있다.

```
accuracy_score = classifier.evaluate(x=iris_test.data,
                                     y=iris_test.target)["accuracy"]

new_samples = np.array([[5.2,3.1,6.5,2.2], [2.8,3.2,5.5,3.3]], dtype=float)
y = classifier.predict(new_samples)
```

아래와 같은 log를 얻을 수 있으며, 손실 값이 계속 감소하지 않으므로 모델이 750단계에서 종료되었음을 알 수 있다.

```
INFO:tensorflow:Validation (step 950): recall = 1.0, accuracy = 0.966667,
global_step = 932, precision = 1.0, loss = 0.0608345
INFO:tensorflow:Stopping. Best step: 750 with loss = 0.0581324.
```

ValidationMonitor는 많은 정보와 기능을 제공하지만, 훈련 단계 수가 많으면 모델의 정확도가 어떻게 변하는지 관찰하기 어렵다. 다행히 TF.Learn에서 생성된 log 및 checkpoint 파일은 직접 TensorBoard에서 읽고 시각화할 수 있다. 터미널에서 아래와 같이 실행하면, [그림 10-1]과 같이 주어진 주소에서 TensorBoard의 전체 모델 훈련에 대한 시각화를 볼 수 있다.

```
$ tensorboard --logdir=/iris_model_dir/
Starting TensorBoard 22 on port 6006
(You can navigate to http://0.0.0.0:6006)
```

【그림 10-1】 TensorBoard의 모델 훈련에 대한 시각화

그림 출처 tensorflow.org

CHAPTER

11

TF.Contrib의 기타 모듈

TF.Contrib의 기타 모듈

TF.Contrib은 텐서플로우의 매우 중요한 부분으로, 오픈소스 커뮤니티의 공헌 중 상당 부분은 여기에 집중되어 있다. 오픈소스 커뮤니티에서 최근에 공헌한 새로운 기능에 대해서는 구글에서 이 코드를 잠시 TF.Contrib에 넣어두고 구글의 내부 및 외부 사용자가 함께 테스트를 실행한다. 그리고 도출된 피드백 의견에 따라 성능과 API 우호도를 개선하고, API가 안정되면 텐서플로우 핵심 모듈로 옮긴다.

이 모듈은 통계 분포, 머신러닝 레이어, 최적화 함수, 지표 등을 포함한 머신러닝에 필요한 대부분의 기능을 제공한다. 이 장에서는 텐서플로우의 적용 범위를 이해하고 커뮤니티의 적극적인 참여와 공헌을 느낄 수 있는 몇가지 기능을 간략하게 소개한다. 이 부분의 기능은 앞으로도 끊임없이 변화하고 개선될 것이므로 주시해야 한다. 생산 코드를 작성하는 경우에는 최신 공식 튜토리얼 및 API 가이드를 가장 권위 있는 참고 자료로 활용하기 바란다.

11.1 통계 분포

TF.contrib.distributions 모듈에는 Bernoulli, Beta, Binomial, Gamma, Exponential, Normal, Poisson, Uniform 등과 같은 많은 통계 분포가 있다. 이러한 통계 분포의 대부분은 통계 조사 및 응용 프로그램에서 주로 사용되며 다양한 통계 및 머신러닝 모델의 기초가 된다. 많은 확률 모델과 그래픽 모델(예: Bayesian 모델)이 이러한 통계 분포에 크게 의존하고 있다.

각각의 서로 다른 통계 분포는 서로 다른 특성과 함수를 갖고 있지만 동일한 서브 클래스의 Distribution에서 모두 확장된다. Distribution는 확률 변수와 통계 분포를 작성하고 구성하는 가장 기본적인 클래스로서 많은 유용한 속성과 클래스 기능을 가지고 있다. 예를 들면 is_continuous를 사용하여 확률 변수 분포가 연속적인지 여부를 확인하고, allow_nan_stats를 사용하여 이 분포에서 nan 데이터의 수용 여부를 확인한다. 그리고 sample()을 사용하여 이 분포에서 샘플을 얻으며, prob()를 사용하여 확률 변수 밀도 함수를 계산하고, cdf()를 사용하여 누적 분포 함수를 계산한다. 또한, entropy(), mean(), std(), variance()를 사용하여 통계 분포의 평균 및 분산과 표준편차와 같은 특징을 얻는다.

자신의 통계 분포 클래스를 공헌하려면, 위의 _mean(), _std() 및 _variance()와 같은 위의 방정식을 구현해야 하며, 또한 이 변수의 분포의 속성을 나타내는 _is_continuous 클래스를 구현해야 한다.

이어서 구현된 Gamma 분포를 예로 들어 이 모듈의 대략적인 사용 방법을 설명하고자 한다. 먼저 contrib.distributions에서 Gamma 분포를 가져온 다음, alpha와 beta의 tf.constant를 초기화하는데, 이 constant는 Gamma 분포를 생성하는 데 사용된다. batch_shape().eval()를 사용하여 각 샘플의 모양을 얻을 수 있으며, 여기 예제의 샘플 구조 shape1은 (5)이다. get_batch_shape()를 사용하여 샘플 구조를 알 수도 있으며, 샘플 구조는 tf.TensorShape 클래스로 나타난다. 이 예제에서 shape2는 tf.TensorShape(5)이다. 두 방법은 각각 장점이 있으므로 특정 응용 프로그램의 필요에 따라 사용해야 한다.

```
from tensorflow.contrib.distributions import Gamma
import tensorflow as tf
alpha = tf.constant([3.0] * 5)
beta = tf.constant(11.0)
gamma = Gamma(alpha=alpha, beta=beta)
shape1 = gamma.batch_shape().eval()
shape2 = gamma.get_batch_shape()
```

그런 다음 log_pdf() 함수를 사용하여 대응하는 값의 log 변환 후 확률 밀도 함수를 얻을 수 있다. 6개 값을 numpy.array에 넣은 다음, 상응하는 log 확률 밀도 함수 값을 얻는다.

```
x = np.array([2.5, 2.5, 4.0, 0.1, 1.0, 2.0], dtype=np.float32)
log_pdf = gamma.log_pdf(x)
```

또한, 1차원과 유사한 다차원 Gamma 분포를 구축할 수 있으며, 다차원 alpha 및 beta 매개변수를 전달하면 다차원 Gamma 분포를 구축할 수 있다. 같은 방법으로, 다차원 x에 상응하는 log 확률 밀도 함숫값을 얻을 수 있다.

```
batch_size = 6
alpha = tf.constant([[2.0, 4.0]] * batch_size)
beta = tf.constant([[3.0, 4.0]] * batch_size)
x = np.array([[2.5, 2.5, 4.0, 0.1, 1.0, 2.0]], dtype=np.float32).T
gamma = Gamma(alpha=alpha, beta=beta)
log_pdf = gamma.log_pdf(x)
```

11.2 레이어 모듈

Contrib.layer에는 머신러닝 알고리즘에 필요한 다양한 구성 요소가 포함되어 있다. 예를 들면 컨벌루션 레이어, 배치 정규화 레이어, 머신러닝 지표, 최적화 함수, 이니셜라이저, 특징 열 등이 포함되어 있으며, 이러한 기본 구성 요소를 통해 복잡한 머신러닝 및 머신러닝 시스템을 효율적으로 구축할 수 있다. 이 장에서는 이 모듈의 주요 구성 요소를 소개하고자 한다. 텐서플로우의 가능성과 유연성을 이해하는 데 도움이 될 것이다.

11.2.1 머신러닝 레이어

Contrib.layers에는 컨벌루션 레이어, 풀링 레이어, 배치 정규화 등과 같은 자주 사용하는 딥러닝 및 머신러닝 레이어가 많이 포함되어 있다. 이러한 모델은 다양한 모델의 필수 요소이며 머신러닝 연구에서 가장 활발한 분야이다.

딥러닝과 컴퓨터 비전에서 자주 사용되는 2차원 평균 풀은 avg_pool2d이다. 먼저 np.random.uniform을 사용하여 너비와 높이가 모두 3인 임의의 이미지를 몇 개 만든다. contrib.layers.avg_pool2d()을 통해 이미지에 대한 3×3의 2차원 평균 풀을 신속하게 만들 수 있다. 여기서 output 형태는 각 3×3의 영역에 대한 평균값을 계산하여 얻으므로 [5, 1, 1, 3]이 된다.

```
height, width = 3, 3
images = np.random.uniform(size=(5, height, width, 3))
output = tf.contrib.layers.avg_pool2d(images, [3, 3])
```

비슷한 방식으로 컨벌루션 레이어를 만들어 보자. 여기서는 같은 이미지 행렬을 사용하며, contrib.layers.convolution2d()를 사용하여 32개의 3×3 필터를 가진 컨벌루션 레이어를 만든다. stride, padding, activation_fn 등의 매개변수를 변경하여 서로 다른 구조의 컨벌루션 레이어를 만들 수 있으며, 서로 다른 컨벌루션 레이어 활성함수를 사용할 수 있다.

```
output = tf.contrib.layers.convolution2d(images, num_outputs=32,
                                         kernel_size=[3, 3])
```

여기서 중요한 점은 Contrib.layers는 op의 이름이 자동으로 생성된다는 것이다. 예를 들면 output.op.name의 값이 'Conv/Relu'이면, Conv 레이어와 ReLU 활성화 함수를 사용하므로 각각의 레이어에 대응하는 op 이름을 가지게 된다. 그러면 각 op 공간에 해당 변수가 저장되고, contrib.framework.get_variables_by_name()을 통해 해당 op 공간의 값을 얻을 수 있다. 예를 들면 get_variables_by_name을 사용하여 작성한 컨벌루션 레이어의 가중치를 얻을 수 있다. 여기서 가중치의 모양은 weights_shape의 값으로 [3, 3, 4, 32]이다.

```
weights = tf.contrib.framework.get_variables_by_name('weights')[0]
weights_shape = weights.get_shape().as_list()
```

다음은 컨벌루션 레이어 layers.convolution2d()와 배치 정규화 레이어 layers.batch_norm()를 결합하는 방법을 살펴보도록 하자. 먼저 이미지 행렬을 만든다.

```
images = tf.random_uniform((5, height, width, 32), seed=1)
```

이어서 contrib.framework의 arg_scope를 사용하여 코드 중복 사용을 줄여 보자. 먼저 layers.convolution2d와 전달하려는 매개변수를 arg_scope에 넣는다. 이러한 매개변수는 일반적으로 여러 곳에서 사용되므로 arg_scope에 넣으면 매개변수가 중복 전달되는 것을 피할 수 있다. 여기서 사용해야 하는 매개변수는 normalizer_fn과 normalizer_params이다. 즉 정규화 방정식과 이 방정식에 필요한 매개변수를 사용해야 한다. arg_scope에 이러한 매개변수를 설정하면 Convolution2d()를 사용할 때 normalizer_fn과 normalizer_params의 두 매개변수를 따로 전달할 필요가 없다.

```
with tf.contrib.framework.arg_scope(
    [tf.contrib.layers.convolution2d],
    normalizer_fn=tf.contrib.layers.batch_norm,
    normalizer_params={'decay': 0.9}):
net = tf.contrib.layers.convolution2d(images, 32, [3, 3])
net = tf.contrib.layers.convolution2d(net, 32, [3, 3])
```

텐서플로우에서는 기본 레이어의 이름이 자동으로 설정된다. 위의 예시에서 len(tf.contrib.framework.get_variables('Conv/BatchNorm')을 통해 첫 번째 Conv/BatchNorm 레이어의 길이를 얻을 수 있다.

다시 완전히 연결된 신경망 레이어 fully_connected()의 예를 살펴보자. 먼저 입력 행렬을 만들고, fully_connected()를 사용하여 7개의 신경 유닛을 출력하는 신경망 레이어를 만든다.

```
height, width = 3, 3
inputs = tf.random_uniform((5, height * width * 3), seed=1)
with tf.name_scope('fe'):
    fc = tf.contrib.layers.fully_connected(inputs, 7,
                                           outputs_collections='outputs',
                                           scope='fc')
output_collected = tf.get_collection('outputs')[0]
self.assertEquals(output_collected.alias, 'fe/fc')
```

여기서 중요한 세부 절차로서, tf.name_scope을 사용하여 일정한 길이로 잘라낸 연산 결과를 name_scope에 넣는다. 이렇게 하면 나중에 필요한 레이어의 값을 간단하게 찾을 수 있다. fully_connected()에 1개의 scope를 전달하면 "fe/fc"를 통과할 수 있다. 즉 이 레이어의 별명(alias)이 레이어의 정보를 얻게 된다. 전달된 outputs_collections를 통해 이 레이어의 출력을 직접 얻을 수 있다.

contrib.layers에는 편리하게 사용할 수 있는 여러 가지 메서드가 있다. 예를 들면 repeat()를 통해 동일한 매개변수를 사용하여 특정 레이어를 반복적으로 만들 수 있다. y = repeat(x, 3, conv2d, 64, [3, 3], scope = 'conv1')를 예로 들면 아래 코드와 같다.

```
x = conv2d(x, 64, [3, 3], scope='conv1/conv1_1')
x = conv2d(x, 64, [3, 3], scope='conv1/conv1_2')
y = conv2d(x, 64, [3, 3], scope='conv1/conv1_3')
```

stack()으로 서로 다른 매개변수를 사용하더라도 여러 개의 fully_connected() 레이어를 간결하게 만들 수 있다. 3개 레이어가 완전 연결된 신경망을 만들 수 있으며, 각 레이어의 유닛 수는 32, 64 및 128로 다르게 한다.

```
y = stack(x, fully_connected, [32, 64, 128], scope='fc')
```

위의 코드는 다음과 같다.

```
x = fully_connected(x, 32, scope='fc/fc_1')
x = fully_connected(x, 64, scope='fc/fc_2')
y = fully_connected(x, 128, scope='fc/fc_3')
```

stack()은 "fc_1", "fc_2" 등을 "fc"에 추가하는 것처럼 scope에 순차적 증가(increment)를 추가하여 새로운 scope를 만드는 데 사용된다. 앞에서 언급한 repeat()도 비슷한 메커니즘을 사용하여 새로운 scope를 만들 수 있다.

딥러닝에서 자주 사용되는 몇 가지 레이어를 간략하게 소개하였다. conv2d_transpose, conv2d_in_plane, separable_conv2d 등과 같이 더 복잡한 레이어를 이해하려면 공식 문서를 참고하기 바란다.

11.2.2 손실함수

tf.contrib.losses 모듈에는 자주 사용되는 다양한 손실함수가 포함되어 있다. 이 손실함수는 두 가지 유형의 분류, 다중 클래스 분류 및 회귀 모델과 같은 다양한 기계 학습 알고리즘에 적용된다. 이어서 예를 들어 손실함수의 사용 방법을 설명하고자 한다.

절대 편차(absolute difference)의 예를 들어 설명하면, 먼저 tf.constant를 사용하여 predictions 및 targets 수열(數列)을 만드는데, 반드시 동일한 구조(shape)이어야 한다. 많은 실제 응용 프로그램에서 각 예측값의 가중치는 매우 중요하므로 가중치를 선택적으로 만들 수 있다.

```
predictions = tf.constant([4, 8, 12, 8, 1, 3], shape=(2, 3))
targets = tf.constant([1, 9, 2, -5, -2, 6], shape=(2, 3))
weight = tf.constant([1.2, 0.0], shape=[2,])
```

그다음 loss.absolute_difference()를 사용하여 이 예측 세트의 손실 값을 계산할 수 있다. 이 값은 후속 모델링에서 안내 역할을 한다.

```
loss = tf.contrib.losses.absolute_difference(predictions, targets, weight)
```

이어서 softmax 교차 엔트로피 계산의 예를 살펴보도록 하자. 이 방법은 다중 클래스 분류의 머신러닝 모델에 많이 적용된다. 앞에서와 같이 먼저 predictions 및 labels을 만든다. 이전과 다른 점은 다차원이며, softmax 교차 엔트로피가 처리에 가장 적합하다. 그런 다음, loss.softmax_cross_entropy()를 사용하여 이 예측 세트 중의 softmax 교차 엔트로피의 값을 계산한다. 여기서 유의할 점은, 다른 텐서플로우 응용 프로그램과 마찬가지로 loss.eval() 함수를 사용하여 그 값을 얻어야 한다. loss.op.name에서 텐서플로우가 자동으로 부여한 op의 이름을 얻을 수 있으며, 이 경우에는 'softmax_cross_entropy_loss/value'가 된다. 기타 손실 함수도 이러한 명명 규칙을 사용한다.

```
predictions = tf.constant([[10.0,0.0,0.0], [0.0,10.0,0.0], [0.0,0.0,10.0]])
labels = tf.constant([[1, 0, 0], [0, 1, 0], [0, 0, 1]])

loss = tf.contrib.losses.softmax_cross_entropy(predictions, labels)
loss.eval()
loss.op.name
```

다른 손실 함수도 거의 동일한 방식으로 사용된다. 여러 손실 함수가 사용할 수 있는 매개 변수가 많이 있다는 것에 주목할 필요가 있다. 예를 들면 softmax_cross_entropy()의 label_smoothing을 사용하여 모든 식별자의 평활화를 할 수 있으며, 일부 응용 프로그램에서 계산된 softmax 교차 엔트로피는 실제 응용 프로그램을 더욱 잘 나타내며, 사용 방법은 아래와 같다.

```
logits = tf.constant([[100.0, -100.0, -100.0]])
labels = tf.constant([[1, 0, 0]])
label_smoothing = 0.1
loss = tf.contrib.losses.softmax_cross_entropy(logits, labels,
          label_smoothing=label_smoothing)
```

대부분의 응용 프로그램에는 식별자가 희소하게 분포되어 있으므로, sparse_softmax _cross_entropy()를 사용하면 보다 효율적으로 계산할 수 있다.

```
logits = tf.constant([[10.0, 0.0, 0.0], 0.0, 10.0, 0.0], [0.0, 0.0, 10.0]])
labels = tf.constant([[0], [1], [2]], dtype=tf.int64)
loss = tf.contrib.losses.sparse_softmax_cross_entropy(logits, labels)
```

11.2.3 특징 열(Feature Column)

많은 데이터 과학 및 머신러닝의 응용에서 사람들은 데이터를 테이블 형식으로 저장하고 처리한 다음 데이터를 머신러닝 모델에 입력하는 데 익숙하다.

데이터의 처리 방식은 다양하다. 예를 들면 파이썬에는 모두에게 친숙한 판다스(Pandas) 패키지를 사용한다. 다양한 데이터 소스에서 데이터를 가져와서 다양한 방법으로 정리, 선별, 병합 및 특성화한 다음 모델링한다. 그러면 텐서플로우에서 특징 엔지니어링 및 모델링 작업을 더욱 효율적으로 실행할 수 있는 방법은 무엇인가?

TF.contrib.layers에는 많은 고급 특징 열 API가 있어 특징 엔지니어링을 보다 효율적으로 실행할 수 있으며, TF.Learn의 API와 긴밀하게 결합하여 사용하면 가장 적합한 데이터 모델을 만들 수 있다. 이어서 이러한 고급 특징 열 API를 사용하는 방법과 TF.Learn과 결합 사용하는 방법을 설명하고자 한다.

일반적으로 데이터에는 연속 특징(Continuous Feature)과 카테고리 특징(Categorical Feature)이 포함되어 있다. 꽃잎의 길이, 너비와 같은 연속적인 숫자 특징을 연속 특징이라고 하며 모델에서 직접 사용할 수 있다. 특징이 성별, 인종 등과 같은 불연속적인 카테고리 특징을 나타내는 경우에는 수치화하는 등 처리해야 한다. 즉 특징을 일련의 수치로 변환하여 서로 다른 카테고리를 나타낸다. Feature Column API는 다양한 카테고리 특징을 필요한 형식으로 쉽게 변환할 수 있다.

아래의 learn.datasets와 비슷한 API를 사용하여 이미 데이터를 읽었다고 가정하고, 예를 들면 다음과 같다

```
training_set = learn.datasets.base.load_csv(filename=iris_training,
                                            target_dtype= np.int)
test_set = learn.datasets.base.load_csv(filename=iris_testing,
                                        target_dtype=np.int)
```

이어서 layers.FeatureColumn의 API를 사용하면 일부 특징 열을 정의할 수 있다. 예를 들면 real_valued_column()을 사용하여 연속적인 특징(예: 나이, 수입, 지출 및 노동시간 등)을 정의한다.

```
from tf.contrib import layers
age = layers.real_valued_column("age")
income = layers.real_valued_column("income")
spending = layers.real_valued_column("spending")
hours_of_work = layers.real_valued_column("hours_of_work")
```

그런 다음 sparse_column_with_keys()를 사용하여 성별 같은 카테고리 특징을 처리한다.

```
gender = layers.sparse_column_with_keys(column_name="gender",
keys=["female", "male"])
```

주의할 점은, sparse_column_with_keys()를 사용하기 전에 이 특징의 모든 가능한 값을 알아야 한다. 예시에서 성별은 남성과 여성으로 나눈다. 모든 가능한 값을 사전에 모르는 경우에는 sparse_column_with_hash_bucket()을 사용하여 특징을 특징 열로 변환할 수 있다. 교육 수준의 특징을 예로 들어 보면, 데이터에 익숙하지 않으므로 모든 가능한 교육 수준을 사전에 알 수는 없으며, 해시 테이블을 사용하여 이러한 특징을 만들 수 있다.

```
education = layers.sparse_column_with_hash_bucket("education",
                                                  hash_bucket_size=1000)
```

sparse_column_with_keys() 및 sparse_column_with_hash_bucket()은 모두 데이터를 SparseColumn으로 변환할 수 있으며, SparseColumn은 TF.Learn에서 직접 사용하여 에스티메이터에 전달할 수 있다.

때로는 데이터 과학의 응용에서 새로운 특징들을 형성하기 위해 연속적인 특징들을 분리할 필요가 있으며, 이렇게 하면 특징과 목표 분류 카테고리 사이의 관계를 더 잘 나타낼 수 있다. 예를 들면 나이는 연속적인 특징이며, 분류된 카테고리는 직업 카테고리(관리자, 헤드헌터 등)이며, 종종 이러한 직업의 카테고리는 단순한 수치의 나이가 아니라 나이의 단계와 관련이 있다. 18세, 19세, 20세는 종종 뚜렷한 차이가 없으므로 이러한 연속 특징은 때때로 간격을 두고 분리된다. 예를 들면 18~20세 사이는 하나의 카테고리로 나뉜다. FeatureColumn API에서 이러한 변환을 매우 빠르게 실행할 수 있다.

```
age_range = layers.bucketized_column(age, boundaries=[18, 25, 30, 35, 40,
                                                      45, 50, 55, 60, 65])
```

위의 예시에서, bucketized_column()을 사용하면 이전 나이 SparseColumn의 간격 구분을 더욱 진전시킬 수 있으며, 나이 범위는 18~25세, 26~30세, 31~35세 등으로 나누어진다.

많은 응용에서 좋은 모델은 단독의 특징 열을 필요로 할 뿐 아니라 때로는 둘 이상의 특징 간의 통합 및 상호작용이 목표 분류 카테고리와 더 밀접하게 관련되어 있다. 때로는 여러 특징이 관련되어 있으며, 특징의 상호작용이 더 효율적인 모델을 만들기도 한다. 예를 들면 나이, 직업 및 인종의 세 가지 특징에 대해 crossed_column()을 사용하여 교차 특징 열을 만들 수 있다.

```
combined = layers.crossed_column([age_range, race, occupation],
                                  hash_bucket_size=int(1e7))
```

다양한 특징 열을 만든 후에는 이를 서로 다른 TF.Learn Estimators에 직접 전달할 수 있다. 아래의 간단한 로지스틱 회귀 분류 모델을 예로 들면, 앞에서 소개한 fit(), predict() 등의 메서드를 사용하여 모델을 훈련하고 평가할 수 있다.

```
classifier = tf.contrib.learn.LinearClassifier(feature_columns=[
    gender, education, occupation, combined, age_range, race, income,
    spending], model_dir=model_dir)
```

여기서는 보다 일반적으로 사용되는 몇 가지 함수를 소개하였다. 실제 응용 중에는 다양한 요구가 있다. 예를 들면 때로는 얻고자 하는 일부 함수의 가중치 합계를 새 함수 열로 하고, weighted_sum_from_feature_columns()를 사용하여 신속하게 구현할 수 있다. 공식 문서에서 필요한 함수를 많이 찾을 수 있다.

11.2.4 임베딩(Embeddings)

대부분의 심층 모델 응용에는 희소하고 고차원의 카테고리 특징 벡터가 많이 포함되어 있다. 일반적으로 이 벡터를 조밀하고 낮은 차원의 실수(real number) 값 벡터로 변환하며, 또한 연속 특징 벡터와 결합하고 신경망 모델에 함께 입력하여 손실함수의 훈련과 최적화를 한다. 이를 집합적으로 임베딩 벡터(Embedding Vectors)라고 한다. 대부분의 텍스트 인식은 먼저 텍스트를 임베딩 벡터로 변환한 다음, 분석하고 모델 훈련에 사용한다.

contrib.layers 모듈의 embedding_column() 모듈은 희소한 고차원 카테고리의 특징 벡터를 원하는 차원의 임베딩 벡터로 신속하게 변환할 수 있다. 아래는 하나의 예시이다.

```
embedding_columns = [
    tf.contrib.layers.embedding_column(title, dimension=8),
    tf.contrib.layers.embedding_column(education, dimension=8),
    tf.contrib.layers.embedding_column(gender, dimension=8),
    tf.contrib.layers.embedding_column(race, dimension=8),
    tf.contrib.layers.embedding_column(country, dimension=8)]
```

여기서 title, education, gender, race 및 country는 모두 비교적 희소한 카테고리 특징 벡터이다. embedding_column()을 사용하여 이 벡터들을 저차원 고밀도 벡터로 변환하면 데이터의 특성을 더욱 잘 요약할 수 있다. 특히 데이터 세트의 행렬이 비교적 희소하고 레벨이 높은 경우, 이런 방법을 사용하면 모델을 더욱 포괄적이고 효과적으로 만들 수 있다.

그런 다음 저차원 고밀도 벡터를 TF.Learn의 에스티메이터에 직접 전달하여 모델을 만들고, 훈련하고, 평가할 수 있다. 예를 들면 embedding_columns를 DNNLinearCombinedClassifier의 심층 신경망 특징 열에 전달할 수 있다.

```
est = tf.contrib.learn.DNNLinearCombinedClassifier(
            model_dir=model_dir,
            linear_feature_columns=wide_columns,
            dnn_feature_columns=embedding_columns,
            dnn_hidden_units=[100, 50])
```

embeddding_columns()은 contrib.layers 모듈에서 매우 간단하고 편리하게 사용할 수 있다. 실제 데이터와 관련하여 많은 희소한 고차원 데이터에는 비어 있는 특징과 유효하지 않은 ID가 있다. 이 경우에는 safe_embedding_lookup_sparse()를 사용하여 안전하게 임베이딩 벡터를 만들 수 있다. 여기서는 먼저 tf.SparseTensor를 사용하여 희소한 ID와 희소한 가중치를 만든다.

```
indices = [[0, 0], [0, 1], [0, 2], [1, 0], [3, 0], [4, 0], [4, 1]]
ids = [0, 1, -1, -1, 2, 0, 1]
weights = [1.0, 2.0, 1.0, 1.0, 3.0, 0.0, -0.5]
shape = [5, 4]

sparse_ids = tf.SparseTensor(
    tf.constant(indices, tf.int64), tf.constant(ids, tf.int64),
    tf.constant(shape, tf.int64))

sparse_weights = tf.SparseTensor(
    tf.constant(indices, tf.int64), tf.constant(weights, tf.float32),
    tf.constant(shape, tf.int64))
```

이어서 임베딩 벡터의 가중치 embedding_weights를 만든 다음, initializer.run() 및 eval()을 사용하여 초기화한다. 임베딩 벡터의 가중치는 어휘 크기, 임베딩 벡터 차원 및 shard의 수에 따라 결정된다. 자세한 내용과 매개변수에 대한 설명은 최신 공식 문서를 참고하기 바란다.

```
vocab_size=4
embed_dim=4
num_shards=1
embedding_weights = tf.create_partitioned_variables(
    shape=[vocab_size, embed_dim],
    slicing=[num_shards, 1],
    initializer=tf.truncated_normal_initializer(mean=0.0,
                    stddev=1.0 / math.sqrt(vocab_size), dtype=tf.float32))
for w in embedding_weights:
    w.initializer.run()
embedding_weights = [w.eval() for w in embedding_weights]
```

마지막으로, safe_embedding_lookup_sparse()를 사용하여 원래의 특징 벡터를 저차원 고밀도 특징 벡터로 안전하게 변환할 수 있다. 여기서는 eval()을 사용하여 이 벡터들을 튜플(tuple)로 모은다.

```
embedding_lookup_result = (tf.contrib.layers.safe_embedding_lookup_sparse(
    embedding_weights, sparse_ids, sparse_weights).eval())
```

11.3 성능분석기 tfprof

텐서플로우는 Contrib 모듈에서 고유한 성능 분석기 tfprof를 제공한다. 성능 분석기는 모델의 구조 분석과 시스템의 성능 측정에 활용되며, 모델 매개변수의 측정, 부동소수점 연산, op 실행 시간, 필요한 저장 공간 크기 및 모델 구조 탐구와 같은 많은 실용적인 기능을 다룬다. 이 장에는 몇 가지 기능을 간략하게 소개하고자 한다.

먼저 아래의 명령을 사용하여 tfprof 명령어 관련 도구를 설치한다.

```
bazel build -c opt tensorflow/contrib/tfprof/...
```

아래의 명령을 사용하여 도움말 파일을 검색할 수 있다.

```
bazel-bin/tensorflow/contrib/tfprof/tools/tfprof/tfprof help
```

대화식 모드를 실행한 다음, graph_path를 지정하여 모델의 구조(shape)와 매개변수를 분석할 수 있다.

```
bazel-bin/tensorflow/contrib/tfprof/tools/tfprof/tfprof \
    --graph_path=/graph.pbtxt
```

마찬가지로 graph_path와 checkpoint_path를 사용하여 checkpoint의 텐서 데이터와 대응하는 값을 살펴본다.

```
bazel-bin/tensorflow/contrib/tfprof/tools/tfprof/tfprof \
    --graph_path=graph.pbtxt \
    --checkpoint_path=model.ckpt
```

이와 동시에 run_meta_path를 제공하여 서로 다른 op 요구의 저장 및 타이밍을 확인할 수 있다.

```
bazel-bin/tensorflow/contrib/tfprof/tools/tfprof/tfprof \
    --graph_path=graph.pbtxt \
    --run_meta_path=run_meta \
    --checkpoint_path=model.ckpt
```

위에서 사용된 run_meta_path, graph_path 및 checkpoint_path 등의 경로에 대해서는 주목할 필요가 있다. 이러한 유형의 파일은 어떻게 얻는가?

graph_path 파일은 텍스트 파일로서 메모리에 모델을 만드는 데 사용된다. 예를 들면 tf.Supervisor로 작성된 graph.pbtxt는 GraphDef 텍스트 파일의 예이다. tf.Supervisor를 사용하지 않으면 tf.Graph.as_graph_def() 또는 기타 유사한 API를 사용하여 모델의 정의를 GraphDef 파일에 저장할 수 있다.

run_meta_path에 필요한 파일은 tensorflow::RunMetadata의 결과이다. 이 방정식은 모델에서 각 op에 필요한 저장 공간 및 시간 소비량을 얻는 데 사용된다. 아래의 간단한 몇 줄의 코드로 RunMetadata 파일을 작성할 수 있다.

```
run_options = config_pb2.RunOptions(
    trace_level=config_pb2.RunOptions.FULL_TRACE)
run_metadata = config_pb2.RunMetadata()
_ = self._sess.run(..., options=run_options, run_metadata=run_metadata)
with gfile.Open(os.path.join(output_dir, "run_meta"), "w") as f:
    f.write(run_metadata.SerializeToString())
```

Checkpoint_path는 모델의 checkpoint이며, 모든 checkpoint 변수의 op 유형, shape 및 그것들의 값을 포함하고 있다.

다른 경로를 제공할 수도 있다. 예를 들면 op_log_path 경로는 tensorflow::tfprof::OpLog의 결과이며, op의 추가 정보가 포함되어 있다. op 그룹의 카테고리 이름이 포함되어 있으므로 사용자는 op 그룹의 일부 데이터를 간단히 합성할 수 있다. 실수로 op 일부를 빠뜨려서는 안 된다. 아래는 알려진 API를 사용하여 신속하게 작성한 OpLog 파일이다.

```
tf.contrib.tfprof.tfprof_logger.write_op_log(graph, log_dir, op_log=None)
```

tfprof는 CLI 명령어 도구이므로, 이전 tfprof 명령을 입력하기 전에 Enter 키를 누르면 대화형 모드로 들어가고, Enter 키를 다시 누르면 다음 명령 행 매개변수와 유사한 일부 기본값이 표시된다.

```
tfprof>
    -max_depth                  4
    -min_bytes                  0
    -min_micros                 0
    -min_params                 0
    -min_float_ops              0
    -device_regexes             .*
    -order_by name
    -account_type_regexes       Variable
    -start_name_regexes         .*
    -trim_name_regexes
    -show_name_regexes          .*
    -hide_name_regexes          VariableInitialized_[0-9]+,save\/.*,^zeros[0-9_]*
    -account_displayed_op_only  false
    -select                     params
    -viz                        false
    -dump_to_file
```

그런 다음 내부 매개변수를 조정할 수 있다. 예를 들면 show_name_regexes를 사용하여 scope 이름의 정규식이 unit_1_0.*gamma이고 max_depth가 5인 변수를 찾아보고, 이들의 텐서값을 점검한다.

```
tfprof> scope -show_name_regexes unit_1_0.*gamma -select tensor_value \
    -max_depth 5
```

아래와 같은 조건에 부합하는 텐서값을 얻을 수 있다.

```
unit_1_0/shared_activation/init_bn/gamma ()
[1.80 2.10 2.06 1.91 2.26 1.86 1.81 1.37 1.78 1.85 1.96 1.54 2.04 2.34 2.22
1.99 ],
unit_1_0/sub2/bn2/gamma ()
[1.57 1.83 1.30 1.25 1.59 1.14 1.26 0.82 1.19 1.10 1.48 1.01 0.82 1.23 1.21
1.14 ]
```

tfprof는 scope와 graph, 두 가지 유형의 분석을 제공한다. 일부 변수와 scope의 값을 점검하고 싶을 때는 위에서 설명한 예시처럼 scope를 사용할 수 있다. graph에서 op가 소비한 메모리 및 시간을 보고 싶을 때는 graph를 사용하여 점검할 수 있다.

마찬가지로, 일부 명령어 매개변수를 변경할 수 있다. 예를 들면 start_name_regexes를 사용하여 점검하고자 하는 op의 이름을 선택한다. 여기서 cost라는 손실 op의 메모리와 소요 시간을 점검할 필요가 있다고 가정한다.

```
tfprof> graph -start_name_regexes cost.* -max_depth 100 -min_micros 10000 \
    -select micros -account_type_regexes .*

init/init_conv/Conv2D (11.75ms/3.10sec)
random_shuffle_queue_DequeueMany (3.09sec/3.09sec)
unit_1_0/sub2/conv2/Conv2D (74.14ms/3.19sec)
unit_1_3/sub2/conv2/Conv2D (60.75ms/3.34sec)
unit_2_4/sub2/conv2/Conv2D (73.58ms/3.54sec)
unit_3_3/sub2/conv2/Conv2D (10.26ms/3.60sec)
```

먼저 위 모듈을 간략하게 소개해 보자. 이 부분은 변화가 매우 크므로 더 많은 기능은 직접 공식 문서를 검색하고 확인해야 한다.

■ 옮긴이

이상구
서울대학교 공과대학 전자공학과 졸업(학사)
KAIST 전산학과 졸업(석사)
와세다대학교 전기전자컴퓨터공학과 졸업(박사)
미국 NJIT 방문교수
ETRI, KISTI 초빙연구원
현재, 한남대학교 컴퓨터공학과 교수

김응수
부산대학교 전자공학과 졸업(학사)
부산대학교 대학원 전자공학과 졸업(석사)
Tohoku Univ. 졸업(공학박사)
ETRI 책임 연구원
Kumamoto Gakuen Univ. 교환교수
현재, 대전대학교 전자·정보통신공학화 교수

송정영
와세다대학교 전기전자정보공학연구과 졸업
(공학박사)
플로리다주립대 컴퓨터공학부 교환교수
아이다호주립대 컴퓨터공학부 교환교수
ETRI(전자통신연구원) 초빙연구원
현재, 배재대학교 컴퓨터공학과 교수

이창훈
동경공업대학 지능시스템과학 졸업(박사)
동경공업대학 지능시스템과학 전문연구원
한국과학기술연구원 휴먼로봇연구센터 위촉 연구원
배재대학교 전자공학과 교수
현재, 배재대학교 드론로봇공학과 교수

류정탁
오사카대학교 전자공학과(공학박사)
일본 벤쳐비지니스연구소 전임강사
미국 DUKE UNIVERSITY 연구교수
현재, 대구대학교 전자공학과 교수

예제로 풀어보는

텐서플로우 원리와 응용

2018년 11월 2일 1판 1쇄 발 행
2019년 1월 25일 1판 2쇄 발 행

지 은 이 : 황원지앤(黃文堅) · 탕위앤(唐源)
옮 긴 이 : 이상구, 김응수, 송정영, 이창훈, 류정탁
펴 낸 이 : 박 정 태

펴 낸 곳 : **광 문 각**

10881
파주시 파주출판문화도시 광인사길 161
광문각 B/D 4층
등 록 : 1991. 5. 31 제12 - 484호
전 화(代) : 031-955-8787
팩 스 : 031-955-3730
E - mail : kwangmk7@hanmail.net
홈페이지 : www.kwangmoonkag.co.kr

ISBN : 978-89-7093-919-3 93560

값 : 28,000원